ミリタリー・カルチャー研究

データで読む現代日本の戦争観

吉田 純●編

ミリタリー・カルチャー研究会

青弓社

ミリタリー・カルチャー研究
——データで読む現代日本の戦争観

目次

第4部 趣味としてのミリタリー

第5部 自衛隊と安全保障

凡例

1. 本書の基礎になっている2回のインターネット意識調査については、本文中で下記のように表記している。
   第1次調査（2015年）
   第2次調査（2016年）
2. 原則として表記は常用漢字とし、数字は算用数字に統一したが、作品名などの固有名詞と引用文については必ずしもこのかぎりではない。
3. 作品名（小説、マンガ・アニメ、映画など）は『　』で囲んでいる。
4. 引用文は、原則として原文のままにした。ただし、改行は「／」で、中略は「(略)」で表している。
5. クロス集計（複数の設問の回答を組み合わせた集計）の表・グラフのタイトルは、次の例のように表記している。
   （例）表1　日本映画（上位10作）×性別・年齢層・ミリタリー関連趣味の有無
   （例）図2　年齢層×特攻に関する知識量
6. 本書の性格上、統計的仮説検定の手続きの説明は省略した。ただし、本文中でクロス集計などの結果について「有意な相関」という表現を用いている場合は、統計的仮説検定の手続きを経て有意と推定されたことを意味する。

デザイン──山田信也

第1部 ミリタリー・カルチャーとは何か

なぜ
ミリタリー・カルチャー研究
をするのか

　本書は、わたくしたちが2015年から16年にかけて実施した、軍事や安全保障問題についての意識や関心を尋ねたインターネット調査の回答データを分析することによって、現代日本のミリタリー・カルチャー（戦争と軍事組織に関わる文化）の全体的な構造を明らかにしようとするものである。まず、ミリタリー・カルチャーというキーワードの説明を兼ねて、この調査研究の学術的背景について述べよう。

　わたくしたちは、1970年代末からの戦友会研究を端緒とし、戦後日本のミリタリー・カルチャーに関する社会学的研究を以後継続的に実施してきた。ここにいうミリタリー・カルチャーとは、「市民の戦争観・平和観を中核とした、戦争や軍事組織に関連するさまざまな文化の総体[(1)]」という意味である。

　この意味での戦後日本のミリタリー・カルチャーは、戦前・戦中のそれへの徹底的な批判ないし否定から出発せざるをえなかった点に最も基本的な特徴があった。この点が、海外諸国と異なる日本のミリタリー・カルチャーの固有性をつくりだし、また後述のように、平和・安全保障問題をめぐる言論の場で、戦争・軍事のリアリティーがしばしば隠蔽・忌避されるという逆説をももたらした。

　戦友会、すなわちアジア・太平洋戦争で軍隊生活を共有した人々が戦後に自発的に結成した集団は、そのように戦争や軍事の全否定を基調とする戦後日本社会のなかにあって、軍隊体験者たちが自らの戦闘・軍隊体験を意味づけることができるほとんど唯一の空間として機能してきたことを、わたくしたちの研究は明らかにした[(2)]（→2-8「戦友会を知っているか」）。

　一方、わたくしたちの研究メンバーは、戦後日本社会での「戦争」の意味を社会学的に問う共同研究のなかで、1960年代前後に隆盛した少年週刊誌

の戦記特集や戦記マンガ、あるいは軍艦や軍用機のプラモデルなどの少年文化に着目し、それらが「戦争に関する共感共同体」の形成や、敗戦後抑制されていたミリタリー・カルチャーの復活をもたらしたと指摘している。「戦争に関する共感共同体」とは、平和主義という「制度化された価値」を共有する戦後日本社会の全体からは切り離され、少年文化という部分領域でだけ維持されてきた、戦争や軍事に対する趣味的関心によって形作られる共同体のことを指す。

　これらの研究は、戦争や軍事の全否定を基調とした戦後日本の現実社会のミリタリー・カルチャーとは別のところ、すなわち「趣味」の領域で、戦争や軍事への積極的関心を共有するミリタリー・カルチャーが形成され、維持されてきたことを示唆している。1970年代以降も、映画・マンガ・アニメなどのポピュラー・カルチャーのなかでさまざまに描かれてきた戦争や軍事の世界は、後者の意味でのミリタリー・カルチャーのさらなる展開を示しているとみるべきだろう。

　以上のような研究を継承して、わたくしたちは2010年代に、現代日本でのミリタリー・カルチャーに関する研究を新たに実施した。その際の問題意識は次のようなものだった。

　戦後65年を経た2010年頃を転換点として、かつての戦友会員のように現実の戦争の記憶をもつ世代は少数派になり、代わって、①ポピュラー・カルチャー（映画、マンガ、アニメなど）、②マスメディア（ジャーナリズム）、③学校教育・社会教育（戦争博物館・平和資料館など）、そして④自衛隊やアメリカ軍の文化（広報活動やイベントによって伝達・受容されるもの）によって、戦争や軍事組織をイメージする世代が多数派になった。この世代交代は、市民の戦争観・平和観にも反作用を及ぼし、その構造的な地殻変動をもたらしているのではないか、と推測された。すなわち、現代日本のミリタリー・カルチャーは、市民の戦争観・平和観を中核として、それと構造的に相関しあう①②③④の4つの文化的要素から構成される諸文化の総体として存在しているのではないか、と考えた（図1）。

　このような問題意識から、わたくしたちは、2015年と16年の2度にわたって、軍事・安全保障問題への関心が高い人々を対象に計量的意識調査（インターネット調査）を実施した。無作為抽出ではなく、そのような人々を特に選んで対象にしたのは、上述のような現代日本のミリタリー・カルチャーの構

図1 現代日本のミリタリー・カルチャーの構造

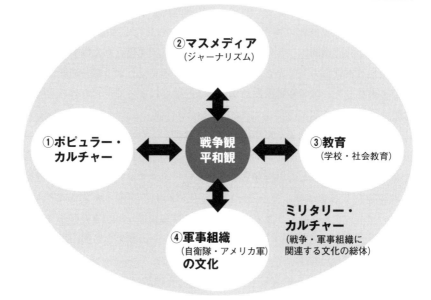

造を探るには、まず、戦争や軍事に対する「コア」な関心をもつ人々の意識を詳細に知ることが重要な手掛かりになると考えたからである（抽出方法については、1-2「どのように調査をしたか」を参照）。その結果、戦争観・平和観の構造的地殻変動の一端が、下記2点を中心として明らかになった。

1）戦争観・平和観への上記①②③④の4要素の影響は、若い年齢層の人々ほど強い。
2）軍事・安全保障問題への関心の高い層は、「批判的関心層」（社会的・政治的あるいは国際的な問題として軍事・安全保障に関心をもつ人々、女性・中高年層に多い）と「趣味的関心層」（趣味の対象として軍事・安全保障に関心をもつ人々、男性・若年層に多い）とに大きく二分され、この2つの層の戦争観・平和観には大きな隔たりが存在する。

　本書は、以上のような研究成果を、社会学・政治学・歴史学などの専門的研究者にとどまらず、戦争・平和あるいは軍事・安全保障問題に関心をもつ幅広い読者に向けて公開することを目的としたものである。そのように、幅広く研究成果を公開しようとするのは、次のような理由からである。

　現代日本の平和・安全保障問題をめぐる環境は、現在、大きな変動の時期を迎えている。それは2015年の安全保障関連法の成立を端緒とし、近年の自衛隊の海外派遣をめぐる一連の問題、そして現在の東アジアでの安全保障上の危機などに至る。しかし、このように戦後日本の平和主義の重大な転換点ともなりうる状況に直面しながらも、「戦争」や「軍事」のリアリティーに冷静に向き合った討議と合意形成の場の構築は未成熟であるといわざるをえない。

　その根本的な理由は、市民の戦争観・平和観の実相や、それを中核としたミリタリー・カルチャーの総体の構造といった、平和・安全保障問題についての討議と合意形成のための基礎的前提となるべき客観的知識が現代日本では決定的に不足していることにある。本書は、そのような状況に一石を投じ、今後の平和・安全保障問題をめぐる討議と合意形成の基礎になるような知見を、幅広い読者に向けて提供しようとするものである。

　以下、本書では全34項目を第1部「ミリタリー・カルチャーとは何か」、第2部「日本の戦争と戦後」、第3部「メディアのなかの戦争・軍隊」、第4部「趣味としてのミリタリー」、第5部「自衛隊と安全保障」の5部に大きく分けて、現代日本のミリタリー・カルチャーの諸相を分析・考察していく。

　なお、1945年（昭和20年）に終結した戦争については、「アジア・太平洋戦争」の呼称を用いる。戦場が太平洋に限られることなく、東アジアや東南アジアなど広範囲に広がっていたこと、戦争の相手国が欧米諸国だけでなくアジアの国々でもあったことをふまえ、また、現代日本のミリタリー・カルチャーに関する対象を幅広く取り上げるという本書の趣旨にとっては、これが最もふさわしい呼称と考えられるからである（→2-1「戦争の呼び方」）。

（吉田　純）

注

(1)　海外（欧米）の戦争社会学・軍事社会学では、「ミリタリー・カルチャー」概念をもっぱら「軍事組織それ自体の文化」という意味に限定して定義・使用してきた。それに対し、この概念をこのように広く定義するのは、わたくしたちの独自の発案である。ただし近年の日本では、「ミリタリー・カルチャー」概念を明示的に用いていなくとも、実質的にはわたくしたちと同様、広義のミリタリー・カルチャーを対象とした研究が存在する。たとえば、越野剛／高山陽子編著『紅い戦争のメモリースケープ──旧ソ連・東欧・中国・ベトナム』（〔スラブ・ユーラシア叢書〕、北海道大

学出版会、2019年）は、旧社会主義圏の戦争映画などを通して、戦争に関わる「メモリースケープ（記憶の風景）」の特徴を明らかにしようとしたものであり、その種の研究として優れたものの一例である。

(2) 高橋三郎編著『共同研究・戦友会』田畑書店、1983年（同編著『新装版 共同研究・戦友会』インパクト出版会、2005年）、戦友会研究会『戦友会研究ノート』青弓社、2012年

(3) 高橋由典「一九六〇年代少年週刊誌における「戦争」──「少年マガジン」の事例」、中久郎編『戦後日本のなかの「戦争」』所収、世界思想社、2004年、181─212ページ、伊藤公雄「戦後男の子文化の中の「戦争」」、同書所収、151─180ページ

(4) 吉田純「現代日本における軍事文化に関する社会学的基礎研究」2014─16年度科学研究費補助金研究成果報告書、京都大学、2017年

1-2 どのように調査をしたか

　本書の基礎データとなる意識調査は、2015年5月28日から6月5日、ついで16年8月1日から8月17日に、Web モニター調査（調査会社の登録モニターを対象とするインターネット調査）の方式で、NTT コムオンライン・マーケティング・ソリューション株式会社に委託して実施したものである。

1　プレ調査による対象者の抽出

　まず、意識調査の本体（以下、本調査と呼ぶ）に先立って2015年に実施したプレ調査（予備調査）について説明しよう。プレ調査は、1-1で述べたように、軍事・安全保障問題に対する関心が高い層を、本調査の回答者として抽出するためにおこなったものである。プレ調査では、次の3つの質問を登録モニターに対しておこなった。[1]

①「以下の趣味について、あなたはどの程度関心がありますか」と、32種類の趣味について「とても関心がある」から「まったく関心がない」の5択で尋ねた。それらのうち、「軍事一般」に「とても関心がある」「ある程度関心がある」と回答した人々に本調査への回答を依頼した。

②①で「とても関心がある」「ある程度関心がある」と回答した趣味（「軍事一般」を除く）について、「その趣味は、戦争や軍事に関係がありますか」と、「はい」「いいえ」の2択で尋ねた。その結果、少なくとも1つの趣味について「はい」と回答した人々に本調査への回答を依頼した。

③「あなたは日本や世界の軍事・安全保障問題にどの程度関心があります
か」と、「とても関心がある」から「まったく関心がない」までの5択で尋ねた。その結果、「とても関心がある」「ある程度関心がある」と回答した

人々に本調査への回答を依頼した。

　設問③で、軍事・安全保障問題全般への関心の有無を直接に尋ねたのは、わたくしたちの調査の目的からみて自明のことだろう。だが、設問①②で上述のような複雑な手順を踏んで「趣味」について尋ねたことについては、若干の説明が必要かもしれない。それは、1-1でも述べたように、現代日本のミリタリー・カルチャーの構造に迫るには、現実社会での軍事・安全保障問題とは切断された、「趣味」の領域での戦争や軍事への関心にアプローチすることが不可欠と考えたからである。

　このプレ調査の結果の概要を示そう。設問①については、まず32種類の趣味を、「関心がある」（「とても関心がある」「ある程度関心がある」）という回答が多い順に並べ替えた（図1）。「インターネット」「パソコン」が1位、2位（いずれも80％前後の人が「関心がある」）になっているが、これは、この調査がWebモニター調査方式であるため、そもそもインターネットやパソコンが好きな人がモニターになっている場合が多いことが影響していると考えられる。一方、3位以下の「旅行」「健康」「音楽」「グルメ」「読書」（約60％から70％の人が「関心がある」）は、現代日本の人々の一般的な趣味の傾向をおおむね反映しているとみていいだろう。

　設問②については、「関心がある」趣味を「戦争や軍事に関係がある」という回答の比率が高い順に並べ替えた（図2）。ここでは設問①とは大きく傾向が異なり、趣味一般への関心では下位にあった「銃器」（73.1％）、「艦船・船舶」（40.1％）、「模型」（36.9％）、「航空機」（29.0％）といった趣味が、戦争や軍事に関係している場合が多いことがわかる。一方、比較的多くの人が関心をもつ趣味のなかでは「歴史」（29.0％）も上位にきていて、歴史への関心が戦争や軍事への関心に結び付く可能性が高いことを示唆している。

　以上の設問①②を経て、戦争や軍事に関係する趣味（以下、「ミリタリー関連趣味」(2)と表記）がある人々として抽出された対象者は528人だった（後述の設問③による抽出者との重複を含む）。プレ調査対象者総数は2,494人だったから、その比率はおおむね5人に1人ということになる。

　次に、設問③で尋ねた軍事・安全保障問題全般への関心の有無について、集計結果を円グラフに示す（図3）。この設問で軍事・安全保障問題に「とても関心がある」または「ある程度関心がある」と回答し、抽出された対象者は1,197人だった（先述の設問①②による抽出者との重複を含む）。すなわち、プレ

図1 「関心がある」趣味（回答者2,492人、数字は％）

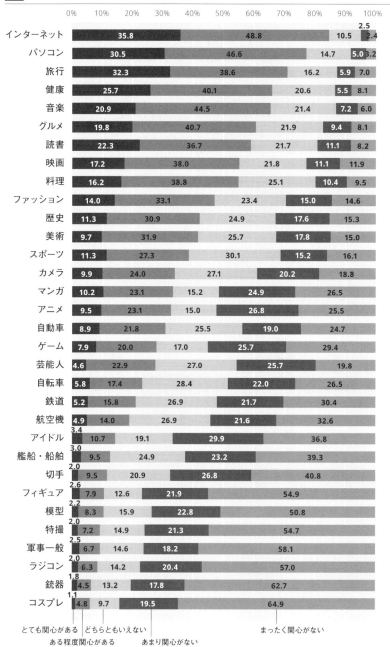

とても関心がある｜どちらともいえない
ある程度関心がある｜あまり関心がない｜まったく関心がない

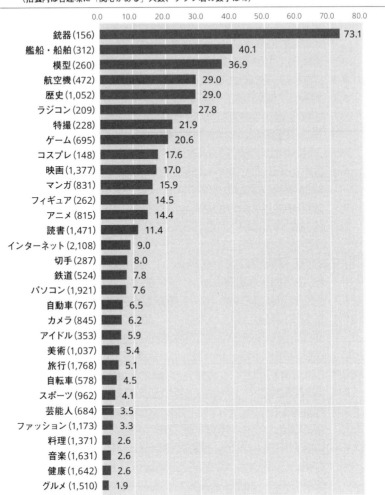

図2「関心がある」趣味で、戦争や軍事と「関係がある」という回答の比率
（括弧内は各趣味に「関心がある」人数、グラフ右の数字は％）

趣味	％
銃器（156）	73.1
艦船・船舶（312）	40.1
模型（260）	36.9
航空機（472）	29.0
歴史（1,052）	29.0
ラジコン（209）	27.8
特撮（228）	21.9
ゲーム（695）	20.6
コスプレ（148）	17.6
映画（1,377）	17.0
マンガ（831）	15.9
フィギュア（262）	14.5
アニメ（815）	14.4
読書（1,471）	11.4
インターネット（2,108）	9.0
切手（287）	8.0
鉄道（524）	7.8
パソコン（1,921）	7.6
自動車（767）	6.5
カメラ（845）	6.2
アイドル（353）	5.9
美術（1,037）	5.4
旅行（1,768）	5.1
自転車（578）	4.5
スポーツ（962）	4.1
芸能人（684）	3.5
ファッション（1,173）	3.3
料理（1,371）	2.6
音楽（1,631）	2.6
健康（1,642）	2.6
グルメ（1,510）	1.9

調査の回答者全体の約半数が、軍事・安全保障問題に「関心がある」人々だったということになる。

　以上のように、プレ調査では3つの設問によって、（趣味的関心も含めて）軍事・安全保障問題に対する関心が高い人々を、合わせて1,300人抽出した。プレ調査の対象者は2,494人だったから、全対象者のうち2人に1人強が、「ミリタリー関連趣味がある」または「軍事・安全保障問題に関心がある」

人々として抽出されたことになる。

　さらに、設問①②すなわちミリタリー関連趣味についての質問への回答と、設問③すなわち軍事・安全保障問題全般への関心についての質問への回答とがどのような関係にあるのかについて、クロス集計をおこなった（図4）。その結果は、ミリタリー関連趣味の有無と軍事・安全保障問題への関心の有無とが、

互いに強く相関しあっていることを示している。すなわち、ミリタリー関連趣味をもたない人々で、軍事・安全保障問題に「関心がある」のは40％に満たないのに対して、ミリタリー関連趣味をもつ人々は、その80％以上が軍事・安全保障問題に「関心がある」ということがわかる。

　この結果は一見常識的なようでもあるが、次にみていくように、実は本書の内容全体にとって重要な意味をもつ。すなわち、現代日本のミリタリー・カルチャーの全体構造を把握するうえで、「趣味」という要素は――事前に予想されたとおり――一つの鍵ともいうべき役割を果たすことになるのである。

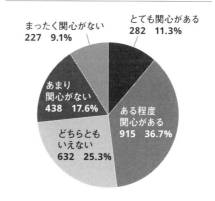

図3 日本や世界の軍事・安全保障問題への関心 （回答者2,492人）

まったく関心がない　227　9.1%
とても関心がある　282　11.3%
あまり関心がない　438　17.6%
ある程度関心がある　915　36.7%
どちらともいえない　632　25.3%

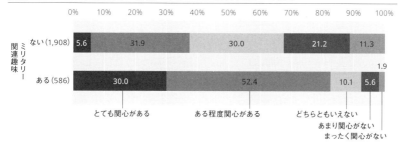

図4「ミリタリー関連趣味の有無×軍事・安全保障問題への関心」

ミリタリー関連趣味

ない（1,908）　5.6　31.9　30.0　21.2　11.3
ある（586）　30.0　52.4　10.1　5.6　1.9

とても関心がある　　ある程度関心がある　　どちらともいえない
あまり関心がない
まったく関心がない

2　対象者の性別と年齢層

　第1次調査（2015年）では、以上のプレ調査の結果、協力の承諾が得られた対象者のうち1,000人に対し、引き続き全37の設問への回答を求めた[3]。第2次調査（2016年）では、第1次調査の対象者1,000人のうち再協力を得られた628人に対して追跡調査を実施し、さらに31の設問への回答を求めた。以上2回の調査の調査票（質問文）とその回答の単純集計結果は、本書巻末に掲載している。本書での分析や考察は、これら2回の調査の結果を統計的に処理したデータに基づいておこなったものである。

　抽出された対象者の基本属性を概観するために、第1次調査（2015年）対象者の性別と年齢層とのクロス集計を示そう（図5）。

　一見すると60代以上、特に女性の比率が高いようにもみえるが、調査時点である2014年現在の日本総人口の性別・年齢層別構成比[4]と比較すると、60代以上の比率はむしろやや低く、逆に20代以下の比率がやや高いことがわかる。しかしこの点を除けば、本書で分析の対象になった軍事・安全保障に対する関心の高い層は、少なくとも性別と年齢層という2つの基本属性に関するかぎりは、あまり大きな偏りなく分布しているとみていいだろう[5]。

3　ミリタリー関連趣味と　安全保障問題への関心

　すでに説明したように、第1次調査（2015年）のプレ調査の3つの設問のう

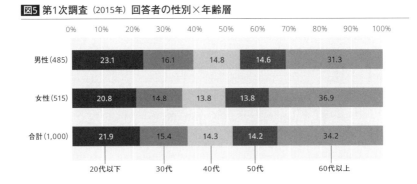

図5 第1次調査（2015年）回答者の性別×年齢層

図6 ミリタリー関連趣味と軍事・安全保障問題への関心

ミリタリー関連趣味：無
軍事・安全保障問題への関心：有
505人（50.5%）

ミリタリー関連趣味：有
軍事・安全保障問題への関心：有
429人（42.9%）

ミリタリー関連趣味：有
軍事・安全保障問題への関心：無
66人（6.6%）

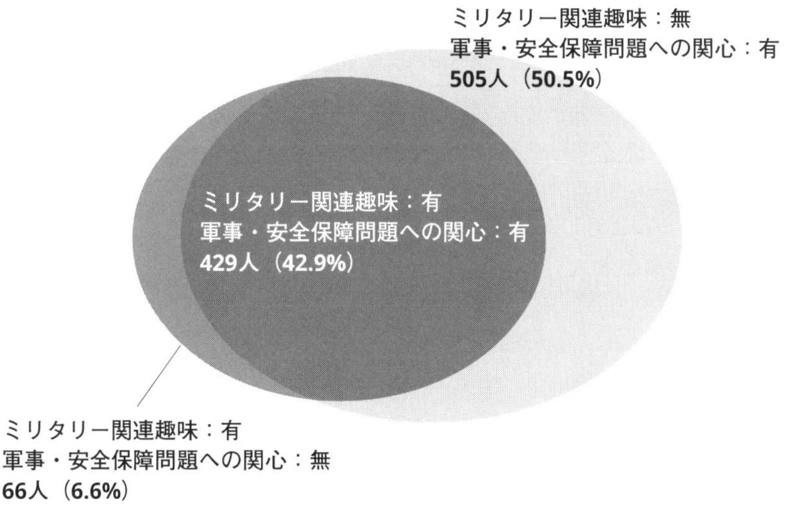

ち、設問①で32種類の趣味のうち「軍事一般」に関心があると回答した
人々と、設問②で「関心がある」趣味のいずれかについて「戦争や軍事に関
係がある」と回答した人々とを合わせて、「ミリタリー関連趣味あり」とし
た。設問③では、日本や世界の軍事・安全保障問題への関心の有無を尋ねた。
すなわち、(a) ミリタリー関連趣味をもつ人々の集合と、(b) 軍事・安全保
障問題に「関心がある」人々の集合という2つの集合の「和」が、本書の基
礎となる調査の対象者ということになる。

　それでは、調査対象者を構成しているこの2つの集合 (a) (b) それぞれの
大きさ（人数）と両者の重なり具合はどのようになっているのだろうか。集
計の結果を、2つの集合の関係の図として表したのが図6である（各部分の面積
は、大まかな人数比を表している）。

　軍事・安全保障問題に関心がある対象者は全体のほとんど（93.4%）を占
めていて、ミリタリー関連趣味はあるが軍事・安全保障問題への関心はない
という対象者はわずか6.6%にすぎない。一方、ミリタリー関連趣味の有無
は、全対象者をほぼ二分している。このことは、ミリタリー関連趣味の有無
が、対象者の基本属性や、戦争・軍事に対する意識や関心の内容とも相関し
ているのではないかという予想を抱かせる。

4 性別・年齢層とミリタリー関連趣味

そこで次に、対象者の2つの基本属性、すなわち性別および年齢層とミリタリー関連趣味の有無とのクロス集計結果をみてみたい。

性別とのクロス集計の結果（図7）は、常識的な予想を裏づける結果になった。すなわち、ミリタリー関連趣味の持ち主は、男性では多数派（約3分の2）を占めるのに対し、女性では少数派（約3分の1）で、はっきりと対照的な分布を示している。

図7 性別×ミリタリー関連趣味

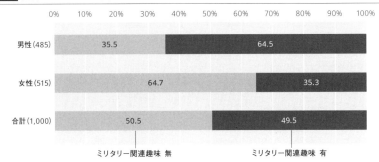

図8 年齢層×ミリタリー関連趣味

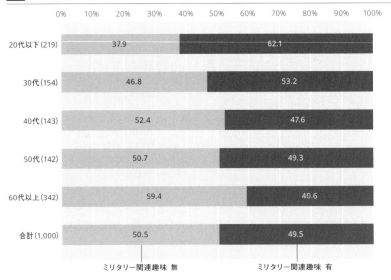

　次に年齢層とのクロス集計結果（図8）をみると、これもほぼ常識的な予想のとおり、ミリタリー関連趣味の持ち主は、20代以下では多数派（60％強）である一方で、60代以上では少数派（約40％）であり、中間の年齢層では、その中間（ほぼ半数）になっていることがわかる。すなわち、ミリタリー関連趣味をもつ比率は、若年層で高く、高年層で低くなる傾向がある。

　以上のことから、ミリタリー関連趣味の有無は、性別・年齢層という2つの基本属性とも相関しながら、調査対象者を大きく二分しているといえる。そこで、本書の次項からは、これらの3つの指標、すなわち①性別、②年齢層、③ミリタリー関連趣味の有無を基本的な分析軸とし、それらと戦争・軍事に対する意識や関心の内容とがどのように相関しているのかという観点を中心として分析を進めていくことにしたい。

（吉田　純）

注

(1)　プレ調査の対象者は、Web モニターの基本属性（性別や年齢）の偏りの問題を考慮し、性別および年齢層（20代以下、30代、40代、50代、60代以上の5層）という2つの属性について、2014年の総務省の人口推計（表1）に比例したサンプリングをおこなった。なお、Web モニターには15歳未満の人はいないため、その年齢層を除外した。

(2)　予備調査①で「軍事一般」の趣味に「とても関心がある」「ある程度関心がある」と答えた回答者、および予備調査②で、それ以外の少なくとも1つの趣味が軍事・戦争と「関係がある」と答えた対象者を合わせて、「ミリタリー関連趣味あり」とした。

(3)　実際に本調査の対象者としたのはちょうど1,000人である。この人数は調査設計および調査会社との契約の段階で確定していた。プレ調査の回答者のうち、本調査への回答者として抽出されたモニターには直ちに続けて本調査への協力を依頼し、回答を開始してもらうようにした。このような方式のため、本調査の対象者がどの時点でちょうど1,000人に達するかは正確には予測できなかったので、プレ調査打ち切り時点までに本調査対象（候補）者として抽出されたモニターは1,300人に達した。したがって、この超過した300人に対しては、本調査への回答は依頼していない。

表1 日本総人口の性別・年齢層別構成比（15歳未満を除く）

| | 年齢層 | | | | | 合計 |
	20代以下	30代	40代	50代	60代以上	
男性	18.1%	15.3%	17.4%	14.4%	34.8%	100.0%
女性	16.0%	13.9%	15.9%	13.5%	40.7%	100.0%
合計	17.0%	14.6%	16.6%	13.9%	37.9%	100.0%

（4）注（1）を参照。

（5）Webモニター調査では、従来型の社会調査の手法（無作為抽出法によって選定した対象者に対する郵送調査など）と比較して、対象者の基本属性や意識傾向に偏りが生じやすいという問題がこれまで指摘されてきた。したがって本書の基礎とした調査でも、性別・年齢層以外の基本属性（地域、職業、学歴など）では、偏りが生じている可能性がある。しかしその一方で、Webモニター調査の長所として、「特定の属性や意識を持った層を抽出するための予備調査を容易に実施できるため、分析したい属性を持った対象者を事前に特定した後の本調査を実施出来る」という指摘もある（石田浩／佐藤香／佐藤博樹／豊田義博／萩原牧子／萩原雅之／本多則惠／前田幸男／三輪哲「信頼できるインターネット調査法の確立に向けて」SSJDA-42、2009年、140ページ〔http://csrda.iss.u-tokyo.ac.jp/rps/RPS042.pdf〕〔2015年10月27日アクセス〕）。本書の基礎とした調査は、まさにこのような場合に該当するので、Webモニター調査を最適の調査手法として選択した。

1-3　回答者はどのような人々か

　本書の分析の対象者——軍事・安全保障問題に対する関心が高い人々——は、具体的には戦争や軍事に関連するどのような事柄に関心を向けているのだろうか。また、そもそもどのようなきっかけで、戦争や軍事に関心を抱くようになったのだろうか。

　ひとくちに「戦争や軍事」といっても、それに関連する内容は、現代の安全保障問題から、戦争責任問題などの歴史認識に関わる問題、あるいは軍事組織や兵器、軍事戦略・作戦・戦闘といった軍事それ自体の構成要素に至るまで、きわめて幅広い。それらのなかで、特にどのような事柄への関心を、どのような人々が抱いているのだろうか。

　また、1-1で述べたように、現代では現実の戦争の記憶をもつ世代は少数派となり、ポピュラー・カルチャーやマスメディア、あるいは教育の影響によって、戦争や軍事のイメージを形成する人々が増えていると予想される。この予想はどの程度当たっているのだろうか。

　そして、軍事に対する具体的な関心の内容や関心を抱いたきっかけは、性別や年齢層、ミリタリー関連趣味の有無とはどのように相関しているのだろうか。

　この項目では、以上のような問いに答えていくことで、本書の対象者が抱く「戦争・軍事への関心」の全体像を、まず明らかにすることにしたい。

1　関心の内容
批判的関心層と趣味的関心層

　第1次調査（2015年）の問4では、「戦争や軍事の世界であなたがとくに関心

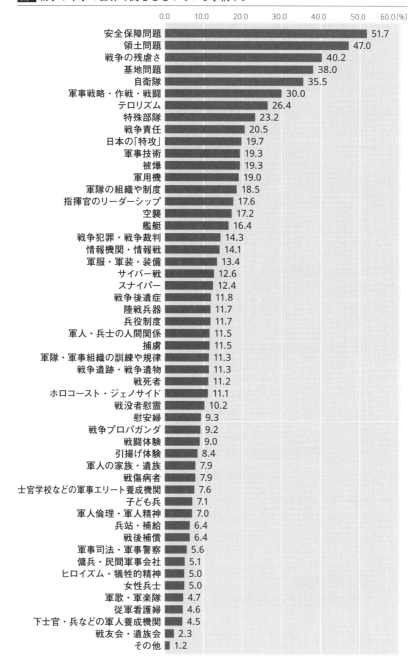

図1 戦争や軍事の世界で関心をもっている事柄やテーマ

テーマ	(%)
安全保障問題	51.7
領土問題	47.0
戦争の残虐さ	40.2
基地問題	38.0
自衛隊	35.5
軍事戦略・作戦・戦闘	30.0
テロリズム	26.4
特殊部隊	23.2
戦争責任	20.5
日本の「特攻」	19.7
軍事技術	19.3
被爆	19.3
軍用機	19.0
軍隊の組織や制度	18.5
指揮官のリーダーシップ	17.6
空襲	17.2
艦艇	16.4
戦争犯罪・戦争裁判	14.3
情報機関・情報戦	14.1
軍服・軍装・装備	13.4
サイバー戦	12.6
スナイパー	12.4
戦争後遺症	11.8
陸戦兵器	11.7
兵役制度	11.7
軍人・兵士の人間関係	11.5
捕虜	11.5
軍隊・軍事組織の訓練や規律	11.3
戦争遺跡・戦争遺物	11.3
戦死者	11.2
ホロコースト・ジェノサイド	11.1
戦没者慰霊	10.2
慰安婦	9.3
戦争プロパガンダ	9.2
戦闘体験	9.0
引揚げ体験	8.4
軍人の家族・遺族	7.9
戦傷病者	7.9
士官学校などの軍事エリート養成機関	7.6
子ども兵	7.1
軍人倫理・軍人精神	7.0
兵站・補給	6.4
戦後補償	6.4
軍事司法・軍事警察	5.6
傭兵・民間軍事会社	5.1
ヒロイズム・犠牲的精神	5.0
女性兵士	5.0
軍歌・軍楽隊	4.7
従軍看護婦	4.6
下士官・兵などの軍人養成機関	4.5
戦友会・遺族会	2.3
その他	1.2

をもっている事柄やテーマは何ですか」と、全52項目からの複数選択の設問で尋ねている。まず、全52項目を回答数が多い順に並べ替えたグラフを示そう（図1）。

　上位には「安全保障問題」（1位、51.7％）、「領土問題」（2位、47.0％）、「基地問題」（4位、38.0％）、「自衛隊」（5位、35.5％）といった、現代の国際的・政治的問題（広義の安全保障問題）に関連する項目が多く挙がっている。その一方で「戦争の残虐さ」（3位、40.2％）という回答の多さも注目される。それは当然のことながら、「戦争」のイメージが、「残虐さ」という言葉に象徴されるように基本的にネガティブなものとして、多くの人々に共有されていることを意味している。

　それらに比べると、「軍事戦略・作戦・戦闘」（6位、30.0％）、「特殊部隊」（8位、23.2％）、「軍事技術」（11位、19.3％）、「軍用機」（13位、19.0％）といった、軍事それ自体の構成要素への関心はやや低く、これらの事柄は、どちらかといえば一部の人々にとって関心の対象になっていることがうかがえる。

　さらに、「戦争責任」（9位、20.5％）、「被爆」（11位、19.3％）、「空襲」（16位、17.2％）といった、歴史認識や過去の戦争体験に関わる事柄への関心はより低くなっている。このことは上述のとおり、現実の戦争の記憶をもつ世代が次第に少数派になりつつあることを反映しているとみることができるだろう。「その他」（52位、1.2％）を除く最下位に「戦友会・遺族会」（51位、2.3％）が位置していることは、それを象徴しているともいえる。

　次いで図2から図4までに、回答数が多かった上位20件と、基本属性（性別・年齢層）およびミリタリー関連趣味の有無とのクロス集計の結果を示した。

　性別とのクロス（図2）をみると、「被爆」「戦争の残虐さ」「空襲」など、戦争被害者の視点からの問題に関心をもつ人々では、女性の比率が高い一方で、「軍事戦略・作戦・戦闘」「軍事技術」「艦艇」「軍用機」など、軍事それ自体の構成要素に関心をもつ人々では、男性の比率が高いという、対照的な傾向がはっきりとみられる。

　このような関心対象の方向性の二分化傾向は、以下でみていくように、年齢層やミリタリー関連趣味の有無とのクロス集計でも、ほぼ同様にみてとることができる。

　年齢層とのクロス（図3）をみると、「戦争責任」「戦争裁判・戦争裁判」

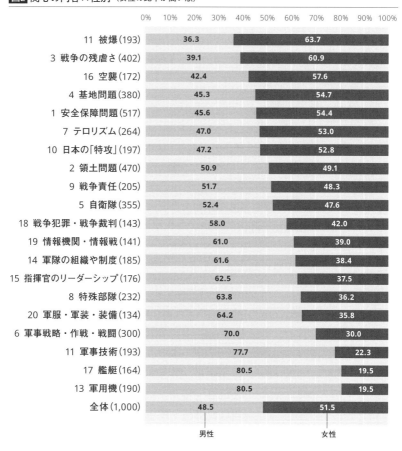

図2 関心の内容×性別（女性の比率が高い順）

項目	男性(%)	女性(%)
11 被爆(193)	36.3	63.7
3 戦争の残虐さ(402)	39.1	60.9
16 空襲(172)	42.4	57.6
4 基地問題(380)	45.3	54.7
1 安全保障問題(517)	45.6	54.4
7 テロリズム(264)	47.0	53.0
10 日本の「特攻」(197)	47.2	52.8
2 領土問題(470)	50.9	49.1
9 戦争責任(205)	51.7	48.3
5 自衛隊(355)	52.4	47.6
18 戦争犯罪・戦争裁判(143)	58.0	42.0
19 情報機関・情報戦(141)	61.0	39.0
14 軍隊の組織や制度(185)	61.6	38.4
15 指揮官のリーダーシップ(176)	62.5	37.5
8 特殊部隊(232)	63.8	36.2
20 軍服・軍装・装備(134)	64.2	35.8
6 軍事戦略・作戦・戦闘(300)	70.0	30.0
11 軍事技術(193)	77.7	22.3
17 艦艇(164)	80.5	19.5
13 軍用機(190)	80.5	19.5
全体(1,000)	48.5	51.5

「戦争の残虐さ」といった、歴史認識や戦争被害者の視点からの問題に関心をもつ人々で、高年齢層の比率が高くなっていることがわかる。「基地問題」「領土問題」など、現代の国際的・政治的問題についても同様である。一方、「軍隊の組織や制度」「軍事戦略・作戦・戦闘」「軍用機」「軍服・軍装・装備」など、軍事・戦争それ自体の構成要素に関心をもつ人々では、若年齢層の比率が高い。とりわけ趣味的性格が強い「軍服・軍装・装備」に関心をもつ人々では、20代以下の比率が38.8％と著しく高くなっていることが注目される。

　ただ、上述の傾向の例外として、「日本の「特攻」」に関心をもつ人々に若

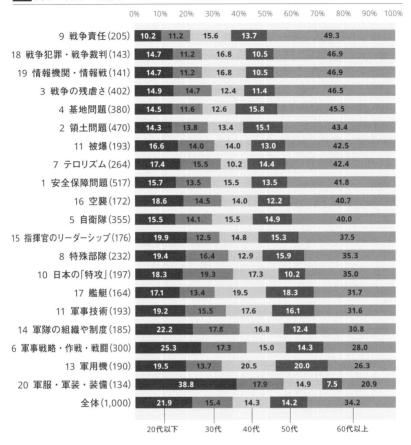

図3 関心の内容×年齢層（60代以上の比率が高い順）

い世代が比較的多いことは注目される（20代以下が18.3％、30代と合わせると37.6％）。このことは、2013年に大ヒットした映画『永遠の0』（監督：山崎貴）に代表されるように、ポピュラー・カルチャーを通じた若い世代の「特攻」への関心を反映しているとみることができるだろう（→2-5「「特攻」をどう考えるか」、3-1「日本の戦争映画」）。

　ミリタリー関連趣味の有無とのクロス（図4）をみると、「艦艇」「軍用機」「軍服・軍装・装備」「軍事技術」「軍隊の組織や制度」など、軍事・戦争それ自体の構成要素に関心をもつ人々では、ミリタリー関連趣味をもつ人々の比率が高く、「安全保障問題」「基地問題」「戦争の残虐さ」など、国際的・

政治的問題や戦争被害者の視点からの問題に関心をもつ人々では、逆の傾向がみられることがはっきりとわかる。ミリタリー関連趣味が、基本的には軍事それ自体の構成要素を対象とするものである以上、こうした傾向が生じるのは当然のことといえるかもしれない（→4-1「趣味としてのミリタリー・概観」）。

　以上の結果をまとめると、次のようなことがいえる。ひとくちに「戦争や軍事の世界」とはいっても、具体的な関心の内容は、対象者のなかで2つの層に大きく分かれている。すなわち、全体的な傾向として、国際的・政治的問題や戦争被害者の視点からの問題への関心が高い層（高年齢層、女性、ミリタリー関連趣味をもたない層に多い）と、軍事・戦争それ自体の構成要素への関

図4 関心の内容×ミリタリー関連趣味の有無（ミリタリー関連趣味がある人の比率が高い順）

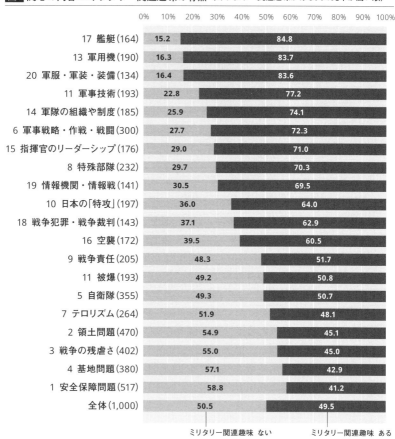

	ミリタリー関連趣味 ない	ミリタリー関連趣味 ある
17 艦艇（164）	15.2	84.8
13 軍用機（190）	16.3	83.7
20 軍服・軍装・装備（134）	16.4	83.6
11 軍事技術（193）	22.8	77.2
14 軍隊の組織や制度（185）	25.9	74.1
6 軍事戦略・作戦・戦闘（300）	27.7	72.3
15 指揮官のリーダーシップ（176）	29.0	71.0
8 特殊部隊（232）	29.7	70.3
19 情報機関・情報戦（141）	30.5	69.5
10 日本の「特攻」（197）	36.0	64.0
18 戦争犯罪・戦争裁判（143）	37.1	62.9
16 空襲（172）	39.5	60.5
9 戦争責任（205）	48.3	51.7
11 被爆（193）	49.2	50.8
5 自衛隊（355）	49.3	50.7
7 テロリズム（264）	51.9	48.1
2 領土問題（470）	54.9	45.1
3 戦争の残虐さ（402）	55.0	45.0
4 基地問題（380）	57.1	42.9
1 安全保障問題（517）	58.8	41.2
全体（1,000）	50.5	49.5

心が高い層（若年齢層、男性、ミリタリー関連趣味をもつ層に多い）という2つのグループが存在しているということである。1-1でもあらかじめ述べたように、前者を「批判的関心層」、後者を「趣味的関心層」と名づけておくことにしたい。

2　関心のきっかけ

　さて、以上のような戦争や軍事に関するさまざまな事柄への関心は、そもそもどのようなきっかけで抱かれるようになったのだろうか。第1次調査（2015年）の問2では、「あなたが戦争や軍事に関心をもつようになった強いきっかけは何ですか」と、全30項目からの複数選択の設問で尋ねている。その回答数が多かった順に並べ替えたグラフを示そう（図5）。

　上位には「テレビのニュース番組」（1位、45.2%）、「テレビのドキュメンタリー番組・ドキュメンタリー映画」（2位、42.5%）、「映画・テレビドラマ」（3位、34.6%）、「マンガ・アニメ」（8位、16.9%）と映像・視覚メディアが集中していて、その影響力の強さがはっきりと示されている。「新聞や雑誌の記事」（4位、25.6%）、「歴史書・歴史物語」（5位、24.7%）、「戦記ノンフィクション」（11位、15.3%）、「小説」（12位、13.5%）といった活字メディアの影響力は、それに比べると相対的に低い。

　その一方で、「戦争・平和に関する資料館・展示」（6位、22.0%）、「学校の授業・教科書」（10位、15.5%）といった広義の教育（社会教育、学校教育）が、戦争や軍事への関心を触発する力をある程度保っていることは注目に値する。

　一方、下位に目を向けると、「ご自分の戦時下の体験」（25位、2.2%）、「ご自分の占領期体験」（28位、1.1%）、「ご自分の従軍体験」（30位、0.2%）といった、自分自身の体験をきっかけとして挙げた人々は、予想どおりとはいえごく少数だった。

　こうした結果もまた、ポピュラー・カルチャーやマスメディア、あるいは教育の影響によって戦争や軍事のイメージを形成する人々が多数派になっているという上述の予想を裏づけている。ただしその一方で、「家族・親族が戦時中に体験した話」が7位（19.8%）に位置していることは、いわば現実の戦争の記憶をもつ世代が次第に少数派になることに抗して、家族・親族を通しての記憶の継承が現在もなお一定程度おこなわれていることを示している

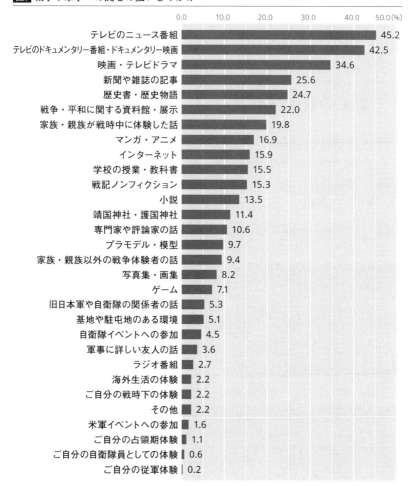

図5 戦争や軍事への関心の強いきっかけ

項目	%
テレビのニュース番組	45.2
テレビのドキュメンタリー番組・ドキュメンタリー映画	42.5
映画・テレビドラマ	34.6
新聞や雑誌の記事	25.6
歴史書・歴史物語	24.7
戦争・平和に関する資料館・展示	22.0
家族・親族が戦時中に体験した話	19.8
マンガ・アニメ	16.9
インターネット	15.9
学校の授業・教科書	15.5
戦記ノンフィクション	15.3
小説	13.5
靖国神社・護国神社	11.4
専門家や評論家の話	10.6
プラモデル・模型	9.7
家族・親族以外の戦争体験者の話	9.4
写真集・画集	8.2
ゲーム	7.1
旧日本軍や自衛隊の関係者の話	5.3
基地や駐屯地のある環境	5.1
自衛隊イベントへの参加	4.5
軍事に詳しい友人の話	3.6
ラジオ番組	2.7
海外生活の体験	2.2
ご自分の戦時下の体験	2.2
その他	2.2
米軍イベントへの参加	1.6
ご自分の占領期体験	1.1
ご自分の自衛隊員としての体験	0.6
ご自分の従軍体験	0.2

とみることができる。

　次いで図6・図7に、関心のきっかけとして多く挙げられた上位10件までの選択肢と、年齢層およびミリタリー関連趣味の有無とのクロス集計の結果を示す（性別とのクロスについては、際立った特徴がみられなかったので省略した）。

　年齢層とのクロス（図6）をみると、「新聞や雑誌の記事」「歴史書・歴史物語」といった活字メディア、あるいは「家族・親族が戦時中に体験した話」「戦争・平和に関する資料館・展示」がきっかけになっている人々では高年

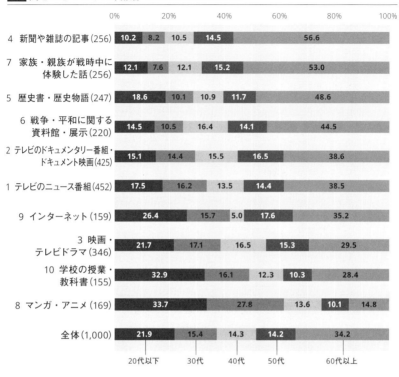

図6 関心のきっかけ×年齢層（60代以上の比率が高い順）

きっかけ	20代以下	30代	40代	50代	60代以上
4 新聞や雑誌の記事 (256)	10.2	8.2	10.5	14.5	56.6
7 家族・親族が戦時中に体験した話 (256)	12.1	7.6	12.1	15.2	53.0
5 歴史書・歴史物語 (247)	18.6	10.1	10.9	11.7	48.6
6 戦争・平和に関する資料館・展示 (220)	14.5	10.5	16.4	14.1	44.5
2 テレビのドキュメンタリー番組・ドキュメント映画 (425)	15.1	14.4	15.5	16.5	38.6
1 テレビのニュース番組 (452)	17.5	16.2	13.5	14.4	38.5
9 インターネット (159)	26.4	15.7	5.0	17.6	35.2
3 映画・テレビドラマ (346)	21.7	17.1	16.5	15.3	29.5
10 学校の授業・教科書 (155)	32.9	16.1	12.3	10.3	28.4
8 マンガ・アニメ (169)	33.7	27.8	13.6	10.1	14.8
全体 (1,000)	21.9	15.4	14.3	14.2	34.2

齢層の比率が高く、一方、「マンガ・アニメ」「学校の授業・教科書」「インターネット」がきっかけになっている人々では若年層の比率が高いことがわかる。このような傾向は、とりわけ若い世代で、メディア接触での「活字離れ」が進行しつつあることや、家族・親族から戦争体験を直接に聞くという経験が少なくなりつつあること、そして「マンガ・アニメ」などのフィクション作品に描かれる戦争や軍事のイメージがより強い影響力をもつようになっていることなどを示唆している。このような結果もやはり、現代日本のミリタリー・カルチャーが、現実の戦争の記憶（およびその継承）よりも、ポピュラー・カルチャーやメディア、および教育に媒介された戦争・軍事のイメージによって形成される傾向にあることを裏づけている（→2-2「戦争・軍隊のイメージ」）。

　ミリタリー関連趣味とのクロス（図7）をみると、前述の若年層の特徴の多くが、ミリタリー関連趣味をもつ人々にも共通していることがわかる。すな

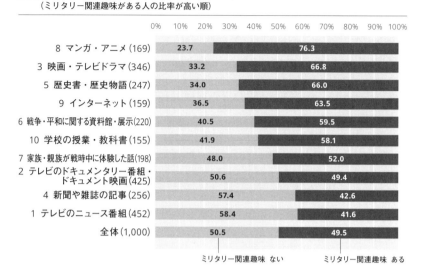

図7 図7　関心のきっかけ×ミリタリー関連趣味
（ミリタリー関連趣味がある人の比率が高い順）

	ミリタリー関連趣味　ない	ミリタリー関連趣味　ある
8 マンガ・アニメ (169)	23.7	76.3
3 映画・テレビドラマ (346)	33.2	66.8
5 歴史書・歴史物語 (247)	34.0	66.0
9 インターネット (159)	36.5	63.5
6 戦争・平和に関する資料館・展示 (220)	40.5	59.5
10 学校の授業・教科書 (155)	41.9	58.1
7 家族・親族が戦時中に体験した話 (198)	48.0	52.0
2 テレビのドキュメンタリー番組・ドキュメント映画 (425)	50.6	49.4
4 新聞や雑誌の記事 (256)	57.4	42.6
1 テレビのニュース番組 (452)	58.4	41.6
全体 (1,000)	50.5	49.5

わち、やはり「マンガ・アニメ」や「映画・テレビドラマ」が関心のきっか
けになっている人々が、ミリタリー関連趣味をもっている傾向が強い。ただ、
上記の2つに次いでその傾向が強いのが、「歴史書・歴史物語」が関心のき
っかけという人々であることは興味深い。このことは、ミリタリー関連趣味
をもつ層では、「活字離れ」の傾向が相対的に弱いことを示唆しているとい
えるかもしれない（→4-2「ミリタリー本・ミリタリー雑誌」）。

　一方、ミリタリー関連趣味をもたない層では、「テレビのニュース番組」
「新聞や雑誌の記事」「テレビのドキュメンタリー番組・ドキュメント映画」
「家族・親族が戦時中に体験した話」など、現実の戦争や軍事についての情
報が関心のきっかけになっている場合が多いことがわかる。

　以上の結果をまとめると、「関心の内容」のところで指摘したような「批
判的関心層」と「趣味的関心層」での関心の方向性の二分化は、「関心のき
っかけ」でも同様に生じているといえる。すなわち、「批判的関心層」では
現実の戦争や軍事の世界についての情報が関心のきっかけになっている傾向
が強いのに対し、「趣味的関心層」では逆に、架空の戦争や軍事の世界（と
りわけポピュラー・カルチャー作品に描かれるもの）が関心のきっかけになってい

る傾向が強い、ということである。

（吉田 純）

注

（1）　このことは、性別・年齢層・ミリタリー関連趣味という3つの変数間の相関を統計的
に解析した結果からも裏づけられる。その結果については、下記の論文を参照され
たい。吉田純／ミリタリー・カルチャー研究会「現代日本におけるミリタリー・カ
ルチャーの計量的分析」、京都大学大学院人間・環境学研究科社会システム研究刊行
会編「社会システム研究」2016年3月号、京都大学大学院人間・環境学研究科社会
システム研究刊行会、223—242ページ（〔http://repository.kulib.kyoto-u.ac.jp/
dspace/handle/2433/210555〕［2020年5月2日アクセス］）

1-4 回答者の情報行動は どのようなものか

　前項（1-3「回答者はどのような人々か」）では、本書の調査対象者の関心の内容ときっかけを明らかにした。では、彼らは軍事や安全保障に関するそうした知識や認識を、どのような情報源から得ているのだろうか。また、その知識や認識を、誰かと交流することで交換しているのだろうか。もう少し調査対象者たちの様子を知りたい。

　批判的関心層であれ趣味的関心層であれ、関連情報の収集や交換はまさにその「批判」や「趣味」を形作るうえで重要なはずである。つまり、批判を目的とした関心であれば、信頼性が高い情報や説得力がある情報を集めることが何よりも必要なはずであり、当然、それを通じて得られた自分の意見を誰かに表明することも重要なはずだろう。また、趣味としての関心であっても、幅広い網をかけて自分が知りたい・面白い情報を探し集め、その成果を仲間との交流で表明しあうのはその愉しみの重要な要素であるはずだ。

　いずれにあっても、熱心に関連情報を収集し、誰かと交換しあっていることが予想できる。その場合、両者の情報収集やコミュニケーションはどのように異なっているだろうか。

　第1次調査（2015年）では、「調査対象者の情報行動」[(1)] について、いくつか問いを設けた。前項とあわせて考えることで、本書の分析の対象者——軍事・安全保障問題に対する関心が高い人々——の姿をより明確にすることができるだろう。

1　よくアクセスする軍事関係のサイト

　まず、それらの人々は軍事や戦争に関する知識をどのようにして手に入れ

ているのか。問23では、情報が比較的手軽に集めやすいと思われるインターネットについて、「あなたがよくアクセスする軍事関係のインターネット・サイトがあれば、教えてください」と尋ねた。

調査対象者1,000人のうち、サイトを具体的に挙げた人は39人（3.9％）で、その回答者たちによって、

表1 よくアクセスする軍事関係の
　　　インターネット・サイト（2票以上）

順位	サイト名	票数
1	自衛隊	7
2	YouTube	5
3	大艦巨砲主義！	4
3	ヤフー	4
5	イスラム国	2
5	2ちゃんねる	2
5	ウィキペディア	2
5	Amazon	2
5	Google	2

延べ53件のウェブサイトが挙げられた。必ずしも多くの人がウェブサイトを挙げたわけではないが、挙がった回答から、彼らがどのようなサイトに日々接触しているかについての傾向を想像することにしたい。

延べ53件の回答を集約すると、35件のサイトとなった（2票以上集めたサイトを表1に示す）。5票以上集めたウェブサイトは2件、自衛隊が提供するサイトと動画提供サイト「YouTube」である。

自衛隊が提供しているウェブサイトは7票を集めた。ただし、これには「航空自衛隊」「航空自衛隊浜松基地」「航空自衛隊岐阜基地」と書かれた3票を含む。単に「自衛隊」とだけ書かれた回答は、4票だった。逆に「自衛隊」の語が含まれていても、「自衛隊装備車両図鑑」のように、自衛隊が運営していないものは除いている。

そうしたサイトでは、「自衛隊とは」という紹介に始まり、各種活動報告、駐屯地・基地や組織の一覧、イベント情報やエンタメ情報、広報センターの案内、採用などの情報提供がなされている。そうしたなかには、たとえば、業者向けの各種装備の調達情報や隊員家族向けの情報提供（要パスワード）などもある。彼らがこうした「自衛隊サイト」を通じてどのような情報に接触しているかは回答から明らかではないが、こうしたサイトが主な訪問先の一つと認識されていることは間違いない。

次に票を集めたのは「YouTube」で、5票を集めている。「YouTube」自体は「軍事関係のサイト」ではないものの、軍事に密接に関係するテレビの時事ニュース番組や解説・討論番組の一部もしくは全部を抜き出した動画、軍事を話題とするインターネット放送局の番組動画、各種軍事関連イベントで個人によって撮影された動画、映画の戦闘シーンやどこからか流出した実

際の戦闘中の動画や、個人作成の軍事・戦争に関する解説動画・意見動画などが閲覧可能で、こうしたさまざまな「動画」を経由して彼らが軍事に関する情報を得ていることが想像できる。また、この「YouTube」で自衛隊が発信用のアカウントをもち、広報活動をしていることも重要だろう。[2]

　そして、いわゆる巨大匿名掲示板として有名な「2ちゃんねる」の（おそらく）「軍事板」（2票）、およびその「まとめサイト」である「大艦巨砲主義！」（4票）も挙がっている。[3][4]そこでは多くの軍事マニアやオタクが匿名で集い、その書き込みは（筆者の眼からみても）それなりに密度の濃い情報提供になっている。同時にそこは、同好の人同士が気楽に意見交換をする場にもなっている。

　ほか2票を集めたサイト「イスラム国」は、イスラム過激派組織が自称する国家（Islamic State）が運営するサイトやSNSアカウントを総称したものだろうか。同組織のウェブサイト、および「Twitter」などのSNSのアカウントは現在ではすでに閉鎖されているが、調査をおこなった2015年当時、拘束した邦人を殺害する様子を映した動画などを公開していた。

　そのほか、量的傾向として明確に指摘することはできないものの、個人で運営されている軍事に関する評論ブログも挙げられている（そのすべてが各1票ずつ）。こうした軍事評論のブログには、アマチュアによるものと、ジャーナリストや著述業など、それで収入を得ている「プロ」によるものとがある。

　ほかには、エアガンやサバイバルゲームを中心にしたミリタリーマニアのための情報交換のサイト（「ハイパー道楽」）、ロッキードマーチンやボーイングといった軍需産業のサイトなどもあった。ただ、こうしたサイトも1票ずつであり、その数も多くはない。

　一方、「YouTube」が上位に挙がっていることと少し状況が似ているが、「Yahoo!」（4票）や「Google」（2票）のような検索サイト、「Amazon」（2票）のような書籍や映画の販売サイト（ゆえに検索もできる）、「ウィキペディア」（2票）のような検索事典サイトについても、複数の人が回答として挙げている。つまり、「まずは検索から」というインターネットでの情報接触のパターンが想像できるのである。

　そのため、この問23に対する回答を集計しても、軍事に関する特定の「人気サイト」をあまり知ることができなかった。その一方で、検索サイトや多種多様なサイトを挙げていることからは、軍事に関する情報接触で人々

が訪問先を固定せず、気になる事項を検索し、そこから気ままにネットサーフィンをおこなっているという情報取得行動を想像することができる。

　また、以上の結果は記述式回答の集計によるものだが、上位にある「自衛隊」「YouTube」「大艦巨砲主義！」を挙げた回答者の属性を調べてみると、ほとんどがミリタリー趣味が「ある」人々からの情報提供だったことも付記しておきたい。

2　軍事に関して信頼のできる情報提供者

　また、問30では「軍事に関して「この人の言うことなら信用できる」と推薦できる人はいますか」と問い、さらに自由回答として具体的な人物名を挙げてもらった。

　集計の結果、信用できる人が「いる」と答えた人は1,000人中92人（9.2％）だった。男女別にみると、男性は485人中58人で12.0％、女性では515人中34人で6.6％となっていて、やや男性のほうが大きな割合を示している。

　また、年齢別では20代以下が219人中17人で7.8％、30代から50代が439人中43人で9.8％、60代以上が342人中32人で9.4％となっていて、ここにはそれほど大きな差はみられない。

　一方、ミリタリー関連趣味の有無で分けると、趣味「有」で「信頼できる人がいる」とした人が495人中67人で13.5％、趣味「無」で「信頼できる人がいる」とした人が505人中25人で5.0％となっていて、ここには明瞭な差があるようにみえる（図1）。

図1 ミリタリー関連趣味の有無×信頼できる人がいる／いない

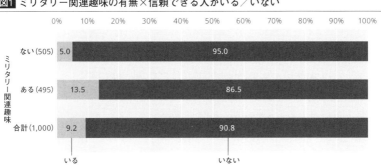

表2 軍事に関して「信用できる」人
（4票以上）

順位	氏名	票数
1	田母神俊雄	11
2	石破茂	10
3	安倍晋三	8
4	青山繁晴	4
4	池上彰	4
4	森本敏	4
4	小川和久	4
4	井上和彦	4

ただそれでも全体的にみれば、信用できる人が「いる」とした人の割合は決して多くないということのほうが目立つ。そうした人は少数派だといえる。大部分の人にとっては、軍事に関する情報提供者は「いない」のである。

また、自由記述で誰か一人でも具体的に名前を挙げた人は1,000人中70人であり、信用できる人が「いる」と答えた92人よりも少ないので、「いる」と答えながら、具体的に名前を挙げなかった人も少なからずいることになる。

この70人が挙げた人物の数は合計すると延べ100人で、それらを集約すると全部で49人の名前が挙がっている（4票以上集めた人物を表2に示す）。そのうち5票以上の推薦を集めたのは3人の人物だけだった。

最も票を集めた人物は、元航空自衛隊幕僚長で東京都知事選挙や衆議院選挙にも立候補した軍事評論家の田母神俊雄である（11票）。自衛官定年退官前に政府見解と異なる内容の懸賞論文を執筆して問題になったのが2008年、猪瀬直樹都知事の辞任に伴う都知事選に立候補したのが14年であり、それなりに耳目を集めた人物だ。

また、次に票を集めた人物は、防衛庁長官・防衛大臣や自民党の幹事長を務めた政治家の石破茂である（10票）。防衛や安全保障を受け持つ政治家としての経歴に加え、彼は軍事オタクであることも公言していて、議員会館にプラモデルを置くほどのミリタリープラモデル・マニアとして知られている。そうしたことが「信用できる」の背景にあるのかもしれない。

10票以上集めた人物はこの2人だけだった。次点は、調査時の総理大臣である安倍晋三が8票を集めた。彼は狭義の意味での軍事の専門家ではないはずだが、この結果は、安倍内閣の軍事や安全保障・外交政策に対する支持の表明なのかもしれない。

4票を集めた人物は5人いる。新聞記者やシンクタンク研究員出身でテレビに出ることも多い青山繁晴（現・参議院議員）、ニュース解説者の池上彰、軍事ジャーナリストの井上和彦、軍事アナリストの小川和久、自衛官・外交

官出身で民間人（＝非議員）初の防衛大臣を努めた森本敏である。

　政権を問わず任用され、大臣退任後も政策参与を務め続けて防衛政策の中枢にいた森本は5人のなかでは別格と考えるべきだろう。一方、井上と小川は著書も多く、軍事問題に関する情報を社会に普及し続ける評論家である。残りの2人の青山や池上は、安全保障問題も含めて幅広く情勢を解説することに長けた人物であり、軍事だけに絞った専門家ではない。

　2票以上集めた人物を合計すると17人であり、非常に分散した結果になった。彼らは政治家や軍事評論家、作家、研究者などである。例外として、「父」や「祖父」「旦那」が挙げられる場合もあった。また、左派寄りの軍事評論家、および趣味としてのミリタリーの評論家が少ないのも特徴である。

　先に挙げた森本のように、この分野で有名な専門家でさえ、1,000人中4人が挙げているにすぎない。これは彼らにとって、わたくしたちの社会に「軍事に関して信頼できる人物」として影響力がある特定の人物——政治家や実務者、オピニオン・リーダーや専門的な解説者として共通に挙げられる人物——がほぼいないということを表している。

　また、この問30で挙がった名前も記述式回答の集計によるものだが、たとえば田母神俊雄を挙げた回答者の属性を調べてみると、ミリタリー関連趣味の有無の内訳は9票対2票だった。他の上位層の人物の投票者の属性をみても、ミリタリー関連趣味「有」のほうが多く、先に挙げた図1の結果を裏づけるものになっている。

3　　軍事について語り合う仲間

　問22では、「あなたは軍事について語り合う仲間がいますか」について、「a 主にネット上で」と「b 主に対面で」に分けて、「いる／いない」で答えてもらった。

　まず「a ネット上」については、集計の結果、語り合う仲間が「いる」と答えた人は1,000人中22人（2.2％）だった。きわめて少ない、というほかない。

　男女別にみると、男性は485人中13人で2.7％、女性では515人中9人で1.7％となっていて、ここに大きな差はみられない。同様に、年齢別では20代以下が219人中10人で4.6％、30代から50代が439人中7人で1.6％、60代以

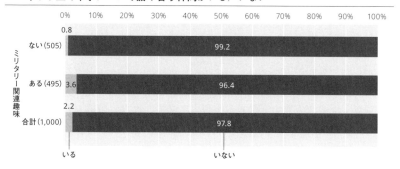

図2 ミリタリー関連趣味の有無×
ネット上で軍事について語り合う仲間がいる／いない

上が342人中5人で1.5％となっていて、ここにも大きな差がみられない。20代以下の「いる」がやや大きな値になっているが、これにはSNSの利用率との関連もあるはずである。

また、ミリタリー関連趣味の有無で分けると、趣味「有」が495人中18人で3.6％、趣味「無」が505人中4人で0.8％となって、差があるようにみえる（図2）。3.6％と少数であるとはいえ、それらの人々にはネットで語り合う仲間がいる。

だが、ミリタリー関連趣味「有」でもこのように低い割合であり、全体の集計、およびどの属性でも「いる」が5％を超えることはなく、軍事についてネット上で語り合う仲間がいると答える人は、かなりの少数派であることがわかる。

この傾向は、「b 対面」で語り合う仲間が「いる」と答えた人の割合でもほとんど変わらない。ただ、「a ネット上」と比べると全体的に数字は若干高めに出ている。全体では1,000人中93人（9.3％）が「いる」と答えている。

男女別にみると、男性は485人中53人で10.9％、女性では515人中40人で7.8％となり、「a ネット上」と比べてもはっきりとした差が出ているとはいいがたい。また年齢別では20代以下が219人中21人で9.6％、30代から50代が439人中39人で8.9％、60代以上が342人中33人で9.6％となり、こちらもあまり大きな差はみられない。

ただミリタリー関連趣味の有無で分けると、趣味「有」が495人中68人で13.7％、趣味「無」が505人中25人で5.0％となり、趣味「有」の13.7％は、この問い（aとb）でみた全属性のなかで最高の割合を示している。「ネット

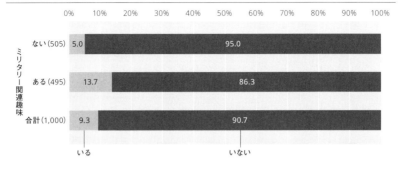

図3 ミリタリー関連趣味の有無×
対面で軍事について語り合う仲間がいる／いない

「上」に続き「対面」でも、ミリタリー関連趣味の有無でややはっきりとした
差がみられる（図3）。

　軍事について語り合う仲間がいるかどうかは、「ネット上」よりも「対
面」のほうが多く出てはいるものの、それでもやはり15％を超えることは
なく、いずれにせよ「軍事について語り合う仲間がいる」人は少数派である
といえる。

4　軍事をめぐるコミュニケーション（の不在）

　以上をまとめてみよう。問23で尋ねたのは、調査対象者が情報源として
いるウェブサイトであり、それを通じて日常的・基本的な情報行動の一端を
浮かび上がらせようとしたのであった。数多くの回答があったわけではない
が、回答から垣間見えることもあった。つまり、彼らは検索語に応じてネッ
トを移動していくという情報行動をとっているのではないかということであ
る。

　また、問30で尋ねたのは、軍事に関するオピニオン・リーダーの存在に
ついてである。こちらの回答も多くはない。具体的に挙がった人物で多数の
票を集める人物はおらず、結果としていえるのは、幅広く彼らの耳目を集め
る軍事の専門家がほぼいないということである。

　問22は、問23、問30よりはやや双方向的な関係、つまり軍事に関してネ
ットあるいは対面で意見交換できる機会の有無について尋ねたものである。
しかしこれも同様に、決して機会が豊かにあるとはいえない。つまり、対面

であろうとネットであろうと、結局ほとんどは軍事に関して意見交換する人間関係をもっていないことが明らかになったのである。

　以上の「調査対象者の情報行動」に関連する設問への回答結果から想像できるのは、軍事に関し、特定あるいは体系だった情報流通、コミュニケーションの経路や場の不在である。回答者たちの多くは、軍事に関する情報を、特定の人物や情報源からではなく、検索サイトなどで気ままに探し、対面でもオンラインでも、ほとんど誰かと語ることはない。もちろん、ミリタリー趣味「有」とされる人々については、情報を入手するサイトや人物を決めている傾向も若干あるようだが、それでも全体的な傾向としては少数派である。

　概して「軍事をめぐるコミュニケーション」は不活発であり、関心はあくまでも個人レベルにとどまっているということがわかった。こうした傾向が全体として強く現れていることに比べれば、情報行動に関するかぎり、「趣味的関心層」と「批判的関心層」の差異はほとんどないといっていい。

　本項冒頭で述べたような予想はまったく外れてしまった。だがそう考えたとき、こうした情報行動のありようが浮かび上がらせてくれるものは、調査対象者の特性にとどまらないのではないか。それは本調査の根本にある、戦後日本社会がつくりあげてきた「ミリタリー・カルチャー」の状況に関する問題意識と関連している。

　外国の書店や公共図書館を訪れて「軍事・戦争」の書棚の充実をみてみれば想像できるように、どの国の社会にも（主に男性の趣味としての）戦争史や戦闘・兵器に対する愛好、ホビーとしての「ミリタリー」への関心は存在する。もちろん、批判的関心としての「ミリタリー」への関心も存在する。しかし日本の場合、第2次世界大戦への反省や戦後の安全保障をめぐる特殊な環境のなかで、政治問題や社会問題としての安全保障の問題としての軍事は繊細な対応を必要とする主題であった。人々のあいだで議論される機会も少なく、日常会話で取り上げるには重すぎる問題であり、ときには円滑な人間関係を阻害しかねない話題としてタブー視されてきた。公共的な論議の対象とはなりにくい「軍事」がある一方で、趣味としてのそれがタブーとされたわけではなかったのだとすれば、それらと切り離され脱政治化された純粋な趣味としての軍事（ミリタリー）が成立しているということがあったのではないか。

　ここまでみてきたとおり、これほどまでに調査対象者──「趣味」であれ「批判」であれ、軍事・安全保障問題に対する関心が高い人々──の情報行

動が不活発である現状をみたとき、これをさらにさまざまな論点で、日本社会全体の問題として考えてみることが求められるだろう。それがつまり、本書の探究の出発点になる。

　以上、第1部「ミリタリー・カルチャーとは何か」では、ミリタリー・カルチャー研究の目的と意義、本書の基礎になった意識調査の方法、および調査対象者になった人々が戦争や軍事・安全保障に対してどのような関心を、どのようなきっかけで抱いているのか、そしてどのように情報を集め、表現している（／いない）のか、といったことを概観してきた。第2部以下ではより詳しく具体的に、さまざまな角度から調査対象者の意識や行動を分析することによって、現代日本のミリタリー・カルチャーの諸相を明らかにしていきたい。

（野上　元）

注

- (1)　ここで情報行動とは、調査対象者それぞれの軍事への関心に基づく情報収集・情報交換の手段や相手をめぐる情報取得の実践パターンを指す。北村日出夫『情報行動論――人間にとって情報とは何か』（〔ブレーン・ブックス〕、誠文堂新光社、1970年）、加藤秀俊『情報行動』（〔中公新書〕、中央公論社、1972年）などを参照。ただし本調査では、おもに情報取得行動を尋ね、直接的なコミュニケーション（会話）以外の情報伝達行動（たとえばインターネットや同人誌刊行などによる情報発信）を尋ねてはいない。
- (2)　「Google」の検索コマンド「site:」を使って「YouTube」内の検索ヒット数を出してみると、2019年8月時点で、「軍事」は約58万件、「戦争」は約288万件のヒットと出る。
- (3)　現在では「5ちゃんねる」（5ch.net）と改称している。
- (4)　「まとめサイト」とは、掲示板に書き込まれた内容を取捨選択し見やすくして転載したウェブサイトである。

第**2**部

日本の戦争と戦後

2-1 戦争の呼び方

1　なぜあの戦争の呼称を問題にするのか

　第2次調査（2016年）の問3では、「昭和20年に終わった日本の戦争についてうかがいます。この戦争については様々な呼び方がありますが、あなたはどう呼びますか。（ひとつだけ）」と尋ねている。

　なぜ戦争の呼び方を取り上げるのかといえば、そこには、あの戦争の呼称について統一的な合意やルールが存在しないという戦後日本に特有な事情があるからにほかならない。

　回答の選択肢として挙げたのは、「大東亜戦争」「太平洋戦争」「十五年戦争」「アジア・太平洋戦争」「日中戦争」、そして「第2次世界大戦」の6つである。これは2006年4月に朝日新聞社がおこなった世論調査と同じものを使用している。

　これ以外に、読売新聞社が提唱している「昭和戦争」も検討したが、知名度・使用頻度を考えて今回は挙げなかった。また、政府が使用する「今次戦争」「先の大戦」なども考えたが、固有名詞でないことを配慮して挙げなかった。

　これだけでも特異な現象だが、それぞれの呼称の提唱者・利用者が戦争の期間についてそれぞれ違った考えをもっているので、話はきわめて複雑になる。たとえば、戦争の起点を、1931年（昭和6年）、37年（昭和12年）、41年（昭和16年）と考える研究者が、同じ「太平洋戦争」という呼称を使っているのである。

　他の国では考えられないことであり、戦争の呼称を決められないでいるこ

とが、まさに日本人が過去の戦争を清算できないでいる原因だとする論者もいるくらいである。戦争の呼称は、日本人の戦争観・平和観を考えるための一つの材料になる。

2 ＿＿戦争呼称の背景

こうした事情があるので、アンケートの結果を検討する前に、それぞれの呼称の背景を簡単に説明しておく。

「大東亜戦争」

日本は1937年（昭和12年）以降の中国との戦争を「支那事変」と呼んでいたが、真珠湾攻撃直後の41年（昭和16年）12月10日の大本営政府連絡会議で「今次戦争」の名称が議論され、「支那事変ヲモ含メ大東亜戦争ト呼称ス」とする案が検討され、12月12日の閣議で正式に決定された。

しかし1945年（昭和20年）、GHQ（連合国軍最高司令官総司令部）によって、「大東亜戦争」という呼称の使用が禁止されることになる。敗戦と同時に占領軍はさまざまな指令を下したが、国家と神道の分離を命じた「神道指令」のなかで、軍国主義に結び付くとして「大東亜戦争」という言葉の使用を禁じたのだった。

政府は、「大東亜戦争」を「今次の戦争」に置き換えることにした。それ以降、「今次戦争」「今次の戦争」「先の大戦」「さきの大戦」「第2次世界大戦」などを適宜使用して、今日に至っている。8月15日の政府主催の全国戦没者追悼式で、最近も「さきの大戦」が用いられているのには、そうしたいきさつがある。

サンフランシスコ講和条約発効後、GHQの指令は失効したが、直ちに「大東亜戦争」が復活したわけではなかった。1953年に『大東亜戦争全史』（服部卓四郎、鱒書房）という本が旧高級軍人によって出版され、かなり読まれたが、「大東亜戦争」という呼称自体はそれほど一般化しなかった。

1960年代に数人の作家や評論家が「大東亜戦争」論を書いて話題になったが、「大東亜戦争」という呼称についての本格的な議論が歴史家や政治学者によってなされるようになったのは80年代以降である。そこでは、「大東亜戦争」には、「大東亜共栄圏」の建設という政治的な目的を含む意味と、

単なる地理的呼称を示す意味との二義性があると指摘された。

　現在、政府は、戦争呼称に関して法令上の定義や根拠は存在しないという立場から、公的機関が、文脈によっては「大東亜戦争」を用いることを認めている。

　防衛省では「太平洋戦争」「第2次世界大戦」などを用いているが、旧陸・海軍文書を扱う防衛省防衛研究所などは、歴史史料として「大東亜戦争」の名称を使っている。

「太平洋戦争」

　GHQは、「大東亜戦争」の使用禁止と前後して、1945年（昭和20年）12月8日から10回にわたり、「太平洋戦争史」を全国の新聞に掲載させた。GHQ民間情報教育局が準備した記事であり、満州事変以降の日本軍の暴虐ぶりを描いたものだった。

　アメリカは、European Theater（ヨーロッパ戦域での戦い）と対比させて、日本との戦争をPacific Theater（太平洋戦域での戦い）と呼んでいたこともあり、1945年（昭和20年）12月上旬には「太平洋戦争」という言葉を使用する日本の新聞もあった。GHQは、「太平洋戦争史」を学校で教えるよう指導したので、「太平洋戦争」という呼称は瞬く間に一般化した。

　もともと、大正時代から流行した日米未来戦争論では太平洋戦争という言葉が使われていたし、1941年（昭和16年）12月の「今次戦争」の呼称論議の際、海軍は「太平洋戦争」を提案したくらいだから、日本人には「太平洋戦争」という名称にはあまり抵抗がなかったのだろう。

　1950年代から60年代にかけて、「太平洋戦争」を書名とする本が著名な歴史家によって数多く刊行された。著者はそれぞれの信念や理由で「太平洋戦争」を用いたが、結果として「太平洋戦争」は完全に定着した。

　学校教育の現場での教科書や参考書が「太平洋戦争」を採用したことの影響は非常に大きかった。現在、小・中・高の教科書では、「太平洋戦争」が圧倒的に多い。

　また、地方公共団体や政府の刊行物などでも、「太平洋戦争」が多く使われている。

「十五年戦争」

　GHQは、満州事変以降の戦争を指すものとして「太平洋戦争」を用いたが、「太平洋戦争」という言葉は12月8日以降のアメリカとの戦争だけを指すことにならないかという批判は当初からあった。

　1950年代から60年代にかけて、「十五年戦争」という呼称が登場するのはそのためである。31年（昭和6年）の満州事変開始から45年（昭和20年）の敗戦まで、足掛け15年になることから、「十五年戦争」という呼称が考えられたのだった。70年代のはじめには、「十五年戦争」を書名とする本が何冊か出版された。しかし、戦争の呼称としては定着しなかったように思われる。15年間連続した一つの戦争とみることへの批判や、厳密には15年ではなく、13年11カ月ではないかという批判など、批判が多かったためである。

　「十五年戦争」は、現在では、戦争の呼称というより、日本人が体験した動乱の15年というニュアンスで用いられているように思われる。「十五年戦争期の……」といった論文名・書名は非常に多く、表記として定着している。

「アジア・太平洋戦争」

　1980年代、戦争の呼称が再び議論されるようになる。「歴史教科書問題」に始まり、「靖国神社公式参拝問題」「A級戦犯靖国神社合祀問題」「南京大虐殺問題」「従軍慰安婦問題」など、中国や韓国、そしてアジア諸国との関係を念頭に置いた「歴史認識」が論議されるなかで、呼称問題も再燃したためである。

　1985年、数人の研究者によって同時に提唱されたのが「アジア・太平洋戦争」だった。ただ、最初から「満州事変以降の戦争」すべてを「アジア・太平洋戦争」と呼ぶグループと、「12月8日以降の戦争」だけを「アジア・太平洋戦争」と呼ぶグループとに分かれていた。

　前者を広義の「アジア・太平洋戦争」、後者を狭義の「アジア・太平洋戦争」と呼ぶなら、当初は、広義の「アジア・太平洋戦争」が歓迎されたように思われる。あの戦争をひと続きの戦争と考え、その意味での「太平洋戦争」「十五年戦争」という呼称を使用していた人たちは、これで論争もおさまると考えた。2000年代のはじめに刊行された『岩波講座 アジア・太平洋戦争』全8巻（岩波書店、2005—06年）の影響も大きかった。

　しかし、その後、現代史研究者のあいだでは、むしろ狭義の「アジア・太

平洋戦争」が一般化していったように思われる。結論的にいえば、中国との戦争を、「アジア・太平洋戦争」に包括させることができないということだろう。

現在は、「12月8日以降の戦争」を、「太平洋戦争」あるいは「アジア・太平洋戦争」とするのが一般的になっているが、その場合、一般の人たちは「太平洋戦争」を、研究者は「アジア・太平洋戦争」を用いるという構図になっている。

「日中戦争」

一般的には、1937年（昭和12年）から45年（昭和20年）までの中国との戦争をいう。狭義の「アジア・太平洋戦争」を使う研究者は、いずれも「日中戦争」という呼称を使う。その場合、37年からの戦争を念頭に置いている場合が多いが、31年（昭和6年）の満州事変からとする研究者もいる。

「第2次世界大戦」

以前は、1939年（昭和14年）のドイツのポーランド侵攻から始まり世界規模に拡大した戦争を「第2次世界大戦」というのが普通だったが、現在では37年（昭和12年）の日中戦争開始を起点とするのが、海外の歴史書でも一般的になっている。つまり、「日中戦争」「アジア・太平洋戦争」を「第2次世界大戦」のなかに入れることは不自然ではなくなっているわけである。

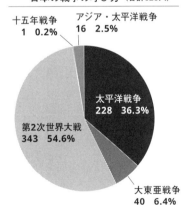

図1 1945年（昭和20年）に終わった日本の戦争の呼び方（合計628人）

十五年戦争　1　0.2%
アジア・太平洋戦争　16　2.5%
太平洋戦争　228　36.3%
第2次世界大戦　343　54.6%
大東亜戦争　40　6.4%

教科書や参考書なども、「第2次世界大戦」という大項目のなかで、満州事変・日中戦争・太平洋戦争を取り上げていることが多い。

3　あの戦争を実際にどう呼んでいるか

それでは回答をみてみよう。まず図1は、全体の結果、図2から図4は、性別、年齢層別、ミリタリー関連趣味の有無別にみたものである。

図2 性別×戦争の呼び方

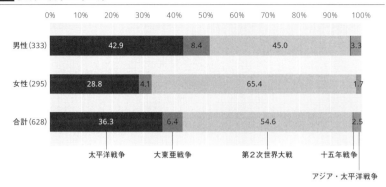

図3 年齢層×戦争の呼び方

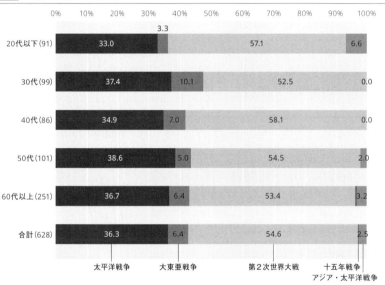

図4 ミリタリー関連趣味の有無×戦争の呼び方

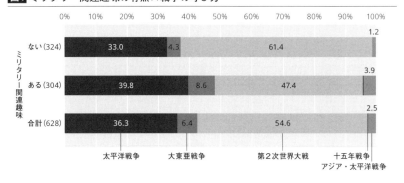

4 調査結果
朝日新聞世論調査（2006年）との比較を通して

　最初に述べたように、この調査は、2006年の朝日新聞世論調査（図5）と同じ回答選択肢を使っているので、比較しながら調査結果を検討していこう。

　回答数が少ないほうからみていきたい。

　わたくしたちの調査では、「日中戦争」はゼロだった。あの戦争全体を「日中戦争」と呼ぶのはさすがに無理があるので、理解できる結果である。むしろ朝日調査で2％あったことが不思議である。

　「十五年戦争」もゼロに近かった。「十五年戦争」を選んだたった1人の回答者は60歳以上の男性であった。一時はインパクトがある呼称だったが、研究者の多くが使わなくなったこともあり、新聞・雑誌で見かけることが少ないことも影響しているのかもしれない。

図5 朝日新聞世論調査（2006年）

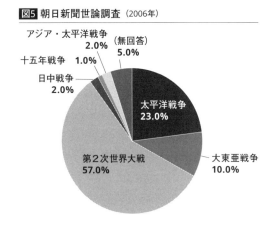

　「大東亜戦争」を選んだ回答者が6.4％であることを、多いとみるか、少ないとみるかは意見が分かれるかもしれない。2006年の朝日調査10％

と比較すれば、少なくなってはいる。

　わたくしたちの調査では、女性よりは男性に、ミリタリー関連趣味のない人よりはある人に、やや多い傾向がみられる。年齢でみると30代が多いことがわかる。呼称論議を多少知っている世代なのかもしれない。

「アジア・太平洋戦争」は、朝日調査では2％、今回の調査では2.5％であり、あまり変わらない。2006年当時はともかく、現在ではこの呼称もかなり一般的になっているので、回答数が多くなるかと予測していたが、やや意外な感がある。もっとも、「アジア・太平洋戦争」を選択した回答者が30代、40代にまったく存在せず、20代が最も多いという結果をみれば、学界での議論と一般社会での常識との時間差を示すものかもしれない。

「太平洋戦争」は、朝日調査で23％、今回の調査で36.3％であった。「アジア・太平洋戦争」が増えて、「太平洋戦争」が減るという予測ははずれた。やはり戦後ジャーナリズムや戦後教育のなかで「太平洋戦争」は完全に定着していたのだろう。「太平洋戦争」を選択した回答は男性にやや多いが、年齢やミリタリー関連趣味の有無にはほとんど関連がない。

「第2次世界大戦」は54.6％であった。「第2次世界大戦」が多いことは、朝日調査（57％）のときから予測していたことではある。性別では男性よりも女性に、ミリタリー関連趣味では、趣味がない人に多い。年齢ではほとんど差がなかった。

　調査回答者は呼称問題に詳しいわけでもないから、価値中立的な概念として「第2次世界大戦」を意識的に選んでいることは少ないだろう。やはり、ごく自然にあの戦争を含めた総括的な名称として選んだのではないかと思われる。

　しかし、結果として中立的な選択になっていて、世界史的な視点をもって日本の戦争をみることにもつながるので、無難な選択といえるかもしれない。

　現代史研究者ではなく、一般の人に尋ねれば、「第2次世界大戦」と答える回答が今後も多いことは十分予想される。

5　　本書の立場

　本書『ミリタリー・カルチャー研究』では、戦争の呼称は、広義の「アジア・太平洋戦争」を使用している。

戦後日本のミリタリー・カルチャー分析のためには、戦前・戦中のミリタリー・カルチャーとの断絶と連続を明らかにしなければならないが、その場合対象とすべきは、満州事変以降の戦争の時期のミリタリー・カルチャーと考えている。日本の戦後は、それの全否定から出発したからである（→1-1「なぜミリタリー・カルチャー研究をするのか」）。

　満州事変以降の日本社会は、戦争と軍事組織を中核とした文化によって構築されたまとまった社会であり、敗戦まで本質的な変化はなかったと思われる。その点、「十五年戦争」、「アジア・太平洋戦争」（広義）を使用する歴史研究者と基本的認識は一致している。

　ミリタリー・カルチャーという視点からすれば、あの戦争は一つのつながりととらえることができるので、学界での趨勢が「日中戦争」＋「アジア・太平洋戦争」（狭義）であることを承知で、「アジア・太平洋戦争」（広義）を採用したといえるだろう。

　最後に、戦争の呼称をめぐる研究についてふれておく。

　呼称問題については非常に多くの議論がなされてきたが、防衛省防衛研究所の庄司潤一郎による整理分析以上に詳しいものはない[1]。大変参考になった。

　なお、庄司の結論は、「12月8日以降の中国戦線を含めた戦争の適切な呼称は、戦争の全体像の視点から、いずれもイデオロギー色を否定したうえで、〈大東亜戦争〉もしくは〈アジア・太平洋戦争〉の使用を検討するのも一法ではないかと思われる[2]」である。

　また、GHQの「太平洋戦争史」については、三井愛子の優れた研究[3]がある。

（高橋三郎）

注

（1）庄司潤一郎「日本における戦争呼称に関する問題の一考察」「防衛研究所紀要」2011年3月号、防衛省防衛研究所
（2）同論文80ページ
（3）三井愛子「新聞連載「太平洋戦争史」の比較調査──占領初期の新聞連載とその役割について（前編）（後編）」「評論・社会科学」2010年3月号、2012年6月号、同志社大学社会学会

2-2 戦争・軍隊のイメージ

　今回の調査の回答者は、10代から80代までの幅広い年齢層にわたるが、実際の戦争を体験している人はほとんどいない。彼らは戦争や軍隊という言葉でどのような内容をイメージしているだろうか。

　第1次調査（2015年）の問5で、「あなたの戦争のイメージに最も近い戦争（戦争という言葉ですぐ思い浮かべるような戦争）」を自由記述の形式で尋ねた結果が、表1である。何らかの回答があった722人のうち、「第2次世界大戦」あるいは「太平洋戦争」とする回答が67.2％（722人中485人）を占めた。年齢層別にみると、20代以下で64.9％（114人中74人）、30代から50代で70.4％（321人中226人）、60代以上で64.5％（287人中185人）がそのように回答している（いずれも「第2次世界大戦」「太平洋戦争」両方の回答者の重複を省いて計算しているため、表中の回答数の合計より少ない数値となっている）。年齢層ごとの違いはあまり目立たない。この結果から、回答者たちにとって戦争とは、何よりも70余

表1 戦争のイメージ

順位		回答数	年齢層		
			20代以下	30〜50代	60代以上
1	第二次世界大戦	322	52	166	104
2	太平洋戦争	197	32	76	89
3	ベトナム戦争	186	21	74	91
4	湾岸戦争	107	18	57	32
5	イラク戦争	94	22	37	35
5	日露戦争	94	14	44	36
6	第一次世界大戦	84	18	45	21
7	朝鮮戦争	59	8	25	26
8	日清戦争	51	12	19	20
9	イラン・イラク戦争	36	1	19	16
	合計（回答者数）	722	114	321	287

年前に敗戦という形で終結したアジア・太平洋戦争を意味するということがわかる。日本は1945年から現在まで戦争をまったく経験していないわけだから、それは至極当然ともいえる。

　同様の観点から、第2次調査（2016年）の問1では、「あなたは「軍隊」と聞くと、どの国のいつの時代の軍隊のことを最も強く思い浮かべますか」と尋ねた。その結果が表2である。

　「どの国か」「いつの時代か」「軍隊の種別」というまとめ方で集計したところ、みられるように上位3位までが「日本」の「第2次世界大戦期」の軍隊を指す回答であった。1位の陸軍、2位の海軍、3位の日本軍および7位の特攻隊を合わせると46.5％（628人中292人）となる。戦争のイメージに比べると、軍隊のイメージのほうが多数派のサイズが小さい。軍隊体験者がごく少数となり、旧日本軍の詳細についての情報もあまり流通しなくなっている現状を反映しているのかもしれない。そのことは年齢層別のデータでみると、よりはっきりする。20代以下では36.2％（91人中33人）、30代から50代で47.9％（286人中137人）、60代以上で55.8％（251人中140人）が「日本」の「第2次世界大戦期」の軍隊を挙げている。20代以下の年齢層で、「日本」の「第2次世界大戦期」の軍隊の比率が低くなっているが、その背景にあるのは、いま述べた事情だろう。とはいえ、彼らのあいだでも「日本」の「第2次世界大戦期」の軍隊は最も大きな回答群を形成している。つまり今回の調査の回答者たちにとっては、アジア・太平洋戦争を担った日本の軍隊のイメージが軍隊イメージとしては最も強い。

表2 軍隊のイメージ

順位		回答数	年齢層		
			20代以下	30〜50代	60代以上
1	日本・第二次世界大戦期・陸軍	139	9	62	68
2	日本・第二次世界大戦期・海軍	80	13	35	32
3	日本・第二次世界大戦期・日本軍	73	7	31	35
4	ドイツ・第二次世界大戦期・ドイツ軍	46	8	22	16
5	アメリカ・現代・海兵隊	31	3	17	11
6	アメリカ・現代・アメリカ軍	29	7	12	10
7	日本・第二次世界大戦期・特攻隊	18	4	9	5
7	北朝鮮・現代・北朝鮮軍	15	5	8	2
9	アメリカ・第二次世界大戦期・アメリカ軍	14	3	6	5
10	アメリカ・第二次世界大戦期・空軍	11	1	5	5
10	日本・第二次世界大戦期・空軍	11	2	8	1
	合計（回答者数）	628	91	286	251

表3 架空の戦争

順位		回答数	年齢層		
			20代以下	30〜50代	60代以上
1	1年戦争（機動戦士ガンダム）	32	5	25	2
2	宇宙戦争	24	6	10	8
3	スター・ウォーズ	15	2	8	5
3	宇宙戦艦ヤマト	15	1	6	8
5	第三次世界大戦	10	3	3	4
	合計（回答者数）	190	40	77	73

1　架空の戦争、架空のヒーロー

　第1次調査（2015年）の問5で戦争イメージを尋ねたときに、現実の戦争だけでなく、架空の戦争についても挙げてくれるように求めた。表3はその結果である。最も回答数が多かった1年戦争は、テレビアニメ『機動戦士ガンダム』（名古屋テレビ、1979―80年）の舞台となる架空の戦争である。2位の宇宙戦争については映画『宇宙戦争』（監督：スティーブン・スピルバーグ、2005年）が思い浮かぶが、ここではむしろ宇宙での戦争一般を指す回答と考えておきたい。3位のスター・ウォーズはむろん『スター・ウォーズ』シリーズ（1977年―）の戦争のことである。『宇宙戦艦ヤマト』も含めて、架空の戦争とはすなわちアニメ・映画作品での戦争を意味するようだ。特に30代から50代の年齢層にこの傾向が強い。第1次調査（2015年）では、「ヒーローあるいはヒロインというべき軍人」についても尋ねたが、架空のヒーローとして、シャア・アズナブル（回答数16）やアムロ・レイ（同13）など『機動戦士ガンダム』の登場人物の名前が挙がった。回答者の多くは30代から50代の年齢層に属していて、この年齢層に対するアニメの影響の大きさをみてとることができる。

2　関心のきっかけ

　今回調査対象になった人たちは、現実の戦争についてはアジア・太平洋戦争、また軍隊についてはおおむねその戦争を担った日本軍をイメージしている。そのイメージはどのように形成されてきたのだろうか。

　第1次調査（2015年）の問2では、「あなたが戦争や軍事に関心をもつように

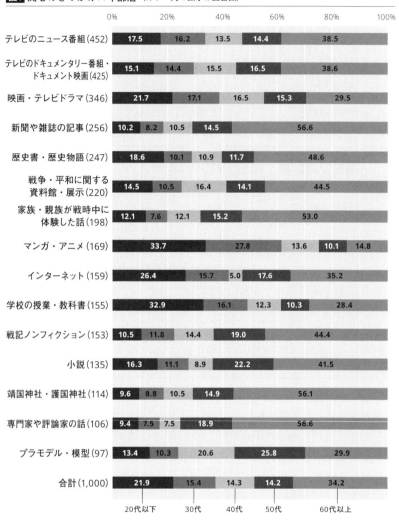

図1 関心のきっかけ×年齢層（カッコ内の数字は回答数）

	20代以下	30代	40代	50代	60代以上
テレビのニュース番組(452)	17.5	16.2	13.5	14.4	38.5
テレビのドキュメンタリー番組・ドキュメント映画(425)	15.1	14.4	15.5	16.5	38.6
映画・テレビドラマ(346)	21.7	17.1	16.5	15.3	29.5
新聞や雑誌の記事(256)	10.2	8.2	10.5	14.5	56.6
歴史書・歴史物語(247)	18.6	10.1	10.9	11.7	48.6
戦争・平和に関する資料館・展示(220)	14.5	10.5	16.4	14.1	44.5
家族・親族が戦時中に体験した話(198)	12.1	7.6	12.1	15.2	53.0
マンガ・アニメ(169)	33.7	27.8	13.6	10.1	14.8
インターネット(159)	26.4	15.7	5.0	17.6	35.2
学校の授業・教科書(155)	32.9	16.1	12.3	10.3	28.4
戦記ノンフィクション(153)	10.5	11.8	14.4	19.0	44.4
小説(135)	16.3	11.1	8.9	22.2	41.5
靖国神社・護国神社(114)	9.6	8.8	10.5	14.9	56.1
専門家や評論家の話(106)	9.4	7.5	7.5	18.9	56.6
プラモデル・模型(97)	13.4	10.3	20.6	25.8	29.9
合計(1,000)	21.9	15.4	14.3	14.2	34.2

なった強いきっかけは何ですか」と尋ねている。関心のもち方は、イメージ形成と深く関係する。そのためこのデータは、戦争・軍隊に関するイメージ形成についての傍証となりうる。図1がその質問に対する回答結果である。回答が多い順に1位から15位まで並べ、それぞれの回答の年齢層別構成も示してある（→1-3「回答者はどのような人々か」）。

　目立つのは、マスメディア経由の経験を挙げる回答の多さである。1位か

ら4位の「テレビのニュース番組」(45.2%)、「テレビのドキュメンタリー番組・ドキュメント映画」(42.5%)、「映画・テレビドラマ」(34.6%)、「新聞や雑誌の記事」(25.6%)は、いずれもマスメディア経由の経験である。それらと比べると、「家族・親族が戦時中に体験した話」をきっかけとして挙げる回答は少ない(19.8%)。しかもそのように回答した人の約半数が60代以上となっている。若い人にとっては、そもそも「家族・親族」のなかに戦争体験者がいないという状況が普通なのかもしれない。こうした結果をみると、戦争・軍隊のイメージもまた、身近な人に直接に話を聞くことによってではなく、マスメディアがもたらす情報に依拠して形成されている可能性が高い。

またニュースやドキュメンタリー、新聞・雑誌記事と並んで、「映画・テレビドラマ」が上位に挙げられていることも興味深い。8位には「マンガ・アニメ」、12位には「小説」も入っている。フィクションもまた、戦争や軍隊についての関心の「きっかけ」として無視できないほどの意味をもつようである。特に「マンガ・アニメ」の若年層への影響は顕著で、「マンガ・アニメ」を挙げた人の60%強(61.5%)は30代以下の人たちだった。このなかには、架空の戦争と聞いて、1年戦争を思い浮かべた人も含まれているだろう。

3　フィクションとノンフィクション

「きっかけ」についての調査結果が示しているように、今回の調査の回答者たちは、マスメディアを戦争・軍隊についての重要な情報源としている。この状況は、彼らだけでなく現代日本人一般に共通のものといえそうである。戦争や軍隊が遠くのものでしかない以上、戦争・軍隊情報についてのマスメディア依存は、いわば必然である。

ところで一般にマスメディア経由の情報は、フィクションとノンフィクションの区別をあいまいなものとしてしまう。少なくとも情報の受け手にとってはそうである。たとえば、〈戦争体験の苛烈さを、CGその他を駆使して再現するドキュメンタリー〉と〈戦争体験を主題とするよくできたアニメ〉との差は、少なくとも受け手にとっては微妙である。フィクションもノンフィクションも、メディアから提供される情報という意味では同じ括りに属し、そのかぎりで差がないものとみえてしまうからだ。情報をマスメディアに依

存するという条件下では、フィクションをノンフィクションのように、あるいは逆にノンフィクションをフィクションのように受け取る人が出てきたとしても不思議はない。こうした感受性を特異なものとみなすことはできない。

　となると、戦争・軍隊のイメージ形成を考えるにあたって、ニュースやドキュメンタリー、新聞・雑誌記事と並んでフィクション作品にもそれなりの意味があることになる。回答者たちが「きっかけ」としてフィクションに言及していることも、この文脈で理解することができる。「マンガ・アニメ」の例に明らかなように、大衆次元でのイメージ形成という点では、フィクションのなかでもとりわけ娯楽作品のもつ意味が大きい。このような観点から、以下では戦争や軍隊をテーマとする娯楽作品（戦争娯楽作品）に目を向けてみることにしたい。戦後日本社会での戦争娯楽作品の大まかな流れと現状を確認した後、それらと戦争・軍隊イメージの関係に言及することにしたい。

4　戦争娯楽作品を概観する

　ここでの目的に沿って戦後日本における戦争娯楽作品を概観しようとするとき、小説、映画、マンガ、アニメといったジャンルごとに詳細な話を展開するのは、上策ではない。ここで知りたいのは、ジャンルごとの特徴やジャンル内部での差異ではなく、戦後日本の戦争娯楽作品が、全体としてどのような戦争・軍隊イメージを作り出したかである。この目的にかなう方法を選ばねばならない。その観点からここでは筆者が以前おこなった議論[1]に依拠することにしよう。そこでは作品内容に着目した、ジャンル横断的な分類がなされており、戦後日本の戦争娯楽作品全体の展望を得ることができる。そこでの枠組みと記述内容に沿って戦争娯楽作品をながめてみることにしたい。なおここで「戦後日本の」というのは、「戦後日本で産出された」というほどの意味である。外国映画や翻訳小説の類は視野に入っていないことをあらかじめ断っておきたい。

　概観を適切におこなうために、まず、筆者が設定した戦争娯楽作品の分類軸を導入しよう。それは、A. 作品が設定している状況が現実のものであるか／架空のものであるか、B. 登場する軍事組織が現実のものであるか／架空のものであるか、という2つの軸である[2]。この2軸をクロスさせると、①から④という4つのセルが得られる（図2）。以下の記述はこの枠組みに沿っ

てなされる。

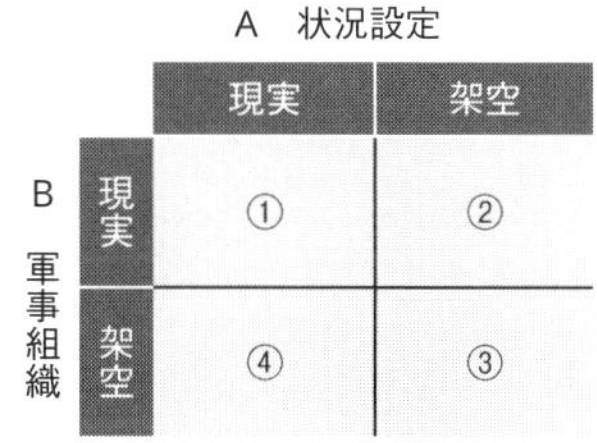

　状況設定・軍事組織がともに現実という①に属する典型的な作品は、アジア・太平洋戦争下の日本軍を扱った作品である。1950年代から70年代にかけては、「戦争の記憶の商品化に成功した」という点で「日本映画の歴史において決定的に新しいこと」[3]をおこなったと評される『二等兵物語』シリーズ（監督：福田晴一ほか、主演：伴淳三郎／花菱アチャコ、1955―61年）

図2 戦争娯楽作品の分類

		A　状況設定	
		現実	架空
B 軍事組織	現実	①	②
	架空	④	③

のほか、『独立愚連隊』（監督：岡本喜八、1959年）、『拝啓天皇陛下様』（監督：野村芳太郎、1963年）、『兵隊やくざ』シリーズ（監督：増村保造ほか、1965―72年）といった、戦争や軍隊を描いた娯楽作品が人気を博した。『二等兵物語』は、年かさの二等兵の軍隊生活を面白おかしく描いた喜劇だが、軍隊上層部の腐敗・無能ぶりと上官の理不尽な振る舞いが繰り返し描かれる。映画全体としては、ネガティヴな軍隊イメージを伝えていて、そのかぎりで当時の反戦・厭戦ムードとも連動していた。

　この系列の作品群はほとんど後続作品がなく、今日に至っている[4]。製作側、観客側双方に軍隊体験をもつ者が次第に少なくなってきたことが、こうした事態の背景として考えられる。

　状況設定が架空で軍事組織が現実という条件の②に属するのは、たとえば1980年代から90年代にかけて書かれ、多くの読者を獲得した檜山良昭や荒巻義雄の架空戦記だろう。それらの作品では、アジア・太平洋戦争下の日米両軍が、まったくの架空の設定のもとで戦火を交えたりする。あるいは、自衛隊という現実の軍事組織が架空の敵と戦う有川浩の自衛隊3部作もまた、このグループに属するといっていい（→3-8「自衛隊作品」）。『ゴジラ』（監督：本多猪四郎、1954年）以来今日に至るまで数多く作られている怪獣映画もまた、架空の敵と自衛隊の戦いという意味では、②に属するだろう。かわぐちかいじのマンガ『空母いぶき』（小学館、2014年―）は、「起こるかもしれない」が現実にはまだ起きていない（すなわち架空の）、尖閣諸島での日中両国の衝突を取り上げようとしている。この作品なども②に属するといっていい。

　状況設定、軍事組織ともに架空である③に属するのは、『宇宙戦艦ヤマト』（読売テレビ系、1974―75年）に始まり、『機動戦士ガンダム』を経て『新

世紀エヴァンゲリオン』（テレビ東京系、1995—96年）に至るアニメ系の戦争娯楽作品である。この系列は今日ますます隆盛になっている感がある。

　状況設定が現実で軍事組織が架空という④に属する作品の一例として、柳広司『ジョーカー・ゲーム』（角川書店、2008年）を挙げておこう。この作品では、結城中佐率いるD機関という架空の諜報機関が日中戦争という現実の状況下で活躍する。

　戦争娯楽作品を2つの分類軸を用いて分類すれば、以上のようになる。1945年から現在に至る長い時間のなかで、これら4つのグループの位置関係も相当大きく変化した。ひと言でいえば、はじめ優勢だった①が、②ないし③に取って代わられるようになったという変化である。70年代頃までは、戦争娯楽映画といえば、アジア・太平洋戦争下の日本軍を描く作品（①）のことだった。時間の経過とそれに伴う戦争体験者の減少とともに、アジア・太平洋戦争下の日本軍を描くという営みそのものがリアリティーを失い、次第に架空の状況下での戦争を描く物語（②）や、遠い未来に架空の軍事組織が活躍する物語（③）が比重を増してきたというわけである。

5　戦争・軍隊のイメージ再論

　以上、筆者の議論を紹介するかたちで戦争娯楽作品を概観してきた。戦争娯楽作品で現実よりも架空が優勢化しているのが現状だとすると、今回の調査の回答者たちもその影響を被らざるをえない。60代以上の人はともかく、それよりも若い年齢層の人たちは、①に属する1960年前後の日本映画をリアルタイムではほとんど観ていない。この系列の作品には後続がないから、20代から40代のなかには、作品の存在さえ知らないという人がいても不思議ではない。その代わり彼らは、アニメ作品などのなかの架空の戦争については相当に詳しいだろう。それは一種の世代経験といっていい。なかには、最も詳しく知っている戦争は1年戦争、と言い切る人もいるかもしれない。

　その一方で、今回の調査の回答者たちは、全体として戦争といえばアジア・太平洋戦争、軍隊といえばその時期の日本軍、というイメージを保持していた。戦争のイメージに関しては年齢層ごとの差はほとんどないといっていいし、軍隊のイメージについても決定的な差にはなっていない。となると、40代以下の相対的に若い年齢層に属する人たちは、架空の戦争を描くフィ

クションを楽しみながら、旧来の戦争・軍隊イメージを保持し続けていることになる。娯楽として享受している戦争・軍隊と、イメージとして保持している戦争・軍隊のあいだには明らかに乖離がある。この乖離は今後どう展開していくのだろうか。そしてその展開は、現実政治のうえにどのような影響力をもつことになるのだろうか。これらはいずれも大変興味深い問題である。これらの問いに答えるには、長期にわたる慎重な観察が必要だろう。

（高橋由典）

注

(1) 高橋由典「戦後日本における戦争娯楽作品」、京都大学大学院人間・環境学研究科社会システム研究刊行会編「社会システム研究」2018年3月号、京都大学大学院人間・環境学研究科社会システム研究刊行会、223─236ページ

(2) 分類軸と作品分類の詳しい説明については、上掲論文を参照されたい。

(3) 中村秀之「〈二等兵〉を表象する──高度成長期初期のポピュラー文化における戦争と戦後」、小森陽一／酒井直樹／島薗進／千野香織／成田龍一／吉見俊哉編『冷戦体制と資本の文化──1955年以後1』（「岩波講座　近代日本の文化史」第9巻）所収、岩波書店、2002年、149ページ

(4) 川北紘一監修『日本戦争映画総覧──映画黎明期から最新作まで』（歴史群像パーフェクトファイル）、学研パブリッシング、2011年

2-3 戦争責任を どうみるか

　アジア・太平洋戦争後の日本ほど「戦争責任」について議論された国は、世界でも珍しいのではないかと思われる。しかも、「戦争責任」という概念自体がきわめてあいまいであるという特徴がある。というより、時期や文脈のなかで、さまざまな意味に使われてきたといえばいいかもしれない。

　保阪正康は、戦後日本で論議された「戦争責任」を、①開戦責任、②継戦責任、③結果責任（敗戦責任）、④他国への責任、の4項目に大別している⁽¹⁾。

　以下、保阪の分類に従って簡単に説明する。

①開戦責任

　開戦責任は、なによりも極東国際軍事裁判（東京裁判）で追及されたものだが、それはあの戦争は侵略戦争であったという大前提に立つものだった。戦争裁判をはじめ、報道・出版の検閲、教育の統制、公職追放など、占領軍の徹底した「戦争責任周知徹底政策」もあって、日本がおこなった戦争は侵略戦争であったという認識は日本人にかなり浸透したように思われる⁽²⁾。

　東京裁判では天皇は訴追されず、天皇の責任問題はほぼタブー視されていたが、1970年代以降は、開戦の責任の有無をめぐって、かなり議論されるようになった。

　2000年代、開戦に至る経緯の歴史的研究が進み、開戦に間接・直接に関わった人たちの役割や責任が明らかになりつつある。なぜ日本人は戦争に突き進んだのか、立ち止まることができなかったのかといった問いが繰り返しなされ、多くの研究書が出版されている。

　また、『昭和天皇実録』⁽³⁾の刊行が大きな刺激になって、戦争指導における昭和天皇の責任についての論議も非常に進んだ。

②継戦責任

　継戦責任とは、戦争が拡大したのは誰のせいなのか、無条件降伏に至るまで戦争を継続したことは正しかったのか、和平のチャンスはなかったのか、戦争期間の全体にわたって天皇の意思はどれだけ反映されていたのかといった問いに答えるものである。近年研究が進んではいるが、内閣と統帥府との制度的関係だけではなく、具体的な政治家、軍指導者の個人的性格や思想、戦争の軍事的推移、国際関係の実情など、解明しなければならないことが多く、簡単な作業ではない。

　最近の傾向としては、開戦と戦争継続に大きな影響をもったものとして、新聞・雑誌・映画などメディアが果たした役割や責任について関心が向けられている。

　日本独特の現象として、戦意高揚に協力した作品を発表した文学者や芸術家の「戦争責任」が追及されたり、戦争遂行に抵抗しなかったという理由で知識人の「戦争責任」が問題にされるという事例がみられるが、これらも「継戦責任」に分類されるかもしれない。

③結果責任（敗戦責任）

　結果責任（敗戦責任）は、敗戦そのものの責任から、作戦指導の失敗によって過大な犠牲を強いることになった大本営や指揮官・参謀の責任、戦闘や空襲に巻き込まれた民間人への責任、満州や南洋諸島に移住した日本人を見捨てた責任、外地での遺骨収集の責任など、非常に広い意味で用いられてきた。戦争の悲劇として繰り返し語られてきた人的・物的被害すべてが「結果責任」の対象になっている。そこでは、国家の責任が問題にされる場合と具体的な個人が問題にされる場合とがある。いずれも、補償の問題と結び付いて、多くの国民が納得して解決したものはなく、戦後処理の不完全さを思い知らされる。

④他国への責任

　他国への責任とは、他国民に与えた具体的被害に対する責任のことである。これは、まず各国の軍事法廷によるBC級戦犯裁判によって追及された。そこで裁かれたのは通常の戦争犯罪（戦争の法規または慣例の違反）であったが、

実際に訴追されたケースの多くは日本軍による戦勝国側の捕虜や民間人に対する虐待・虐殺だった。

サンフランシスコ平和条約以降、50あまりの補償条約によって、各国に対してさまざまな形での国家補償がなされてきた。戦犯裁判を含めて、戦争賠償・補償は解決ずみというのが政府の公式見解である。

戦争賠償・補償とは別の次元で、1960年代以降、他国民、特にアジアの人々に対する日本の加害責任が、日本の研究者や平和運動家によって強調されるようになる。80年代、教科書問題をきっかけに、歴史認識についての議論が盛んになった。その流れのなかで、90年代には、「南京大虐殺」「強制連行」「従軍慰安婦」といった問題が大きな議論を巻き起こすことになった。

いずれも新しいテーマではなく、かなり前から論議されてきたものだが、他国への責任を問う人たちが、いわば加害のシンボルとして取り上げ、この動きに抵抗する人たちが、それを全面否定することによって非常に大きな議論になった。「あった」「なかった」という無益な議論は現在まで続いている。

BC級戦犯裁判で明らかになったことは、否定することができないさまざまな戦争犯罪の存在であった。しかし、南京大虐殺や従軍慰安婦など限られたテーマについての、そして感情的な議論に関心が集中したせいで、研究者もメディアも、他国民に対する個々の残虐行為がなぜ生じたかを、真剣に考察することを怠ってきたように思えてならない。

今回の調査（第2次調査〔2016年〕）で、「戦争責任」に関する問いは、朝日新聞社が2006年4月に実施した世論調査の質問文や回答選択肢をそのまま使用したが、以上述べたことからも、「戦争責任」を問題にするときは、複雑な歴史的事実を回答者がどれだけ理解しているかが重要な意味をもっていることを十分理解しておかなければならないだろう。

それぞれのトピックについて認知度や感想を聞いているが、それらはいわば「歴史認識」についての問いといえるものである。そのことを念頭に置いて、調査結果をみる必要があるだろう。

1 _____ 侵略戦争か自衛戦争か

図1は、問4「日本がおこなった戦争は、どんな戦争だったと思いますか。侵略戦争だったと思いますか。自衛戦争だったと思いますか。それとも、両方の面があると思いますか」に対する回答である。

この回答は、意外な感じを与えるかもしれない。「自衛戦争」という回答が少なく感じられるからである。

1970年代から、保守系の学者・評論家・政治家などによって「東京裁判史観」という言葉が使われ始め、80年代、「歴史教科書問題」をめぐる議論のなかで「自虐史観」という言葉が使われるようになる。保守系の人たちのあいだで、「東京裁判史観」「自虐史観」からの脱却が強調されるようになり、2014年の自由民主党の運動方針案に「子供が自虐史観に陥ることなく」と明記されるまでになった。

「教科書問題」の発端が、「侵略」の2文字であったことからわかるように、「東京裁判史観」や「自虐史観」を否定する人たちに共通しているのは、あの戦争は「侵略戦争」ではなく「自衛戦争」だったという認識である。

こうした最近の風潮を考えれば、「自衛戦争」派がある程度多くなっているかもしれないと予測するのは不自然ではないだろう。

しかし、この調査結果では、「自衛戦争」とする回答は8.4%であり、予想よりも少ないという感じを受ける。

図2・図3・図4は、性別、年齢層別、ミリタリー関連趣味の有無別にみたものである。

これらからは、男性、女性の差はないが、若い年齢層やミリタリー関連の趣味をもっている人たちに、「自衛戦争」と考える割合がやや高いことがわかる。しかし、全体としては、「自衛戦争」はあまり多くない。

しかし、「両方の面がある」という回答が多い結果を、「自衛戦争」が多くなったと解することもできるかもしれない。

「両方の面がある」という回答は、論理的に考えれば、最初からそう考えて

図1 この戦争はどんな戦争だったと思うか（合計628人）

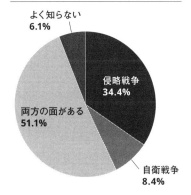

よく知らない
6.1%

侵略戦争
34.4%

両方の面がある
51.1%

自衛戦争
8.4%

図2 性別×この戦争はどんな戦争だったと思うか

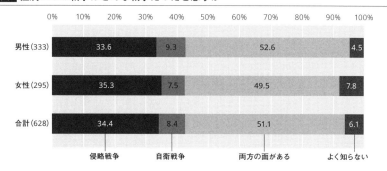

	侵略戦争	自衛戦争	両方の面がある	よく知らない
男性 (333)	33.6	9.3	52.6	4.5
女性 (295)	35.3	7.5	49.5	7.8
合計 (628)	34.4	8.4	51.1	6.1

図3 年齢層×この戦争はどんな戦争だったと思うか

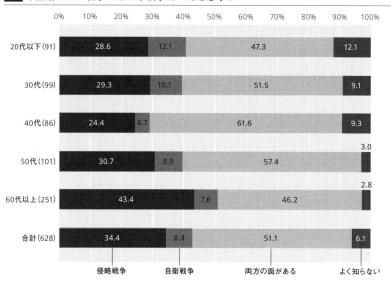

	侵略戦争	自衛戦争	両方の面がある	よく知らない
20代以下 (91)	28.6	12.1	47.3	12.1
30代 (99)	29.3	10.1	51.5	9.1
40代 (86)	24.4	4.7	61.6	9.3
50代 (101)	30.7	8.9	57.4	3.0
60代以上 (251)	43.4	7.6	46.2	2.8
合計 (628)	34.4	8.4	51.1	6.1

図4 ミリタリー関連趣味の有無×この戦争はどんな戦争だったと思うか

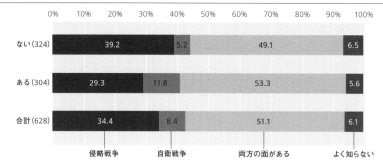

	侵略戦争	自衛戦争	両方の面がある	よく知らない
ない (324)	39.2	5.2	49.1	6.5
ある (304)	29.3	11.8	53.3	5.6
合計 (628)	34.4	8.4	51.1	6.1

いたのか、それとも「自衛戦争」と思っていた人たちが「侵略戦争」の面もあると考えるようになったのか、あるいは、逆に「侵略戦争」と思っていた人たちが「自衛戦争」の面もあると考えるようになったのか、3つの場合がある。戦後の占領政策やそれに対応した教育やメディア、そして国民大多数の当時の反応をみると、当初は「侵略戦争」と思っていた人たちが大多数であり、時代の流れとともに「自衛戦争」の面もあると考える人たちが増えてきたと解釈できないこともないからである。

「自衛戦争」派の人たちは、どちらかといえばアメリカとの戦いを念頭に置いていることが多い。確かに、対米英戦争の部分だけを取り上げれば議論の余地はあるかもしれない。しかし、満州事変以降の中国大陸での戦闘の経緯をみれば、アジア・太平洋戦争全体を自衛戦争とするのには、とうてい無理があるだろう。そう考えれば、「両方の面がある」という見方それ自体は、実は常識的な結論といえるかもしれない。

2　　戦争責任は誰に

　図5は、問5「次に掲げたそれぞれについて、戦争の責任がどの程度あると思いますか」に対する回答である。

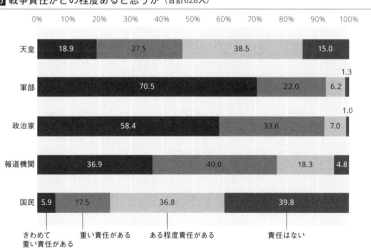

図5 戦争責任がどの程度あると思うか（合計628人）

天皇　18.9　27.5　38.5　15.0

軍部　70.5　22.0　6.2　1.3

政治家　58.4　33.6　7.0　1.0

報道機関　36.9　40.0　18.3　4.8

国民　5.9　17.5　36.8　39.8

きわめて重い責任がある　重い責任がある　ある程度責任がある　責任はない

この問いも、朝日新聞社の世論調査と同じものである。ただ、アジア・太平洋戦争で、天皇、軍部、政治家、報道機関、国民がそれぞれどのように関与したか、どのような責任があるかは、近現代史専門家でも、そう簡単に答えられるものではない。

　特に天皇の責任が本格的に取り上げられるようになったのは1970年代以降のことであり、第1次資料ともいうべき『昭和天皇実録』が刊行され始めたのも2010年代になってからであることを考えれば、実証的研究はこれからともいえる。

　この調査結果は、戦後の報道や研究など、メディアによる情報に基づいて、普通の市民が感じている責任の度合いを示したものとして受け取るべきだろう。

　軍部、政治家、報道機関の責任が重いとする回答は不思議ではない。天皇の責任については予想よりも多いと感じる人が少なくないかもしれない。また、国民に責任はないとする回答が多いことには抵抗感を抱く人もいるかもしれない。しかし、いずれも社会的風潮を反映した感覚的な回答といえる。

　図6から図10は、天皇、軍部、政治家、報道機関、国民の責任、それぞれ

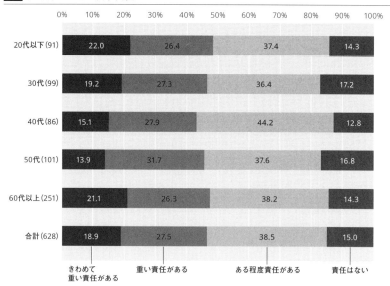

図6 年齢層×天皇の戦争責任

	きわめて重い責任がある	重い責任がある	ある程度責任がある	責任はない
20代以下(91)	22.0	26.4	37.4	14.3
30代(99)	19.2	27.3	36.4	17.2
40代(86)	15.1	27.9	44.2	12.8
50代(101)	13.9	31.7	37.6	16.8
60代以上(251)	21.1	26.3	38.2	14.3
合計(628)	18.9	27.5	38.5	15.0

図7 年齢層×軍部の戦争責任

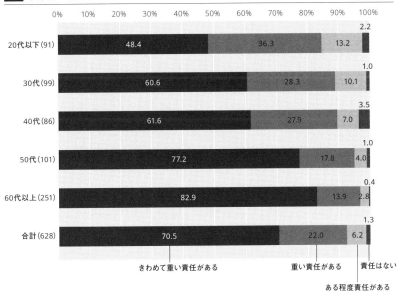

きわめて重い責任がある　　　　重い責任がある　　　責任はない
ある程度責任がある

図8 年齢層×政治家の戦争責任

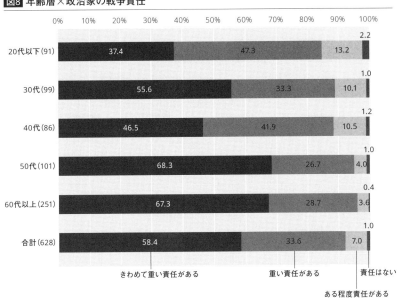

きわめて重い責任がある　　　　重い責任がある　　　責任はない
ある程度責任がある

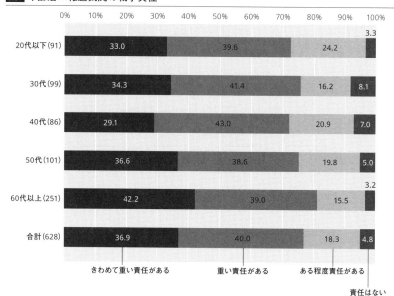

図9 年齢層×報道機関の戦争責任

	きわめて重い責任がある	重い責任がある	ある程度責任がある	責任はない
20代以下(91)	33.0	39.6	24.2	3.3
30代(99)	34.3	41.4	16.2	8.1
40代(86)	29.1	43.0	20.9	7.0
50代(101)	36.6	38.6	19.8	5.0
60代以上(251)	42.2	39.0	15.5	3.2
合計(628)	36.9	40.0	18.3	4.8

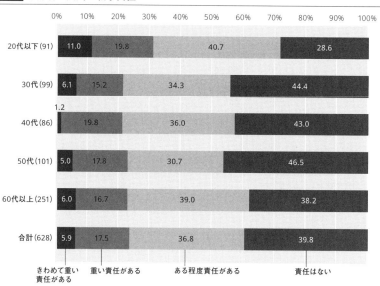

図10 年齢層×国民の戦争責任

	きわめて重い責任がある	重い責任がある	ある程度責任がある	責任はない
20代以下(91)	11.0	19.8	40.7	28.6
30代(99)	6.1	15.2	34.3	44.4
40代(86)	1.2	19.8	36.0	43.0
50代(101)	5.0	17.8	30.7	46.5
60代以上(251)	6.0	16.7	39.0	38.2
合計(628)	5.9	17.5	36.8	39.8

についての年齢層別集計である。性別、ミリタリー関連趣味の有無は、大きな差もなかったので省略した。わたくしたちの今回の調査全般にいえることだが、ミリタリー関連の趣味をもつ人たちが「戦争責任」のような現実の歴史的事実に特に関心があるわけではないことがここでも明らかになっている。

　これらの結果からいえることは、天皇、報道機関、国民の責任については、年齢層別の違いはあまりないが、軍部、政治家の責任については、回答者の年齢が高くなるにつれて重い責任があるとみなす割合が多くなる傾向がみられる。やはり戦後の社会的風潮を反映しているといってもいいだろう。

　戦後のどの時代に、戦争がどのように語られたかが、「歴史認識」形成にどのように影響を与えたかを明らかにすることは、ミリタリー・カルチャー研究の今後の重要な課題である。

（高橋三郎）

注

（1）　保阪正康『日本人の「戦争観」を問う──昭和史からの遺言』山川出版社、2016年
（2）　占領軍による「戦争責任周知徹底政策」については、最近研究が進んでいる。賀茂道子『ウォー・ギルト・プログラム──GHQ 情報教育政策の実像』（法政大学出版局、2018年）が最も詳しい。
（3）　宮内庁編『昭和天皇実録』全19巻、東京書籍、2015─19年

2-4 戦争裁判を どうとらえるか

「一切ノ戦争犯罪人ニ対シテハ厳重ナル処罰ヲ加ヘラルベシ」というポツダム宣言を受諾したことによって、日本は戦争犯罪人の裁判を受け入れることになった。それが戦争裁判である。

日本に対する戦争裁判は3種類ある。1つは戦勝国11カ国による極東国際軍事裁判（東京裁判）であり、もう1つが戦勝7カ国各国の軍事法廷による裁判である。さらに、東京裁判結審後に、新たに規定を作って拘留中の戦犯容疑者のうち戦争犯罪が立証できそうな2人を裁いたが、これが準A級裁判・GHQ裁判などと呼ばれている。

極東国際裁判所条例に、戦争犯罪の訴因が「a. 平和に対する罪、b. 通常の戦争犯罪、c. 人道に対する罪」に分類されていたことによって、その後いくつかの誤解を生むことになった。最も大きな誤解が、abcという単なる項目記号を、罪の軽重に関わるランク付けと受け取ってしまうことである。A級戦犯とかBC級戦犯とかいう言い方も混乱を招くことになった。侵略戦争の共同謀議の罪と住民虐殺の罪とどちらが重い罪かなどと比較することはできないであろう。

東京裁判の被告28人を主要戦争犯罪人とかA級戦犯とか呼んでいるが、そうした人たちは、「a. 平和に対する罪」だけで裁かれたのではない。日本には、ナチス・ドイツのユダヤ人虐殺のような「c. 人道に対する罪」はないとみなされたので、東京裁判は、「a. 平和に対する罪」「b. 通常の戦争犯罪」そして「殺人」という3つのカテゴリーに入る55の訴因を使って裁かれたのだった。

A級戦犯は7人が死刑になったが、たとえば中支那方面軍司令官だった松井石根は、「b. 通常の戦争犯罪」にあたる南京事件の責任だけを問われたも

のである。

　東京裁判と並行して、捕虜や民間人の虐待・虐殺など「b. 通常の戦争犯罪」の責任が7カ国の軍事法廷によって裁かれたのが、いわゆる BC 級戦犯裁判である。日本には C 級の戦争犯罪人は存在しないから BC 級というのは矛盾した表現だが、東京裁判に対比する意味で使われたのが慣例化してしまった。

　BC 級（戦犯）裁判は、アジア各地、約50カ所の軍事法廷で裁かれ、約9,000人が起訴され、1,000人近くが死刑になった。

　対象になった事件の存在そのものは否定できないが、誤認逮捕があったこと、上官の命令でおこなったことを上官が否定して責任をとらなかったこと、一部の国では戦犯容疑者に対して拘留中に虐待をおこなったこと、量刑が法廷によってかなりの違いがあったこと、逃亡することによって裁判を逃れた容疑者があったことなど、BC 級戦犯裁判には問題も多い。

1　東京裁判をどの程度知っているか

　図1は、第2次調査（2016年）問6-1「戦後、アメリカなどの連合国が日本の戦争指導者を A 級戦犯として裁いた「極東国際軍事裁判」、いわゆる「東京裁判」をどの程度知っていますか」に対する回答である。

　「内容をよく知っている」と「内容をある程度知っている」を合わせて65.9％である。この数値はかなり高いとみてもいいのかもしれない。

　図2から図4までは、性別、年齢層別、ミリタリー関連趣味の有無別のグラフだが、性別、ミリタリー関連趣味の有無で多少の違いはあるものの、年齢層ではあまり変わらないことがわかる。

　これらの図は、東京裁判に対する一般的関心の広がりを示していて興味深い。

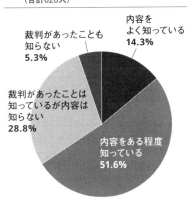

図1 東京裁判をどの程度知っているか
（合計628人）

内容をよく知っている **14.3%**

裁判があったことも知らない **5.3%**

裁判があったことは知っているが内容は知らない **28.8%**

内容をある程度知っている **51.6%**

図2 性別×東京裁判をどの程度知っているか

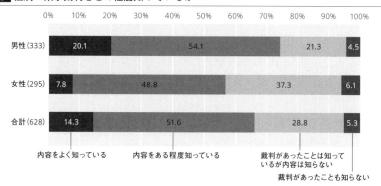

	内容をよく知っている	内容をある程度知っている	裁判があったことは知っているが内容は知らない	裁判があったことも知らない
男性(333)	20.1	54.1	21.3	4.5
女性(295)	7.8	48.8	37.3	6.1
合計(628)	14.3	51.6	28.8	5.3

図3 年齢層×東京裁判をどの程度知っているか

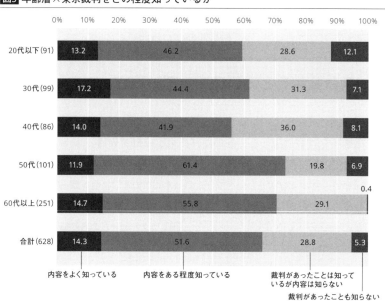

	内容をよく知っている	内容をある程度知っている	裁判があったことは知っているが内容は知らない	裁判があったことも知らない
20代以下(91)	13.2	46.2	28.6	12.1
30代(99)	17.2	44.4	31.3	7.1
40代(86)	14.0	41.9	36.0	8.1
50代(101)	11.9	61.4	19.8	6.9
60代以上(251)	14.7	55.8	29.1	0.4
合計(628)	14.3	51.6	28.8	5.3

図4 ミリタリー関連趣味の有無×東京裁判をどの程度知っているか

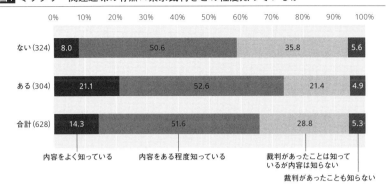

内容をよく知っている　　内容をある程度知っている　　裁判があったことは知っているが内容は知らない　　裁判があったことも知らない

2　東京裁判に対する印象

　東京裁判の内容について、かなり知っているという回答が多いことはわかった。しかし、どれだけ具体的に理解しているかを知るための問いが、「東京裁判にどのような印象をもっているか」（問6-2）である。

　図5は回答結果の全体を、図6・図7・図8は性別、年齢層別、ミリタリー関連趣味の有無別にみたものである。

　「戦争の責任者を裁いた正当な裁判」と「問題はあったが、けじめをつけるために必要だった裁判」を合わせて、裁判肯定論が50%あることが注目される。

　回答選択肢は、朝日新聞社の世論調査と同じものを使っていて、「問題はあったが、けじめをつけるために必要だった裁判」という回答が朝日新聞社のほうが少し高い（48%）。

　いずれにせよ、東京裁判肯定派と否定派は半々であるという事実に意外な感を抱く人も多いかもしれない。

　冷静に判断すれば、東京裁判は、「後から法律を作って過去に遡って適用して裁くことは許されない（事

図5 東京裁判に対する印象 （合計414人）

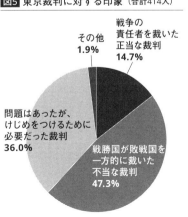

その他 **1.9%**

戦争の責任者を裁いた正当な裁判 **14.7%**

問題はあったが、けじめをつけるために必要だった裁判 **36.0%**

戦勝国が敗戦国を一方的に裁いた不当な裁判 **47.3%**

図6 性別×東京裁判に対する印象

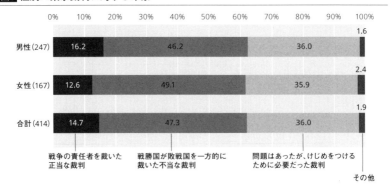

図7 年齢層×東京裁判に対する印象

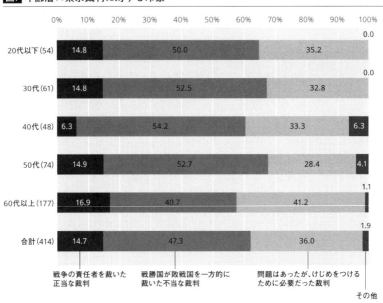

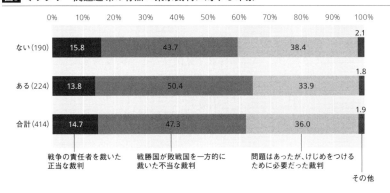

図8 ミリタリー関連趣味の有無×東京裁判に対する印象

凡例（左から右へ）：
- 戦争の責任者を裁いた正当な裁判
- 戦勝国が敗戦国を一方的に裁いた不当な裁判
- 問題はあったが、けじめをつけるために必要だった裁判
- その他

	戦争の責任者を裁いた正当な裁判	戦勝国が敗戦国を一方的に裁いた不当な裁判	問題はあったが、けじめをつけるために必要だった裁判	その他
ない (190)	15.8	43.7	38.4	2.1
ある (224)	13.8	50.4	33.9	1.8
合計 (414)	14.7	47.3	36.0	1.9

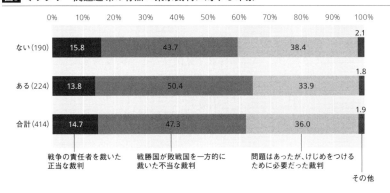

後法の禁止）」という罪刑法定主義の原則に反するものであることは明らかだし、仮に裁判を認めたにしても、A級戦犯として訴追された人たちが適切に選ばれていたかといえば、かなり疑問だからである。開戦経緯についての歴史研究が進んだ現在は特にその感が強い。

　また、ミリタリー関連趣味がある人たちは，特別な反応を示すかもしれないという予測もあったが、特に大きな違いを示していない。他の調査項目の分析でも繰り返し述べられているように、ミリタリー関連趣味のなかでは過去の歴史事実に関する興味は必ずしも大きなものではないことが、ここでも明らかになっている。

　東京裁判に対する日本人の反応は、「勝者の裁き」として否定する一般的な意見と、問題はあるにせよ、結果として、ドイツでのニュルンベルク裁判とともに、国際犯罪に個人責任を認めることによって、国際法の歴史的発展に寄与したとする学者の少数意見とに分裂していたといえる。

　最近、公判記録など原資料を読み込んだ新しい研究が発表されるようになったが、デイヴィッド・コーエンと戸谷由麻の『東京裁判「神話」の解体』[1]は、東京裁判否定派が、否定の根拠にしていたラダ・ビノード・パール判事とベルト・レーリンク判事の意見を詳しく分析するとともに、これまで無視されていたウィリアム・ウェブ判事の判決書草稿も分析している。東京裁判研究に新しい光を投げかけるものである。

　また、宇田川幸大『考証 東京裁判』[2]も、小著ながら東京裁判の問題点を的確に説明している。

戦争裁判から学ぶことは多い。もちろん裁判そのものの歴史的意味も重要だが、裁判の過程で明らかになった日本人の行動特性、特に危機的状況での決断や責任のとり方についての事例から学ぶことは大きいと思う。裁判資料の入手が進展した現在、戦争裁判資料を使った本格的な研究が望まれる。

3　東京裁判に対する印象と 慰霊追悼施設のあり方についての意見

　図9は、東京裁判に対する印象についての調査結果と、わたくしたちの第1次調査（2015年）問29-1で「日本においては、国家が戦没者を慰霊・追悼するための公的な施設のありかたはどうあるべきだと思いますか」と尋ねた調査結果とをクロスさせたものである。

　興味深い結果になっているが、回答者が問題の核心をどれだけ理解しているかは疑問である。

　問題の一つは、靖国神社は戦後、一宗教法人になったので、誰を祀ろうと自由なのに、A級戦犯の首相公式参拝が関係国に批判されるのはなぜかとい

図9 東京裁判に対する印象×日本の慰霊追悼施設のあり方

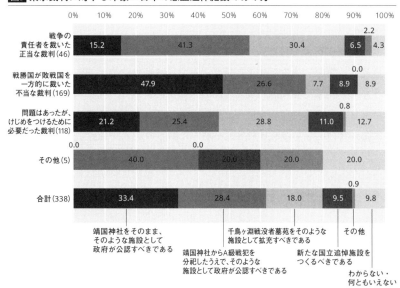

うことである。

　サンフランシスコ講和条約では、戦争裁判の受諾が一つの条件になっている。つまり、東京裁判の内容的な是非にかかわりなく、侵略戦争の責任問題はＡ級戦犯の処刑で正式に終了したことを認めて戦争を終結させたわけである。したがって、日本の首相がＡ級戦犯が合祀されている靖国神社を公式に参拝するのは、そうした約束事を公式に破ることになるのではないか、そう懸念する関係国があってもそれほど不自然なことではない。

　問題の２つ目は、国立追悼施設の問題である。現行法制のもとでは、無宗教で全戦争犠牲者の慰霊・追悼をする施設を設立することが望ましいことは明白である。千鳥ヶ淵戦没者墓苑も当初はそうした考え方に立っていたが、靖国神社にこだわる勢力の反対などによって引き取り手がない無名戦没者の墓になった経緯がある。論理的には、靖国神社でもなく、千鳥ヶ淵戦没者墓苑でもない施設を建設すればいいのであり、一時期、かなり煮詰まった議論がなされたが、結局コンセンサスを得られなかった。

　こうしたことがどれだけ理解されているかによって、回答の結果が多少変わってくる可能性があると思われる。そのことを念頭に置いてデータを読む必要があるだろう。

4　　BC級戦犯裁判をどの程度知っているか

　図10は、第２次調査（2016年）問7-1「戦後、アメリカなどの連合国が日本の元軍人等をBC級戦犯（戦争犯罪人）として裁いた裁判について、どの程度知っていますか」に対する回答である。

　図11から図13は、性別、年齢層別、ミリタリー関連趣味の有無別にみたものだが、特に大きな差はないように思われる。

　「よく知っている」と「ある程度知っている」を合わせるとほぼ50％になるが、実際は、あまりよく知らない人

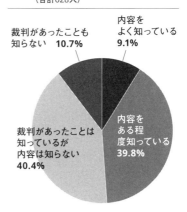

図10 BC級戦犯裁判を
どの程度知っているか
（合計628人）

裁判があったことも
知らない　**10.7%**

内容を
よく知っている
9.1%

内容を
ある程
度知っている
39.8%

裁判があったことは
知っているが
内容は知らない
40.4%

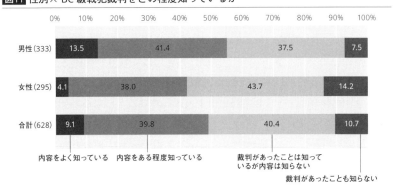

図11 性別 × BC 級戦犯裁判をどの程度知っているか

	内容をよく知っている	内容をある程度知っている	裁判があったことは知っているが内容は知らない	裁判があったことも知らない
男性 (333)	13.5	41.4	37.5	7.5
女性 (295)	4.1	38.0	43.7	14.2
合計 (628)	9.1	39.8	40.4	10.7

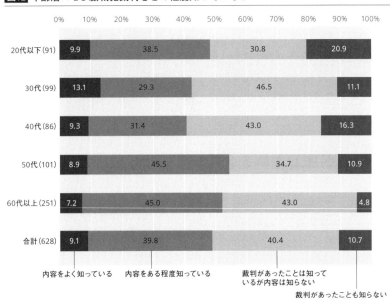

図12 年齢層 × BC 級戦犯裁判をどの程度知っているか

	内容をよく知っている	内容をある程度知っている	裁判があったことは知っているが内容は知らない	裁判があったことも知らない
20代以下 (91)	9.9	38.5	30.8	20.9
30代 (99)	13.1	29.3	46.5	11.1
40代 (86)	9.3	31.4	43.0	16.3
50代 (101)	8.9	45.5	34.7	10.9
60代以上 (251)	7.2	45.0	43.0	4.8
合計 (628)	9.1	39.8	40.4	10.7

たちが多いのではないかと思う。そのことは、BC 級戦犯裁判に対する印象についての自由回答からよくわかった。

5 BC 級戦犯裁判に対する印象

BC 級戦犯裁判についてどれだけ理解しているかを知るために、問7-1で

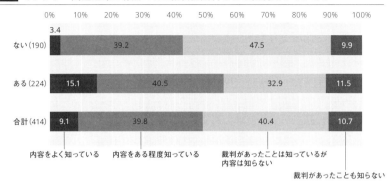

図13 ミリタリー関連趣味の有無×BC級戦犯裁判をどの程度知っているか

凡例：
内容をよく知っている　内容をある程度知っている　裁判があったことは知っているが内容は知らない　裁判があったことも知らない

「よく知っている」「ある程度知っている」と答えた回答者に、問7-2で「あなたのこの裁判に対する印象をお聞かせください」と尋ね、自由に書いてもらった。

300あまりの短いコメントが寄せられたが、強いてまとめれば、「戦勝国による一方的で、不公平、不当な裁判」という意味の回答が圧倒的に多かった。これが、BC級戦犯裁判を念頭に置いたものなのか、戦争裁判全般についての感想なのかは不明である。明らかにA級戦犯裁判を念頭に置いていると思われる回答もかなりあったから、A級戦犯裁判とBC級戦犯裁判の違いがあまり理解されていない可能性が十分にある。

もちろんBC級戦犯裁判の重要な問題にふれた回答者も存在する。たとえば、次のようなものである。

「現地住民に非人道的な扱いをした結果なのでやむをえないと考えるが、命令を出した上官でなく実行者である兵士を裁いた例が多いと考えるし、兵士の顔を識別出来ない現地住民の証言による冤罪もあったと聞くので、完全な正義が行われたとは考えていない」

「①報復裁判だった　②地域によって（検事国によって）量刑差が大きい」

「裁かれるべき人が裁かれない不十分な内容だった」

ただ、こうした回答はきわめて少数だった。

BC級戦犯裁判について正しく理解していない回答者が多いことは、全体像を見渡せるような文献が少ないことや、テレビや映画で話題になった『わたしは貝になりたい』といった作品などによって固定的なイメージがつくられてきたこと、また裁判記録へのアクセスの問題など、さまざまな事情もあ

るだろう。[(4)]

　プライバシー問題があり、BC級戦犯研究は基本的に困難ではあるが、日本人と戦争の問題を考えるうえでは最も示唆を与えてくれるテーマである。

　なお、日本には現在、国際人道法違反（＝戦争犯罪）に対する整備された法体系は存在しない。自衛隊の海外派遣にあたって、捕虜の取り扱い、文化財破壊の取り扱いなど、国際人道法違反の罪4項目に関する法律がつくられただけである。過去の戦争犯罪に対する反省を生かそうとすれば、国際人道法違反を防止するための厳密な法体系や特別裁判所の設置などを真剣に考える必要があるが、憲法改正問題と絡むため放置されているのが現状である。

（高橋三郎）

注
（1）　デイヴィッド・コーエン／戸谷由麻『東京裁判「神話」の解体──パル、レーリンク、ウェブ三判事の相克』（ちくま新書）、筑摩書房、2018年
（2）　宇田川幸大『考証 東京裁判──戦争と戦後を読み解く』（歴史文化ライブラリー）、吉川弘文館、2018年
（3）　この問いは、直前の問29「あなたは、日本・外国を問わず、国家が戦没者を慰霊・追悼するための公的な施設は必要だと思いますか」に、「必要だと思う」「どちらかといえば必要だと思う」と回答した771人のうち、第2次調査（2016年）にも回答があった338人についてのクロス集計の結果を示している。
（4）　全体を見渡せる文献として、ここでは、豊田隈雄『戦争裁判余録』（泰生社、1986年）、岩川隆『孤島の土となるとも──BC級戦犯裁判』（講談社、1995年）、田中宏巳『BC級戦犯』（〔ちくま新書〕、筑摩書房、2002年）、林博史『BC級戦犯裁判』（〔岩波新書〕、岩波書店、2005年）、半藤一利／秦郁彦／保阪正康／井上亮『「BC級裁判」を読む』（日本経済新聞出版社、2010年）、永井均『フィリピンと対日戦犯裁判──1945－1953年』（岩波書店、2010年）、戸谷由麻『不確かな正義──BC級戦犯裁判の軌跡』（岩波書店、2015年）を挙げておきたい。

2-5 「特攻」を どう考えるか

1　「自己犠牲」の称賛の少なさ

　第2次調査（2016年）の問9-1では、「あなたは、旧日本軍がおこなった「特攻」作戦（生還の見込みのない、決死の攻撃をおこなう作戦）について、どの程度知っていますか」と尋ねている。その回答の集計結果が図1から図3である。戦後70年以上が経過しているにもかかわらず、特攻について「知っている」という回答は実に多い。「詳しく知っている」「ある程度知っている」を合わせると、全体の80％に達している。それは、性別や世代差、ミリタリー関連趣味の有無でも大きな相違はみられず、いずれにおいても、75％から80％となっている。いまもなお『永遠の0』（監督：山崎貴、2013年）などの特攻映画が記録的な大ヒットになったり、知覧特攻平和会館（鹿児島県南九州市）が多くの入場者を集めたりしていることも、こうした認識・知識があってのものだろう。

　とはいえ、特攻の「自己犠牲」を称賛する認識は、必ずしも主流を占めていない。問9-2「あなたの「特攻」作戦に対する印象は、次のうちどれに近いですか」[1]への回答で、特攻を「無謀な作戦であり無駄死にだった」とする者は、回答者全体で60％以上となっているのに対して、「無謀な作戦ではあったが、自己犠

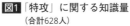

図1　「特攻」に関する知識量
（合計628人）

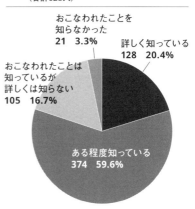

おこなわれたことを
知らなかった
21　3.3%

詳しく知っている
128　20.4%

おこなわれたことは
知っているが
詳しくは知らない
105　16.7%

ある程度知っている
374　59.6%

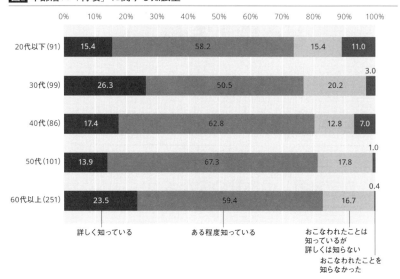

図2 年齢層×「特攻」に関する知識量

	詳しく知っている	ある程度知っている	おこなわれたことは知っているが詳しくは知らない	おこなわれたことを知らなかった
20代以下 (91)	15.4	58.2	15.4	11.0
30代 (99)	26.3	50.5	20.2	3.0
40代 (86)	17.4	62.8	12.8	7.0
50代 (101)	13.9	67.3	17.8	1.0
60代以上 (251)	23.5	59.4	16.7	0.4

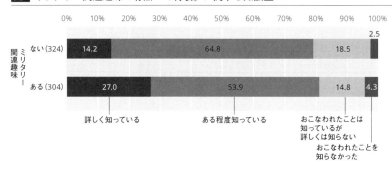

図3 ミリタリー関連趣味の有無×「特攻」に関する知識量

ミリタリー関連趣味

	詳しく知っている	ある程度知っている	おこなわれたことは知っているが詳しくは知らない	おこなわれたことを知らなかった
ない (324)	14.2	64.8	18.5	2.5
ある (304)	27.0	53.9	14.8	4.3

牲は称えられるべきだ」という回答は4分の1程度にとどまっている。世代間で若干の差はみられないことはないが、さほど目立つものでもない（図4）。「無駄死にだった」とする者は60代以上が67.3％なのに対して、20代以下は52.2％にとどまるが、その差はおおむね「なんともいえない」という回答の比率の違いに対応する（60代以上2.4％、20代以下10.4％）。「自己犠牲は称えられるべきだ」という回答は、60代以上が23.1％、20代以下が29.9％と大きな差はみられず、「当時の戦局としてはやむをえない」という回答についてもまた同様である。

この一見「平凡」な調査結果は、ポピュラー文化での特攻の位置づけと対比すると、興味深いものがある。

戦争大作映画のなかで、特攻のヒロイズムや「自己犠牲」を主題にしたものは少なくない。『永遠の0』は、それまでの邦画興行成績を塗り替える大ヒットを記録している。それ以外でも、2000年代以降に製作された特攻映画としては、『ホタル』（監督：降旗康男、2001年）や『俺は、君のためにこそ死ににいく』（監督：新城卓、2007年）などがあるほか、「水上特攻」を扱ったものではあるが、『男たちの大和／YAMATO』（監督：佐藤純彌、2005年）も大ヒットを記録した。冒頭でもふれたように、知覧特攻平和会館の入場者数は、熊本地震（2016年）などの影響を除けば総じて増加傾向にあり、年によっては長崎原爆資料館やひめゆり平和祈念資料館を上回ることも珍しくない。[(2)]

にもかかわらず、特攻の「自己犠牲」を称える層が実態として多くを占めているとは言いがたい。いわば「泣ける物語」として「自己犠牲」のヒロイズムが受容される素地はみられるものの、歴史認識としては、むしろそこから距離をとり、「無謀な作戦であり、無駄死にだった」という特攻理解が全世代を通して圧倒的に多くを占めている。特攻を賛美する言説は、一般書やSNSなどで少なからずみられるが、社会的にはこうした見方に与する層が

図4 年齢層×「特攻」に対する印象

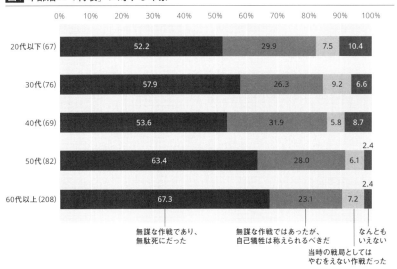

限られていることがうかがえる。

　ちなみに、特攻作戦の無意味さを訴えて特攻出撃を拒否し続けた陸軍下士官を描いた鴻上尚史『不死身の特攻兵[(3)]』はベストセラーになり、マンガ化も[(4)]されている。おそらくは、こうした見方が全世代的な特攻認識に通じるものだろう。本調査のなかでも、「おすすめの戦争映画（日本映画）」として最も多く挙がったのは『永遠の0』だったが、娯楽作品としての戦争映画の消費のされ方は、必ずしも特攻をめぐる歴史認識と一致するものではない。

2　軍組織への評価と特攻への評価

　その一方で、軍組織への評価と特攻理解の関係性については、世代的な相違もいくらかみられる。第2次調査（2016年）の問8-2では「あなたは、昭和20年まで存在した旧日本軍について、どのような印象をもっていますか。陸軍・海軍の別にお尋ねします」と尋ねている。それに対して、陸軍や海軍について「全体として問題の多い組織だった」とする回答者においては、20代以下と60代以上のいずれにおいても、特攻を「無謀な作戦であり、無駄死にだった」とする者が約7割から8割を占めていた（図5─図8）。しかし、軍組織のありように一定の評価をする回答者の場合、特攻認識に対する世代的な相違もみられる。

　60代以上では、たとえ日本海軍を「全体として優秀な組織だった」「前線部隊は優秀だったが、上層部の作戦・指揮などには問題があった」とみなしていても、特攻に対する全面否定の姿勢（「無謀な作戦であり、無駄死にだった」）が60％以上を占めていて、「自己犠牲は称えられるべきだ」とする者はいずれも4分の1前後にとどまっていた（図5）。

　それに対して、日本海軍に一定の評価をする20代以下の回答者の場合、「自己犠牲は称えられるべきだ」は約半数に達している。特攻を「無謀な作戦であり、無駄死にだった」とする割合は、海軍を「全体として優秀な組織だった」とする者の約4分の1、「前線部隊は優秀だったが、上層部の作戦・指揮などには問題があった」とする者のなかでも約半数にすぎなかった（図6）。

　つまり、60代以上では、軍組織を肯定的に評価するかどうかにかかわらず、特攻については全面否定の一貫性がみられたが、20代以下になると、

軍組織への評価と特攻の評価がゆるやかに重なっている。

　同様の傾向は、陸軍の評価の場合にも当てはまる。陸軍には不合理で好戦的なイメージがつきまとうだけに、それをあえて肯定的に評価する層では、年長世代も年少世代も、海軍の場合に比べれば、特攻の「自己犠牲」に肯定的な回答は多めではある。だが、上述のような世代間の差違がみられた点では、陸軍評価と特攻評価の対応関係についても同様だった（図7・図8）。

　このことは、若い世代のなかで「わかりやすい戦争理解」が進みつつあることを暗示するのかもしれない。60代以上の年長世代で軍組織への評価と特攻評価のねじれがみられたということは、一見矛盾含みではあっても戦争をめぐる個々の局面ごとに理解しようとする傾向を浮き彫りにする。それに対して、軍組織への評価と特攻の評価におおまかな重なりがみられた年少世代（20代以下）においては、どちらかといえば平板でシンプルな戦争理解が透けてみえる。このことは、戦争体験者との世代的な近さに起因するのか、それとも、歳を経ることによってゆるやかに知識が積み重なることによるものなのか。また、特攻理解以外の面でも、同様の世代差がみられるのかどうか。これらについては、今後のさらなる研究を待つしかない。ただ、人々の

図5 日本海軍の印象×「特攻」に対する印象（60代以上）

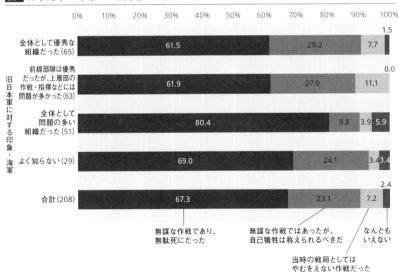

図6 日本海軍の印象×「特攻」に対する印象（20代以下）

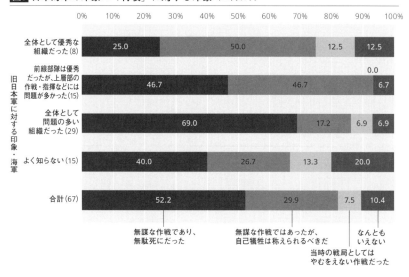

図7 日本陸軍の印象×「特攻」に対する印象（60代以上）

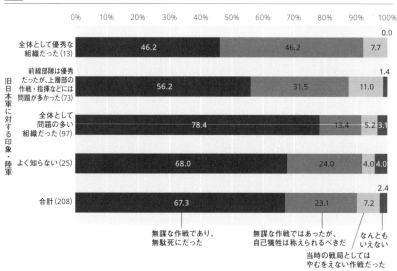

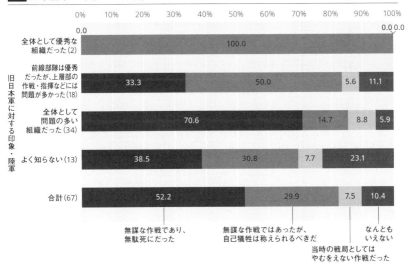

図8 日本陸軍の印象×「特攻」に対する印象（20代以下）

戦争認識を解き明かすうえで重要な課題であることは否めないだろう。

　今回の特攻認識の調査から浮かび上がるのは、メディアで生み出される戦争イメージと人々の戦争理解のズレや、戦争認識の複雑さをめぐる世代差だった。それは「特攻」以外でどのように広がっているのか。特攻認識をめぐる調査結果は、「戦争とポピュラー・カルチャー」をめぐる新たな問いを指し示している。

　　　　　　　　　　　　　　　　　　　　　　　　　　　（福間良明）

注

（1）問9-1で「詳しく知っている」「ある程度知っている」と答えた回答者に尋ねた。

（2）福間良明『「戦跡」の戦後史——せめぎあう遺構とモニュメント』（岩波現代全書）、岩波書店、2015年

（3）鴻上尚史『不死身の特攻兵——軍神はなぜ上官に反抗したか』（講談社現代新書）、講談社、2017年

（4）鴻上尚史原作・東直輝漫画『不死身の特攻兵——生キトシ生ケル者タチへ』（ヤンマガKCスペシャル）、講談社、2018年

（5）吉田裕『日本人の戦争観——戦後史のなかの変容』岩波書店、1995年

2-6 空襲の被害

　アジア・太平洋戦争中、空襲で民間人に多くの犠牲者が出たことについては、どの程度知られているのだろうか。

　第2次調査（2016年）では、次のような問いを設けた。

（問10）「あなたは、戦争中、連合国軍の「空襲」によって日本の民間人に多くの犠牲者が出たことについて、どの程度知っていますか」

　それについての回答は、以下のとおりである。

　空襲について、「詳しく知っている」「ある程度知っている」が合わせて84％を占めていた。「おこなわれたことは知っているが詳しくは知らない」は13％であり、空襲について、「おこなわれたことを知らなかった」という回答は3％と、ごく少数だった。回答者のほとんどの人が、空襲について知っていることが明らかになった。しかし、どの程度知っているかについては、「詳しく知っている」が22％で全体の5分の1ほどの割合であり、「詳しく知らない」回答者が大半を占めている。

　空襲によって民間人に多くの犠牲者が出たことをどの程度知っているのか、回答者の属性が異なれば、その認知度に違いがあるだろうか。1945年（昭和20年）3月中の空襲などアジア・太

図1 空襲についての知識（計628人）

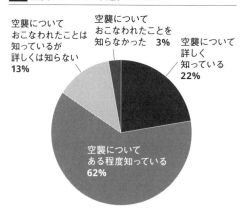

空襲について
おこなわれたことは
知っているが
詳しくは知らない
13%

空襲について
おこなわれたことを
知らなかった　**3%**

空襲について
詳しく
知っている
22%

空襲について
ある程度知っている
62%

平洋戦争中に日本全土を次々と襲った空襲は、東京、大阪、名古屋、沖縄など各地で甚大な犠牲を生じたために、近親者が犠牲になった人、戦後になって家族、知人など空襲体験者から直接、体験の様子を見聞きした人は、性別、年齢別、地域の別なく、あるいはミリタリー関連趣味の有無にかかわらず、かなりの人数にのぼるだろう。

図2 性別×空襲についての知識

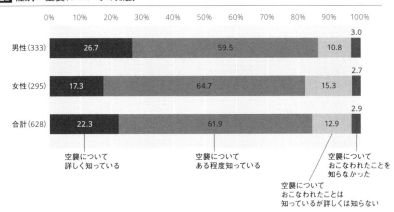

図3 年齢層×空襲についての知識

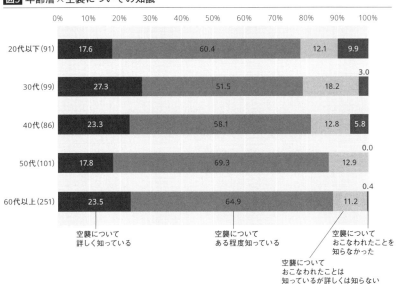

性別で回答に違いがあるかどうかをみてみると、次のとおりである。男性の回答者のほうが女性の回答者よりも、「詳しく知っている」「ある程度知っている」がやや多い傾向が示されている。

　年代別にみると、空襲被害者に近い世代の人ほど、「知っている」と回答している。30代の人に「詳しく知っている」という回答がやや多く、20代以下の人に「知らなかった」と回答している人がやや多い。

　居住地域別にみると、以下のとおりである。日本各地が空襲被害を被ったためか、各地域で軒並み「知っている」の回答割合がかなり高い。「知らなかった」という回答は北海道、中国、四国の地域で皆無だった。「詳しく知っている」が中部地方に多いのは、被害の現状を反映しているように思われる。

図4 居住地域×空襲についての知識

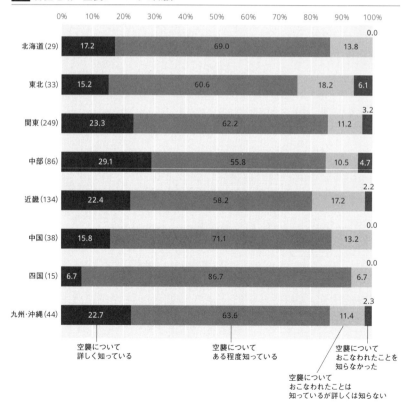

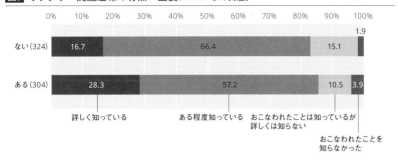

図5 ミリタリー関連趣味の有無×空襲についての知識

	詳しく知っている	ある程度知っている	おこなわれたことは知っているが詳しくは知らない	おこなわれたことを知らなかった
ない(324)	16.7	66.4	15.1	1.9
ある(304)	28.3	57.2	10.5	3.9

　ミリタリー関連趣味の有無についてみれば、「知っている」の回答は「趣味のある」回答者が「趣味のない」回答者をやや上回っているものの、「知らなかった」の回答は、「趣味のある」回答者にやや多い傾向が示されている。

　調査結果の意味を考えるために、必要な最低限の知識をまず述べておこう。

1　戦略爆撃の被害

　戦争相手国領内の非戦闘地域にある軍事関連施設などを標的とした爆撃が、「戦略爆撃」といわれている。戦略爆撃は戦争が総力戦になった第1次世界大戦から始まり、第2次世界大戦で本格化した。

　戦略爆撃は、軍関連施設を標的とする「精密爆撃」と軍関連施設がある地域全体を爆撃する「地域爆撃」に区別されるが、精密爆撃は技術的に困難であり、結果的にみれば地域爆撃の実態を有していた。戦争の激化とともに地域爆撃が増加の一途をたどり、「無差別爆撃」に発展した。

　1937年（昭和12年）4月のドイツ軍によるスペイン・ゲルニカへの爆撃は、町を壊滅させ、住民に2,000人以上の死傷者を生じさせた。史上初の無差別爆撃であり、パブロ・ピカソの『ゲルニカ』に描かれたことで有名である。

　日本陸軍航空部隊による中国本土爆撃は日中戦争当初から繰り返され、1938年（昭和13年）12月からの重慶爆撃は43年（昭和18年）8月まで、200回以上断続的におこなわれ、死者は1万2,000人以上といわれている。アジア・太平洋戦争による戦局の拡大で、日本軍による爆撃は、マレー・ペナン・シンガポール・ビルマ・フィリピンなどで繰り返し実行された。ヨーロッパ戦

線での連合国軍によるドレスデン空襲では、2日間で13万5,000人の民間人が死亡した。第2次世界大戦中、ドイツでは131都市が爆撃され、45万人から60万人が死亡したといわれている。

2　日本本土に対する戦略爆撃

　連合国軍による日本本土に対する空襲は、1942年（昭和17年）4月18日、東京、川崎、横須賀、名古屋、神戸などに対するジミー・ドーリットル率いるアメリカ陸軍航空軍による爆撃、いわゆるドーリットル空襲が最初だった。死者87人、重軽傷者260人以上、家屋全半壊280戸以上の被害を受けた。被害もさることながら本土が爆撃されたという衝撃が非常に大きく、日本軍のその後の作戦に影響を与えることになった。たとえば、大敗を喫することになったミッドウェー作戦もドーリットル空襲のショックから計画が進められたともいわれている。

　その後しばらくは本土に空襲はなかったものの、1944年（昭和19年）6月、中国の基地から出撃した大型爆撃機B29によって北九州が爆撃された。しかし、本土空襲が本格化するのは、アメリカ軍が占領したマリアナ諸島に航空基地を確保してからのことだった。

　主要都市に対する本格的な爆撃が始まったのは、1944年（昭和19年）末からである。45年（昭和20年）3月10日の東京大空襲は、一夜にして約10万人の死者を生じさせたといわれている。東京大空襲後は大量の焼夷弾を投下する無差別爆撃が一般化した。

　6月以降、全国の中小都市を目標に大規模な無差別爆撃がなされるようになる。8月6日と9日には、広島、長崎に原子爆弾が投下され、8月14日夜から15日にかけての全国4都市への空襲で終わりを告げる。

3　本土空襲の被害

　本土空襲は、大型爆撃機による爆撃だけではなく、小型戦闘機による爆撃や機銃掃射も含んでいる。沖縄や北海道では戦闘機による被害が大きかった。

　また、航空機だけではなく、艦砲射撃による攻撃もおこなわれた。1945年（昭和20年）7月、8月には、米英両海軍が岩手県釜石などに艦砲射撃をお

こない、多くの犠牲者が生じた。沖縄戦での攻撃にも、艦砲射撃は主要な攻撃力を発揮した。

　本土空襲では、アメリカ軍の出撃機数は延べ3万機で、393市町村が爆撃され、50万人から56万人が死亡したと推計されている。原爆だけをみれば、広島では1945年（昭和20年）12月までに死没者が14万人と推計され、長崎では50年に推計された死没者は7万4,000人であった。

　沖縄では1945年（昭和20年）の地上戦による人的被害が甚大で、空襲による被害を確定して推計することが困難である。沖縄戦での沖縄県出身者のうち一般人犠牲者は、沖縄出身軍人・軍属死没者約2万8,000人を優に上回る10万人近くにのぼる。

4　本土空襲と戦後社会

　戦後、1970年代には空襲・戦災を記録する運動が盛んになり、一般市民の空襲体験記録が集められた。『日本の空襲』全10巻[1]などは、体験者には空襲の記憶をよみがえらせ、空襲を知らない世代には空襲の恐ろしさを伝えることになった。また、軍人・軍属と異なり、さらに原爆被爆者とも異なる空襲被害者は、国の救済が皆無であることを問題視して国に賠償を求め、空襲被害の実態を明らかにすることも求めて裁判を起こす動きになった。早い時期の訴訟には、76年の名古屋空襲訴訟があり、東京大空襲訴訟も続いた。

　東京大空襲に関しては2007年3月に原告112人で第1次訴訟を起こし、原告20人で第2次訴訟をおこなった。大阪空襲訴訟に関しては08年12月に提訴された。いずれの訴訟でも、原告の訴えは退けられ損害賠償請求は認められていない。「戦争被害は国民が等しく受忍しなければならない」という、いわゆる「受忍論」が原告側に大きく立ちふさがって、訴えを退ける判決内容だった。

　しかし、空襲や戦災を記録する運動は継続し、戦時下の市民生活に関する資料の収集、空襲被害に関する展示、平和資料館建設といった動きにつながった。空襲展示や地元の資料館を学校の授業で見学し、空襲について知った児童・生徒はかなりの人数にのぼった。

　空襲被害裁判支援活動を目的とした全国空襲被害者連絡協議会は、空襲被害の実態を一般市民に訴える活動を各地で展開した。裁判自体の動向に一般

の人々の関心は少なかったかもしれないが、体験を記録することなど、裁判をめぐるさまざまな動きをきっかけにして、空襲について知る機会や空襲被害を考える機会を得た人は少なくなかったといえるだろう。全国空襲被害者連絡協議会は目下（2019年現在）、空襲被害者救済のための法律を制定するよう国会にはたらきかけ、国会議員への請願をおこなっている。空襲被害を被った現存者が少なくなった現状や、生存する被害者の高齢化が進んでいることを憂える声は、マスコミなどを通じて広く伝えられている。

　表1は、池谷好治がまとめた「戦争犠牲者の援護状況」である。「一般戦災者」である空襲被害者が援護の対象から置き去りになったことがよくわかる。

　空襲については、戦争を知らない若い世代をはじめとする全世代が戦争映

表1 戦争犠牲者の援護状況

				援護措置の有無
日本人	援護立法	軍人（遺族を含む）		○
		軍属（遺族を含む）		○
		未帰還者・留守家族		○
		引揚者		○
		原爆被害者（在外被爆者を含む）		○
		船舶運営会船員		○
		国家総動員法関連（被徴用者、動員学徒など）		○
	援護法改正	戦闘参加者（沖縄など）		○
		国民義勇隊員		○
		特別未帰還者		○
		満州関連（満州開拓青年義勇隊員など）		○
		満鉄軍属		○
		防空関連（防空監視隊員、警防団員など）		○
		従軍看護婦（日赤、旧陸海軍）		○
		戦後強制抑留者		○
	その他	恩給欠格者		○
		緑十字船阿波丸犠牲者		○
		学童疎開船対馬丸犠牲者		○
		八重山戦争マラリア犠牲者		○
		一般戦災者		×
外国人	植民地出身者	軍人・軍属（遺族を含む）	日本在住	○
			台湾在住	○
			朝鮮半島在住	×
		民間人		×
	敵国人			×
	占領地住民			×

（出典：池谷好治『路傍の空襲被災者——戦後補償の空白』クリエイティブ21、2010年、135ページ）

画・戦争ドラマ、戦争文学、あるいはマンガ、アニメなど、さまざまなメディアを通じて知る機会を得てきた。空襲に関する認知度が、わたくしたちの調査回答者の属性の違いにかかわりなく非常に高いことは、沖縄戦を除いて戦場を体験しなかった日本人にとって空襲が最もリアルな戦争であったことを示しているといえるかもしれない。

(新田光子)

注

（1）　日本の空襲編集委員会『日本の空襲』全10巻、三省堂、1980—1981年

参考文献

平塚柾緒編著『米軍が記録した日本空襲』草思社、1995年

高橋三郎「研究ノート「原爆孤児」問題」、新田光子編『戦争と家族──広島原爆被害研究』（龍谷大学国際社会文化研究所叢書）所収、昭和堂、2009年

池谷好治『路傍の空襲被災者──戦後補償の空白』クリエイティブ21、2010年

荒敬「米国海軍太平洋艦隊の日本空襲と艦砲射撃──第三艦隊の沖縄戦から敗戦まで」、粟屋憲太郎編『近現代日本の戦争と平和』所収、現代史料出版、2011年

中山武敏／松岡肇／有光健／梁澄子／矢野秀喜／平野伸人／竹内康人／李洋秀／黒岩哲彦／瑞慶山茂『戦後70年・残される課題──未解決の戦後補償Ⅱ』創史社、2015年

竹内康人『日本陸軍のアジア空襲──爆撃・毒ガス・ペスト』社会評論社、2016年

『米軍資料 日本空襲の全容──マリアナ基地B29部隊 新装版』小山仁示訳、東方出版、2018年

NHKスペシャル取材班『本土空襲全記録』（「NHKスペシャル戦争の真実シリーズ」第1巻）、KADOKAWA、2018年

松本泉『日本大空爆──米軍戦略爆撃の全貌』さくら舎、2019年

原田良次『日本大空襲──本土制空基地隊員の日記』（ちくま学芸文庫）、筑摩書房、2019年

2-7 戦争孤児

第2次調査（2016年）問12「あなたは、日本の「戦争孤児」（戦争によって保護者を失った子ども）について、どの程度知っていますか」に対する回答は、図1のとおりである。

「詳しく知っている」「ある程度知っている」という回答が合わせて全体の4分の3近く、「存在したことは知っているが詳しくは知らない」という回答が全体の3分の1近くを占めていることは、認知度が非常に高いことを示している。年齢別では（図2）、多少の違いがあることがわかる。

1 「戦争孤児」の歴史

これらの結果から類推できることは、日本人の多くは戦後いずれかの時期に、それが現実の「戦争孤児」であれ「戦争孤児」についての情報であれ、「戦争孤児」との出会いを体験しているということである。

「戦争孤児」という言葉は、戦後に使われたものである。明治以来、徴兵援護、傷痍軍人の援護、留守家族・戦死者遺族の援護を強調してきた軍事援護制度のもとでは、親族や地域社会・国家に見放された「孤児」は存在しないからである。「孤児」は、戦傷病死者遺族として扱われ、遺族のなかの未成年者を特に取

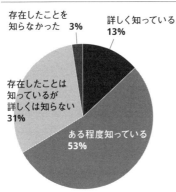

図1 戦争孤児についての知識 （計628人）

- 存在したことを知らなかった **3%**
- 詳しく知っている **13%**
- 存在したことは知っているが詳しくは知らない **31%**
- ある程度知っている **53%**

図2 年齢層×戦争孤児についての知識

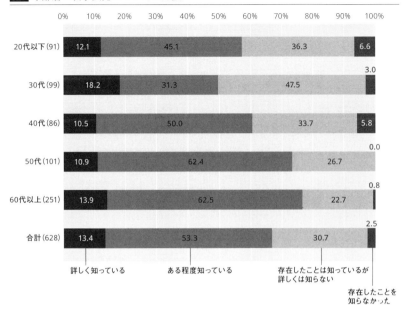

り上げるときは、「遺児」が用いられた。「靖国の遺児参拝」といった使い方
は、その例である。

　敗戦直後は、まず「浮浪児」が社会問題化した。そこでは「戦災孤児」が
「浮浪児」と同義に用いられた。「浮浪児」の多くは「戦災孤児」だったから
である。実際は、「引き揚げ孤児」や「家出児」も含まれていたが、「戦災孤
児」が広く使われ、一般化した。

　次の図3は、戦争孤児についての知識と空襲についての知識をクロスさせ
たものだが、空襲についてよく知っている人ほど、戦争孤児についてもよく
知っていることが明らかだろう。

　原爆による孤児は、当然「戦災孤児」に含まれるだろうが、原爆という現
象を特別に扱うという立場も強く、戦後早い段階で「原爆孤児」という言葉
が定着した。

　1946年にはエリザベス・サンダース・ホームが設立され、「混血孤児」が
大きな話題になった。

　1980年代になると「中国残留孤児」が衝撃を与えることになり、旧満州、
サイパン、樺太などから帰国した孤児も「引き揚げ孤児」「残留孤児」とし

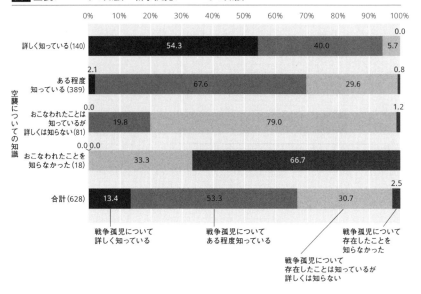

図3 空襲についての知識×戦争孤児についての知識

空襲についての知識

詳しく知っている（140）：54.3／40.0／5.7／0.0

ある程度知っている（389）：2.1／67.6／29.6／0.8

おこなわれたことは知っているが詳しくは知らない（81）：0.0／19.8／79.0／1.2

おこなわれたことを知らなかった（18）：0.0／0.0／33.3／66.7

合計（628）：13.4／53.3／30.7／2.5

戦争孤児について詳しく知っている　戦争孤児についてある程度知っている　戦争孤児について存在したことを知らなかった　戦争孤児について存在したことは知っているが詳しくは知らない

て関心を寄せられた。

「戦争孤児」という言葉は1950年代に一部では使われていたが、こうした状況をふまえて90年代からは、「空襲・原爆などによって両親・保護者を失った戦災孤児や、占領地・植民地で、もしくは引揚げの途上で孤児となった引揚孤児など、戦争が原因で生まれた孤児の総称である[1]」とする定義が一般的になった。

「戦争孤児」の数は、1948年に厚生省がおこなった「全国孤児一斉調査」の数字がよく引用される。孤児を、戦災孤児、引き揚げ孤児、一般孤児、棄迷児に分類して都道府県別に調べたものである。全国で孤児12万人、そのうち戦災孤児は2万8,000人とされている。この調査は、もともとGHQから「浮浪児」問題の解決を迫られておこなったものであり、定義がはっきりしていないうえに、沖縄や広島については確かな数字もなく、全体として信頼できる数字ではない。

限定された被害である原爆による広島の孤児数でさえ確実な数字はなく、2,000人から6,500人といわれている現状では、全国の戦争孤児数を問題にすること自体あまり意味がないだろう。

2　「戦争孤児もの」

日本人の多くは「戦争孤児」の全体像を知らなくても、いずれかのタイプの「戦争孤児」に関心をもつきっかけとなる体験をしたと考えられる。『鐘の鳴る丘』（1947—50年）や『なつぞら』（2019年）といった NHK 連続ラジオ（テレビ）ドラマ、『はだしのゲン』（「週刊少年ジャンプ」1973年25号—74年39号、集英社）や『あとかたの街』（おざわゆき、全5巻〔KC デラックス〕、講談社、2014—15年）といったマンガ、『火垂るの墓』（野坂昭如、「オール讀物」1967年10月号、文藝春秋）や『青葉学園物語』（吉本直志郎作、村上豊絵、全5巻〔こども文学館〕、ポプラ社、1978—81年）、『大地の子』（山崎豊子、「文藝春秋」1987年5月号—91年4月号、文藝春秋）といった小説、『蜂の巣の子供たち』（監督：清水宏、1948年）や『火垂るの墓』（監督：高畑勲、1988年）といった映画など、「戦争孤児」が登場するエンターテインメントはかなり多い（→3-1「日本の戦争映画」、3-3「活字のなかの戦争・軍隊」、3-4「マンガ・アニメのなかの戦争・軍隊」）。

なぜ「戦争孤児もの」が多いのか。それは、戦後社会には身近に「戦争孤児」が実在していたからにほかならない。戦後を舞台に主人公の半生や生涯を描こうとすれば、背景に「戦争孤児」が登場するのはごく自然なことだった。また、自らの戦争体験に基づいて「戦争孤児」を主人公にしなければ、と強く意識した著作者は少なくなかった。

そして、その後押しとなったのが、戦後の平和主義である。敗戦後、平和主義が広がりを見せた基本的な理由は、「戦争の悲惨さ」にあった。そして、戦争の悲惨さを語るとき、戦争の最大の被害者はいつも「女性と子ども」であり、戦争の悲惨さを体現しているのが「女性と子ども」だという論理はきわめて受け入れやすいものだった。小・中学生を対象とする平和教育が幅広く実践されたが、そこでは空襲の恐怖、その結果としての「戦争孤児」が主要な教材になった。『火垂るの墓』は、戦後の平和主義と平和教育の象徴となっていたといっていいだろう。

3　戦争孤児と戦後社会

親を失った子どもの悲しみや苦しみは、人間社会に普遍的なものである。古今東西繰り返し語られてきたテーマだといえる。では、戦争孤児特有の苦

しみとは一体なんだろうか。

　戦争孤児、特に戦災孤児について最も詳しい研究をした金田茉莉は、1990年代の初めに22人の孤児に対してアンケート調査をおこなったが、「生きてきた上で、一番辛いと思ったことは何ですか」（複数回答）という問いに対する回答は、次のようなものだったと述べている。⁽²⁾

　　☆遠慮して、自分自身を抑え、心を殺して生きるのが辛かった　　14
　　☆甘える人がなく、愛情をかけてもらえず、親戚の子との差別がひどすぎた　　　　　　　　　　　　　　　　　　　　　　　　　　　　9
　　☆辛いことばかりで特定できない　　　　　　　　　　　　　　2
　　☆家族の死が精神的にショックだった　　　　　　　　　　　　7
　　☆空腹でたまらなく、寝る場所がなく、お金がなく、世間からバカにされたこと　　　　　　　　　　　　　　　　　　　　　　　　　7
　　☆病気になったとき　　　　　　　　　　　　　　　　　　　　1
　　☆辛かったこと特になし　　　　　　　　　　　　　　　　　　2

　これだけだと、親を失った子どもが感じる一般的な反応といえないこともない。だが、学童集団疎開中に、東京大空襲で家族全員を失い、戦災孤児として生きた金田は、「親なし、家なし、金なし、学歴なし」の孤児に、もし国からの援助の手がさしのべられていたら、これほど苦しまずにすんだと考えている。

　日本政府の基本的な戦災孤児対策は、保護施設への収容であり、孤児の経済的・精神的自立への援助が欠けていたことは事実である。2-6「空襲の被害」で述べたように、日本政府は空襲被害者を援護の対象にしなかったので、空襲による戦災孤児も経済的援護の対象にならなかったのだった。

　戦争孤児と総称されていても、戦災孤児に比べれば、引き揚げ孤児や中国残留孤児については国民の関心がより高く、多少とも援助がなされたといえる。しかし、戦争孤児への一般的な関心そのものが、1970年代以降の交通遺児への関心と援助、2010年代の災害遺児への関心と援助とは比較にならない低いものであったことは事実である。金田が戦災孤児の処遇にこだわるのは、無理もないと思われる。

　1945年（昭和20年）3月の東京大空襲の被害者や遺族は、「空襲の被害者に

援助がないのは不当だ」として国に謝罪と賠償を求めて提訴していたが、最高裁判所は2013年5月、原告の上告を認めない決定を出し、原告の敗訴が確定した。金田も戦争孤児の立場から原告団の一員となり、国の援護があったなら孤児たちの戦後の人生がまったく違ったものになっていただろうと、さまざまな場所で繰り返し証言している。

　戦後日本の戦争援護の実態は、それ自体で日本人の戦争・平和観を考えるうえでの重要テーマであり、今後の研究課題である。

　戦争孤児研究については、高橋三郎「研究ノート「原爆孤児」問題[3]」が研究の歴史と問題点を簡潔に説明している。また、金田の『東京大空襲と戦争孤児』は、自分の体験だけではなく文献調査や面接・アンケート調査に基づいて書かれた、優れた研究である。

　戦時中の戦没兵士の「遺児」については、斉藤利彦『「誉れの子」と戦争[4]』が詳しい。また、戦後の「靖国神社遺児参拝」については、松岡勲『靖国を問う[5]』が詳しい。

（新田光子）

注
（1）　北河賢三「戦後日本の戦争孤児と浮浪児」、民衆史研究会編「民衆史研究」2006年5月号、民衆史研究会
（2）　金田茉莉『東京大空襲と戦争孤児──隠蔽された真実を追って』影書房、2002年、82―90ページ
（3）　高橋三郎「研究ノート「原爆孤児」問題」、新田光子編『戦争と家族──広島原爆被害研究』（龍谷大学国際社会文化研究所叢書）所収、昭和堂、2009年
（4）　斉藤利彦『「誉れの子」と戦争──愛国プロパガンダと子どもたち』中央公論新社、2019年
（5）　松岡勲『靖国を問う──遺児集団参拝と強制合祀』航思社、2019年

2-8 戦友会を知っているか

　第2次調査（2016年）で戦友会についての知識を尋ねたところ、図1・図2のような結果になった。「詳しくは知らない」と「存在したことを知らない」という回答が、回答者全体の70%近く（67.7%）を占める。男女を比べると、女性のほうがその比率は高く（71.5%）、年齢別では、20代以下が最も高い（77.0%）。ただ60代以上のグループでは、60%程度（60.6%）にとどまっている。このように細かくみると、性別や年齢別で若干の差はあるが、図1と図2のデータが示しているのは、現代日本では戦友会についての情報はそれほど知られていないという事実だろう。

　ここではその現実を念頭に置いて、戦友会について簡単な解説をおこなってみたい。戦友会に関する学術的な調査としては、わたくしたちの研究会が数次にわたっておこなったものがある。[1] 現在のところ、学術調査としてはこの調査が唯一のものなので、その結果に依拠しながら話を進めていきたい。

図1 性別×戦友会についての知識

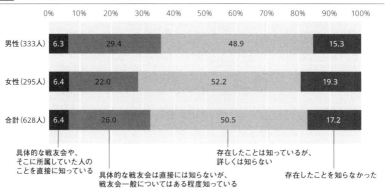

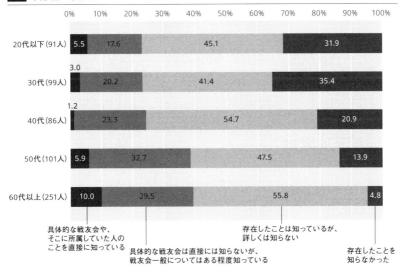

図2 年齢層×戦友会についての知識

- 具体的な戦友会や、そこに所属していた人のことを直接に知っている
- 具体的な戦友会は直接には知らないが、戦友会一般についてはある程度知っている
- 存在したことは知っているが、詳しくは知らない
- 存在したことを知らなかった

1　戦友会とは何か

　戦友会とは、アジア・太平洋戦争で軍隊を体験した人たちが、戦後かつての共通体験や共通所属をもとにつくった集団のことである。共通体験や共通所属の内容は多岐にわたり、それに応じて戦友会の内容もさまざまである。中隊や大隊、連隊といった戦闘単位ごとの戦友会もあれば、砲兵や通信兵、衛生兵のような科別の戦友会、軍学校（たとえば陸軍士官学校や海軍兵学校）の同期生会、収容所で一緒だった捕虜の戦友会もある。ここでは、主として部隊や艦船といった戦闘単位ごとの戦友会のことを思い浮かべながら話を進める。このタイプの戦友会が、数のうえでは圧倒的に多いと考えられるからだ。[2]

　戦後70年以上経過し、かつて存在した戦友会の多くは解散ないし活動停止の道をたどっている。もちろん現在なお活動を続けている戦友会もあるし、会の運営が会員の遺家族に引き継がれた戦友会もあるが、全体としてみるなら、戦友会は過去の事象になりつつあるのかもしれない。第2次調査（2016年）で「知らない」という回答が多数を占めたのも当然のように思える。ただここでは、現在を含む戦後日本社会全体との相関で戦友会をとらえたいので、戦友会の叙述に関しては、あえて現在形を用いることにしたい。

戦友会は当事者たちがそれぞれ自発的につくった集団で、全国の戦友会を統括する組織は₍₃₎ない。したがって戦後日本社会にどのくらいの数の戦友会が実在したかに関する正確なデータは存在しない。戦友会研究会の2005年調査では、全国の3,600余の戦友会が調査対象になったが、実在する戦友会の数はこの数倍あるいはそれ以上あったかもしれない。膨大な数の軍隊体験者たちが戦友会に関与していたことになる。

2　　戦友会大会

　戦争とか軍隊とかいった内容を無視すれば、戦友会はクラス会や同窓会とよく似ている。クラス会などと同じく、戦友会も年1回会員たちが一堂に会すること（戦友会大会）を主たる活動内容としている。それ以外にも定期的に会報を発行したり、もとの集団に関する歴史（部隊史など）をまとめたりするといったことも熱心におこなわれているが、メインイベントは間違いなく年に1度の戦友会大会である。

　戦友会大会の進め方はどの戦友会でも似たようなもので、最初に戦死した戦友に対する慰霊の儀式があり、その後懇親会、各部屋に分かれての歓談、一夜明けて解散というのが標準的なパターンである。大会開催地周辺の名所見学がスケジュールに組み込まれることもある。戦友会大会はさまざまな場所で開催されるので、観光の要素が入り込むこともあるわけだ。

　ともあれ戦友会大会は、①慰霊の儀式があること、②宿泊を伴うこと、という2点でクラス会などとは異なっている。大会に慰霊の儀式が含まれることは、戦友会という集団の性質からいって当然だろう。②の宿泊のほうはどうか。大会が泊まり込みでおこなわれることについてはいくつもの理由が考えられるが、最も大きな理由は、要するに、互いに話すことがたくさんあるからということだろう。1泊するくらいの時間的余裕がないと、どうしても話し足りないという感じが残ってしまう。体験の語り合いは、慰霊、親睦と並んで戦友会を構成する3つの要素の一つだが、語り合いに傾けられる会員たちの情熱は相当なものである。語られる物語は毎年ほぼ同じものなのだろうが、それでも語るエネルギーは衰えない。いくら話しても話が尽きないのだ。互いに語り合うことを通して、死んだ戦友の慰霊をしているという側面もあるのかもしれない。「語り合いの場では必ず戦死者の思い出が出ました。

これも立派な慰霊となったと思います⁽⁵⁾」という、ある戦友会世話人の言葉が印象深い。

　戦友会が最も盛んだったのはいつ頃だろうか。戦友会の世話人たちにそれぞれの戦友会の成立時期について尋ねると、「戦後の生活も落着いた昭和四〇年頃⁽⁶⁾」といった答えが返ってくることが多い。戦後の生活がいつ落ち着くのかは、復員の時期や年齢や職業などの違いによって微妙に異なるだろう。そのためか、戦後まもなくから1970年代くらいまでは、ほぼコンスタントに新たな戦友会が誕生していたようだ。なかでも60年代後半に結成された戦友会が最も多い。他方、解散や活動停止が目立ち始めるのは、90年代に入ったあたりからである。このように考えると、60年代後半から20年ほどのあいだが戦友会の最盛期だったのではないかと思われる。

3　　戦友会と退役軍人団体

　戦友会は集団の成り立ちからいうと、クラス会や同窓会と似ているが、メンバーの体験の中身からいうと、退役軍人団体の一種とみえるかもしれない。退役軍人団体といえば、日本ではかつての帝国在郷軍人会がその代表的なものだが、軍人援護を目的とするこの団体と戦友会とではだいぶ趣が違う。戦友会にはこの種の社会貢献の発想はあまりない。あるいは現在の例で考えてみてもいい。たとえばアメリカにはアメリカ対外戦争退役軍人会とかアメリカ在郷軍人会といった大規模な退役軍人団体がいくつもあり、一種の圧力団体として大きな政治的影響力を行使している⁽⁷⁾。それらに比べると、戦友会の姿勢は相当に内向きである。戦友会においては対外的なアピールや政治的なメッセージが発信されることはほとんどない。会員たちの関心はもっぱら集まること、慰霊すること、体験を語り合うことであり、外の社会との交流を最初から断念しているところがある。

　こう考えると、戦友会を退役軍人団体一般と同列に論じることにはあまり意味がなさそうだ。戦友会には退役軍人団体一般の枠に収まりきれない独特の性質がある。死んだ戦友の慰霊と生きている戦友同士の交わりを殊の外大切にし、そのためだけに集団を組織する。そしてこの集団は、利害損得にかかる世俗的なテーマやイデオロギーに基づく自己主張にはほとんど関心を示さない。戦友会のこうした特徴は、いったい何に由来するのか。このことを

考えるためには、戦友会が、ほかならぬアジア・太平洋戦争後の日本社会という特定の歴史的文脈で出現したことに注目する必要がある。

4　戦友会と戦後日本社会

　戦友会は任意の集団だから、もとの集団を構成していた誰か（1人ないし複数）が「かつての戦友ともう一度会おう」と決意するところからすべてが始まる。彼らにとって戦友同士のつながりは「学校のクラス会、職場のOB会とは全然ちがう」「どんな友人よりも親しい」「兄弟以上、家内、子ども以上」と形容されるほどのものだから、この決意には十分な根拠がある。ただ戦友会の場合、クラス会などとは異なって、「互いに連絡をとりあって集まる」ことに独特の困難がある。

　日本はアジア・太平洋戦争に敗北してから、きわめて大きな社会変動を経験した。平和主義を基本理念の一つとする新しい憲法が制定され、民主主義と人権を基軸にして社会のさまざまな分野で大幅な制度変更がなされた。それに伴い社会全体の価値観も大きく変容した。戦争の評価ということでいえば、アジア・太平洋戦争にはこれ以上ないほどはっきりしたマイナスの符号がつけられた。そしてその評価は、戦後日本社会でほぼ自明なものとして世代を超えて共有されることになった。

　戦友会の会員たちは、アジア・太平洋戦争の遂行をその前線で担った人々である。彼らは戦後大きな負符号がつけられた戦争の、いわば真ん中にいたわけだ。繰り返し述べるように、戦友同士のつながりは相当に深く強い。彼ら自身にとってこのつながりは、かけがえのないもの、そのため高い正価値をもつものだ。そうであるがゆえに、「もう一度会おう」から始まって集団をつくるところまで発展していくわけである。彼らは戦友会を通して、死んだ戦友を含む戦友同士の強いつながりを再確認する。戦友関係を部分として含む全体としての戦争そのものには負符号がついているわけだから、戦友会で戦友同士の関係を再確認するということは、負符号がついた全体から正符号がついた部分を取り出すという試みに等しい。

　全体に負の符号がつくなら、その全体を構成する部分にも負の符号がつく。これが最もわかりやすい全体と部分の関係だろう。ナチスによる統治の全体に負の符号がついている以上、ナチス風の身ぶりや服装、あるいは鉤十字に

も負符号がつかざるをえない。それらを取り出して愛でたりすれば、（少なくとも戦後のドイツでは）ただではすまない。負の符号がついた全体と部分の関係に関する大方の理解がこのようなものだとすると、戦友会のメンバーがかつての戦友関係を軸に集まるとしても、無邪気にそれを楽しむというわけにはいかなくなる。へたをすると社会は彼らを「懲りない人々」とみなしてしまうかもしれないからだ。集まるということが、それがどのようにみられるかという観点抜きには成り立たない。先ほど、集まることに「独特の困難がある」と書いたのはこの意味である。(9)

　だが他方で、このような無理解の壁に囲まれているからこそ、なおいっそう強い思い入れをもって集まろうとするということも考えられる。集まらなければ、戦死した戦友を含む戦友同士のつながりは雲散霧消してしまうからだ。戦友同士のつながりは確かに実在した。しかしそれを知る者は当の戦友たち以外にはない。社会の目は総じて冷淡であり、戦友関係の実在性についても無関心である。となると、戦後社会のなかで戦友同士のつながりの実在性を確かめるには、実際に集まる以外にない。集まって、かつてのつながりがいまも続いていることを再確認する以外にない。こうして彼らはただひたすら集まり、慰霊、親睦、体験の語り合いを繰り返すことになる。戦友会のこうした特徴は、これまで述べてきたような歴史的な文脈を視野に入れてはじめて理解することができる。(10)

（高橋由典）

注
（1）　その結果は、高橋三郎編著『共同研究・戦友会』（田畑書店、1983年〔同編著『新装版 共同研究・戦友会』インパクト出版会、2005年〕）、戦友会研究会『戦友会研究ノート』（青弓社、2012年）にまとめられている。
（2）　前掲『戦友会研究ノート』91─92ページ
（3）　かつて全国戦友会連合会という組織が存在したが（2002年に解散）、この団体は靖国神社国家護持運動を推進するために結成された戦友会の連合体であり、参加していた戦友会の数も200あまりと少ない。
（4）　ここでいう戦友会は部隊・艦船の戦友会だけでなく、あらゆるタイプのものを含む。
（5）　前掲『戦友会研究ノート』150ページ
（6）　同書88ページ
（7）　同書192─195ページ
（8）　いずれも戦友会調査（戦友会研究会、2005年）の自由回答から。

(9) 戦友会の名づけ方にもこの「独特の困難」が示されている。GHQ 統治下では「○○戦友会」といったストレートな命名はとても少なく、一見戦友会とは思えない名称（たとえば野放会や福々会など）を採用する会が多かった（前掲『戦友会研究ノート』85—87ページ）。好戦的とみなされることを避けようとしたのだと考えられる。

(10) なお、「負符号のついた全体から正符号のつく部分を取り出す」というふるまいについては、少年週刊誌における戦争ブームを分析した高橋由典「一九六〇年代少年週刊誌における「戦争」──「少年マガジン」の事例」（中久郎編『戦後日本のなかの「戦争」』所収、世界思想社、2004年、181—212ページ）において詳述されている。

2-9 戦没者の慰霊と追悼

第1次調査（2015年）の問29では、「あなたは、日本・外国を問わず、国家が戦没者を慰霊・追悼するための公的な施設は必要だと思いますか」と尋ねた。図1のように「必要だと思う」が最も多く40.4％を占め、「どちらかといえば必要だと思う」の36.7％を合わせると、約80％に達する多くの回答者が公的な慰霊・追悼施設の必要性を感じていた。

その一方で、「どちらかといえば必要ではないと思う」「必要ではないと思う」の回答は、合わせて4.4％のかなり少数である。そして「どちらともいえない・わからない」が18.5％を占めていた。回答者のうち、かなりの人たちが戦没者の慰霊・追悼のための公的な施設が必要かどうか回答に窮しているのである。この質問が、必ずしも簡単に答えを出せるものでないことがうかがわれる。

この「戦没者を慰霊・追悼するための公的な施設は必要か」の質問に対して全体で約80％を占める、必要性を認める回答には、性別による違いがあるだろうか。図2のとおり、男性は女性よりも必要であるという回答がやや多い。女性の回答では「どちらともいえない・わからない」が、やや多い傾向が示された。

年齢層別でも、回答の違いが認められる。年齢層が高いほうが低

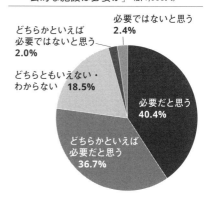

図1「戦没者を慰霊・追悼するための公的な施設は必要か」（計1,000人）

- 必要だと思う 40.4％
- どちらかといえば必要だと思う 36.7％
- どちらともいえない・わからない 18.5％
- どちらかといえば必要ではないと思う 2.0％
- 必要ではないと思う 2.4％

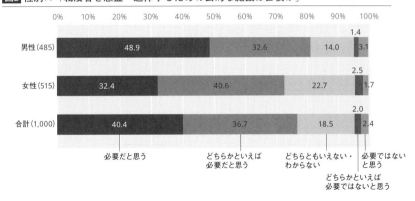

図2 性別×「戦没者を慰霊・追悼するための公的な施設は必要か」

図3 年齢層×「戦没者を慰霊・追悼するための公的な施設は必要か」

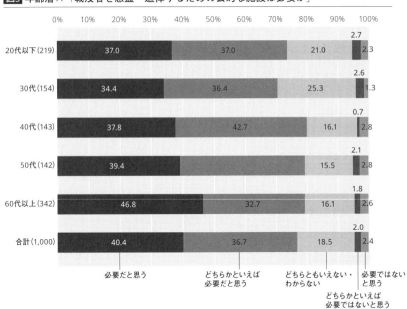

い年齢層より「必要だと思う」が、やや多い。ただ、年齢層の最も低い20代以下の層では、「必要だと思う」が若干多く示されている。

　この質問について、「ミリタリー関連趣味の有無」および第2次調査（2016年）問4「日本がおこなった戦争は、どんな戦争だったと思いますか」との相関をみると、次のようであった。図4のとおり、ミリタリー関連趣味があ

図4 ミリタリー関連趣味の有無×
「戦没者を慰霊・追悼するための公的な施設は必要か」

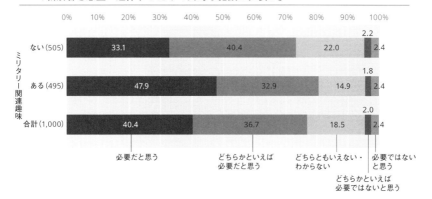

図5「日本がおこなった戦争はどんな戦争か」×「戦没者を慰霊・追悼するための公的な施設は必要か」

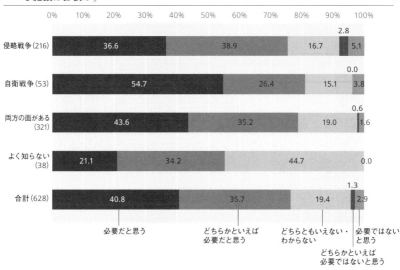

る回答者に「必要だと思う」の回答がやや多い。図5では、「自衛戦争」だったか「侵略戦争」だったかの回答で違いが認められ、「必要である」の回答が「自衛戦争」であったという回答者に多い。「侵略戦争」であった、あるいは「両方の面がある」の回答に比べると、やや上回っていることがわかる。

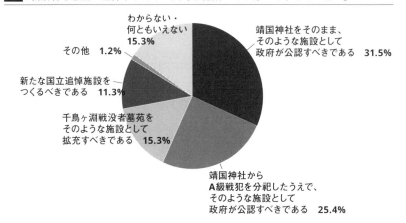

図6「戦没者を慰霊・追悼するための公的な施設のあり方はどうあるべきか」（計771人）

わからない・
何ともいえない
15.3%

その他 1.2%

新たな国立追悼施設を
つくるべきである 11.3%

千鳥ヶ淵戦没者墓苑を
そのような施設として
拡充すべきである 15.3%

靖国神社をそのまま、
そのような施設として
政府が公認すべきである 31.5%

靖国神社から
A級戦犯を分祀したうえで、
そのような施設として
政府が公認すべきである 25.4%

「日本・外国を問わず、国家が戦没者を慰霊・追悼するための公的な施設」が「必要だと思う」あるいは「どちらかといえば必要だと思う」と答えた回答者に対しては、さらに問29-1で、「日本においては、国家が戦没者を慰霊・追悼するための公的な施設のありかたはどうあるべきだと思いますか、次の選択肢のうち、あなたの考えに最も近いものをお選びください」と尋ねた。図6は、その選択肢ごとの回答結果を示している。靖国神社に関係した回答選択肢を、半数以上の人が支持している。

1 「公的な施設」としての靖国神社

　靖国神社は、どのような性格のもので、戦前・戦後、そして今日までどのような経緯をたどってきたのだろうか。

　靖国神社は、国のために殉じた戦没者を神として合祀奉斎し、慰霊・顕彰する施設として、明治天皇・明治政府によって設立された。東京招魂社から別格官幣社靖国神社として陸・海軍省が管理・運営してきた。

　靖国神社の祭神は、陸・海軍各部隊から出された戦没者名簿に基づき、合祀予定者として天皇の裁可を経て合祀の発表がなされ、招魂式、合祀祭がとりおこなわれた。「維新前後の殉難者」をはじめとし、明治・大正・昭和と時代が進むにつれて、戦役・事変・戦争ごとに合祀された殉国の「英霊」の招魂祭は、天皇親拝のもと、次第に大がかりで盛儀なものになった。

「英霊」の遺族となった人々は、「靖国の母」「靖国の妻」として参拝し、遺児は「遺児参拝」をおこなって社頭に集った。その様子は新聞・ラジオなどで広く全国に報道された。軍人が戦死すれば靖国神社にまつられ、「遺族の家」は「誉の家」として称賛されると信じた兵隊仲間うちで、「戦死したら靖国で会おう」と声をかけあったとしても不思議はないだろう。

　兵隊や遺族だけでなく民間人の多くが招魂祭に集ったのは、靖国神社よりむしろ各地の身近な招魂社であり、のちに改称した護国神社だった。特に子どもたちにとっては学校が休みになり、掛け小屋の見世物などが楽しい娯楽となって、心待ちにする秋の行事であった。

　靖国神社も護国神社も戦没者をまつる施設として、アジア・太平洋戦争が終わるまで、日本の代表的な「公的な施設」だった。軍隊経験者や戦中の子ども世代である「少国民」は、戦後も靖国神社を戦没者がまつられる公的施設としてとらえる傾向にあるかもしれない。

　日本の敗戦後、占領軍は靖国神社、護国神社あるいは招魂社を軍国的神社とみて、その取り扱いに苦慮した。最終的には、靖国神社が戦前のように死者の霊を賛美することなくその慰霊に専念し、個人的礼拝の対象として維持されていくことで存続を認めることにした。

　一宗教法人になった靖国神社の国家護持を求める動きは、1960年代から70年代にかけて盛んになった。

　靖国神社を宗教法人から特殊法人に変え、神道祭祀の形式は宗教色を薄めた儀式・行事をおこなうとした政府管理下に神社を移す法案「靖国神社法案」は、1969年から72年にかけて5回国会に上程されたが、日本国憲法の政教分離規定に抵触するなどの理由で反対が強く廃案になった。護持推進派と反対派は国会内外で激しく対立し、公的慰霊施設の問題にとどまらず、戦没者慰霊・追悼観に関わる問題、あるいはアジア・太平洋戦争をめぐる戦争観・歴史観に関わる対立抗争を招いた。いわゆる、靖国神社問題である。

　国家護持問題はその後、天皇、内閣総理大臣、自衛隊員などの参拝を国を代表する公式参拝として実現しようとする「表敬法案」に形を変えたが、国会に上程されることはなかった。代わりに「英霊にこたえる会」が結成され、靖国神社護持の「国民運動」が展開された。

　靖国神社祭神に東京裁判による「A級戦犯」が「昭和殉難者」として加えられたのは、1978年10月であり、翌79年4月の新聞がこのことを報道し、広

く知れ渡った。天皇の靖国神社参拝は、75年11月の参拝が最後になっているのだが、昭和天皇は、このA級戦犯の合祀に不快感をもっていたと伝えられている。平成の時代には、天皇の参拝は一度もおこなわれていない。

1980年代以降、内閣総理大臣や閣僚、国会議員集団参拝が繰り返されるたびに国内および韓国・中国など諸外国から問題視して批判されたのは、主に「A級戦犯をまつる靖国神社」への参拝だったからである。

第2次調査（2016年）問6-1では、「東京裁判に対する印象」についても質問した。次に示す図7が、その回答結果と「戦没者を慰霊・追悼するための公的な施設のあり方」とのクロス集計結果である。東京裁判が「不当な裁判」であったという回答者では、「靖国神社をそのまま、そのような施設として政府が公認すべきである」という回答が他よりも多くなっていることがわかる（→2-4「戦争裁判をどうとらえるか」）。

回答選択肢の一つ「靖国神社からA級戦犯を分祀したうえで、そのような施設として政府が公認すべきである」に、図6のとおり、26％も回答があったことは、これまでの靖国神社問題の経緯をふまえると大変興味深い。この回答の是非はともかく、A級戦犯合祀が中国や韓国など諸外国との摩擦の

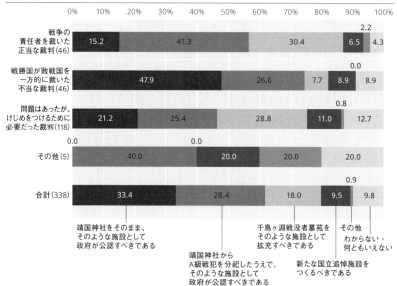

図7 東京裁判に対する印象×「戦没者を慰霊・追悼するための公的な施設のあり方」

原因になっているという、靖国神社問題の中核的問題についての理解が広まっていることを示しているだろう。

　靖国神社にまつられている祭神の合祀柱数合計は、1879年（明治12年）に別格官幣社靖国神社になって以降、現在まで246万6,000柱あまりである（2019年8月現在、靖国神社発表による）。

2　「公的な施設」としての千鳥ヶ淵戦没者墓苑

　靖国神社よりもむしろ「千鳥ヶ淵戦没者墓苑をそのような施設として拡充すべきである」という回答を選んだ人は、回答者の15％を占めていた。千鳥ヶ淵戦没者墓苑は、どのような施設だろうか。

　千鳥ヶ淵戦没者墓苑設立の動きは、各戦域から収集された遺骨のうち無名・無縁の遺骨が厚生省に仮安置されたままになっていたこと、アメリカのリチャード・ニクソン副大統領が来日した1953年2月、来日の際に靖国神社の参拝を断ったことを主な契機としている。外国の要人も参拝できる施設として「無名戦没者の墓（仮称）」建設が閣議決定されたのは同年12月だったが、その性格については国会の内外で激論が交わされた。単なる無縁の骨の収納所であり外国の無名戦士の墓のように全戦没者を象徴する施設ではないという意見があった一方で、たとえ無名・無縁の遺骨を納める墓であっても、内外の多くの戦域から収集され、しかも軍人・軍属だけでなく一般邦人も含まれていることから全戦没者を象徴する施設であるという意見が対立したなかで、59年3月に竣工した。また竣工後は、手狭である、国の施設としてはふさわしくない、などと評価された。東京都内の皇居や靖国神社にほど近い場所に立地し、竣工式と追悼式は天皇・皇后参拝のもとでとりおこなわれた。

　竣工後現在まで、政府など遺骨収集派遣団の帰還による遺骨引き渡し式、拝礼式をおこなって、遺骨は軍人、軍属、一般邦人を含む合計37万あまりである（2019年5月現在、千鳥ヶ淵戦没者墓苑奉仕会発表）。

3　「わからない・何ともいえない」の　　回答選択肢

　図1に示したとおり、「わからない・何ともいえない」という回答は、全

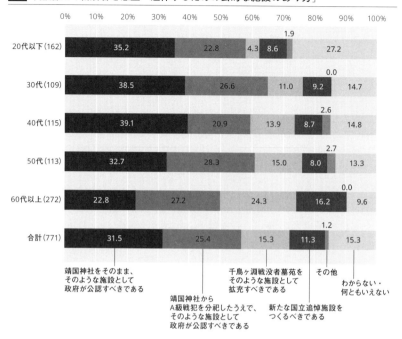

図8 年齢層×「戦没者を慰霊・追悼するための公的な施設のあり方」

	靖国神社をそのまま、そのような施設として政府が公認すべきである	靖国神社からA級戦犯を分祀したうえで、そのような施設として政府が公認すべきである	千鳥ヶ淵戦没者墓苑をそのような施設として拡充すべきである	新たな国立追悼施設をつくるべきである	その他	わからない・何ともいえない
20代以下 (162)	35.2	22.8	4.3	8.6	1.9	27.2
30代 (109)	38.5	26.6	11.0	9.2	0.0	14.7
40代 (115)	39.1	20.9	13.9	8.7	2.6	14.8
50代 (113)	32.7	28.3	15.0	8.0	2.7	13.3
60代以上 (272)	22.8	27.2	24.3	16.2	0.0	9.6
合計 (771)	31.5	25.4	15.3	11.3	1.2	15.3

回答の15％を占めていた。このかなり高い割合には注目すべきだろう。

　年齢層別にみると、図8のとおりである。回答者全体では戦争を体験していない世代が多いため、こうした回答が多くなることが推測できる。すべての年齢層で比較的高率であるのはある程度理解できるが、特に若い年齢層を中心に、より高い割合を示している。若い年齢層は、靖国神社問題はもとより、靖国神社や千鳥ヶ淵戦没者墓苑の存在自体を知らない人々が比較的多く、「わからない・何ともいえない」の回答を選択することになったのだろうか。

　一方、靖国神社問題の経緯を知っている人のなかには、その難しさを知るがゆえに回答に迷うという場合も一定数あっただろう。

　しかし、戦没者が新たに発生しない戦後の状況のなかで、戦没者を慰霊・追悼する施設のあり方について、考えてもみなかった、という人がかなりあるのではないだろうか。

4　新たな公的な施設

「戦没者を慰霊・追悼するための公的な施設のあり方はどうあるべきか」の設問においた回答選択肢のうち、「新たな国立追悼施設をつくるべきである」の回答は全回答者の11%であって、これも比較的多い割合といえるだろう。

　年齢層別にみると、高い年齢層の回答者である（図8を参照）。「わからない・何ともいえない」の回答と同様に、靖国神社問題をめぐるこれまでの対立した議論や戦争観・歴史観が問われる議論を知識として得てきた年齢であることに関係しているのだろうか。

「靖国神社か、千鳥ヶ淵戦没者墓苑か、新たな慰霊・追悼施設か」という、戦後解決すべき課題に取り組んだ政府の諮問機関「追悼・平和祈念のための記念碑等施設の在り方を考える懇談会」は、2002年12月に報告書をとりまとめて政府に提出したが、現在まで政府・関係機関で根本的な問題解決には至らず、課題は残されたままである。

「戦没者を慰霊・追悼するための公的な施設のあり方はどうあるべきか」の質問では、選択肢に「その他」の回答をおいて自由記述欄を設けた。記述欄の記入は多くなかったが、そのうち、「新たな施設」として参考になると思われるものをいくつか列挙してみると、以下のようであった。

> 「他国との議論により、折り合いをつけた上で施設および参拝の目的や意義を明確に定義し、公認するべきであると考えている」
> 「戦争の愚かさを後世に解り易く伝える施設であるべき」
> 「何も恥ずべきことはない。他国がどうこう言う問題ではない。内政干渉である。」
> 「慰霊碑のみ」

　何が「新たな施設」として受け入れられるかは、戦死者・戦没者遺族や戦争を体験した人々、あるいは戦争体験者に何らかのつながりをもった人々と、いまの若い世代をはじめ戦争を体験していない人々とでは、かなり異なる問題だろう。「新たな施設」問題は古くから議論されてきたのだが、遺族や戦争体験者がさらに少なくなった現在、また新たに戦争犠牲者が生じる可能性

があるこれからの時代状況では、従来とはかなり異なる「新たな施設」問題を抱えているように思われる。

（新田光子）

参考文献

新田光子「靖国神社問題と国家の『慰霊』」、龍谷大学宗教法研究会編「宗教法講座」第3号、龍谷大学宗教法研究会、1978年

高橋三郎編著『共同研究・戦友会』田畑書店、1983年

菅原伸郎編著『戦争と追悼――靖国問題への提言』八朔社、2003年

坪内祐三『靖国』（新潮文庫）、新潮社、2001年

2-10 戦跡訪問と 戦争・平和博物館

　戦争の史跡や戦争の資料を展示する博物館は、過去の戦争についての国民の歴史意識を示すという意味で重要であり、その成り立ちを考えることは国民の戦争観をとらえるうえで有用である。とりわけ戦後の日本は軍隊をもたない国として出発したため、過去の戦争をどのように位置づけるかということ自体が政治的争点であり続けており、戦争に関係する展示施設は、そうした政治的文脈と関連して、名称に「平和」を冠するものが数多く生まれることになった。このような戦後日本社会に特有の戦争の位置づけ方について、ここでは戦争にまつわる史跡を「戦跡」、そして戦争に関連する事柄を展示する施設を「戦争・平和博物館」（狭義の意味での軍隊の展示施設である場合は「軍事博物館」を用いる）と広くとらえ、今回のわたくしたちの調査結果とともに考察する。

1　戦後日本における国立戦争博物館の不在

　第2次世界大戦の敗戦国になった日本では、占領軍の非軍事化政策のもとで軍隊の廃止をはじめとして軍事に関するあらゆる諸制度が廃止され、国民に対する軍事知識の普及に関わる建造物や各種教育施設もまた廃止や撤去の対象になった。旧軍人をかたどった銅像に代表される旧軍の顕彰を目的とした記念碑の撤去、そして靖国神社の境内に設置されていた国立の戦争博物館であった遊就館に代表される国防知識の普及を目指した社会教育施設、いわゆる「軍事博物館」や軍事知識の普及を目的とする展示の廃止がその例である。それまでは国立の戦没者の顕彰施設として位置づけられていた靖国神社は一宗教法人になり、同神社設立に伴って境内に設置されていた遊就館は敗

戦に伴って廃止された。

　1952年の講和条約の発効によって独立国になった日本は、警察予備隊、保安隊を経て自衛隊の制度を発足させるが、いまなお軍隊をもたない国であるため、自衛隊の各駐屯地内に設置されている広報施設を除いて、海外では多くみられる国立の軍事博物館が日本では設置されていない。

　また、こうした軍隊をもたない国ゆえの国立の戦争博物館の不在という事態に加えて、歴史認識に関わる次のような事情もある。日本の講和独立の際に東京裁判による裁きを公式に受け入れた日本政府は、南京事件に代表されるような旧日本軍が犯した主要な戦争犯罪については国としての見解を明示しているにもかかわらず、いまなお個々の戦争被害に対する補償問題が未解決という現状がある。「かつての戦争」の評価に関する国の姿勢が定まっていないとして、過去の戦争を展示する国立の戦争博物館もいまだに設置されていない。この点は後述するが、かつて戦後50年を記念して「遺児記念館」を設置しようとした日本遺族会の要求で開設準備が始まった展示施設が、開館前にその戦争展示の内容が明らかになったという出来事があった。それによってこの展示施設における過去の戦争の描き方について関係者の内外で議論が紛糾し、その結果、そうした議論を避けるために過去の戦争資料を「陳列」することで開館した昭和館の問題は、象徴的な事件であった。[(1)]

　ただし国立の戦争博物館が不在である一方、戦後日本では各地で戦跡と戦争・平和博物館が徐々に整備され、現在に至る（本項目末尾の表5「日本の戦争・平和博物館」を参照）。その端緒になったのが広島と長崎であった。

2　戦跡訪問の経験の有無と訪問場所

　わたくしたちの第1次調査（2015年）の問24「あなたは戦跡や軍事遺跡を訪れたことがありますか」という設問に対しては、男女ともに「ある」が約55％、年齢層別では最も多いのが60代（60.5％）、少ないのが40代（47.9％）であるが、いずれも半数近くは訪問経験があると回答している。ミリタリー関連趣味の有無の別ではそうした趣味をもつ人では58.7％、もたない人は52.3％となっていて、いずれも半数近い人々は訪問経験があることから、戦跡や軍事遺跡の訪問は性別やミリタリー趣味の有無とはあまり関係がないこ

表1 訪問した地域（10位まで）×性別・年齢層・ミリタリー関連趣味の有無⁽²⁾

順位		回答数	性別		年齢層			ミリタリー関連趣味	
			男性	女性	20代以下	30〜50代	60代以上	ない	ある
1	広島県	396	173	223	77	169	150	202	194
2	沖縄県	167	71	96	28	58	81	97	70
3	長崎県	158	62	96	27	63	68	88	70
4	東京都	65	40	25	6	34	25	16	49
5	鹿児島県	63	32	31	6	22	35	29	34
6	サイパン島	33	14	19	1	18	14	16	17
7	ハワイ州	32	16	16	0	18	14	16	16
8	グアム島	20	5	15	1	11	8	10	10
9	ベトナム	11	2	9	0	5	6	5	6
9	大阪府	11	8	3	1	5	5	3	8

とが読み取れる。

　訪問経験があると回答した人に対し、続けて問24-1で「あなたが訪れた戦跡や軍事遺跡の場所を教えてください（10カ所まで）」と自由記述で回答を求め、その回答を地域別に集計すると、表1のような結果が得られた。

　上位の広島、沖縄、長崎については性別でみると女性のほうがやや多い。年齢層別では30代以上が20代以下に比べて多いのは、海外の訪問経験の差にみられるように年齢の高いほうがそうした機会に恵まれることが多いことから当然の結果ともいえるだろう。ミリタリー関連趣味の有無でみると、最も多い広島県、そして海外についてはほとんど差がみられず、沖縄県と長崎県は「趣味なし」の人のほうがやや多かった。また鹿児島県については「趣味あり」のほうがやや多く、東京については「趣味あり」の人のほうが「なし」の人に比べて3倍以上訪問経験が多い結果になった。つまり、趣味の有無を問わず、訪問場所として多く挙がったのは広島、沖縄、長崎であり、原爆と沖縄戦の戦跡が広く訪問場所として選ばれていた。東京と鹿児島についてはミリタリー関連趣味がある人のほうが多く訪問していた。東京は主に靖国神社、鹿児島は知覧の特攻関連史跡を挙げた回答がこの結果に反映されている。

　表2で、戦跡・軍事遺跡の場所別に回答をみると、広島の原爆ドームが最も多く、ドームと隣接する5位の広島平和記念公園と合わせると、回答者の約36％は広島を訪問しており、次点のひめゆりの塔は回答者の17％であるため倍近い差がある。10位以下の訪問場所のうち、先にみた地域別の「大

表2 戦跡・軍事遺跡名（10位まで）×性別・年齢層・ミリタリー関連趣味の有無 [3]

順位	戦跡・軍事遺跡名	回答数	性別		年齢層			ミリタリー関連趣味	
			男性	女性	20代以下	30～50代	60代以上	ない	ある
1	広島原爆ドーム	178	69	109	42	86	50	98	80
2	ひめゆりの塔	98	34	64	24	41	33	62	36
3	靖国神社	53	36	17	4	28	21	12	41
4	長崎平和公園	29	14	15	3	10	16	18	11
5	広島平和記念公園	22	14	8	2	11	9	13	9
6	真珠湾	20	9	11	0	11	9	12	8
7	関ヶ原	15	10	5	0	6	9	4	11
8	バンザイクリフ	9	3	6	1	8	0	4	5
8	五稜郭	9	4	5	1	5	3	3	6
10	猿島	7	5	2	1	3	3	2	5
10	川中島	7	7	0	1	3	3	1	6
	合計（回答者数）	555	274	281	114	234	207	264	291

阪」の回答11のうち、大阪城を挙げた人が5人、海外ではシンガポールとダッハウ強制収容所が3人、他に3人以上の回答があったのは鹿児島県の鹿屋、沖縄県の摩文仁の丘だった。

　性別で特徴がみられるのは、靖国神社や旧陸軍の砲台跡が残る神奈川県の猿島、川中島といった史跡は男性の割合が多い。年代別では、20代以下は真珠湾と関ヶ原の訪問経験者はいなかったが、原爆ドームやひめゆりの塔のように多くの人が訪れる原爆や沖縄戦関連の遺跡訪問の経験についてはそれほど差がみられない。靖国神社、猿島といった軍隊関連の史跡と関ヶ原、川中島といった前近代の戦跡については、ミリタリー関連趣味がある人の回答のほうが多くみられた。

3　戦争・平和展示施設訪問の経験の有無と訪問場所

　先の設問に続く問25「あなたは戦争や平和に関する展示施設（博物館、資料館など）を訪れたことがありますか」で訪問の有無を問い、訪問経験が「ある」の回答者には続けて「あなたが訪れた戦争や平和に関する展示施設（博物館、資料館など）の場所を教えてください（10カ所まで）」と問い、自由記述方式で以下の回答を得た（表3）。

　展示施設には、男女ともに、どの年代も、ミリタリー趣味の有無にかかわ

表3 展示施設名（5位まで）×性別・年齢層・ミリタリー関連趣味の有無

順位	展示施設名	回答数	性別		年齢層			ミリタリー関連趣味	
			男性	女性	20代以下	30～50代	60代以上	ない	ある
1	広島平和記念資料館	166	73	93	34	71	61	71	95
2	長崎原爆資料館	71	24	47	17	31	23	36	35
3	知覧特攻平和会館	26	13	13	1	9	16	11	15
4	遊就館	21	16	5	1	14	6	2	19
5	ひめゆり平和祈念資料館	20	6	14	2	10	8	11	9
5	大和ミュージアム	20	15	5	4	11	5	4	16
	合計（回答者数）	702	340	362	153	302	247	350	352

らず回答者全体の70％は訪問経験があり、広島平和記念資料館、長崎原爆資料館の2館に続き知覧特攻平和会館、そして靖国神社内に設置された遊就館、沖縄のひめゆり平和祈念資料館、広島の呉に開設された戦艦大和の資料を展示する大和ミュージアムと続く。

　性別では広島、長崎の原爆資料館とひめゆり平和祈念資料館はともに女性の割合が半数以上を占め、大和ミュージアムと遊就館はその逆で男性が多く、知覧特攻平和会館は同じだった。年齢層別では、知覧特攻平和会館は60代以上が他の年代に比べて多く、遊就館と大和ミュージアムは30代から50代までが他の年齢層に比べて多くみられた。ミリタリー趣味の有無では、遊就館と大和ミュージアムはミリタリー関連趣味がある人が多く訪問しているが、他の施設はあまり差がみられない。原爆および特攻関係の施設だけについて集計した表4でみると、その特徴がさらに浮かび上がる。

　原爆関係施設は幅広い年齢層の人々が見学しているが、女性のほうが、そしてミリタリー関連趣味をもたない人のほうがやや多い。原爆関係施設と比較して特攻関係施設は男性、そしてミリタリー関連趣味がある人のほうがやや多いが、年齢層別では原爆関係施設に比べて60代以上の訪問人数の割合のほうが高い。この点は修学旅行での訪問先として同じ戦争博物館のなかでも特攻関係施設よりは広島や長崎といった原爆関係施設が多く選ばれていることも理由として挙げられるだろう。

　以上でみたように、戦跡、戦争・平和博物館の訪問経験で属性によって差がみられるのは、男性、そしてミリタリー関連趣味がある人のほうが訪問経験が多かった靖国神社や猿島、大和ミュージアムといった軍事に関係する史跡や博物館、そして関ヶ原や川中島といった前近代の戦跡であった。しかし

表4 原爆関係・特攻関係施設の訪問×性別・年齢層・ミリタリー関連趣味の有無⁽⁴⁾

	回答数	性別		年齢層			ミリタリー関連趣味	
		男性	女性	20代以下	30〜50代	60代以上	ない	ある
原爆関係施設	467	202	265	90	200	177	250	217
特攻関係施設	66	36	30	7	21	38	29	37

性別、年齢層、ミリタリー関連趣味の有無を問わず多くの回答を得たのは、広島や長崎といった原爆関係の戦跡や博物館、沖縄戦で看護要員として動員されたひめゆり学徒隊の関連施設、戦争博物館では知覧の特攻平和会館であった。つまり戦後の日本社会で戦跡と戦争博物館といえば広島と長崎の原爆であり、沖縄戦のひめゆり学徒隊であり、知覧の特攻に関する展示施設が多く訪問場所として選ばれているということだろう。

では、なぜいま、そうした場所が多くの人々に訪問先として選ばれているのか。以下で戦跡と戦争・平和博物館がどのような形で戦後日本社会のなかで成立してきたのか、その過程を通じて考察してみたい。

4　各地の戦跡保存と博物館の開設
平和教育と空襲記録運動

戦後の日本で第2次世界大戦に関係する遺跡が史跡指定をされたのは、1995年の原爆ドームが最初である。96年の世界遺産登録につながる国内の史跡指定の一環としてなされたものだったが、それはその後の文化庁の「軍事に関する近代遺跡」調査を促す契機になった。なぜなら、それまでの日本の文化財行政での史跡の対象には、近代日本の軍隊が成立して以降の戦跡が含まれていなかったためである。98年から文化庁のこの調査が始まったが、原爆ドームそのものの保存に向けた動きは60年代に地元広島市が始めたものであり、それも被爆者の運動から生まれたものだった。その意味では、戦後日本で戦跡の保存・活用は国策によるいわゆる「上からの」遺跡保護ではなく、主に地方自治体や高校教員などを中心とした市民運動、平和運動団体などの草の根レベルの「下からの」活動から始まった。

ただ、いまは多くの人が訪れるこの原爆ドームでさえ、保存に向けた動きが始まるのは戦後10年以上を経た後のことであり、占領軍による7年間の占

領統治を経て独立国になった日本では、まずは戦後復興が目指される時代が続いた。そのようななかで、戦争によって亡くなった者に対する慰霊を目的とした記念碑の建立が占領統治下にもかかわらず各地で試みられたが、敗戦の翌年である1946年に建設されたひめゆりの塔はその一つだった。特に53年には映画『ひめゆりの塔』（監督：今井正）が製作・上映され、日本の本土では多くの人々が鑑賞し、ひめゆり学徒隊の悲劇として広く知られるところとなった。

　そうした慰霊を目的とした記念碑の建立に加え、広島市と長崎市では被爆資料の保存と展示を目的とした施設が、1955年に両自治体によってそれぞれ設立された。いずれも全国の戦災都市計画のもとで、49年に原爆被災都市の復興を目的とした特別法（広島平和都市建設法、長崎市国際文化都市建設法）に基づいて設置された施設であった。その意味では先にみた原爆ドームとは異なり、原爆資料館はいずれも行政主導で進められた。

　その後、1970年代の沖縄の本土復帰を契機とした沖縄戦に関する戦争博物館の設置と、70年代から日本全国に広がった空襲を記録する運動に代表される市民運動団体による戦争展の開催、そしてそれらの運動が発展した80年代の平和博物館建設に向けた動きがある。

　いずれも戦跡や戦争に関する遺物の保存から始まる動きだが、これらの原爆、沖縄戦、空襲という主題に共通するのは、学校での平和教育のなかでそれらの戦跡や博物館施設を活用することが目指されていた点である。いずれの市民運動でも、学校教員が地域の歴史教育のなかで戦争体験者に対する聞き取り調査や史料の発掘などをおこない、地域の戦争の歴史を改めて掘り起こすというスタイルの教育が、生徒を巻き込んで展開されることになった。そうした学校教員による平和運動の広がりと、新聞社などのマスコミとも連携して各地で始まった1970年代の市民の空襲記録運動はその後、そうした戦争の記録を行政の側でも公的に残すべきだという平和博物館の設置を各自治体に求める運動に発展し、80年代後半以降、とりわけ戦後50年を契機として地方自治体による平和博物館施設の設置に結実することになった。[5]

5　沖縄戦の「集団自決」認識をめぐる対立

　ただし、そうした1970年代以降の市民運動や平和教育の動きがすべて自

治体による平和博物館の設置につながったわけではない。こうした博物館施設の設置にまつわる財政的なコストの問題に加え、公的な場で戦争の歴史を展示することはその内容をめぐって戦争評価に関わる歴史認識の対立や論争を生み出すことにもなったからである。その内容をその設置主体である自治体がどのような形で共同体として許容できるかが問題となり、コストと展示内容の両面の事情からそうした博物館建設の計画が凍結あるいは頓挫する事例も出てきた。例えば東京都は、関係資料を収集しながらも計画段階でいまなお凍結されている自治体の一つである。

　ただし、こうした戦争の展示内容をめぐる議論や対立は、沖縄ではそうした市民と行政という二項対立ではなく、地域ぐるみの問題としてとらえられ、本土と沖縄の歴史認識の差を浮き彫りにした点が他地域とは大きく異なっている(6)。

　敗戦後の沖縄では、島の大半がアメリカ軍基地のために軍用地として接収されることになった。そうしたアメリカ軍統治下では沖縄戦が多く語られることはなく、日本軍の旧軍人による戦記にみられるのはもっぱら軍の視点からの記述だった。これに対して沖縄住民の視点から沖縄戦をとらえようとした自治体史の編纂が1960年代前半から始まり、『沖縄県史』第9巻の発刊がそうした視点からの沖縄戦のとらえ方を提示する一つの画期となった(7)。

　そうしたなか、1972年に沖縄が本土に復帰するが、復帰事業の一環として設置が進められた沖縄県平和祈念資料館が75年に開館したものの、その展示物の30％が銃砲類や刀剣といった軍隊関係の遺物であり、そうした物を中心とする展示内容に対して開館まもなく批判が出た。その結果、住民の視点を取り入れた展示内容の不在を問う研究者や市民からの声を受けて、展示改善の議論とリニューアル工事が77年からなされ、78年に再開館した。

　この沖縄県平和祈念資料館のリニューアルで取り入れられた沖縄の「住民の視点」については、その後も現在に至るまで繰り返し争点になっている。1982年の高校の教科書検定での沖縄戦の記述のなかで、文部省は日本軍による沖縄住民虐殺について削除すること、住民の死を「犠牲」として描くことを求めたことから、県と市町村議会では全会一致で抗議、撤回を求めた。その結果、「日本軍により「集団自決」を強いられた」という表現になったが、99年の沖縄県平和祈念資料館のジオラマ展示のリニューアルに際しても、ガマの入り口に立つ日本兵が持つ銃剣の向きが沖縄住民を向いていると

して問題になった。2007年には再び教科書検定で文部科学省からの意見が[8]つき、沖縄戦での集団自決が「日本軍により」引き起こされたという説明は、当時の軍ではそうした命令は明確ではなかったとして文部科学省は修正を求めた。それを受けて沖縄では「日本軍の存在なくしては「集団自決」はありえない」として県と市町村議会で、再び検定意見に対する撤回を求める抗議をおこなった。現在沖縄では「集団自決」ではなく「強制集団死」として、あくまでも沖縄住民の自発的な意思によるものではなく日本軍の存在なしにはそうした死はありえなかったということを教科書でも明確にするように求める運動が続けられている。

　また、沖縄ではかつて沖縄戦当時に陸軍病院として使われた自然壕のガマなどの戦争遺跡が文化財保護法の基準では保護されないため（その後、1995年の原爆ドームが同法による最初の戦争遺跡の史跡指定になった）、南風原町では1988年に町の文化財指定の基準を改正し、「沖縄戦に関する遺跡」を加え、90年に南風原の陸軍病院壕を史跡指定した。その後、沖縄県では国に先駆けて90年代から戦争遺跡の史跡指定に向けた取り組みを始めている。[9]

　このように、沖縄住民のいわゆる「集団自決」の「自決」の意味をめぐって、現地に駐留していた日本軍と沖縄住民の当時の関係性が問われていて、沖縄戦をどうとらえるかはいまなお政治的なトピックであり続けているのだが、そうした点について全国から広く関心が寄せられているとは必ずしもいえない。今回のわたくしたちの調査では、沖縄県平和祈念資料館を訪問先として挙げた回答者は10人であり、ひめゆり平和祈念資料館よりも早くに設置されたにもかかわらず、その約半数の回答にとどまった。

6　旧軍資料と自衛隊ならびに旧軍人団体

　ただし、こうした沖縄や、各地の平和教育と結び付いたこれらの戦跡保存や平和博物館建設の動きとは別に、1970年代には新聞社主催の戦争展の開催が、新聞紙面での戦争体験記の掲載企画と連動して各地で毎年、百貨店などの催事場を借りておこなわれていた。[10]そうした企画には一般市民も資料提供の協力をしたが、各地の自衛隊も協力し、旧軍関係の資料の提供もおこなわれていた。ただ、そうした資料を永久的に保存する施設は防衛庁や自衛隊には存在しなかった。

1966年に東京の竹橋にあった旧近衛師団司令部の建物の取り壊し問題が起こった際に、当時の防衛庁は「明治史料館」として国立の軍事博物館施設として活用しようと模索した。

　　「明治史料館」の構想は、はじめ「戦史館」あるいは「中央資料館」としてうまれた。現在、陸、海、空三自衛隊がもっている明治から太平洋戦争までの武器、戦史などの資料、遺品約二万五千点を集め、自衛官の精神教育に資するとともに一般の人たちへの広報に利用しようというもの。それが、明治百年も間近なことだし、時代を明治中心にしぼり「明治」の研究にも大いに寄与していこうということになった。[11]

　　防衛庁がこの建物を保存しようとしている理由は、旧軍関係の由緒ある建造物は旧近衛師団司令部跡しか残っていないこと。同時に旧軍関係の武器、装備、勲章、教範などの史料約二万五千点が全国の自衛隊基地を中心に散在、保存に困っているので、旧近衛師団司令部跡の建物を「明治史料館」に改装、一般に展示しようというわけ（略）旧司令部跡の保存には日本傷痍軍人会や遺族会、郷友会が四十年ごろから再三にわたり建設省などに陳情を繰返している。[12]

　だがこの構想は、1968年に発足した文化庁が、この建物を国立近代美術館の拡張のために保存、活用することになり、実現することはなかった。この「国立の軍事博物館」構想を支援した全国の戦没者遺族の団体である日本遺族会は、その後「遺児記念館」の設置を国に要望し、設立に向けた運動を展開することになった。それが戦後50年を機に設立された昭和館である。
　このように、防衛庁による軍事博物館構想が実現することはなかったが、一方で、各地の自衛隊駐屯地内の広報施設や、護国神社の遺品館の類いの施設に、関係者や戦友会、地域住民から軍服や軍装品といった旧軍関係資料が寄贈され、結果的に集積されることになった。[13]これは、そうした旧軍資料の受け皿をもたない地域の事情も関係している。博物館法（1951年）に基づいて各地の自治体が公立の歴史博物館を設置し始めるのはおおむね1970年代以降のことであり、当時はそもそも地域の歴史資料を受け入れるそうした社会的な仕組みが十分に整っていなかった。その点は現在でも改善されたとは

必ずしもいえないが、少なくともそうした各地の自衛隊や護国神社の付属施設が旧軍資料の一つの受け皿になっていたことは間違いないだろう。

7　戦争の加害展示と日本の戦争責任問題

　1981年の夏、「平和のための京都の戦争展」が始まった。その開催の背景として、主催者は、戦争体験の風化の急速な進展、政府・文部省による歴史教育のなかでの過去の戦争の「正当化」の動き、米ソ対立のなかの核戦争の脅威と軍拡路線をとる日本に対する反核・平和の世論形成の3点を挙げたうえで、開催の直接の動機を以下のように説明している。第1に、1977年から大阪の読売新聞社が始めた毎年8月の戦争展が5回目を迎え毎年数十万人の参観者を集めているが、「商業新聞主催の平和催事」の「限界」として、「日本の侵略・加害」が欠落しているために、反核・平和実現のための「戦争展」開催を痛感していたこと。第2に全国各地の平和運動として開催されていた原爆・空襲展をふまえ、「過去の戦争の全体像とその真実に迫る展示運動」が求められていること（読売の成功はその要請の一つの方向を示していたことは「明らか」）。第3に、全国各地で「平和のための戦争展」の先駆的な取り組みが始まっていたこと。第4に81年が満州事変勃発50周年であったこと、である(14)。

　東京では1980年に1回目の戦争展がすでに開催されていたが、京都展では南京戦に従軍した元軍人が手記を提供したことから、地域の戦争資料の掘り起こし運動と相まって展開してきた。92年に開館した立命館大学国際平和ミュージアムに同展がそれまでに収集した戦争資料を提供し、ここに常設の平和博物館が設置されることになった。大学博物館として開設されたこのミュージアムは、自治体が設置する戦争博物館に比べて、常設展示のなかで日本の戦争責任問題を取り上げる稀有な施設である。その後、大学が設置した同様の平和資料館として、2010年開館の明治大学の明治大学平和教育登戸研究所資料館があるが、これは同大学の敷地内に残されていた旧陸軍施設を保存、活用して設置したもので、「秘密戦」つまり防諜・諜報・謀略・宣伝を目的とした兵器開発をおこなっていた研究所の歴史を伝える施設である。風船爆弾や生物兵器、偽札の製造といった日本軍の負の側面の史実を明らかにし伝えることを目的としたこの施設は、国や自治体といった公的な施設で

は展示の対象になりにくい軍事の問題を伝える施設という意味で、貴重な施設といえるだろう。

8　「戦後50年」以降の戦跡と戦争・平和博物館

　1990年代は日本にとっては戦後50年の節目を迎える年であり、東アジア諸国では東西の冷戦体制の崩壊による新たな時代の幕開けを意味した。この新たな時代は、東アジア諸国のかつての戦争の被害者が従来の国家間の制約を超えて、個人として日本政府に戦後補償や戦争責任の追及をおこなうことを通じ、人権回復を公に求めることで始まった。

　この動きは日本国内では歴史認識の問題、とりわけかつての日本の植民地支配や日本軍の戦争犯罪といった侵略戦争の側面を歴史的にどう評価するか、という問題を改めて問い直す契機になった。それは戦跡や戦争・平和博物館では、戦争展示での加害の側面や史跡指定の根拠となる植民地支配をめぐる評価の対立という形で現れることになった。たとえば、日本遺族会が戦後50年を機に開設を求めていた国立の「遺児記念館」や、大阪府と市が設置・運営する「ピースおおさか」の常設展示、長崎の原爆資料館の展示リニューアルについて、いずれもその展示の内容が旧日本軍の加害の側面を伝える点が「偏向的」だという批判を保守的な政治勢力から受け、展示の変更を余儀なくされた。また、文化庁や各自治体が史跡として指定する軍事遺跡の候補地をめぐって、松代大本営や各地で建設された軍需工場のための地下壕の建設経緯の説明に含まれる、中国人・朝鮮人強制連行の記述を削除するよう求める政治勢力などが現れた。その結果、日本遺族会が求めていた「遺児記念館」は、「昭和館」という「戦中・戦後の暮らしの労苦」を伝える施設として開館し、各自治体が設置していた戦争・平和博物館では、南京事件のような日本軍の加害展示の取りやめが相次いだ。史跡指定については、現在も長崎の「軍艦島」の世界遺産登録で朝鮮人の強制連行の問題にふれない日本側の姿勢について、韓国側から問題視されているが、1990年代半ばから進められていた文化庁による全国の軍事遺跡の指定作業は、そうしたかつての強制連行の史実に関連する軍需工場も含むためか、現在も凍結されたままである。

　国立の戦争展示施設には、前述の昭和館のほか、旧ソ連によって戦後抑留

された旧軍人と引揚者、恩給欠格者の3団体からなる国の平和基金が設置した平和祈念展示資料館と、日本傷痍軍人会が国に要望して設置されたしょうけい館（戦傷病者史料館）がある。また、1994年の被爆者援護法の制定によって、同法に基づき原爆死没者の追悼施設である国立原爆死没者追悼平和祈念館が広島（2002年）と長崎（2003年）に設置されたが、原爆以外の空襲については、民間人空襲被災者に対する補償はいまなおなされておらず、空襲被害については総務省がインターネット上で「一般戦災死没者」に関する特設サイトを開設するにとどまり、展示施設は設置されていない（→2-6「空襲の被害」）。

　1980年代から始まった各地での平和博物館建設を求める市民運動は、建設に至った大阪、浜松、岐阜などは戦後50年目に、その後は水戸や愛知など主に空襲被害が大きかった地域の自治体では設置に至ったが、戦後60年以降はそうした市民の側からの設置を求める動きとは異なる形で戦争博物館が生まれている。その契機の一つとして、映画『永遠の0』（監督：山崎貴、2013年）のヒットにみられるような旧軍の特攻関係施設の遺跡を地域観光の資源として活用しようとする自治体の動きがある（福岡県太刀洗町、熊本県人吉市など）。

　それとは別に、市民の平和運動の帰結としての平和博物館の新たな設置（静岡県の平和資料センター、長野の満蒙開拓平和記念館など）や、戦友会解散後の継承団体による慰霊施設の設置（徳島護国神社の戦没者祈念館、長崎県川棚町の特攻殉国の碑資料館など）の動きもみられる。

　このように、2000年代以降は各地の自治体によって、その地域社会の戦跡を生かした戦争博物館を地域振興策の一環として設置する動きが新たな傾向である。

　その一方で、地域の歴史に必ずしも根差さない戦争の歴史、すなわち戦争は国家間の戦争であり、その下でそれぞれの国に被害者が生まれるという戦争の史実について、どれほどこの戦後日本社会で関心がもたれてきただろうか。自治体が整備する史跡や、自治体が設置・運営する戦争・平和博物館ではその地域性を謳った性質のものができることは必然的な流れだろう。しかし、戦争にはそうした固有の地域性をもたない歴史があることも事実だ。たとえば「戦時性暴力、「慰安婦」問題の被害と加害を伝える日本初の資料館」として、アクティブ・ミュージアム「女たちの戦争と平和資料館

表5 日本の戦争・平和博物館（「資料室」などの展示施設も含む）

設立年	館名（国立）	館名（公立） ＊カッコ内は設立時の設置主体	館名（私立） ＊カッコ内は所在地
1882	遊就館		
1955		**広島平和記念資料館（広島市）、長崎国際文化会館（現：長崎原爆資料館、長崎市）**	
1967			原爆の図丸木美術館（埼玉県）、戦没学徒記念若人の広場展示資料室（兵庫県、1994年に閉館後、2015年に再開）
1968		回天記念館（完成後に当時の徳山市に寄贈、現在は周南市が運営。山口県周南市）	
1972		陸奥記念館（山口県東和町。現：周防大島町）	
1975		沖縄県平和祈念資料館（沖縄県）	
1976		知覧特攻遺品館（知覧町）	
1978		八甲田山雪中行軍遭難資料館（青森市）	
1979			兵士・庶民の戦争資料館（福岡県）
1980			アンネ・フランク資料館（兵庫県）
1981		東京都戦没者霊苑遺品展示室（東京都）、**仙台市戦災復興記念館（仙台市）**	
1984			反戦平和博物館（ヌチドゥタカラの家、沖縄県）
1985		知覧特攻平和会館（知覧町、遺品館を拡充）	
1986		浦頭引揚記念資料館（長崎県佐世保市）	
1988		大久野島・毒ガス資料館（広島県竹原市）、**浜松市復興記念館（浜松市）**、舞鶴引揚記念館（京都府舞鶴市）、**堺市平和と人権資料館（フェニックスミュージアム、堺市）**	
1989			ひめゆり平和祈念資料館（沖縄県）、平和資料館・草の家（高知県）、丹波マンガン記念館（京都府）
1991		**大阪国際平和センター（ピースおおさか、大阪府・大阪市）、三良坂平和美術館（広島市三良坂町）**	

年			
1992		**川崎市平和館（神奈川県川崎市）、吹田市平和祈念戦争資料室（大阪府吹田市）**	立命館大学国際平和ミュージアム（京都府）
1993		**埼玉県平和資料館（埼玉県）、万世特攻平和祈念館（鹿児島県加世田市）**	静岡平和資料センター（静岡県）
1994		**福山市人権平和資料館（広島県福山市）**	
1995		かながわ平和祈念館（神奈川県）、**高松市市民文化センター：国際平和展示室（高松市、現：高松市平和記念館）**	ホロコースト記念館（広島県）、岡まさはる記念長崎平和資料館（長崎県）
1996		**姫路市平和資料館（兵庫県姫路市）**	
1997		宮崎県平和祈念資料展示室（宮崎県）、佐伯市平和祈念館やわらぎ（大分県佐伯市）	無言館（戦没画学生慰霊美術館、長野県）
1998		**地球市民神奈川プラザ・国際平和展示室（神奈川県）**	
1999	昭和館	八重山平和祈念館（沖縄県平和祈念資料館分館、沖縄県）	
2000	平和祈念展示資料館		アウシュビッツ平和博物館（栃木県、2003年に福島県に移転）、岡山空襲資料センター（岡山県）、戦没した船と船員の資料館（兵庫県）
2002	国立広島原爆死没者追悼平和祈念館	岐阜市平和資料室（岐阜市）、西宮市平和資料館（兵庫県西宮市）	東京大空襲・戦災資料センター（東京都）
2003	国立長崎原爆死没者追悼平和祈念館、対馬丸記念館	長岡戦災資料館（新潟県長岡市）、内原郷土史義勇軍資料館（茨城県水戸市）	ナガサキピースミュージアム（長崎県）
2005		奈良県立図書情報館戦争体験文庫（奈良県）	アクティブ・ミュージアム女たちの戦争と平和資料館（wam、東京都）
2006	しょうけい館（戦傷病者史料館）		わだつみのこえ記念館（東京都文京区）、佐世保空襲資料室（長崎県）
2007			山梨平和ミュージアム：石橋湛山記念館（山梨県）、戦争と平和の資料館ピースあいち（愛知県名古屋市）
2009		**水戸市平和記念館（茨城県水戸市）**、筑前町立大刀洗平和記念館（福岡県筑前町）	
2010		予科練平和祈念館（茨城県阿見町）	明治大学平和教育登戸研究所資料館（神奈川県川崎市）、花岡平和記念館（秋田県）
2012		滋賀県平和祈念館（滋賀県）	

2013	宇佐市平和資料館（大分県宇佐市）	満蒙開拓平和記念館（長野県）、筑波海軍航空隊記念館（茨城県、2018年から水戸市営に）
2014		徳島県戦没者記念館（徳島県）
2015	平和資料館（せたがや未来の平和館）（東京都世田谷区）、愛知・名古屋戦争に関する資料館（愛知県・名古屋市）	
2018	豊川市平和交流館（愛知県豊川市）、山の中の海軍の町にしきひみつ基地ミュージアム（人吉海軍航空基地資料館、熊本県錦町）	

注1：村上登司文作成「国内の平和博物館と展示テーマ」（2016年5月1日改訂）をもとに主な施設について作成。ただし各地の自衛隊や護国神社に併設された展示施設および公立施設内に付設された展示室は本表には含めていないため、参考文献を参照。
注2：公立館の太字は地域の空襲展示を中心に設置された施設。

（wam）」が2005年に東京に開館した。民間団体が設置・運営する施設だが、特定の自治体の枠を超えた、まさに国家間の戦争で起こりうる構造的な暴力ともいえる戦争犯罪の歴史を後世に伝える役割を果たしている。

　この項では戦後日本では戦跡と付随して展示施設が生まれてきたことを主に原爆、沖縄戦の事例を通じて概観したが、かつて日本軍の戦地になった諸外国の経験にどれほど人々は関心を寄せることができてきただろうか。日本国内の戦跡や戦争・平和博物館を起点にし、過去の戦争についての想像力をどこまで国内外にはたらかせることができるかどうかが問われているといえるだろう。

（植野真澄）

注

（1）昭和館の開館準備段階での当時の歴史学者による批判的な考察は、荒井信一編『戦争博物館』〔岩波ブックレット〕、岩波書店、1994年）を参照。
（2）日本国内は都道府県単位に、海外は適宜、島・州・国にそれぞれ分類のうえ、集計した。なおこの集計対象には、注（3）で説明するように、問24-1の回答だけでなく、問25-1（展示施設）の回答も含めている。
（3）設問の指示とは逆に、問24-1で展示施設を答えているケース、あるいは問25-1で戦跡・軍事遺跡を答えているケースが多々みられたので、集計にあたっては両設問を区別せず、両方の回答から、戦跡・軍事遺跡名、および展示施設名をそれぞれ抽出して、表2と表3に集計した。戦跡・軍事遺跡名、および展示施設名は、通称または

正式名称のいずれかに統一した。なお、表2の靖国神社は、遊就館を含む。

(4) 原爆関連施設は「原爆」「広島」「長崎」のいずれかが含まれている回答、特攻関連施設は「特攻」「知覧」「鹿屋」「万世」「回天」のいずれかが含まれている回答を、それぞれ抽出した。

(5) 戦後日本の平和博物館の歴史については、西田勝／平和研究室編『世界の平和博物館』（日本図書センター、1995年）、歴史教育者協議会編『増補 平和博物館・戦争資料館ガイドブック』（青木書店、2004年）を参照。

(6) 沖縄戦の歴史認識をめぐる問題については、吉浜忍／林博史／吉川由紀編『沖縄戦を知る事典──非体験世代が語り継ぐ』（吉川弘文館、2019年）を参照。

(7) 琉球政府編『沖縄県史 9 沖縄戦記録1』琉球政府、1971年

(8) 荒川章二「新沖縄県平和祈念資料館設立をめぐって」、国立歴史民俗博物館編「国立歴史民俗博物館研究報告」第126集、国立歴史民俗博物館、2006年

(9) 日本全国の戦跡保存については十菱駿武／菊池実編『しらべる戦争遺跡の事典』（柏書房、2002年）、同『続・しらべる戦争遺跡の事典』（柏書房、2003年）、沖縄の戦跡保存については吉浜忍『沖縄の戦争遺跡──〈記憶〉を未来につなげる』（吉川弘文館、2017年）を参照。

(10) 新聞社主催の戦争展・平和展については、「真夏の戦争記念館」（戦友会研究会『戦友会研究ノート』所収、青弓社、2012年、186─188ページ）を参照。

(11)「旧近衛師団司令部の跡に──国防中心の史料館〜防衛庁、明治百年で計画」「読売新聞」1966年9月6日付

(12)「朝日新聞」1968年4月4日付

(13) 各地の自衛隊、護国神社の展示施設については南守夫による一連の研究（南守夫「日本における戦争博物館の復活（1）─（5）」「戦争責任研究」第65号、第67号、第69号、第72号、第73号、日本の戦争責任資料センター、2009─2011年）ならびに村上登司文『戦後日本の平和教育の社会学的研究』（〔学術叢書〕、学術出版会、2009年）を参照。

(14) 吉田保「京都における「戦争展」運動の軌跡と特徴について」（京都平和資料事業センター編『平和のための京都の戦争展』所収、京都平和資料事業センター、1994年）を参照。

参考文献・サイト

木下直之「戦争博物館のはじまり」、小森陽一／酒井直樹／島薗進／千野香織／成田龍一／吉見俊哉編『感性の近代──1870‐1910年代 2』（「岩波講座 近代日本の文化史」第4巻）所収、岩波書店、2002年

西田勝／平和研究室編『世界の平和博物館』日本図書センター、1995年

「特集 戦争遺跡 戦後70年を迎えて」、文化財保存全国協議会編「明日への文化財」2016年1月号、文化財保存全国協議会

村上登司文「国内の平和博物館と展示テーマ 2016年5月1日改訂」（http://kyoiku.kyokyo-u.ac.jp/gakka/murakami/peaceed/peacemuseumJ.htm）〔2020年1月30日アクセス〕

第3部

メディアのなかの戦争・軍隊

3-1 日本の戦争映画

1　『永遠の0』と『火垂るの墓』
それぞれのインパクト

　第1次調査（2015年）の問7「あなたが推薦する戦争映画を教えてください」という質問に対して回答があった日本映画（上位10作）は表1のとおりだが、広い世代にわたり、群を抜いて高い支持を得ているのは、『永遠の0』（監督：山崎貴、2013年）と『火垂るの墓』（監督：高畑勲、1988年）である。

　ことに『永遠の0』は若年層（20代以下）と高年齢層（60代以上）で最も高い評価を得ていて、中年層（30―50代）では第2位であるものの、第1位（『火垂るの墓』）と遜色ない支持数を獲得している。ミリタリー関連趣味の有無も特

表1 日本映画（上位10作）×性別・年齢層・ミリタリー関連趣味の有無

順位	作品名	回答数	性別		年齢層			ミリタリー関連趣味	
			男性	女性	20代以下	30～50代	60代以上	ない	ある
1	永遠の0	91	36	55	25	41	25	45	46
2	火垂るの墓	76	24	52	16	45	15	39	37
3	硫黄島からの手紙	41	14	27	16	17	8	18	23
4	トラ・トラ・トラ！	36	29	7	2	18	16	9	27
5	ビルマの竪琴	27	15	12	3	7	17	16	11
6	私は貝になりたい	21	5	16	2	7	12	13	8
7	日本のいちばん長い日	19	11	8	1	5	13	7	12
8	戦場のメリークリスマス	17	10	7	3	11	3	7	10
9	二百三高地	16	10	6	0	11	5	3	13
10	はだしのゲン	15	6	9	5	5	5	6	9
	合計（回答者数）	420	207	213	80	183	157	190	230

段の相関はみられないが、性別については、男性の支持も大きいものの、女性の支持が上回っている。実際に、特攻隊員を主人公としたこの映画は、興行成績で8週連続で第1位になり、観客動員数は700万、2014年邦画興行収入第1位を記録している。比較的近年の大ヒット映画であったことを考えれば、今回の調査結果は当然のものだろう。

　ちなみに、沖縄への「水上特攻」を主題とした『男たちの大和／YAMATO』（監督：佐藤純彌、2005年）も、同年興行収入第1位で、配給元・東映の邦画作品で歴代1位を記録した。この作品については、今回の調査ではトップ10に挙がっていないが、調査時点からの時間的な近さもあって、『永遠の0』がすぐに思い起こされたことが考えられるだろう。

　これに対し、『火垂るの墓』に対する支持のありようは異なっている。若年層や高年齢層での支持はほぼ2番手であり、これらの層でも高く評価されていることがうかがえるが、中年層では第1位であり、特にこの層の支持が高いことがわかる。ミリタリー関連趣味の相関はうかがえないが、性別の数値からは女性の支持がきわめて高いことがわかる。さらにいえば、この作品は『永遠の0』とは異なり、公開が30年以上も前の1988年である。

2　映画にふれるメディア環境

　こうした差異はおそらく、人々が『火垂るの墓』という作品にふれる「メディア」に起因するものと思われる。調査時点からごく数年前に劇場公開され、大ヒットした『永遠の0』とは異なり、30年以上前のこの作品はテレビで多く視聴されている。スタジオジブリ作品ということもあって、地上波での放送は何回となくおこなわれてきた。いうなれば『火垂るの墓』は、わざわざ映画館に足を運んだり、レンタルDVDを借りに行ったりしなくても（むろん、レンタルで視聴した層も少なくはないだろうが）、自宅でタダで見ることができる作品であった。そこには、家族で、さらにいえば、相対的に在宅時間が長い傾向にある母親と子どもがそろって視聴する状況を推し測ることができる。ことに、「終戦シーズン」の夏の時期に再放送が繰り返されてきたことを考えれば、そうした母子が毎年のように再生産されてきたことがうかがえる。

　実際に、戦後に精神形成を果たした世代にとって、戦争認識を形成するう

えでテレビの影響は大きかった。NHK放送文化研究所の2000年の調査によれば、「先の戦争に対する自分の考え方に影響があったメディア」として挙げているのは、「戦後世代」（1939―58年生まれ）の場合、「テレビ」は「身近な人」（44％）に次ぐ40％を占めていて、「戦無世代」（1959年以降生まれ）では「テレビ」（35％）、「学校の授業」（35％）、「学校の教科書」（33％）、「身近な人」（30％）、「アニメ・映画」（18％）が上位を占めていた。「アニメ・映画」⁽¹⁾がテレビで放映されることが多いことを考えると、「戦無世代」および「戦後世代」のテレビの影響には大きなものがあった。『火垂るの墓』の社会的な支持・共感も、そのなかで生み出されたものであり、逆に『火垂るの墓』はテレビの影響を高める一助ともなっていたのである。

　むろん、この作品を支持した中年層のなかには公開当時の劇場に足を運んだ人々もいるかもしれないが、多くの場合、上記のようなテレビ視聴を通して支持や共感が生み出されてきたといえるだろう。こうした受容のありようは、中沢啓治のマンガ『はだしのゲン』のそれと近いものである。

　1973年に「週刊少年ジャンプ」（集英社）に連載され（1974年に連載終了）、75年に単行本化された『はだしのゲン』は、今日の大学生のなかでも広く知られている。半世紀ほど前に出された戦争マンガがいまなお高い知名度を維持しているのは、若年層がこのマンガを多く購入したからではない。この作品を容れるメディアが雑誌から単行本に変化し、そのことによって、学校図書室や学級文庫に入り込むことが可能になったからである。それは「平和教育」が意図されてのことではあったが、児童・生徒たちからすれば、無味乾燥な活字だらけの図書のなかで、『はだしのゲン』は例外的なマンガであった。そのために、子どもたちは競ってこの作品を手に取り、ときに残酷描写を楽しんだ。こうした過程を経て、『はだしのゲン』を読む子どもたちは再生産され続け、「戦争マンガの正典」⁽²⁾になった。

　『火垂るの墓』も、ある意味ではこれと同様である。頻繁に再放送される『火垂るの墓』は、自宅にいながらテレビを通して、受動的に接触することが可能だった。こうしたメディア環境が数十年にわたり持続的に成立していたことが、オーディエンス、とくに在宅時間が長い「母と子」のそれを生み出してきた。これは、映画館に出向いて、入場料を払うなどして、主体的に作品に接触しようとするメディア行動とは異なっていた。

　やや古い調査だが、別の2000年のNHK調査でも、16歳から39歳の若い

層が戦争を考えるうえで影響を受けた「漫画・アニメ・映画」として、群を抜いて多く挙げているのは、『火垂るの墓』と『はだしのゲン』である[3]。くしくもこれらは、ともに「タダで受動的に、かつ継続的にふれることが可能な作品」だった。作品接触の受動性が、『火垂るの墓』（および『はだしのゲン』）の「正典化」を可能にしていたのである。そして、繰り返しになるが、こうした受容状況は、近年の映画の大ヒットに依拠する『永遠の0』への支持とは異質だった。

3　　大作映画の限定的なインパクト

　そう考えると、今回の調査での3位以下の作品は興味深い。第10位の『はだしのゲン』はおそらくは、学校などで視聴されることが多いアニメ作品を指すものと思われるが、それを除けば、いずれも大作映画として製作され、当時、大きな話題を呼んだ作品である。そのためか、支持する年代は、公開時点で観たであろう層が中心になっている。2006年公開の日米合作映画ともいえる『硫黄島からの手紙』（監督：クリント・イーストウッド）は、当時比較的若かった中年層（調査時点）の支持が多い一方、公開当時に中高年層だった「60代以上」の層は少なめである。これに対し、同じく日米合作映画の『トラ・トラ・トラ！』（監督：リチャード・フライシャー／舛田利雄／深作欣二）は、1970年公開時点の記憶がある「60代以上」やその下の中年層の支持が目立つものの、20代以下の若年層はきわめて少ない。その他の作品についても、おおよそ劇場公開年と支持する年代層の相関がうかがえる。

　むろん、なかには『トラ・トラ・トラ！』や『二百三高地』（監督：舛田利雄、1980年）などミリタリー関連趣味との相関が目立つものもあるが、他作品は必ずしもそうでもなく、支持する年代の偏差のほうがいずれも際立っている。

　それは裏を返せば、大作映画のインパクトの限定性を物語るものともいえるだろう。大作映画は、それをほぼリアルタイムで観た年代には強い印象を残すが、必ずしも世代を超えて「継承」されるわけではない。広い世代に記憶され支持されるのは、映画というよりはテレビというメディアで繰り返し「タダ」で、かつ母親に促されながら視聴するアニメ『火垂るの墓』や、学校図書室に何十年にわたり常備されている『はだしのゲン』のような作品で

ある。それは、ベストセラーとロングセラーが異なるのと同様である。

4 「継承」の前景化と忘却の力学

　それでも、その時々の社会で、どのような戦争イメージが共有されている
のかを考えるうえで、やはり映画は重要なものである。近年であれば、『永
遠の0』や上述の『男たちの大和／YAMATO』など、広い意味での特攻を
扱った大作映画がしばしばヒットしている。そこでは、「男同士の絆」のた
めに命を賭す美学が強調されるとともに、現代の若者たちが祖父世代の戦争
体験を調和的に「継承」しようとするさまも描かれている。『永遠の0』の
ラスト近くのシーンでは、特攻死した祖父の足跡をたどろうとする主人公が、
元戦友の体験者と抱き合い、共感しあう場面がある。『男たちの大和／
YAMATO』のラストでも、戦艦大和の沖縄出撃（水上特攻）で父を失った娘
と、生き残った戦友、およびその孫が、大和が沈んだ地点に向けて敬礼する
シーンがある。そこでは、戦争体験は共感し、継承可能なものとして、ある
いはそうあるべきものとして描かれている。

　だが、戦後の戦争映画では、これとは異質な描写も決して少なくはなかっ
た。たとえば1965年から72年にかけて製作された『兵隊やくざ』シリーズ
は、やくざ出身の最末端兵士が上官の理不尽な暴力を批判し、戦いを挑む戦
争活劇映画だが、見方を変えれば、軍の組織病理を指弾するものでもあった。
こうしたモチーフは、『日本戦歿学生の手記 きけ、わだつみの声』（監督：関
川秀雄、1950年）や『二等兵物語』シリーズ（1955—61年）など、さまざまな
映画作品にみられた。
『野火』（監督：市川崑、1959年）や『軍旗はためく下に』（監督：深作欣二、1972
年）は、フィリピン戦線やニューギニア戦線での人肉食を取り上げながら、
被害と加害が複雑に絡み合った戦場の様相を描いている。

　しかし、こうした作品は今回の調査結果では、特に上位に挙がってはいな
い。『兵隊やくざ』シリーズや『二等兵物語』シリーズなど、同時代ではB
級プログラム・ピクチャーとされた作品でも高い興行成績を得たものは少な
くなかったが、今日では、これらの作品はあまり思い起こされることはない。
さらにいえば、特攻や海戦を主題にした作品が話題になる一方、地上戦や陸
軍歩兵を描いた作品が目立たないのも、近年の特徴といえるだろう。特攻や

海戦であれば、「敵」は戦艦や戦闘機などの機械である以上、現地住民への加害の問題は焦点化されにくい。冷戦終結以降、歴史認識をめぐる論争がたびたびヒートアップするなか、こうした論点を思い起こさせにくい主題が選び取られているように見えなくもない。2014年には『野火』のリメイク版が塚本晋也監督によって製作されたが（日本での公開は2015年）、それも『永遠の0』のような大作映画とは異なり、資金難のゆえにもともと自主製作された作品であり、劇場公開も総じてミニシアターが多かった。映画誌では高く評価され、15年度キネマ旬報ベスト・テンでは第2位を獲得したものの、広く観客を動員したわけではない。

　戦争映画のなかには、その時々の大ヒット映画もあれば、『火垂るの墓』のようなロングセラー的な作品もある。それらはどの時代にどのように受容されたのか。逆に、どのような映画が顧みられなくなっているのか。そこには、その時々の社会的な戦争イメージが投影されているのと同時に、それを下支えするメディアの力学も浮かび上がっている。

（福間良明）

注

（1）　牧田徹雄「先の戦争と世代ギャップ」（https://www.nhk.or.jp/bunken/summary/yoron/social/pdf/000901.pdf）［2020年1月26日アクセス］

（2）　福間良明『「聖戦」の残像——知とメディアの歴史社会学』人文書院、2015年

（3）　牧田徹雄「世論調査リポート　日本人の戦争と平和観・その持続と風化」、NHK放送文化研究所編「放送研究と調査」第50巻第9号、日本放送出版協会、2000年

1　戦争映画というジャンル

　映画には戦争映画というジャンルがある。そもそも、映画はいわゆる帝国
主義全盛の時期に誕生したこともあって、軍隊描写は初期の題材のなかでも
特に好まれたものの一つだ。アメリカ合衆国（以下、アメリカと表記）の場合、
1898年に米西戦争が勃発すると、映画製作の最先端企業の一つ、エジソン
製造会社が、「キューバに侵攻する米軍の正確で詳細な情報を熱望する国民
を映画は必ず満足させる(1)」と明言している。しかしカメラの故障もあって、
同社が実際に得た映像は兵士の訓練の様子や凱旋パレードなどだけだった。
戦闘場面については、翌年に同社の本拠地ニュージャージー州の山中で州軍
に模擬戦を依頼して撮影している。再演によって得た再現映像だ。最初の戦
争映画とされることが多いヴァイタグラフ社の同時期の映像（ハヴァナにある
スペイン政庁の国旗が引きずり下ろされ星条旗に代えられる様子など）も、ニューヨー
クのアパートの一室で製作された映像だ。それでも、それらの映像はヴォー
ドヴィルショウで上映されるなどして大受けし、過熱するイエロー・ジャー
ナリズム（新聞・雑誌などが事実報道よりも扇情的な記事によって読者の関心を引こう
とする行為）と相まって、アメリカ市民の戦争熱を高めた。
　軍や戦場の実態を知りたい人々がこうした映像に群がるようになり、また
映画が新たなエンターテインメントとして定着すると、やがてアメリカで重
要な動きが出てくる。20世紀に入ってまもなく、自らの使命や魅力を国民
に伝えて理解を得たい軍部と、軍の施設や兵器を使って迫力ある映像を得た
い映画製作者とのあいだに、ある意味で必然的な協力関係が生まれたのだ。
第1次世界大戦が映画のそのような利用の仕方を一気に高みに引き上げ、そ

れからさらに100年、戦争をさまざまな角度から描いた膨大な数の映画が世界中で製作されてきた。現在の日本で軍事に関心をもつ人たちは、それらの映画をどのように評価しているのだろうか。

2　　調査結果の特徴

今回のわたくしたちの第1次調査（2015年）問7では、「あなたが推薦する戦争映画を教えてください。現実の戦争、架空の戦争にかかわらず、また日本と外国を分けてお答えください（10作まで）」と依頼した。外国映画として挙げられた作品の延べ数は691にのぼり、内容も多岐にわたる。推薦者数の上位18作（15位に4作が同数で並ぶ）は表1のとおりで、その18作を推薦した回答者数の総計は370人になる。一方、下位には推薦者1人の作品が多く並ぶ。上位18作の製作時期は1950年代から2010年代までと比較的新しく、かつ多様で、製作国別にみると上位10作はイギリスとの合作2本を含めてすべてアメリカ製が占めた。

戦争映画評価の上位をアメリカ製作品が占めるのは、日本だけの現象ではない。映画文化に関わりが深いイギリスの公共放送・チャンネル4が、2014年に視聴者の投票をもとに世界の戦争映画を100位までランク付けしているが、全体にアメリカ製が非常に多く、イギリス製を除くヨーロッパ製はとても少ない。そして何よりも特筆すべきは、特に上位10作がわたくしたちの調査結果と驚くほど似ていることだ（表2。以下、この投票結果を「イギリス調査」と呼ぶ）。アメリカ映画は世界市場を想定して製作されてきたから、それもある意味で当然のことではあるが、イギリスではさらに両大戦の際などの同盟関係や連帯感が影響している面もあるだろう。

そのようなわたくしたちの調査結果だが、その上位の作品が描く戦争は、第2次世界大戦、ベトナム戦争、中近東の最近の戦争、に大別できる。しかし作品が好戦的か反戦的かといった区別は容易ではない。こうした点をふまえ、ここでは上位の作品をそれら3つの戦争に大別したうえで、作品の概略を紹介しながら、それらが上位にきた理由と意味を探ってみる。

表1 推薦する戦争映画（外国映画）（15位まで・回答数10件以上）×
性別・年齢層・ミリタリー関連趣味の有無

		回答数	性別		年齢層			ミリタリー関連趣味	
			男性	女性	20代以下	30〜50代	60代以上	ない	ある
1	プライベート・ライアン（1998年、アメリカ）	52	38	14	14	32	6	11	41
2	プラトーン（1986年、アメリカ）	42	28	14	3	35	4	16	26
3	シンドラーのリスト（1993年、アメリカ）	29	10	19	1	19	9	13	16
4	史上最大の作戦（1962年、アメリカ）	27	22	5	2	9	16	3	24
5	大脱走（1963年、アメリカ）	26	18	8	1	13	12	8	18
6	戦場にかける橋（1957年、イギリス・アメリカ合作）	24	15	9	2	15	7	10	14
7	パール・ハーバー（2001年、アメリカ）	21	8	13	6	11	4	8	13
8	硫黄島からの手紙（2006年、アメリカ）	20	8	12	7	8	5	8	12
8	ブラックホーク・ダウン（2001年、アメリカ）	20	19	1	8	12	0	3	17
10	地獄の黙示録（1979年、アメリカ）	17	11	6	2	9	6	5	12
11	アメリカン・スナイパー（2014年、アメリカ）	15	8	7	4	9	2	5	10
12	コンバット！（TVドラマ、1962-67年、アメリカ）	13	10	3	0	2	11	4	9
12	戦場のピアニスト（2002年、イギリス・ドイツ・フランス・ポーランド合作）	13	3	10	1	8	4	7	6
14	戦争と平和（同タイトルが2作）（1956年、アメリカ・イタリア合作　1965-67年、4部作、ソ連）	11	6	5	0	1	10	5	6
15	スター・ウォーズ（1977年、アメリカ）（1980年以降最近まで続編が継続中）	10	7	3	2	5	3	2	8
15	トラ・トラ・トラ！（1970年、日本・アメリカ合作）	10	8	2	1	3	6	3	7
15	フルメタル・ジャケット（1987年、アメリカ）	10	7	3	2	7	1	2	8
15	ランボー（1982-2008年、4部作、アメリカ）	10	10	0	1	8	1	1	9
	合計（回答者数）	370	236	134	57	206	107	114	256

表2 イギリス公共放送・チャンネル4による歴代戦争映画ランキング（2014年発表）

1	Saving Private Ryan（1998年、アメリカ、『プライベート・ライアン』）
2	Apocalypse Now（1979年、アメリカ、『地獄の黙示録』）
3	The Great Escape（1963年、アメリカ、『大脱走』）
4	Schindler's List（1993年、アメリカ、『シンドラーのリスト』）
5	Full Metal Jacket（1987年、アメリカ、『フルメタル・ジャケット』）
6	Platoon（1986年、アメリカ、『プラトーン』）
7	A Bridge Too Far（1977年、イギリス・アメリカ合作、『遠すぎた橋』）
8	Zulu（1964年、イギリス・アメリカ合作、『ズール戦争』）
9	Black Hawk Down（2001年、アメリカ、『ブラックホーク・ダウン』）
10	The Bridge on the River Kwai（1957年、イギリス・アメリカ合作、『戦場にかける橋』）

（出典："Channel 4's 100 Greatest War Films of all-time," The Pendragon Society〔（https://thependragonsociety.com/channel-4s-100-greatest-war-films-of-all-time/）〔2018年8月29日アクセス〕〕をもとに筆者作成）

3 第2次世界大戦関連映画

　第2次世界大戦中、参戦国の多くが戦意高揚映画を製作した。アメリカも多数製作したが、なかでも、公共心をもって戦争に関わることの重要性を訴えた『カサブランカ』（監督：マイケル・カーティス、1942年、日本公開1946年。今回調査での推薦1。イギリス調査では30位。以下、本文中で作品にふれるときは、原則として初出の際に、わたくしたちの調査での順位の後の括弧内に推薦者数を、作品名の後の括弧内に製作国での公開年を、それぞれ併記する）は大ヒットし、敗戦直後の日本でも恋愛映画として熱烈に歓迎された。名優を起用し、宣伝臭を抑えて娯楽性をもたせたからだろう。それから70年あまり。今回の調査の上位10作中7作が第2次世界大戦を扱う。

　1位（52）『プライベート・ライアン』（監督：スティーブン・スピルバーグ、1998年、イギリス調査でも1位）と4位（27）『史上最大の作戦』（監督：ケン・アナキン／アンドリュー・マートン／ベルンハルト・ヴィッキ、1962年）はともにノルマンジー上陸作戦を扱う。後者の場合、アメリカ・イギリス・ドイツの3人の監督が指揮し、リアリズムに徹した作品と評されることが多い。ドイツ軍の激しい迎撃のなか、1日で13万の兵士を上陸させた壮大な作戦が、ドイツ側が犯した判断ミスの挿話を織り込みながら連合国軍視点で淡々と描かれる。推薦者のなかで60代以上の年齢層が占める割合がいちばん高いのがこの作品であり、この世代が、この映画を通して戦後18年目で連合国軍のパワーや作戦規模の巨大さを再確認したことをうかがわせる。実際、これは、アメ

リカ軍を含むNATO軍の大規模な協力を得て作戦全体を描こうとした、当時としては空前の規模の戦争映画で、日本ではロードショーが4カ月半続いて映画の年間興行収入1位になった異例の作品なのだ。

『プライベート・ライアン』のほうは、作戦に参加したライアン二等兵の兄弟3人が戦死したことを把握した軍の上層部が、彼を本国へ帰すべく救出隊を派遣する話だ。救出隊は犠牲者を出しながらも彼を発見するが、彼は仲間を見捨てられないとして離脱を拒否する。激戦のなか、やがて隊長が倒れ、帰国して人生を全うせよとライアンに言い残す。時を経て、老いたライアンがノルマンジーのアメリカ軍墓地を訪れ、ここまでの人生は救出隊の犠牲に報いたと評価してもらえるかと問いかけ、映画は終わる。スピルバーグ監督は巨大な軍事力や兵士の無残な死を多様な手法を用いてリアルかつふんだんに描きながら、兵士の家族に対する軍の配慮（軍に同一家族の息子が複数いる場合、跡継ぎとして1人は生き残れるよう配慮する施策。"sole survivor policy"。立法化は戦後1948年）を軸にしてアメリカ軍組織内の絆の強さを謳い上げる。さらに、戦後のアメリカ人が大戦時の大きな犠牲に値する生き方をしてきたかと問いかけたともいえる。この問いかけという点は、製作当時のアメリカで、第2次世界大戦期のアメリカを国内外で支えた市民を「アメリカ史上最も偉大な世代」として称賛する動きが高揚していたことを考え合わせると、特に重要と思われる。ともあれ、アメリカはもちろん他の多くの国でも戦争映画としては記録的な数の観客を集め、第2次世界大戦映画として歴代最高の興行収入をあげた。戦後世界のさまざまな仕組みのなかに残る連合国の影響力を考えれば、当然のことかもしれない。わたくしたちの調査でも、男性を中心に幅広い層の支持があった。

　次に、先の2作とはずいぶん趣が異なる作品3点を取り上げる。まずは3位（29）の『シンドラーのリスト』（1993年、日本公開1994年）。これもスピルバーグ監督の作品だ。ナチス支配下のポーランドでユダヤ人を低賃金で働かせる、実在したドイツ人実業家オスカー・シンドラーが主人公である。ホロコーストが進行するのを目の当たりにした彼は考え方を変え、必要な労働力としてユダヤ人をリストアップすることで、彼らが収容所送りになるのを防ごうとする。アカデミー賞を7部門で受賞しイギリス調査で4位に入るなど、世界的に評価は高い。今回の調査では上位18作のうち、推薦者中の女性の比率、そしてミリタリー関連趣味をもたない人の比率がいちばん高いのがこの作品

だ。世代別でみると、20代以下の比率が18作中で最小となっている。

　12位（13）の『戦場のピアニスト』（監督：ロマン・ポランスキー、2002年）は著名なユダヤ系ポーランド人ピアニストが主人公。ナチス支配下でホロコーストが進み、抵抗運動も潰されていくなか、家族と生き別れた彼は何とか隠れて生き延びる。しかし終戦間際、ナチス将校が彼を見つけ、ピアノ演奏を命じる。やせ衰えた彼が渾身の力でショパンを奏でると、感動した将校は彼を捕らえずに去り、こっそり食料を差し入れる。彼は生き残り、終戦で将校はソ連の収容所へ送られる。映画の随所にショパンの曲がちりばめられ、観客の感情を揺さぶる。推薦者のなかでは30代から50代の中年女性が圧倒的に多い。アカデミー賞3部門、カンヌ映画祭パルムドール賞などを受賞している。

　次いで7位（21）のディズニー社製作の『パール・ハーバー』（監督：マイケル・ベイ、2001年）。真珠湾攻撃を描いていて、しかも最新の特撮（特殊撮影技術）や音響技術の採用で空中戦の迫力は特筆ものではあるが、主人公はアメリカ軍の戦闘機パイロットと彼の恋人で、ストーリーの中心はアメリカ兵の恋愛だ。公開時の宣伝でもその側面が強調されていた。時代考証や史実確認などはほとんど無視したような面があり、戦争映画としての問題点が多数指摘されてもいる。それがなぜ「おすすめ戦争映画」の上位にくるのか。確かに日本では大ヒットした。しかしアメリカの多くの批評家の評価は辛辣だ。最低・最悪の映画を選ぶラズベリー賞の候補にも挙げられた。「お涙頂戴のソープオペラ」との評もある。イギリス調査では選外だ。推薦者に女性が多いのだが、悲惨な戦争のなかにも人間的な感情があってほしいという願望が評価を左右するのだろうか。

　続いて、捕虜をテーマとする2作を取り上げる。5位（26）の『大脱走』（監督：ジョン・スタージェス、1963年）は、捕虜になった連合国軍兵士がドイツの収容所から集団で脱走するという実話をもとにしている。戦闘シーンはないが、捕虜になっても敵の後方攪乱を目指し、監視の目を盗んで知恵を絞る不屈の軍人たちの姿はスリリングかつ印象的だ。また、テレビでたびたび放映されたこともあって、中高年の映画ファンにはなじみ深い作品と思われる。6位（24）の『戦場にかける橋』（監督：デヴィッド・リーン、1957年）はタイ・ビルマ国境近くの捕虜収容所が舞台で、日本軍が捕虜のイギリス・アメリカ兵を使って鉄道橋を建設する話。アカデミー賞主要部門のほか、世界各地の

映画賞を多数受賞している。日英双方の指揮官の軍人としての心の交流も描かれるが、完成した橋は結局爆破され、捕虜の過酷な労働の成果は水泡に帰す。人間ドラマともいえる内容で、世界的にも評価は高い。今回の調査ではミリタリー関連趣味の有無や男女の別に関係なく、30代から50代および60代以上の中高年層の幅広い支持が集まった。

　8位（20）の『硫黄島からの手紙』（2006年）は、クリント・イーストウッド監督が太平洋戦争を日米それぞれの視点から描く2部作というユニークな企画に基づく作品だ。前篇にあたる『父親たちの星条旗』（2006年、推薦者8）が、有名な星条旗掲揚に関わったアメリカ兵の戦後の人生をたどり、戦争における英雄の意味を考えさせるのに対し、こちらは硫黄島守備隊の指揮官、栗林忠道中将が残した手紙をもとに、硫黄島での攻防と栗林の人となりを描く。軍人の生き方に関心をもつ監督らしい作品だ。その視点と手法はアメリカ主要紙誌で絶賛され、映画賞を多数受賞した（ただし興行成績は低迷）。日本でも話題になり、興行収入はアメリカの3倍以上に達した。今回の調査では、女性の比率が比較的高いものの、年代、性別、ミリタリー関連趣味の有無の面で推薦者の偏りが最も少ない作品の一つだった。日本側の視点を意識して製作されたことからすれば、推薦者のそうした特性は当然のことともいえる。

4　ベトナム戦争関連映画

　ベトナム戦争に関しては1960年代からベトナム、日本、アメリカなどでメッセージ性の強い映画が製作されてきたが、今回の調査で推薦されたのはアメリカ製のものだけで、なかでも上位にきたのは戦争批判の色合いが濃い作品ばかりだ。まずはそうした作品が生まれた経緯を探り、そのうえで個々の映画を紹介・検討する。

　そもそもアメリカ映画界は、冒頭の「戦争映画というジャンル」の項でもふれたように、早くから軍部と協力関係にあり、英雄礼賛的な戦争映画を多く製作してきた。冷戦の緊張が厳しかった1950年代にも、その協力関係をよく示す作品がいくつも製作されている。典型例は『戦略空軍命令』（監督：アンソニー・マン、1955年、推薦者なし）だ。これは空軍の全面協力のもと、男女のトップスターを起用した作品で、予備役将校だった大リーグの投手が野球の夢を断念し、愛国心に導かれて爆撃機操縦の任務に就く姿を、彼を優し

く支える妻の姿とともに美しく描いている。青空に長い飛行機雲を引きながら核を積んで飛ぶ巨大なB47の姿も、実に勇壮かつ印象的だ。映画は当時のアメリカで大ヒットし、アメリカ国民のあいだに戦略爆撃と核抑止という考え方がより広く受け入れられる一助になったと考えられている。また、作品公開の翌年に空軍志願者が急増したことにも、この映画の影響をみることができるだろう。

　そうした流れの延長線上で、最初のアメリカ製ベトナム戦争映画『グリーン・ベレー』（監督：ジョン・ウェイン／レイ・ケロッグ、1968年、推薦者1）が製作された。これは陸軍特殊部隊の活動を描いたもので、強固な保守思想で知られるアメリカの俳優ジョン・ウェインが大統領に支援を直訴して製作・監督・主演し、介入政策の正当性を訴えている。しかし、この時期のアメリカ社会は1950年代とは違っていた。作品公開の直前からアメリカ社会でベトナム戦争への批判や疑問が高まっていて、興行成績も伸びなかった。そしてその後、過酷な戦場経験で心を病む若者が増え続けると、ハリウッド映画界は戦場を描く映画よりも先に、そうした帰還兵たちの心の問題をテーマとする一連の作品を生み出す。『帰郷』（監督：ハル・アシュビー、1978年、推薦者なし）、『ディア・ハンター』（監督：マイケル・チミノ、1978年、日本公開1979年、推薦者3。イギリス調査では12位）などだ。その後になって、ようやくベトナム戦争の意味や戦場の実態に迫ろうとする映画が出てきた。

　まずは、10位（17）の『地獄の黙示録』（1979年、日本公開1980年）。フランシス・フォード・コッポラ監督は作家J・コンラッドがアフリカにおける植民地主義を批判した『闇の奥』（1902年）を翻案し、インドシナにアメリカ文明を持ち込んだことを問う。物語は、任務を逸脱してジャングルの奥に独自の王国をつくりあげているアメリカ陸軍特殊部隊長を、暗殺作戦の経験豊かな別の軍人が秘密命令を受けて殺害に向かうというもの。正気の沙汰とは思えないアメリカ軍の行動が描かれ、それを正視することがアメリカ再生の道だという監督の意図がうかがえる。難解だが従来から評価は高く、カンヌ映画祭の最高賞のほか、イギリス、アメリカの各アカデミー賞など多くの賞を得ている。今回の調査でも幅広い層の支持があった。なお、コッポラは製作に先立って1975年に国防省を訪れて軍の協力を依頼したものの、アメリカ軍上層部がアメリカ軍人に別のアメリカ軍人殺害を命じるという筋書きがネックになり、協議は不調に終わっている。結局、映画はフィリピン軍の協力

で製作された。

　次いで登場したのが2位（42）の『プラトーン』（1986年、日本公開1987年）で、オリバー・ストーン監督が自身の派兵経験をもとに脚本を書き、確たるメッセージを込めている。ベトナムの最前線でのアメリカ軍の実態が新兵目線で描かれ、軍規の乱れ、ベトナム民間人に対する蛮行など、衝撃的場面が続く。終盤には、思い悩んだ末に意を決した主人公が卑劣な上官を射殺する場面さえある。推薦者のなかでは30代から50代の年齢層が80％強を占めた。ミリタリー関連趣味との相関は比較的小さいことからすれば、メッセージへの共感がうかがえる。15位（10）『フルメタル・ジャケット』（監督：スタンリー・キューブリック、1987年、日本公開1988年）も戦争批判の色合いが濃い作品だ。公開されてすぐ、海兵隊に入った若者の衝撃的な訓練の描写やベトナムで彼らが遭遇する苦難の描写がアメリカでも日本でも話題を呼んだ。映画前半の訓練場面では、新兵が敵を躊躇なく殺害できるよう、教官が激しい言葉で彼らを洗脳し、その過酷さのために精神を病んで命を絶つ者も出る。この映画の推薦者には30代から50代の男性が多く、80％はミリタリー関連趣味をもつ。

　このように、調査で上位にきた作品にはアメリカ軍批判の色合いが強い。他方、それらが製作された1970年代後半から80年代後半のアメリカでは、ベトナム慰霊碑建立をめぐる議論を通じてベトナム戦争で分断された社会の傷をいやす動きが進み、また映画というメディアを通じてアメリカ軍の威信を回復させようとする動きも目立った。有名な海戦を描いた『ミッドウェイ』（監督：ジャック・スマイト、1976年、推薦者4）、さらには空母や戦闘機の貸与などの手厚い支援を受けて製作され、F-14によるスリリングな空中戦などで話題になった『トップガン』（監督：トニー・スコット、1986年、推薦者3。日本での興行収入は『プラトーン』の2.2倍で洋画部門年間1位）など、海軍中心にアメリカ軍の協力を得て製作された作品が多数ヒットし、軍の威信回復も顕著だった。このようにたどってみると、上記の批判的作品群は、軍に批判的な面があるとはいえ、あくまでも娯楽作品であり、戦争終結から時間がたって軍が威信を回復したからこそ安心して製作できた面があるともいえよう。

　最後に、同時期のヒット作、15位（10）の『ランボー』シリーズ4作（1982―2008年）にもふれておこう。これはベトナム帰還兵が主人公で、戦場で心身ともに傷つきアメリカ社会にも落ち着き先を見いだせない憤懣をアメリ

で、あるいはベトナムに戻って、さらにはアフガニスタンでソ連軍相手に、ぶちまけるという話だ。いずれもアメリカでも日本を含む世界でも大ヒットした。しかし今回の調査ではシリーズ全体で推薦10と、やや影が薄い。調査対象者の多くは、派手なアクションでカタルシスをもたらすことが主眼の映画よりも、ベトナム戦争当時のアメリカ軍内部の実態を描こうとする作品を評価したということだろう。

5　中近東の最近の戦争に関連する映画

　ソ連のアフガニスタン侵攻および湾岸戦争以降、中近東地域の戦争や紛争を題材とする映画が増え、特に対テロ戦争を、テーマを絞って描く作品が目立つ。なかでもイラク戦争における爆弾処理班の活動を緊迫感あふれる形で描く『ハート・ロッカー』（監督：キャスリン・ビグロー、2009年、日本公開2010年）は多くの映画賞受賞で話題になったが、今回の調査での推薦数は4にとどまった。8位（20）の『ブラックホーク・ダウン』（監督：リドリー・スコット、2002年）は、アメリカ陸軍特殊部隊がヘリでソマリア内戦に介入して撃墜され、多数の戦死者を出すという実話がベースで、迫真の戦闘場面が延々2時間近く続く異色作だ。視点はアメリカ兵にあり、向かってくる敵を撃ち倒しながら進む市街戦の場面はリアリティーあふれるが、見ようによってはテレビゲーム的でもある。推薦者の95％は男性で、世代に関しては、20代以下の比率が上位10作のなかで最も高く、60代以上はゼロだ。ミリタリー関連趣味をもつ者の比率は『史上最大の作戦』に僅差で続く2位となっている。ミリタリー関連の趣味をもつ若い男性は、やはり壮烈な戦闘シーンに惹かれるのだろうか。

　最後に、11位（15）に入った最新の映画『アメリカン・スナイパー』（監督：クリント・イーストウッド、2014年、日本公開2015年）について。これは、イラク戦争の際に海軍特殊部隊（SEALs）に属し、「アメリカ軍事史上最強の狙撃兵」と評された実在の男の自伝を映画化したものだ。その主人公は、9.11同時多発テロ（2001年）の後、妻子ある身だが正義感と使命感をもって軍に志願し、狙撃兵として名を上げる。味方の兵士を護るために「野蛮人」を撃つと語る彼は、相手側からみれば「悪魔」であり、懸賞金がかけられる。自

爆テロを実行しようとする子どもや女性を撃たなければならないこともある。やがて彼は PTSD（心的外傷後ストレス障害）に蝕まれ、家族との意思疎通にも苦しんだ末、同じ病に苦しむ知人の退役兵に射殺される。イーストウッド監督が対テロ戦争の意味をアメリカ国民に問いかけたともいえるこの映画は、R-17（17歳未満の者には親同伴が必要）に指定されたものの、アメリカで『プライベート・ライアン』がもっていた戦争映画の興行収入記録を大幅に更新（約1.5倍）した。また、この狙撃兵が英雄か否かといった評価をめぐって、公開直後から政治家をも巻き込む激しい論争が繰り広げられた。日本公開が今回の調査の直前で、しかも11位ということからすれば、この映画のテーマに対する関心は日本でもかなり高く、また作品が調査対象者に与えた衝撃もかなり強いといえそうだ。

おわりに

　ここまでの検討の結果を手短にまとめれば、まずは、上位作品の大半はアメリカ製で、巨額の製作費や迫力ある映像などで話題を呼んだ作品だが、その評価は調査対象者の性別と年代でかなりの差が出たこと。若い世代、特に男性ほど壮絶な戦闘場面が中心の映画を支持し、過酷な戦争下の生活のなかに人の優しさや愛情を探る映画は男性よりも女性から支持される。

　次に、上位にきた作品は、『戦場にかける橋』や『戦場のピアニスト』のように極限状況下での心理描写が重要な意味をもつ作品もあるが、全体的にはすさまじい戦闘場面を売り物にするものが多い。近年の映画技法の進化や許容される残酷映像のレベルの変化などによって戦場への臨場感が増した作品のほうが高く評価されるからではないか。

　最後にもう1点、過去に戦争映画として話題になったものの今回の調査では下位に、または選外になった作品にふれておく。特に気になるのは、冷戦や核戦争に関わる次のような作品だ。まず、狂信的な軍人や科学者が核戦争を始めてしまうことをブラック・ユーモア風に描いたイギリス・アメリカ合作の『博士の異常な愛情　または私は如何にして心配するのを止めて水爆を愛するようになったか』（監督：スタンリー・キューブリック、1964年）。アメリカ空軍の B-52爆撃機が異常な精神状態になった基地司令官の指示でソ連を核攻撃し、その結果、ソ連が備えていた、地球上の生物を放射能で全滅させる

装置が作動してしまう。偶発的な核戦争を防止するはずの仕組みが実際には十分機能しないことに警鐘を鳴らす作品だ。製作から半世紀以上を経たいまもアメリカでの評価は高く、イギリス調査でもベスト100のなかの18位だ。今回の調査では、イギリス・アメリカで評価が高い作品がそのまま上位にくるという傾向が顕著だったが、風刺を織り込んだ作品にはそれが該当しないようで、この作品の推薦は1にとどまった。また、イギリス・アメリカで戦争を素材としたブラック・コメディーとしていまも評価が高い映画として、朝鮮戦争の際の野戦病院を舞台にした『Ｍ★Ａ★Ｓ★Ｈ マッシュ』（監督：ロバート・アルトマン、1970年。イギリス調査では22位）があるが、その推薦は0だった。この作品は、戦場シーンはないものの、鮮血が飛び散る手術場面と、その手術を担う軍医や看護師たちが羽目を外すおふざけ場面が繰り返され、アメリカ軍の権威主義的側面をちゃかすとともに製作当時のベトナムの悲惨さとアメリカ社会の日常の対照的なありようを連想させる作品になっている。公開当時の日本ではかなりの評価を得ていた。アメリカのアカデミー賞やカンヌ国際映画祭の大賞を受賞してもいる。今回の調査結果とのあいだに大きな差が生じた背景としては、風刺を理解するために必要な当時の状況に関する知識量の差という面が重要だろうが、ブラック・コメディーという形式、特に戦争や軍隊を対象にしたそれへのなじみのなさ、あるいはそれを忌避する傾向を挙げることもできるだろう。

（島田真杉）

注

（1）エジソン製造会社が1898年5月に発行した製品カタログの「戦時増刊」に見られる表現。アメリカ議会図書館の下記のサイトから引用。The Motion Picture Camera Goes to War : Films from the Spanish-American War and the Philippine Revolution（https://www.loc.gov/loc/lcib/9803/film.html）［2020年1月24日アクセス］
（2）テレビやラジオの連続ドラマ、特にメロドラマを指す。1920年代のアメリカで昼のラジオ番組に主婦層を意識した石鹸・洗剤メーカー提供のそういうドラマが多かったことに由来する表現。

参考文献

長坂寿久『映画で読むアメリカ』（朝日文庫）、朝日新聞社、1995年
瀬戸川宗太『戦争映画館』（現代教養文庫）、社会思想社、1998年
藤崎康『戦争の映画史——恐怖と快楽のフィルム学』（朝日選書）、朝日新聞出版、2008年

阿部博子「ベトナム・ベテラン映画『ディア・ハンター』の一考察——脆弱な男たちの喪の後で」、東北大学国際文化学会誌編集委員会編「国際文化研究」2009年号、東北大学国際文化学会、17—32ページ

Jeanine Basinger, "Translating War: The Combat Film Genre and *Saving Private Rya*," *Perspectives*, 36(7), 1998.

David Culbert, "War and the Military in Film: Newsfilms and Documentaries," in John Whiteclay Chambers II ed., *The Oxford Companion to American Military History*, Oxford University Press, 2000.

Tim Dirks, "War Films," filmsite (https://www.filmsite.org/warfilms.html)〔2018年11月20日アクセス〕

Dylon Lamar Robbins, "War, Modernity, and Motion in the Edison Films of 1898," *Journal of Latin America Cultural Studies*, 26(3), 2017.

Lawrence Suid, "Film, War and the Military: Feature Films," in Chambers, *op. cit.*

Lawrence H. Suid, *Guts and Glory: The Making of the American Military Image in Film*, University Press of Kentucky, [1978]2002.

Michael Wines, "Ideas and Trends; Why Russia Needs No '*Saving Private Ryan*,'" *The New York Times*, Aug. 2, 1998.

"Channel 4's 100 Greatest War Films of all-time," The Pendragon Society (https://thependragonsociety.com/channel-4s-100-greatest-war-films-of-all-time/)〔2018年8月29日アクセス〕

"The Motion Picture Camera Goes to War," Library of Congress (https://www.loc.gov/collections/spanish-american-war-in-motion-pictures/articles-and-essays/the-motion-picture-camera-goes-to-war/)〔2020年1月25日アクセス〕

3-3 活字のなかの戦争・軍隊

1 体験記録・ノンフィクション作品の なかの戦争

　第1次調査（2015年）の問8と問9では、回答者に国内外の「推薦する作品」を自由記述の形式で挙げてもらうことで、「活字のなかの戦争や軍隊」の世界への接触状況を尋ねた。

　まず問8では、「戦場体験や戦時下の生活を描いた体験記録やノンフィクション」を、日本と外国の作品それぞれ一人最大10作まで挙げてもらった。日本の作品は延べ319件151作品、外国の作品は延べ152件78作品が挙げられている。表1から4では、日本の作品は5件以上、外国の作品は3件以上のものを挙げている。

　注意してほしいのは、回答には、厳密には「体験記録やノンフィクション」とはいえないようなものが多数含まれていることである。具体的には後述するが、ここに挙がっている回答には、後述の問9の回答で挙げられるべき「小説」作品が数多く含まれていて、上位の回答もほとんどが重なっている。

　回答者が、創作が加わった「小説」作品を何らかの意味で「体験記録やノンフィクション」であると考えて挙げているのか、そもそも「小説」と「体験記録やノンフィクション」を区別せず／できずに答えているのかは識別不能である。ただ端的にいって、これが現代日本の「戦争の記憶」の現状である、と認識することはできるだろう。この調査結果にみるかぎり、ノンフィクションとフィクションの差はほとんど考慮されていない！

　もちろんたんにこれを嘆くのではなく、社会学者として、そのことの理由

表1 ノンフィクション（日本）5件以上×性別・年齢層・ミリタリー関連趣味の有無

順位	作品名	回答数	性別		年齢層			ミリタリー関連趣味	
			男性	女性	20代以下	30〜50代	60代以上	ない	ある
1	火垂るの墓	41	15	26	10	16	15	20	21
2	はだしのゲン	39	11	28	11	22	6	21	18
3	黒い雨	10	2	8	0	4	6	3	7
4	永遠の0	9	5	4	0	5	4	6	3
4	ビルマの竪琴	9	3	6	1	1	7	5	4
6	野火	8	4	4	0	2	6	4	4
6	ひめゆりの塔	8	3	5	0	4	4	3	5
8	坂の上の雲	7	3	4	0	3	4	3	4
9	きけわだつみのこえ	6	1	5	0	4	2	3	3
9	二十四の瞳	6	1	5	0	4	2	4	2
9	流れる星は生きている	6	2	4	1	2	3	4	2
12	大空のサムライ	5	5	0	2	3	0	0	5
	合計（回答者数）	226	99	127	41	87	98	105	121

や意味を考えることにしたい。つまりこうした回答の状況は、「なぜその作品をノンフィクションの項目で回答したのか」、そして「戦争を活字で描く際に、そもそもフィクション／ノンフィクションとはどのように区別されているか（／されていないか）」という問いを浮かび上がらせてもいる。

2 圧倒的な回答数の 『火垂るの墓』と『はだしのゲン』

「体験記録やノンフィクション」として挙がった日本の作品の第1位は、41人からの回答があった野坂昭如による短篇小説『火垂るの墓』である（初出は「オール讀物」1967年10月号、文藝春秋）。戦争末期、親類宅に身を寄せていた戦争孤児の兄妹が、その家を飛び出して2人で防空壕に暮らし始めるという物語である。妹・節子を栄養失調で亡くし、終戦を挟んで主人公の少年・清太も衰弱死する。

　戦時中に妹を亡くしたという野坂自身の体験が色濃く反映されている作品で、野坂と清太を重ね合わせる人も少なくないだろう。けれども、冒頭から明確に清太の死が示されているように、あくまでもこの作品は、実体験をベースにしたフィクションである。では、この作品を「体験記やノンフィクシ

ョン」として挙げさせてしまう力はどこにあったのだろうか。

『火垂るの墓』は、空襲下の暮らしの様子や戦時中の人々の世知辛さを執拗に描く。飢えて衰弱死していく兄妹にとって、敵は、空襲をおこなったアメリカだけではなく、同時代の人々でもあったということだ。そして物語のクライマックスは主人公・清太の死ではなく、節子の死である。1988年に高畑勲監督によってアニメ化され繰り返しテレビで放映された映画版も、この中心線を繊細かつ執拗に描く。意地悪な親類のもとを飛び出し、二人きりの生活を始めることを決断した清太に妹の死の責任がないわけがない。

『火垂るの墓』という物語の核にある清太の自我（エゴ）を丁寧に描こうとすれば、きれい事ではすまない戦時期に生きた人々に関するリアルな描写が必要になる。感情のひだや生活の描写が必要以上に細かいのはそのためである。つまり、多くの人がこの作品をノンフィクションと見間違えてしまうほどに、リアリティー構築が丁寧におこなわれているということである。

　表1にあるとおり、本作を挙げた回答者は、性別・年齢・ミリタリー関連趣味の有無それぞれでバランスよく分かれていて、その幅広さが回答数の多さにつながったのだろう。

　ほぼ同数の39人の回答があった第2位は、中沢啓治によるマンガ『はだしのゲン』（「週刊少年ジャンプ」1973年25号—74年39号、集英社）である。これもまた、中沢自身の体験が色濃く反映された自伝的マンガであり、フィクションの要素も数多く含んではいるが、『火垂るの墓』と同じように、多くの読者は主人公ゲン＝中沢自身として読んでいたのではないか。原子爆弾投下直前の広島での生活、投下当日の情景、混乱が続く占領下の社会の様子が、たくましく生きるゲンとその仲間たちの姿を通じて描かれる。すでに戦争体験の風化が指摘されて久しい1970年代の「週刊少年ジャンプ」（集英社）に連載され、多くの子どもたちに原爆被害の実相を伝えた。

　というのも『ゲン』は、学校の図書館で読める、数少ないマンガの一つだったからである。少年マンガというジャンルでありながら、いや、少年マンガというジャンルでこそ、容赦のない被爆の現実が描かれる。投下直後、家に挟まれ、逃げようがないまま火に巻かれて死んでいく父親たちの姿、熱線を浴びてやけどだらけになったり皮膚が溶けて垂れ下がったりした人々の姿、無数のガラスの破片が体に突き刺さった人々の姿が描かれている。主人公のゲンを含め、頭髪が抜けたツルツルの頭をさらす人々も数多く描かれた。放

射線の後遺症から、突然血を吐いて死んでいく人々の姿も繰り返し描かれ、それぞれ強烈な印象を与えている。

（筆者を含む）多くの子どもたちは、この異様な「少年マンガ」としての『ゲン』から眼を離すことができなかった。戦争の悲惨を真摯に学ぶために読むのではなく、ある種の怖いものみたさ、残虐なものに対する好奇心から引き込まれたといえる。[1]

　そうした好奇心からの関心と釣り合う形で、多くの子どもたちは、『ゲン』が学校の図書館に置かれていた理由をどこかでわかるようになる。そこにはアトラクション（魅力）と啓蒙の絶妙なバランスがあった。そうしたことからこの作品を「ノンフィクション」として推薦してしまうという結果、あるいはフィクションかノンフィクションかはどうでもいいという結果を生んだのかもしれない。

『はだしのゲン』を挙げた回答者の属性も多岐にわたり、『火垂るの墓』と同じように、幅広い人々の受容を指摘できる。ただ同時に、やはり最初の読者とその後続世代である30代から50代の数が多少目立っている。2010年代には、『はだしのゲン』の学校図書や公立図書館での存置・閲覧制限に対する議論もあった。

　これら両作品を挙げた件数は第3位で挙がった作品の件数の4倍以上になっていて、この2作品に対する認知度は圧倒的だといえる。

3　資料利用と「小説／ノンフィクション」

　10人の回答者が挙げて「体験記録やノンフィクション」の第3位になった『黒い雨』（「新潮」1965年1―9月号、新潮社）は、被爆した主人公閑間重松と「黒い雨」を浴びた姪をめぐる井伏鱒二の「小説」である。原爆を体験していない井伏の創作によって構成された小説だといえる一方で、問8で挙げられていることからもわかるとおり、この作品には、フィクションでありながら体験記録のようなリアリティーがある。それはこの小説が、実際の被爆体験者の日記にかなりの部分で依拠しているからである。

　単に体験者の日記を資料として利用しただけではない。日記自体がこの小説を構成する重要な小道具の一つにもなっている。つまり、縁談を控えた姪が被爆していないことを相手側親類に証明するために、主人公重松は、姪の

日記を持ち出し、清書の作業を進めるのである。

　そうしたこともあり、もちろん本来ノンフィクションとは分類できないものの、この小説は真実味の確保と小説的な構成の妙の両方に恵まれている。ちなみに、作中に登場する姪本人の日記ではないが、井伏が多くを依拠した日記は2001年、重松静馬『重松日記』（筑摩書房）として、井伏からの書簡も収めて刊行された。重松静馬は閑間重松のモデルの人物である。現在では、井伏がどの部分に依拠し、創作を加え、小説として構成しようとしたかを知ることができる。

　いちばん近年の作品として、続く第4位の『永遠の0』（百田尚樹、太田出版、2006年）を考えてみよう。9人の回答者が挙げている。主人公の姉弟が、特攻で死んだ実の祖父の謎を探っていくという筋の小説である。登場人物のほとんどが架空の人物で、完全なフィクションでありながら、数多くの戦記からの資料利用があり、巻末には主要参考文献が示されている（そのなかには、5人の回答を得て第12位に位置する、元戦闘機パイロット坂井三郎による『大空のサムライ』〔光人社、1967年〕も含まれる）。

　引用の手法の問題や事実誤認も指摘されているが、多くの戦記からの資料利用により、この作品は、フィクションでありながら体験記録のような外見も併せ持っている。それを可能にしたのが、物語を引っ張る姉弟が、祖父を知る元パイロットたちを訪問して取材をし、祖父の謎を追うというこの小説の構成である。謎の種明かしへの興味関心が物語を引っ張り続けるが、この筋と人物配置によって、何も知らない状態から戦争や特攻に対する認識を深めていく姉弟の変化を読者も追体験することができる。フィクションでありながら、その構成は、よくできたテレビのドキュメンタリー番組あるいはバラエティー番組のようだ。いくつかの問題が指摘されているとはいえ、本書は、戦争をまったく知らない世代に向けた「太平洋戦争史／特攻についての入門」物語になっているといえるだろう。

　同数第5位から続く作品も、以上で挙げた第4位以上の作品と同じく、著者自身の体験が色濃く反映されてはいるが一部創作が混ざるフィクション、あるいは体験者を取材したり体験記録を調査したりして創作したフィクションが続く。純粋に「体験記録・ノンフィクション」といえるのは、学徒兵の遺稿を集めた『きけ わだつみのこえ──日本戦歿学生の手記』（日本戦歿学生手記編集委員会編、東大協同組合出版部、1949年）と、満州からの引き揚げについ

ての体験記的な色彩の強い藤原ていによる小説『流れる星は生きている』
（日比谷出版社、1949年）だろうか。

「ノンフィクション」としての位置づけが難しいのが、第8位に挙がっている司馬遼太郎『坂の上の雲』（全6巻、文藝春秋、1969―72年）である。登場人物は全員実在の人物で、膨大な資料への参照も見受けられるものの、司馬の歴史観が前面に押し出され、それに基づいた直接的な人物評価も作品のなかで多くなされていて、事実を分厚く伝える「ノンフィクション」というよりも、史実に基づき、具体的な題材を描きながら巨大な歴史の動きを示す「歴史小説」という位置に置かれるべきだろう。

　一方で、戦後日本社会では、数多くの良質な「体験記録・ノンフィクション」が世に問われてきたのに、この結果には複雑な思いがある。表1に挙がっている作品でも、20代以下の若い世代からの回答がまったく挙がっていない作品が目立つのも気になる。もちろん小熊英二『生きて帰ってきた男──ある日本兵の戦争と戦後』（〔岩波新書〕、岩波書店、2015年）のように、近年でも意欲的なノンフィクションがないわけではない。

　ノンフィクションの顔をしたフィクションでの都合のよい創作を批判したり、その間違いを指摘したりすることは重要だ。けれども調査結果としてはむしろ、回答者にとって「戦場体験や戦時下の生活を描いた体験記録やノンフィクション」という区分は実はそれほど厳密ではないということ自体が指摘できると思う。

　語の正確な意味でいうノンフィクションを押しのけてここに挙がったノンフィクション「的」作品は、そのあいまいさを逆に利用し、読者に対する強い訴えかけに成功した作品だったといえる。

4　外国のノンフィクション

　45件の回答が挙がって第1位になったアンネ・フランクの『アンネの日記』（皆藤幸蔵訳〔文春文庫〕、文藝春秋、1974年）が抜きん出ている。ナチスによるユダヤ人狩りを避けるために過ごした隠れ家でつづられたユダヤ系ドイツ人少女の日記である。本人は収容所で亡くなっていて、本書は彼女の父を中心とする人々の手で刊行された。

　回答者の内訳をみてみると女性の割合が多いが男性の回答者もいないわけ

表2 ノンフィクション（外国）3件以上×性別・年齢層・ミリタリー関連趣味の有無

		件数	性別		年齢層			ミリタリー関連趣味	
			男性	女性	20代以下	30〜50代	60代以上	ない	ある
1	アンネの日記	45	7	38	6	17	22	22	23
2	夜と霧	9	4	5	3	5	1	2	7
3	シンドラーズ・リスト	7	1	6	1	1	5	4	3
4	戦争と平和	4	2	2	0	0	4	2	2
5	戦場にかける橋	3	2	1	0	2	1	0	3
5	戦場のピアニスト	3	1	2	0	3	0	0	3
	合計（回答者数）	116	47	69	19	47	50	49	67

ではなく、『火垂るの墓』や『はだしのゲン』と同じく、世代・ミリタリー趣味の有無にかかわらず幅広い支持者がいることがわかる。

　第2位の『夜と霧——ドイツ強制収容所の体験記録』（ヴィクトール・E・フランクル、霜山徳爾訳、みすず書房、1956年）は、心理学者の強制収容所体験をつづった作品である。アウシュビッツの過酷な実態も重要だが、極限状態に置かれた人間の精神に対する冷静な観察をもとに、生きる意味や人間の尊厳が主題になっている。これに第3位の『シンドラーズ・リスト——1200人のユダヤ人を救ったドイツ人』（トマス・キーニーリー、磯野宏訳〔新潮文庫〕、新潮社、1989年）や第5位の『戦場のピアニスト』（ウワディスワフ・シュピルマン、佐藤泰一訳、春秋社、2003年）を加えて考えてみると、外国のノンフィクション作品では、3件以上の回答者があった6作品のうち、『戦争と平和』（レフ・トルストイ、望月哲男訳〔光文社古典新訳文庫〕、光文社、2020年など翻訳多数）と『戦場にかける橋』（ピエール・ブール、関口英男訳〔ハヤカワ文庫〕、早川書房、1975年）を除く4作品が、ナチス・ドイツによるユダヤ人迫害を扱っているのが目を引く。

　また、日本軍捕虜になったイギリス軍・アメリカ軍兵士たちによる橋の建設と破壊を描く『戦場にかける橋』もある種の収容所状況を描いているのだとすれば、戦時での監禁状況、収容所的状況での人間の尊厳やエゴを描いた作品が上位6作品中5作品で挙がっていることにも気づく。さらにまた、収容所の「生」を、虐待や死の恐怖に耐える姿からのみによって描くのではなく、対敵協力も交えながら生き抜く姿で描く作品としてのJ・G・バラード『太陽の帝国』（高橋和久訳、国書刊行会、1987年）のような例も加えれば、収容所ものは、人間性を見つめる多様な可能性をもっていて、それもまた「フィクション／ノンフィクション」の垣根を越えがちだということだ。

4件の回答を得て第4位のトルストイ『戦争と平和』は、「人間」を問いながらも、むしろそれを巨大な「歴史」と対比させた作品であるが、ほとんどが架空の登場人物数百人のこの小説がなぜ「ノンフィクション」として挙がっているかは不明である。描かれる「歴史」の重みにおいて、「ノンフィクション」と分類されたのかもしれない。

5 「体験記・ノンフィクション」と重なる「小説」

問9で挙げてもらったのは、「戦争や軍隊・軍事組織をテーマ・舞台・背景とした小説」である。日本と外国の作品それぞれ一人最大10作まで挙げてもらった。日本の作品は延べ266件120作品、外国の作品は延べ110件64作品が挙がっている。表では日本の作品は5件以上、外国の作品は10件以上のものを挙げている。

表3 小説（日本）5件以上×性別・年齢層・ミリタリー関連趣味の有無

		件数	性別		年齢層			ミリタリー関連趣味	
			男性	女性	20代以下	30～50代	60代以上	ない	ある
1	永遠の0	42	14	28	10	20	12	19	23
2	坂の上の雲	22	14	8	0	13	9	10	12
3	ビルマの竪琴	10	4	6	0	5	5	3	7
3	黒い雨	10	1	9	0	4	6	4	6
5	はだしのゲン	9	4	5	2	5	2	4	5
5	火垂るの墓	9	0	9	2	4	3	4	5
7	人間の条件	7	2	5	0	1	6	4	3
8	野火	6	6	0	0	3	3	1	5
9	図書館戦争	5	0	5	0	5	0	1	4
	合計（回答者数）	202	95	107	26	94	82	80	122

表4 小説（外国）10件以上×性別・年齢層・ミリタリー関連趣味の有無
（4位以下は2件以下のため省略）

		件数	性別		年齢層			ミリタリー関連趣味	
			男性	女性	20代以下	30～50代	60代以上	ない	ある
1	戦争と平和	20	9	11	0	4	16	13	7
2	アンネの日記	13	3	10	1	5	7	4	9
3	風と共に去りぬ	10	1	9	2	1	7	5	5
	合計（回答者数）	93	35	58	11	31	51	43	50

　まず日本の小説作品について、リストのほとんどである9作品中7作品が
「体験記録・ノンフィクション」の上位と重なっていることは指摘しておき
たい。これは外国の小説作品でも同様の結果となった。

　もう1つ指摘するとすれば、ここで挙がっている作品は（ほとんど、ではな
く）すべて映画化されている小説だということである。「活字のなかの戦
争・軍隊」であっても、人々に対する実際の訴求力を考えたとき、映像化は
非常に重要な要素になっているのだろう（外国の作品でも同様の結果）。

　たとえば「体験記／ノンフィクション」の項でも挙げた『永遠の0』は、
こちらでは42件の回答を集めて第1位になっているが、2013年に映画化もさ
れた作品である。戦闘のシーンではCG（コンピュータグラフィクス）が駆使さ
れ、ミニチュアの模型を使った特撮による映像の時代（たとえば映画『零戦燃
ゆ』〔監督：舛田利雄、1984年〕）からすれば隔世の感がある。もちろん、その実
現にはそれなりの制作予算が必要で、性別や年齢、ミリタリー関連趣味の有
無など、回答者の属性におけるバランスのよさは、幅広い受容（訴求対象の設
計）を想定させるに十分である。特に活字作品を挙げることが少なかった20
代以下の回答者から推薦されているのが特徴的である。

　映画が印象に残っているために原作の小説を挙げたのか、ここに挙げてい
るように広く受容された原作小説があったから映画化が可能になったのかは、
これまた回答からだけでは判断がつきにくい。

　また、「活字のなかの戦争・軍隊」ということでいえば、5件の回答を得
て第9位に挙がっている有川浩『図書館戦争』（メディアワークス、2006年）が
興味深い。この作品はもちろん「体験記録／ノンフィクション」のほうには
挙げられることがなかった純粋なフィクションである。架空の近未来を描い
たということでいえば、SF小説であるといってもいい。

　調査結果によると、この作品は特に女性からの支持を特徴としている。こ
の作品もまた映画化・アニメ化へと展開しているが、「活字のなかの戦争・
軍隊」として、図書館を守り、活字を守るための戦いを描いた作品を挙げて
いることに、回答者が込めた意味がないわけがないと思われる。

6　「活字のなかの戦争・軍隊」のために

　戦後日本社会での「活字のなかの戦争・軍隊」に関する探究は、高橋三郎

『「戦記もの」を読む──戦争体験と戦後日本社会』（〔ホミネース叢書〕、アカデミア出版会、1988年）を嚆矢として、追随する数多くの研究を生んでいる。また、「戦争文学の戦後史」についての探究も数多くなされてきた。[(2)]

　ミリタリー・カルチャーでの活字の重要性は、改めていうまでもない。そしてもちろんそれは、日本の「戦後」だけのことではない。フィクション／ノンフィクションを問わず、戦争文学はさまざまな傑作を生み出してきたし、トゥキディデス『戦史』やカエサルの『ガリア戦記』の時代から、戦争（の経験）は、人間の「書くこと（調べること）／読むこと」の歴史それ自体と深い関係をもっている。

　そうしたことを念頭に置きながら、今回の調査では、研究者ではなく、一般の人々にとって、実際にどのような作品が印象深かったかを問うた。また、「推薦する作品を挙げてください」という問いかけによって、単にその作品を回答者自身が好きということだけでなく、作品の内容や訴えかけを誰かに知らせたい・共有したいという形で表してもらうことも意図した。

　結果として浮かび上がってきたのは、フィクションとノンフィクションの垣根、あるいは活字と映像・画像メディアとの垣根が、むしろ積極的に乗り越えられ混在しているという「現在」である。もちろん、そういった作品こそが訴求力を持ち続けてきたということだ。

　多くの人にとって、フィクションとノンフィクションは区別されていない、端的にいえば、どうでもいいと考えられているということだ。社会学者としてわたくしたちがなすべきことは、その区別のできなさを批判することではなく、区別のなさがどのような仕組みのもとでなされ、その試みのなかに人々の「戦争の記憶」がどう息づいているかを探究することだろう。

　同様に、特に近年では、「活字のなか」を独立させて考えることは、ほとんど無意味になってしまっているということである。特に映画やマンガ、アニメとの関連でこそ積極的に考えるべきものになっている。その条件となる戦時・戦場を再現する映像技術には、これからも一定の配慮をしていたい（→3-1「日本の戦争映画」、3-2「外国の戦争映画」、3-4「マンガ・アニメのなかの戦争・軍隊」）。

　もちろん架空の物語であっても、それを際立たせる人間ドラマの構成力は変わらず重要で、そういった意味では、映像メディアの原作として、人々の内面を直接描写することができる「活字のなかの戦争・軍隊」自体の重要性

は今後も変わらない。また、ドラマをきちんと構成しようとすれば、ノンフィクションを引用・編集してのリアリティーの確保はおのずと要請される。

　つまり、どのような方法によるリアリティーの確保が、どのような物語の結構に応じて必要とされているのかが重要ということである。公刊後50年以上たった作品が上位を占めるなか、『永遠の0』（と『図書館戦争』）だけが、近年の作品として上位に入った。批判していればいいという話ではない。さらに近年の『この世界の片隅に』のマンガ（こうの史代、上・中・下（Action comics）、双葉社、2008―09年）や映画（監督：片淵須直、2016年）も、まったく架空の話でありながら、リアリティーの確保に細かい配慮をみせている。そのことの意味も、よく考えるべきだろう。

（野上　元）

注

(1)　吉村和真／福間良明編著『「はだしのゲン」がいた風景――マンガ・戦争・記憶』梓出版社、2006年

(2)　こちらの先駆は開高健『紙の中の戦争』（岩波書店、1996年。初出は1972年）となるだろう。野上元『戦争体験の社会学――「兵士」という文体』（弘文堂、2006年）も参照いただければありがたい。

3-4 マンガ・アニメのなかの戦争・軍隊

　本書冒頭でもふれたように、1960年代の少年週刊誌を舞台とした戦記マンガのブームは、敗戦後抑制されていたミリタリー・カルチャーの復活をもたらした。それ以降、マンガやアニメのなかでさまざまに描かれる戦争・軍隊のイメージは、戦後日本のミリタリー・カルチャーで、とりわけ若い世代を中心にその影響力を拡大してきた（→1-3「回答者はどのような人々か」）。

　この項目では、戦争や軍隊を描いたマンガ・アニメとして、現在、どのような作品がどのような人々によって好んで読まれ（観られ）ているのか、そしてそれらの作品は、現代日本のミリタリー・カルチャーのなかでどのような意味や位置づけをもっているのかについて考察したい。なおその際、個々の作品が戦争や軍隊の──広い意味での──リアリティーをどのように表現しているのかに、特に注目する。ここでリアリティーとは、鑑賞者にとってのそれを意味する。すなわち、鑑賞者がその作品世界があたかも現実であるかのように、そこに没入しうるかどうかが、作品のリアリティーを左右するということである。それは以下にみるように、わたくしたちの調査の回答者が、どのような作品を支持しているのかという観点から測られることになる。（ここではリアリティーという概念をあらかじめ定義するのではなく、ある作品への支持は、その作品のリアリティーの高さのゆえである、という前提に立つ。）

　第1次調査（2015年）問10では、「戦争や軍隊・軍事組織をテーマ・舞台・背景としたマンガやアニメで、あなたが推薦する作品を教えてください（10作まで）」と尋ねている。まず、その回答として多く挙がった上位10位までの14の作品名と、回答者の性別、年齢層およびミリタリー関連趣味の有無とのクロス集計の結果を表1に示そう。

　回答者数をみると、まず1位『はだしのゲン』（中沢啓治、全10巻、汐文社、

表1 戦争や軍隊をテーマ・舞台・背景としたマンガやアニメ
＊『宇宙戦艦ヤマト』『機動戦士ガンダム』は、シリーズ作品を含む

順位	作品名	回答者数	性別		年齢層			ミリタリー関連趣味	
			男性	女性	20代以下	30〜50代	60代以上	ない	ある
1	はだしのゲン	123	40	83	29	53	41	73	50
2	火垂るの墓	103	26	77	15	46	42	56	47
3	宇宙戦艦ヤマト＊	37	26	11	4	18	15	12	25
3	機動戦士ガンダム＊	37	30	7	7	29	1	12	25
5	沈黙の艦隊	15	13	2	1	10	4	3	12
6	銀河英雄伝説	11	8	3	2	9	0	3	8
7	アルスラーン戦記	9	7	2	6	3	0	0	9
8	ジパング	8	7	1	2	6	0	0	8
8	進撃の巨人	8	3	5	4	3	1	0	8
10	ガールズ＆パンツァー	7	7	0	5	2	0	2	5
10	永遠の0	7	2	5	1	4	2	0	7
10	艦隊これくしょん	7	6	1	6	1	0	3	4
10	紫電改のタカ	7	7	0	1	1	5	4	3
10	新世紀エヴァンゲリオン	7	6	1	0	6	1	1	6
	合計（10位までの延べ回答数）	386	188	198	83	191	112	169	217

1975—87年）と2位『火垂るの墓』（監督：高畑勲、1988年）の推薦者がともに100人以上と、3位に3倍前後もの差をつけて圧倒的に多いこと、次いで同数3位の『宇宙戦艦ヤマト』『機動戦士ガンダム』（いずれもシリーズ作品を含む）の推薦者がともに37人と、5位の2倍以上にのぼっていることがわかる。これらの4作が、多くの「戦争や軍隊・軍事組織をテーマ・舞台・背景としたマンガやアニメ」のなかでも、とりわけ多くの——戦争・軍事に関心をもつ——人々に読まれ（観られ）、そして支持されていることになる。そこで、上位の4作について本項前半で詳しく考察したのち、5位以下の作品については、本項後半で、戦争・軍隊のリアリティーの表現方法という観点から分類をおこないながら、概観的に述べることにしたい。

1　反戦と鎮魂
『はだしのゲン』と『火垂るの墓』

『はだしのゲン』と『火垂るの墓』は、いずれも現実のアジア・太平洋戦争の歴史を背景として、戦争犠牲者の視点から描かれた作品である。そのこと

は、この2作への大きな支持が、戦争・軍事への「批判的関心層」を中心にしたものであることを示唆しているように思えるかもしれないが、表1をみると、推薦者は性別では女性が多くなっているものの、年齢層やミリタリー関連趣味の有無に関して大きな偏りなく分布していて、この2作はむしろ「趣味的関心層」をも含めた幅広い層の人々に読まれ（観られ）てきたとみるべきだろう（20代以下の年齢層、ミリタリー関連趣味「あり」でも、この2作は1位、2位だった）。

　この2作の推薦者が突出して多かったことは、「戦争や軍隊をテーマ・舞台・背景とした」作品といえば、現代の読者・視聴者にとっても、やはり現実の戦争——日本が経験したアジア・太平洋戦争——を描いた作品が依然として最も強いリアリティーと訴求力をもっていることを示している、とみなすことができるだろう。とはいえ、そのようなマンガ・アニメ作品は、必ずしもこの2作に尽きるわけではない。にもかかわらず、この2作がとりわけ強く支持されているのはなぜなのだろうか。

　『はだしのゲン』が「平和教育」の一環として学校図書館や学級文庫に導入され、多くの世代の子どもたちに読まれてきたことや、『火垂るの墓』が劇場公開後も繰り返し——とりわけ8月に——テレビ放映され、長年にわたって多くの家庭で視聴されてきたことは、いうまでもなくこの両作品の認知度の高さの大きな要因と考えられる（→3-1「日本の戦争映画」）。そうした教育環境やメディア環境という媒介項をも含めて、「戦争犠牲者の視点からアジア・太平洋戦争を描く」ということが、戦後日本社会で広く共有されてきた戦争観・平和観と最も整合的であったのは明らかだろう。

　また、この2作への支持の理由は、両作品に共通する次のような特徴から説明することもできる。現代日本アニメの研究で知られる日本文化研究者スーザン・J・ネイピアによれば、「二作品とも戦争の破壊行為によって打ちひしがれた無垢な子どもたちに焦点を当てることによって、間違いなく痛切な同情を観客から引き出せる」作品であり、「両作品に登場する妹の存在も、犠牲者としての立場を具現化したものである」という共通項さえある。子どもの視点から、さらに弱い存在としての「妹の死」を描くことは、おそらく、最も弱い存在こそが最も戦争の犠牲者になりやすく、またそのために戦争の悲惨さを最も象徴的に体現しうる、という発想に根差しているといえるだろう。

　以上のような共通項をもつ一方で、この両作品は、かなり対照的な印象を読者・視聴者に与える作品でもある。ここからはそのような差異をも念頭に置き、もう少し作品の内容に踏み込みながら、考察を進めていきたい。

　中沢啓治作のマンガ『はだしのゲン』は、作者自身の広島での被爆体験に基づく自伝的作品である。少年・中岡元（ゲン）を主人公に、原爆投下直前の広島から始まり、凄惨な被爆体験を経て、生き残った家族や原爆孤児の仲間とともに、原爆症の苦しみや被爆者への差別、食糧難などのさまざまな困難と闘いながら、戦後の混乱期のなかを生き抜いていく姿を描く。1973年から74年に「週刊少年ジャンプ」（集英社）に連載されたのち、続篇が75年から76年に左派系論壇誌「市民」（文化社）、77年から80年に日本共産党の機関誌「文化評論」（新日本出版社）、82年から87年に日教組（日本教職員組合）の機関誌「教育評論」（教育評論社）に、それぞれ連載された。実写映画3作（1976年、77年、80年）、アニメ映画2作（1983年、86年）も制作されている。

　『はだしのゲン』が、「平和教育」の一環として教育現場に導入され、多くの子どもたちに読まれたのは上述のとおりである。また続篇の掲載誌の性格からもうかがわれるように、この作品は、左派イデオロギーと適合的な「反戦」マンガとしても読まれてきたといえる。ただ、そのような「反戦」マンガとして「わかりやすい」メッセージを伝えようとすることは、わたくしたちの研究メンバーの一人が指摘しているように、戦争のリアリティーの表現という肝心な点で、次のようなジレンマを抱えることにもなった。

　　このマンガは、「戦争のおそろしさ」を「わかりやすく」伝えるものであり、児童層もが感動し得るテクストであった。
　　　だが、そのことは一面、中沢啓治の意図とは齟齬を来すものであった。（略）中沢は当初は、わかりやすさや口当たりのよさを拒絶した描写を、読者に突きつけようとしていた。（略）
　　　むろん、こうした中沢の意志は、少年誌のような多数の若年層を読者とする媒体には受け入れられず、中沢自身もその表現を読者に合わせていかざるを得なかった（略）。「はだしのゲン」が母親や教師によって子どもに手渡され、また、左派論壇誌に連載されるほどに、「健全」で「進歩」的になっていく傍ら、その受容において、目を背けたくなるような「リアリティ」は掻き消されていったのであった。[6]

このような皮肉な事態は、単に『はだしのゲン』という1つの作品にとどまらず、およそ「反戦」メッセージを多くの受け手に「わかりやすく」伝えようとすることに必然的に伴う、根本的なジレンマが存在することを示唆している。

　あるいは、『はだしのゲン』は、まさにそのようなジレンマとの闘いそのものを体現した作品として読むこともできるかもしれない。谷本奈穂は、物語の内容分析の手法を用い、この作品は、「「ゲン」が成長しないことを通して、近代人の物語への欲望——カタルシスや予定調和を含む——を満たさない、つまり近代の物語への欲望を拒否するマンガであった」と指摘している。そのうえで、「本当は原爆のことなど語りたくなかった者が語らなければならない立場に置かれて、いやおうなく書いた「緊急の手紙」」という、自身の作品についての大江健三郎の言葉を引用しながら、『はだしのゲン』は、「予定調和を拒否し、カタルシスを与えないことを通して、言葉にならない経験を何とかして共有しようと格闘することを要請し続ける」ような「緊急の手紙」であった、と結論づけている。

　上記のようなジレンマがつきまとう「戦争のリアリティーの表現」という問題に対して、『火垂るの墓』ではどのようなアプローチがおこなわれているのだろうか。

　『火垂るの墓』は、野坂昭如が自身の戦争体験を題材にとり1967年に発表した短篇小説を原作として、88年、高畑勲の監督・脚本によりスタジオジブリが制作・公開したアニメ映画である。14歳の少年・清太と4歳の妹・節子は、45年（昭和20年）6月の神戸大空襲で母と家を失い、西宮の親戚の家に身を寄せるが、やがて自分たちをじゃま者扱いする叔母との軋轢に耐えかねてその家を出、近くの防空壕のなかで2人だけで暮らし始める。が、食糧難による栄養失調のため節子は短い生涯を閉じ、彼女を茶毘に付した清太自身もやはり栄養失調のため、寝起きしていた三ノ宮駅構内で息を引き取る。いわゆる「戦争孤児もの」の代表作の一つでもある（→2-7「戦争孤児」）。

　冒頭でいきなり清太の死が描かれ、またラストシーンでは現代の神戸の街を見ている2人の幽霊が登場することなどから示唆されるように、この作品は、その全体が「死者」の視点から描かれている。繰り返し登場する、2人

の周りを無数の蛍が乱舞する幻想的な場面は——タイトルの「火垂る」が暗示するとおり、空から落ちてくる焼夷弾のイメージとも重ね合わされているが——束の間だけ美しく光る蛍が、はかなく失われていく生命の象徴であるのも明らかだろう。それは、ネイピアの言葉を借りれば、「夢のような、強い挽歌的なクオリティ」をもった「静的な物語」であり、「決して後戻りできない喪われた過去に対する挽歌」である。そこには、『はだしのゲン』のような「反戦」や闘い、抵抗といった動的なモチーフはほとんど存在しない。

　以上のような点から、『火垂るの墓』は、日本がかつて経験した戦争による犠牲者——それも、最も弱い存在として、その犠牲を代表する戦争孤児たち——への「鎮魂」のメッセージとして、多くの視聴者たちに繰り返し観られてきた、といっていいだろう。

　その「鎮魂」のリアリティーを担保しているのは、高畑監督のリアリズム志向によって忠実に再現された、当時の——空襲によって燃え上がる街やその後の焼け跡などの——風景である。原作者・野坂は、アニメ映画の制作にあたり、それらの風景のリアリティーについて、次のように述べている。

　　　四十二年前と現在と、当然、風景は大違いだし、いわゆるアニメの手法で、飢えた子供の表情を、描き得るものかと、危惧していたのだが（略）スケッチをみて、本当におどろいた。葉末の一つ一つに、蛍の群がっていた、せせらぎをおおいつくす草むらの姿が、奇跡の如く、えがかれている。ぼくの舌ったらずな説明を、描き手、監督の想像力が正しく補って、ただ呆然とするばかりであった。

　このような「風景のリアリティー」への志向は、2016年に公開され、戦争の時代を描いたアニメ映画としては異例のロングランヒットを記録した『この世界の片隅に』（監督：片渕須直、原作：こうの史代）の先駆といってもいい（この映画の公開はわたくしたちの調査よりも後なので、当然、回答された作品のリストにはない）。戦時下の軍港都市、広島県・呉を舞台に、一人の女性が生きていく姿を描いたこの作品は、そのタイトルが示唆するとおり、日常世界の片隅に生きた者自身の視点にどこまでも丁寧に寄り添いながら、その視界に映る風景を描いていく。そのリアリティーを支えているのは、膨大な資料を駆

使して再現された、当時の庶民の日常生活や都市の風景のディティールである。

　また、この作品を際立たせているのは、そうした登場人物の等身大の視点からみた日常的な世界こそが、まず確固とした「地」として存在し、そしてその世界のなかに、次第に戦争という「図」が浮かび上がってくる——そのような「地」と「図」の関係のリアリティーであるともいえるだろう。逆にいえば、戦争という「図」のリアリティーは、まず、その背景世界という「地」のリアリティーに大きく支えられている、ということだろう。

2　　2つの「大きな物語」
『宇宙戦艦ヤマト』と『機動戦士ガンダム』

　以上2作のように日本が現実に経験した戦争を背景として描かれた作品とは異なり、『宇宙戦艦ヤマト』と『機動戦士ガンダム』は、いずれも未来の世界を舞台に——主として宇宙での——架空の戦争を描いたSF作品である。

　この種のSF作品には、現実の戦争を描いた作品とは異なり、リアリティーの客観的な参照規準と呼ぶべきものは基本的には存在しないはずである。にもかかわらず、この種の多くの作品群のなかには、明らかに、受け手にリアリティーを感じさせるものと、そうでないものとがある。『宇宙戦艦ヤマト』と『機動戦士ガンダム』がとりわけ多くの回答者の支持を得たことは、これら2作が前者に属する作品の代表格であることを物語っている。それではこれら2作は、どのようにして架空の戦争や軍隊のリアリティーを表現したのだろうか。以下、そのことについて考察していきたい。

　『宇宙戦艦ヤマト』（以下、『ヤマト』と略記）シリーズは、1974年から75年に放映されたテレビシリーズ（読売テレビ系、監督：松本零士）、および77年に公開された劇場用映画（監督：舛田利雄、内容はテレビシリーズの総集篇）を第1作とするアニメ作品である（テレビ放映と並行して、松本零士によるマンガ版も「冒険王」〔秋田書店〕に連載された）。以降、テレビシリーズ、劇場用映画などで多くの続篇やリメイク版が制作されている。

　異星人ガミラスの攻撃によって地球全土に放射能汚染が進み、絶滅の危機に瀕した人類を救うべく、かつての日本の戦艦大和を改造した宇宙戦艦ヤマ

トが宇宙へ飛び立ち、激戦の末に仇敵ガミラスを倒し、イスカンダル星から放射能除去装置を持ち帰って地球を救う——この第1作のストーリーは、必ずしも熱心な『ヤマト』ファンではない人々のあいだでも、おそらく広く知られているだろう。

　それまでのアニメと比較して、ヤマトをはじめとする宇宙船や兵器のメカニックのビジュアルを精密に描いたこと、また、やはり当時のアニメとしては斬新な SF 的設定（遠宇宙を航行するためのワープ航法など）を駆使したことが、壮大な物語のリアリティーを補強した。その結果、それ以前のアニメが小学生までの年代の子どもをターゲットとしていたのに対し、『ヤマト』は中学生・高校生、あるいはそれ以上の年代にまでファン層を広げ、以降の日本のアニメ・ブーム、ひいてはサブカルチャーの発展の先鞭をつける記念碑的作品ともなった。表1をみると、男性、中年層（30—50代）、および「ミリタリー関連趣味あり」の層に多く支持されているのは後述する『機動戦士ガンダム』や他の SF 作品と同様だが、高年層（60代以上）も37人中15人と比較的多いのが特徴的である。この世代は、第1作放映当時、ほぼ20代以上にあたる。このデータは、『ヤマト』のファンが当時すでにかなり高い年齢層にまで広がっていたことを示しているといえるだろう。

　企画を主導したプロデューサー西崎義展の意図に基づき、戦艦大和の復活というモチーフをはじめ、ヤマト乗組員全員を日本人としたこと、そして明らかにナチス・ドイツをモデルとした敵ガミラスと戦うという設定により、物語全体が「第2次世界大戦のやり直し」ともいうべき構造をもつに至ったことから、『ヤマト』は戦後日本でのナショナリズムの復活ないし再構築というイメージを——とりわけこの作品を批判的に観た人々には——強く印象づけることにもなった。佐藤健志は、「「地球＝日本」の等式を持ち出すことで、『ヤマト』はナショナリズムと国際主義とを両立させることに成功した」が、そのために『ヤマト』は、ナショナリズムと国際主義（あるいは戦後平和主義）とのあいだの内在的な矛盾を抱えることになったとも指摘している。

　ただ、1970年代当時に熱狂して『ヤマト』を観ていた多くのファンは、そこにナショナリズムの復活や、それと戦後平和主義との矛盾を読み取っていたわけでは必ずしもないだろう。むしろ、夏目房之介がいうように、「戦後の大きな転換点で戦争イメージがかわっていく狭間に、この作品が位置」

し、それは「戦艦大和がもはや「軍国主義」の象徴であることをやめても誰も文句を言わない時代がきたことを意味して」いて、「宇宙戦艦ヤマトには戦争の記憶の重さはまといつかず、純粋な未来戦争物として若い視聴者が楽しめるものになっていた[16]」という見方が、当時の多くのファンの心情をより正確にとらえているというべきだろう。

しかしながら、そのような「純粋な未来戦争物」としての物語的リアリティーは、皮肉にも『ヤマト』が高い人気を博すなかで続篇が制作され、シリーズ化していくとともに、急激に破綻をきたすことになる。1978年に公開された劇場版第2作『さらば宇宙戦艦ヤマト——愛の戦士たち』(監督：松本零士／舛田利雄)では、ヤマトはさらに強大な敵・白色彗星帝国を倒すため、ラストシーンで主人公・古代進とともに敵の超巨大戦艦に特攻攻撃をしかけ、ヤマトと古代の犠牲と引き換えに地球を救うという悲痛な結末が描かれる。この映画は前年の第1作と同様に大ヒットし、このラストシーンでは多くの観客が涙したという。ところが、この映画を再編集して同年に放映されたテレビシリーズ『宇宙戦艦ヤマト2』(読売テレビ系、1978—79年)では、なんとこの結末が変更され、白色彗星帝国は地球に協力する異星人の特攻によって滅亡し、ヤマトは地球に生還することになる。「理由はいうまでもなく、さらなる続編作りのため、ここでヤマトを沈めるわけにはいかなかったから[17]」である。

その結果、「『宇宙戦艦ヤマト』とその続篇群とは、日本人が遅ればせながら「一億総特攻」を完遂してあの戦争に精神的に勝利しようとしたが、結局金に目がくらんで失敗、敗者であり続けることを選んだ物語[18]」になったと、一ノ瀬俊也はきわめて辛辣に評している。第1作では表面化することを免れていたナショナリズムと戦後平和主義との矛盾は——直接には商業主義的要請によるものとはいえ——この破綻によって露わになったともいえるだろう。大塚英志は、『ヤマト』は1970年代には「脱政治化」「脱歴史化」に成功していたが、やがて続篇が作られるごとに「日本の一種の「歴史修正主義」的作品[19]」であることを露呈していった、と述べている。

『機動戦士ガンダム』(以下、『ガンダム』と略記)シリーズは、1979年から80年に放映されたテレビシリーズ(名古屋テレビ)、およびそれを再編集(一部は新たに作画)して80年から81年に公開された劇場用映画3部作を第1作とする

アニメ作品である（いずれも原作・監督：富野喜幸）[20]。以降、現在に至るまで、テレビアニメシリーズ、劇場用映画、OVA[21]、マンガ、小説、ゲームなどさまざまな形式で、きわめて多くの続篇やリメイク版、さらにはパロディー作品までが制作されてきた。「シリーズ」としての作品群の膨大さは、『ヤマト』をはるかにしのぐ。表1をみると、『ガンダム』シリーズの推薦者は性別では男性が『はだしのゲン』に次いで2位となっている。また年齢層別では、中年層（30─50代）では3位であるが高年層（60代以上）はわずか1人と少なく、若年層（20代以下）が7人（中年層と同じく3位）と比較的多くなっていることが注目される。これは上記のように、この作品が現在に至るまで長くシリーズ化されてきたことの反映とみることができるだろう。

　第1作は、人類が宇宙に進出した近未来の世界を背景に、地球連邦と宇宙移民との対立が激化し、宇宙移民国家ジオン公国が独立を求めて地球連邦に宣戦布告、全面戦争に至るという設定で始まる。偶然、地球連邦軍のモビルスーツ（戦闘用巨大ロボット）・ガンダムのパイロットになった少年アムロは、仲間たちとともに戦闘に参加し、宇宙や地球の過酷な戦場のなかで、さまざまな葛藤を経ながら成長していく。

　ガンダムをはじめとする敵味方のモビルスーツなど、兵器のメカニックデザインが周到におこなわれたのは『ヤマト』と同様だが、『ガンダム』で何よりも特筆すべきは、その背景設定としての世界観の一貫性、構築性の高さであり、それこそが、この架空の世界での架空の戦争の物語のリアリティーをゆるぎなく支えているということができる。『ガンダム』の世界は、上述のとおり、地球連邦と宇宙移民との構造的対立の歴史のなかに位置づけられ、勧善懲悪を排した客観的な視点から、それぞれの国家や軍隊の正義と腐敗とが公平に描かれる[22]。主人公アムロとその乗機ガンダムは、もちろん活躍はするものの、戦争全体の帰趨を左右するほどの決定的な役割を演じるわけではない。ガンダムの戦闘は、あくまでも広大な戦場のなかの一点景として位置づけられている[23]。

　このようなリアリズム志向の背景について、第1作の原作者・監督である富野は、最近のインタビューで、次のように述べている。

　　領土、生活圏、資源、真の独立（略）そういう戦争の口実や原因、そして結果についての『ガンダム』の描写は、ある意味で第二次大戦の引き

写しなんです。僕にとっては、日本の過去の戦争を意識的に、あるいは無意識に投影した部分がある。そこには、屈折したものも含まれているかもしれませんが。[24]

　そして、このような世界観のリアリティーは、続篇が制作されシリーズ化が進むにつれて、より厚みを増していく（この点は、上述のように、続篇が作られるたびにリアリティーが破綻していった『ヤマト』とは対照的である）。たとえば続篇では、必ずしも国家間の対立だけではなく、地球連邦軍内部で2つの軍閥が分立して抗争したり、地下組織や民間軍事会社など非国家的な主体が武力紛争に参加したりするなど、より複雑化・流動化した対立関係が描かれる。そのような多様化もまた、冷戦終結以後の「現実世界の戦争の状況を反映している[25]」とみることができるだろう。以上のことは、『ガンダム』の世界観のリアリティーが、実は現実世界と無関係ではなく、むしろ現実世界の状況を反映しながら構築されてきたことを示唆している。

　大塚英志は、「大きな物語」という概念をキーワードとして、『ヤマト』『ガンダム』に代表される、1970年代以降の日本のサブカルチャーを分析している。「大きな物語」とは、もともとフランスの哲学者J-F・リオタールが提示した概念であり、未来に到達すべき理念を語ることによって近代社会を方向づけてきた言説（たとえば啓蒙主義やマルクス主義）のことを指す。しかし現代のポストモダン社会では、そうした「大きな物語」の正当性は失墜し、それに代わって多数の「小さな物語」（ローカルな言説）がせめぎあう状況が生じている、とリオタールは論じた。しかしながら大塚によれば、日本では70年代初頭に大規模な政治運動が終結して以降、「むしろ「大きな物語」はサブカルチャー領域の中で延命していきながら仮想化していった[26]」という。『ヤマト』や『ガンダム』は、そのようにして「仮想化」された「大きな物語」の典型として位置づけられる。「仮想化」とは、現実世界で失墜した「大きな物語」を、サブカルチャーのなかに構築される「大きな物語」が補完・代替するということである。とりわけ『ガンダム』は、上述のように首尾一貫した歴史観・世界観を背景設定として構築することによって、「大きな物語」となる条件を最初から備えていた。『ガンダム』シリーズの原作者の一人でもある福井晴敏は、「ガンダムは「ニュータイプ」という概念を通

じて、宇宙に進出した人類が新しい環境に適応し進化していく、という大テーマを描くことに成功」⁽²⁷⁾したと述べている。

　また、上述のように、『ヤマト』の「大きな物語」が途中で挫折する一方で、『ガンダム』の「大きな物語」がさらに書き継がれていったのは、大塚によれば、次のような理由による。——次々と続篇が作られていくうちに、『ガンダム』ファンだった少年たちのなかから、やがて送り手側の『ガンダム』制作スタッフに参加する人々が登場してくる。

　　　もともと作品の細部に執着し、作品の裏側にあって表には出てこない設
　　　定に異常な関心を持っていた彼らは、それぞれの〈ガンダム神話〉とで
　　　もいうべき〈大きな物語〉を各自がつくり上げていた。スタッフとして
　　　参加することになった元ガンダム少年たちは、さりげなく彼らの「ガン
　　　ダム」を作品のディティールにすべり込ませていく。(略) さらにこれ
　　　らの〈断片〉を受け取った次の世代の消費者は、その背後に再び〈大き
　　　な物語〉を発見し、これを発展させていくことになる。⁽²⁸⁾

　だとすれば、『ガンダム』という「大きな物語」は、今後もさらに新たな世代によって継承され、書き継がれていくことになるだろう。

3　戦争・軍隊の4種類の　　リアリティー

　5位以下の作品についても、概観的にふれていくことにしたい。表1の作品名を改めて一覧すると、各作品の状況設定やそこに登場する戦争・軍隊のあり方は、きわめて多種多様であることがわかる。とはいえ、それらはおおむね、戦争・軍隊のリアリティーの表現方法という観点から、下記①から④の4種類に分類することができるだろう。

①日本が経験した現実の戦争（アジア・太平洋戦争）に題材を取った作品
　この分類に属するのは、『はだしのゲン』『火垂るの墓』『永遠の0』『紫電改のタカ』⁽²⁹⁾の4作である。
　ともに10位の『永遠の0』『紫電改のタカ』の2作は、くしくも、ともに海

軍の戦闘機パイロットを主人公とした作品であり、特攻を描いている点でも共通している。

百田尚樹の小説（太田出版、2006年）を原作とし、映画版（監督：山崎貴、2013年）が大ヒットした『永遠の0』は、小説や映画についての設問への回答ではいずれも1位に挙がっている。小説や映画は、「戦争を全く知らない世代に向けた「太平洋戦争史／特攻についての入門」物語」として広く読まれ、観られた（→3-1「日本の戦争映画」、3-3「活字のなかの戦争・軍隊」）。一方、マンガ版（作画・須本壮一）は、映画よりも早く「漫画アクション」（双葉社）に2010年から12年まで連載された。表1のクロス集計の結果を小説（3-3 表3）や映画（3-1 表1）と比較すると、次のようなことがわかる。3つのジャンルを通じて、性別では男性よりも女性が多いこと、年齢層では中年層（30―50代）が最も多いことは、いずれも百田作品の読者層を反映していると考えられる。しかしミリタリー関連趣味の有無に関しては、小説や映画ではあまり差が出ていないのに対し、マンガではこの作品を挙げた回答者7人全員が「ミリタリー関連趣味あり」であることが目立つ。これは、現代マンガ特有の精密なビジュアル表現――とりわけ零戦などの兵器の――が、もっぱらミリタリー関連趣味をもつ人々の関心に訴えるものであることを示唆している。

ちばてつや作の『紫電改のタカ』は、「週刊少年マガジン」（講談社）に1963年から65年まで連載され、当時の少年マンガ誌での「戦記マンガ」ブームを代表する作品になった。前半から中盤は、当時の少年マンガの類型に従って「敵や味方のライバルとの必殺技をめぐる応酬」を中心としたスポーツマンガ的なパターンで描かれているが、ラストに至って、主人公・滝城太郎が特攻命令を受け、迷い苦しみながら飛び立つ悲痛な場面で締めくくられる。夏目房之介は、そこに「まだ生々しかった戦争の記憶に問いかけたかった、ちば自身のもどかしい気持ち[30]」を読み取っている。この作品を挙げた回答者7人の全員が男性であり、うち5人が60代以上であることは、この作品が描かれ、読まれた時代の記憶をよく反映しているといえるだろう。

②架空の世界（未来世界やファンタジー世界）を舞台とし、架空の戦争や軍事組織を描いた作品

この分類に属する作品としては、『ヤマト』『ガンダム』『銀河英雄伝説』『アルスラーン戦記』『進撃の巨人』『新世紀エヴァンゲリオン』の6作があ

る。

　6位『銀河英雄伝説』（1986年─）、7位『アルスラーン戦記』（1991年─）は、ともに田中芳樹の長篇小説（それぞれ徳間書店〔1982年〕、角川書店〔1986年〕から刊行）を原作としている。前者は遠未来の宇宙での戦争を描いた SF 作品、後者は中世西アジア風の異世界を舞台とする戦乱を描いたファンタジー作品である。いずれも、複数の勢力が長期にわたって戦乱を繰り広げ、そのなかで多くの登場人物が波瀾万丈の活躍をするという、歴史物語かつ群像劇の形式をとっている。原作も現在まで多くの版を重ねているが、2作ともマンガ版やアニメ版（劇場映画・テレビシリーズ・OVA）が最近に至るまで数多く制作され、メディア・ミックス展開がおこなわれたことが、マンガ・アニメ作品として上位に挙がったことの要因だろう。[31]

　8位『進撃の巨人』（作：諫山創〔いさやまはじめ〕）は2009年から「別冊少年マガジン」（講談社）に連載中のマンガで、19年までに単行本総発行部数が1億部を突破するベストセラーになっている。城郭都市の存在する中世ヨーロッパ風のファンタジー世界を舞台とし、突如出現した「巨人」たちと、彼らによって存亡の危機に立たされた人類との戦いを、リアルに（ときにグロテスクに）描いている。アニメ化、ライトノベル化、ゲーム化などのメディア・ミックス展開がおこなわれているのは、田中芳樹作品と同様である。

　10位『新世紀エヴァンゲリオン』（原作・監督：庵野秀明、テレビ東京系）は、1995年から96年にかけてテレビシリーズとして放映された SF アニメ作品であり、当時、多くの熱心なアニメ・ファンのあいだで話題を呼んだ（劇場版、マンガ版も制作されている）。「セカンドインパクト」と呼ばれる大災害が起きた後の荒廃した近未来世界（主に日本）を舞台に、そこに襲来する謎の敵「使徒」と、巨大な「汎用人型決戦兵器」エヴァンゲリオンのパイロットになった少年少女たちとの戦いを描いている。

　以上6作のクロス集計の結果をみると、いずれも男性および「ミリタリー関連趣味あり」の層に多く支持されていることがわかる。この点からみて、架空の世界を舞台とし、かつ架空の軍事組織を描いた作品は、総じて戦争・軍事に対する「趣味的関心層」に好んで読まれ、観られているとみることができる。これらの作品のなかでの戦争や軍事は、現実世界の政治や国際関係、安全保障問題とは直接には関わりなく、あくまでも架空の物語世界のリアリティーを構成する基本的要素として楽しまれているといえるだろう。

ただ年齢層については、これらの作品群のなかでも興味深い違いがみられる。すなわち、程度の差はあれ現実世界の延長線上に未来世界を描いたSF作品4作では中年層（30―50代）の推薦者が多いのに対し、異世界を舞台としたファンタジー作品2作では若年層（20代以下）の推薦者が多くなっている。このことは、同じ架空の状況設定のなかでもより「架空」性が高い作品に若年層の関心が向かっていることを示していると解釈できる。

③架空の設定のなかで、現実の軍事組織が活動するシミュレーション的作品
　この分類には、かわぐちかいじの『沈黙の艦隊』（1988―96年）、『ジパング』（2000―09年）という2つのマンガ作品が含まれる（いずれものちにアニメ化もされている）。

　8年間にわたって「モーニング」（講談社）に連載された長篇『沈黙の艦隊』（5位）は、日米が極秘で共同開発した最新鋭の原子力潜水艦を、その艦長である海上自衛官・海江田四郎が部下とともに奪取し、戦闘国家「やまと」として独立を宣言するところから始まる。海江田は、「やまと」が核武装している可能性をほのめかせながら、日本と同盟してアメリカ海軍をはじめとする強大な敵と戦闘し、勝ち続ける。海江田の最終的な目的は、「やまと」を含む「世界規模の超国家軍」の設立による「政軍分離」と世界政府の樹立にある。

　佐藤健志は、この作品は「核テロリズムによって全世界を脅すことで逆説的に世界平和を達成しようとする」物語であり、「このような国際主義が、日本がアメリカからの軍事的自立を達成しなければならないという反米ナショナリズムと不可分に結びついている」という点で、根本的な矛盾を抱えていると評している。あるいは夏目房之介がみるように、作者かわぐち（1948年生まれ）が属する「団塊の世代」が「平和憲法と日米安保条約のセットによる平和にはぐくまれて育った」ことからくる、「アメリカに対する憧憬と憎悪」のアンビヴァレンスを、この作品に読み取ることもできるだろう。

　8位『ジパング』も「モーニング」に9年間にわたって連載された長篇で、海上自衛隊の最新鋭イージス艦みらいが、1942年（昭和17年）6月、ミッドウェー海戦直前の太平洋上にタイムスリップし、日本海軍・連合艦隊と遭遇するところから始まる。帝国海軍参謀・草加拓海少佐はみらいに乗艦し、戦後の現実の歴史（彼にとっての未来）を知った結果、「大日本帝国でも戦後日本で

もない新しい日本」としての「ジパング」をつくりだすため、歴史へのさまざまな介入工作を計画する。それらは、満州国皇帝・溥儀の暗殺を契機とした日本陸軍の中国戦線からの撤退や、ナチス・ドイツ弱体化を狙うヒトラー暗殺計画など、歴史の大きな転換点での改変を目指すものだった。みらい副長・角松洋介らは、戦後日本の平和主義・専守防衛を旨とする自衛官として草加としばしば対立し、とりわけ、日本軍の原爆開発や、アメリカ輸送船団に対する原爆使用計画を徹底的に阻止する。歴史シミュレーション作品の一種だが、ここでも、戦後日本の（対米従属下の）平和主義へのアンビヴァレンスが、物語の軸になっている。

　かわぐちの近作『空母いぶき』（2014年─）は（わたくしたちの調査時点では「ビッグコミック」〔小学館〕に連載が開始されたばかりであり、回答には挙がっていないが）、尖閣諸島での日中衝突を契機とし、やはり専守防衛を貫きながら、戦闘を全面戦争へと拡大させないための自衛官たちの必死の苦闘を描いた物語である。この作品では対米関係ではなく対中関係が軸になっているのは、明らかに近年の東アジアでの現実の安全保障環境の変化に対応している。

　これらのかわぐち作品はいずれも設定自体は架空のものだが、戦後ないし現代の日本を取り巻く現実の軍事・安全保障環境を強く意識し、それに対する問題提起をおこなうための、リアリティーがあるシミュレーションになっている点で共通している。一方、表1をみると、これらの作品を推薦する人々は、ほぼ②と同様に、男性、中年層（30─50代）、「ミリタリー関連趣味あり」の層に強く偏っていることがわかる。すなわち、「趣味的関心層」がこの種の作品の読者の中心になっている可能性が高いのである。これらの層が、現実の軍事・安全保障への問題提起という作者の意図を額面どおりに読み取っているのか、それとも②と同様に、架空の軍事や戦争の物語をエンターテインメントとして楽しんでいるにすぎないのかは、わたくしたちのデータだけからは判断できない。ただ、いずれにせよ、そうした問題提起が、本来はそのターゲットになってもいいはずの「批判的関心層」には届きにくくなっているという皮肉な状況の存在は、指摘することができるだろう。

④リアルな戦闘や戦争ではなく、ゲーム的世界のなかに、現実の兵器が登場し動員される作品
　これは①から③のどの分類ともかなり異質であり、『ガールズ＆パンツァ

一』(監督：水島努、テレビ東京系、2012―13年。以下、『ガルパン』と略記)、『艦隊これくしょん』(アニメ版監督：草川啓造、2013年―。以下、『艦これ』と略記)の2作がここに含まれる。

　10位『ガルパン』は、テレビアニメシリーズとして放映されたのち、劇場版やOVA、小説化、ゲーム化などのメディア・ミックス展開がおこなわれている。戦車戦が女性向けの武道「戦車道」として競技化されている世界を舞台に、全国大会優勝を目指して「戦車道」に励む女子高生たちを描いた作品である。登場する戦車は、主として第2次世界大戦期のドイツ、イギリス、アメリカ、ソ連、日本などのものであり、いずれもCGを駆使して精密にビジュアル化されている。ただ、競技には実弾が使用されるにもかかわらず、死者はおろか負傷者さえ決して出ることはない。このことに象徴されるように、『ガルパン』でリアルに描かれる戦車という現実の兵器は、現実の戦争という文脈からは完全に切り離され、ゲーム的世界の文脈のなかに置きなおされている。

　同じく10位『艦これ』は、2013年にサービスを開始したパソコン向けのオンラインゲームがオリジナルであり、同時期からインターネット上や雑誌連載でマンガ化され、15年から16年にはテレビシリーズや劇場版としてアニメ化もされている。基本的な設定は、第2次世界大戦期の日本をはじめとする各国海軍の多数の艦艇が、それぞれの個性をもった「艦娘（かんむす）」と称する美少女キャラクターとして擬人化され、艦隊を編成して「深海棲艦」と呼ばれる謎の敵艦隊と戦うというものである。「艦娘」たちは、そのモデル、すなわち現実に存在した各艦艇のデータに基づいて、艦種（戦艦、空母、巡洋艦、駆逐艦など）や兵装、性能などのスペック、あるいは戦歴や逸話などのデータが詳細に設定されている。このように、現実に存在した兵器（艦艇）の詳細なデータに基づいて内容が構成される一方で、それが現実におこなわれた戦争という文脈からは完全に切り離され、ゲーム的世界の文脈のなかに置き直されるという構造は、『ガルパン』と同型的である。

　こうした傾向の、美少女趣味とミリタリー趣味をミックスした作品は「萌えミリ」と総称され、2006年創刊の雑誌「MC☆あくしず」(イカロス出版)がその代表的なメディアになっている（→4-2「ミリタリー本・ミリタリー雑誌」）。同誌の副編集長はインタビュー記事のなかで、「『艦これ』のヒットの一因は、艦艇一隻一隻のスペックや逸話を忠実に押さえ、萌（も）え好きにもミリタ

リー好きにも納得のいく形で少女にしたからでしょう」⁽³⁴⁾と述べている。

このような現象は、東浩紀が1990年代後半以降の日本のオタク系文化の特徴として概念化した「データベース消費」の一類型として解釈することができる⁽³⁵⁾。「データベース消費」とは、作品のストーリーをはじめとする内容よりも、作品に登場する（美少女などの）個々の「キャラ」の「萌え要素」（外見や性格などの諸特徴）にもっぱら関心を向け、「萌え要素」の詳細なデータベースを構築し、そこから抽出した諸要素の組み合わせによる二次創作を楽しむような消費形態のことを指す⁽³⁶⁾。『ガルパン』や『艦これ』では、戦車や艦艇の詳細なデータが、データベースの構成要素になっているわけである。

以上のような背景は、これらの作品を支持している人々の年齢層に強く反映している。表1をみれば、この2作を推薦している人々に男性および「ミリタリー関連趣味あり」の層が多いのは②③と同様だが、年齢層は『ガルパン』では7人中5人、『艦これ』では7人中6人が20代以下と、圧倒的に若年層に偏っている。この種の作品は、それらのゲーム的世界が、現実世界から完全に切り離された固有のリアリティーを形成しているという点で、①から④の4つの種別のなかでも、現実の戦争という歴史的文脈から最も遠く隔たっているとみることができる。だとすれば、②のファンタジー作品についても指摘したように、現在の若年層の関心は、他の年齢層と比較して、現実の戦争からはより遠ざかる方向に向かっているとみることができるだろう。

おわりに
マンガ・アニメが表現するリアリティーの可能性

以上、戦争や軍事組織を描いた14作のマンガ・アニメについて、「戦争のリアリティーの表現」という観点を中心に考察してきた。

マンガ・アニメというジャンルが基本的にエンターテインメントを志向する以上、そのリアリティーの重心が現実よりも架空の側に置かれるのは、むしろ当然というべきかもしれない。とりわけ若年層（20代以下）で、その傾向が強いこともみてきた。

しかしながら、『はだしのゲン』『火垂るの墓』の2作への支持の突出した大きさは、マンガ・アニメというジャンルでさえ、現実の戦争の記憶ないし歴史が依然として戦争というテーマへの関心を最も強く規定していることを

示唆してもいる。ただし、2作とももっぱら戦争の犠牲者の視点から描かれた作品であり、しかも戦闘場面や軍隊がほとんど登場しないことは、現代の日本で共有されている（現実の）戦争のリアリティーのありようをよく物語っているともいえる。

　さらに、『はだしのゲン』について指摘したように、とりわけ批判的な立場から戦争のリアリティーを「わかりやすく」描くことには、根本的なジレンマがつきまとう。しかしその一方で、アニメ映画『はだしのゲン』『火垂るの墓』について論じるなかで、ネイピアは、アニメによる戦争のリアリティーの表現の可能性について、次のように述べている。

　　実写映画では、現代の特殊効果を用いても表現することが難しく、また、現代的な価値観をもつ観客ですら正視できないシーンの数々も、アニメーションの非現実的な空間においては、真の地獄絵図でも見るに耐えられるものとなる。（略）ある面で、アニメーションの簡略化された表現形態は、観客をしてその世界と一体感を感じやすくさせるのだ。[37]

　また福井晴敏は、次のように述べる。

　　「機動戦士ガンダム」は、アニメーションにしかできない物語づくりの可能性を切り開いた作品だと思います。（略）アニメは元々が絵で抽象物ですから、抽象的なテーマを扱うのに適しています。「人類の可能性」などスケールの大きいセリフを登場人物が口にしても、演出次第では「リアルだ」とさえ思わせられる。[38]

　ほぼ同じことは、絵によるビジュアル表現という形式の共通性から、マンガについても当てはまるだろう。マンガ・アニメという表現形式は、現実の戦争という歴史的・社会的文脈に接近するにせよ、あるいはそこから離脱するにせよ——実写映画や小説以上に——きわめて多種多様な戦争・軍隊のリアリティーを構築してきたし、これからも構築していくと思われる。今後も、そのリアリティーの多様性を注意深く観察していくことが、現代日本のミリタリー・カルチャーのゆくえを探るうえでは、欠かせない作業になるだろう。

（吉田　純）

注

(1) マンガとアニメは、いうまでもなく本来は別のジャンルである。が、表1の大半の作品にみられるように、マンガを原作とするアニメ、あるいはアニメがマンガ化された作品は非常に多く、本文中でもいくつかの作品についてふれるように、メディア・ミックス展開がおこなわれることはきわめて一般化しているため、この2つのジャンルを区別して尋ねる意味はあまりないと判断し、このような設問とした。

(2) 1988年の映画公開後、翌89年から2018年まで、この映画は13回にわたってテレビ放映されている。ほぼ2年に1回は、テレビ放映がおこなわれてきたことになる。

(3) 戦後日本の戦争観・平和観で、戦争犠牲者の視点が支配的であったことは、いうまでもなく戦争加害者の視点や、国民自身の戦争責任の自覚の欠落とも連動している。これはきわめて重要な論点ではあるが、本項目で──マンガ・アニメ作品という文脈で──それを本格的に論じるのは困難なので、この注で指摘しておくにとどめたい。

(4) スーザン・J・ネイピア『現代日本のアニメ──『AKIRA』から『千と千尋の神隠し』まで』神山京子訳（中公叢書）、中央公論新社、2002年、295ページ。なお、本書で言及している『はだしのゲン』は、1983年のアニメ映画版（監督：真崎守）である。

(5) 同書309ページ

(6) 福間良明「「原爆マンガ」のメディア史」、吉村和真／福間良明編著『「はだしのゲン」がいた風景──マンガ・戦争・記憶』所収、梓出版社、2006年、50─51ページ

(7) 谷本奈穂「物語の欲望に抗して──ポピュラーカルチャーにおける「成長」を中心に」、同書所収、111─112ページ

(8) 大江健三郎『持続する志』（講談社文芸文庫）、講談社、1991年（電子版〔紀伊國屋書店 Kinoppy〕、2008年を参照）

(9) 前掲「物語の欲望に抗して」113ページ

(10) 前掲『現代日本のアニメ』298ページ

(11) 同書310ページ

(12) 野坂昭如「アニメ恐るべし」、ブルーレイディスク『火垂るの墓』付録冊子所収、11ページ

(13) アニメ製作スタッフのなかに「メカニックデザイン」が独立した役職として登場してくるのは、1970年代後半頃からである。『ヤマト』第1作は、松本零士とスタジオぬえがメカニックデザインを担当した。

(14) 佐藤健志『ゴジラとヤマトとぼくらの民主主義』文藝春秋、1992年、16─20ページ、一ノ瀬俊也『戦艦大和講義──私たちにとって太平洋戦争とは何か』人文書院、2015年、178─181ページ

(15) 前掲『ゴジラとヤマトとぼくらの民主主義』21ページ

(16) 夏目房之介『マンガと「戦争」』（講談社現代新書）、講談社、1997年、111─112ページ

(17) 前掲『戦艦大和講義』190ページ

(18) 同書197ページ

(19) 大塚英志『物語消費論改』（アスキー新書）、アスキー・メディアワークス、2012年、140─145ページ

(20) 現在のペンネームは「富野由悠季」。なおテレビシリーズの原作は、矢立肇（制作会社サンライズのアニメーション作品企画部が用いる共同ペンネーム）との連名、劇場用映画第1作の監督は、藤原良二の連名に、それぞれなっている。

(21) オリジナル・ビデオ・アニメーションの略。テレビシリーズや劇場用映画ではなく、最初からDVD・ブルーレイディスクなどの映像ソフト（レンタル用も含む）として制作・発売されるアニメ作品のことをいう。このような制作・販売方式がビジネスとして成立したこと自体、1970年代以降の日本のアニメが、「コア」なファン層に支えられるサブカルチャーとして発展したことを示唆している。

(22) 第1次調査の問6で尋ねた、「ヒーローあるいはヒロインというべき軍人」（架空の人物）の回答では、敵方・ジオン公国のエースパイロット、シャア・アズナブルが16件とトップであり、主人公アムロ・レイ（13件）を上回っていることも、その反映だろう（→2-2「戦争・軍隊のイメージ」）。

(23) これらの諸特徴は、小島伸之「巨大ロボットと戦争――「機動戦士ガンダム」の脱／再神話化」（池田太臣／木村至聖／小島伸之編著『巨大ロボットの社会学――戦後日本が生んだ想像力のゆくえ』所収、法律文化社、2019年、124―129ページ）でも指摘されている。なお、そもそも宇宙空間で巨大ロボット同士の接近戦がおこなわれること自体が、常識的にみればリアリティーに欠けるのだが、それさえも、レーダーを無効化する「ミノフスキー粒子」が発見され普及した結果、ミサイルなどの誘導兵器の使用が困難になり、有視界戦闘をおこなわざるをえなくなったというSF設定によって説明がなされている。

(24) 「アムロ父子の確執は創作ではなかった」40周年『ガンダム』富野由悠季監督が語る戦争のリアル」「＆M」「朝日新聞デジタル」2019年12月19日（https://www.asahi.com/and_M/20191229/8595254/）［2020年1月22日アクセス］

(25) 前掲「巨大ロボットと戦争」126ページ

(26) 前掲『物語消費論改』98ページ

(27) 「ガンダムに学ぶ：3 作劇論 福井晴敏さん」「朝日新聞」2013年1月16日付。なおこの記事で、「ニュータイプ」とは、「宇宙での生活で、直観力や他人との共感力が進化した一部の人々を、ガンダムの世界ではこう呼ぶ。人の革新とされる一方、その能力は戦争にも利用される」と説明している。

(28) 前掲『物語消費論改』291―292ページ

(29) 以下、原則として、マンガが先行する作品はマンガとしての発表年、アニメが先行する作品はアニメとしての発表年を、それぞれ括弧内に記載している。

(30) 前掲『マンガと「戦争」』36―43ページ

(31) 第1次調査（2015年）問9で、「戦争や軍隊・軍事組織をテーマ・舞台・背景とした小説」として『銀河英雄伝説』を挙げたのは2人だけ、『アルスラーン戦記』はゼロだった。

(32) 前掲『ゴジラとヤマトとぼくらの民主主義』32ページ。なお佐藤は、この矛盾が先述の『ヤマト』が抱えていた矛盾と同型的であることも示唆している。

(33) 前掲『マンガと「戦争」』154ページ

(34) 「美少女＋ミリタリー」なぜ融合？ 艦これヒットの背景」「朝日新聞」2014年4月19日付夕刊

(35) この点は、前掲『戦艦大和講義』269ページでも『艦これ』について指摘している。

(36) 東浩紀『動物化するポストモダン──オタクから見た日本社会』（講談社現代新書）、講談社、2001年

(37) 前掲『現代日本のアニメ』301ページ

(38) 前掲「ガンダムに学ぶ：3 作劇論 福井晴敏さん」

3-5 朝ドラと戦争

　戦後日本社会に対して、テレビが大きな影響を与えたことを否定する人はいないだろう。テレビというメディアは、時代によって移り変わる人々の心の動きを画面に反映させてきた。と同時に、人々のものの見方、考え方、振る舞い方などに対しても、大きな影響を発揮してきた。

　なかでも、1961年に放送開始したNHKの連続テレビ小説（それに先立つ「連続ラジオ小説」の名称を受け継いだといわれる。以下、朝ドラと略記）は、63年から始まる大河ドラマ（第1回は『花の生涯』）とともに、NHKを代表する連続テレビドラマとして全国の視聴者に受容された。朝ドラは、特に70年代中期以後、女性の一代記ものと戦争を結び付けた作品が継続して制作されてきた。朝ドラでは、ドラマのなかの女性たちの姿を通じて、日本に暮らす人々にとっての戦争の意味づけが繰り返しなされてきたともいえる。もちろん、時代の変化のなかで戦争の意味づけの内容は変化してきた。ここでは、この朝ドラのなかで描かれた戦争について、戦後社会と重ね合わせながら考察することで、戦後日本社会での戦争の意味づけの変容を探ってみたい。

　戦後日本でテレビ放送が開始されたのは1953年。その後、テレビ受像器は少しずつ一般家庭へと受け入れられていった。特に皇太子（現・上皇）の結婚式（1959年）、東京オリンピック（1964年）という2つの歴史的イベントは、テレビの家庭への普及にとって大きな契機になったといわれる。なかでも公共放送であるNHKは、テレビの発足当時以後、70年代に入って民放キー局による番組放送の全国化が開始されるまでは同じ番組を全国にほぼ同時に提供する唯一の放送局であり、長期にわたって日本社会に暮らす多くの人々にとって最重要のマスメディアであり続けてきた。

　ちなみに朝ドラが放送を開始した1961年、白黒テレビの各世帯への普及

率は62.5％だった。それが大河ドラマの開始時の63年には88.7％と上昇し、オリンピック終了後の65年には90％となり、この2つの番組の登場とともにほぼ全世帯にテレビが設置されていく。

　朝ドラの初回は獅子文六原作の『娘と私』（1961年）だ。朝8時40分から9時までの20分間、毎週月曜から金曜の週5日の放送だった。2作目の壺井栄原作の『あしたの風』（1962年）は朝8時15分から30分までの15分間放送で、2020年春までと同様月曜日から土曜日まで週6日の放送だった。次いで武者小路実篤の家族を描いた『あかつき』（1963年）、4作目の『うず潮』（林芙美子原作、1964年）、5作目の『たまゆら』（川端康成原作、1965年）と続く。もともとこの枠は、文芸ものとでもいえるような形で出発していたのだ。

1　『おはなはん』から始まる朝ドラのなかの戦争

　その意味でも、1966年開始の『おはなはん』は、朝ドラのその後のパターンを生み出した記念碑的な作品といえるだろう。女性の視点から戦争を批判的に描くという方向性がはっきりと形をとって登場したのも、この『おはなはん』が最初だった。

　『おはなはん』は平均視聴率45.8％、最高視聴率56.4％と、先立つ2作品『うず潮』（平均視聴率30.2％、最高視聴率47.8％）、『たまゆら』（平均視聴率33.6％、最高視聴率44.7％）と比べて大ヒットした。女性一代記と戦争を重ねるこの路線は、翌年の男性を主人公とした『旅路』（1967年。『おしん』に次ぐ最高視聴率56.9％を獲得）を経て、1970年代以後の朝ドラに継承されていくことになる。

　番組開始から『旅路』までは、朝ドラは主人公を男性、女性と順番に入れ替えてきたが、1968年の初のカラー化だった『あしたこそ』以後は、主に女性主人公を軸に番組を展開していくようになった。おそらくは、この時間にテレビを視聴するのが主に女性、特に専業主婦になっていったことを意識した変化だろうと思われる。

　実は、『おはなはん』以後、朝ドラは、直ちに戦争を挟んだ女性の一代記ものになったわけではない。『おはなはん』の成功後も、『あしたこそ』、『信子とおばあちゃん』（1969年）と、現代劇が続いたのだ。その後も朝ドラは、戦争ものと現代ものがほぼ交互に制作されてきた。

表1 朝ドラと戦争描写

第1期	（1961-1974）	42%
第2期	（1975-1989）	83%
第3期	（1989-1999）	20%
第4期	（2000-2010）	25%
第5期	（2011-2013）	60%

（出典：黄馨儀「テレビドラマにお
ける戦争描写と戦時の女性表象
——NHK朝の連続テレビ小説を例
に」日本マス・コミュニケーショ
ン学会・2013年度秋季研究発表
会・研究発表論文、2013年）

1970年代に入ると、アジア・太平洋戦争中の厳しい生活体験を描いた『虹』（1970年）、戦争で夫を亡くした女性が強く生き抜く姿を描いた『藍より青く』（1972年）など、女性一代記ものと戦争を重ね合わせた70年代初頭の代表的作品が放送されるようになる。ただし、「戦争を軸にした女性の一代記」ものが連続して放送されるようになったのは、77年前期放送の『いちばん星』以後だといわれる。[(2)]

実際、朝の連続テレビ小説を研究している黄馨儀の整理によれば、戦争描写を含む朝ドラの年次別変化は、表1のように変化しているという。[(3)]

ここから直ちに理解できるのは、1975年から80年代末にかけて、朝ドラのうちほぼ80％が戦争との深い関わりのなかで演出されてきたことだ。その多くは「戦地」での描写は少なく、あくまで「銃後」でつらい戦争を経験した「内地」の女性の物語だ。なかでも、最高視聴率62.9％（平均視聴率52.6％）というお化け番組となった『おしん』（1983年）は、明治後半からアジア・太平洋戦争を経て、80年代に至る20世紀を生き抜いた女性の姿を描き、最大の人気を獲得した。このドラマは、その後、アジアや中東地域でも高い評価をもって受け入れられることになる。

1970年代以後の朝ドラの視聴者層には、当然のことながらジェンダーと世代の要素が大きく作用している。朝8時15分から15分間という放送時間は、視聴できる人々がある程度限定されるからだ。つまり視聴者の多数派は、高度経済成長と人口の大都市集中の結果生み出された専業主婦層であり、世代的には、20年代から50年代生まれを軸にした世代だったのである。「銃後の守り」として国内外での戦争体験をもっていたり、戦後、身近な戦争の「匂い」とそれなりにふれていた女性たちが、視聴者の中軸を形成していたのだ。

2　戦争ばなれする朝ドラ

1970年代から80年代にかけてほぼ毎年放送された「戦争もの」だが、表1からも理解できるように、90年代から21世紀のゼロ年代まで、朝ドラは戦

図1 NHK連続テレビ小説シリーズ平均視聴率の推移⁽⁴⁾

争ばなれを始める。『君の名は』（1991年）、『春よ来い』（1994年後期・1995年前期）、『あぐり』（1997年前期）など記憶に残る作品はあるが、明らかに戦争は連ドラから姿を消し始め、現代もの、戦後ものが主流を占めるようになっていく。当然のことながら、多くの現代ものや戦後ものには、戦争が直接的に描かれることはほとんどない。

　視聴率は、その番組の社会的影響をはかる重要な基準になる。ビデオリサーチセンターによる朝ドラの視聴率は、図1のように『おしん』を頂点に、その後2010年まで減少傾向に歯止めがかからない状況が続いてきた。

　21世紀に入って以後、朝ドラは『ゲゲゲの女房』（2010年前期）を契機に、午前8時15分から8時へと番組開始時間を早めた。と同時に、NHKは、再び戦争もの回帰をおこなう。実際、表1で黄が分析したように、2010年以後の朝ドラは、60％以上が戦争に関わるものになっている。戦争と女性の一生を描くというかつての路線が復活したのだ。また、この転換以後、朝ドラの視聴率がやや回復傾向にあることも興味深いといえるだろう。

3　朝ドラと戦争
印象に残ったものは？

　朝ドラの視聴率や、そこで描かれた戦争が、現代の人々に与えた印象はどのようなものなのだろうか。また、かつての朝ドラについての人々の記憶はどのようなものだろうか。

表2 印象に残った戦争の描写があった朝ドラ作品

放送年	作品名	回答数	%
1966	おはなはん	60	9.6
1967	旅路	9	1.4
1970	虹	3	0.5
1972	藍より青く	22	3.5
1974	鳩子の海	44	7.0
1976前期	雲のじゅうたん	24	3.8
1977前期	いちばん星	1	0.2
1977後期	風見鶏	2	0.3
1978前期	おていちゃん	5	0.8
1979前期	マー姉ちゃん	7	1.1
1979後期	鮎のうた	3	0.5
1980前期	なっちゃんの写真館	9	1.4
1980前期	虹を織る	0	0.0
1981後期	本日も晴天なり	2	0.3
1982後期	よーいドン	1	0.2
1983	おしん	60	9.6
1984後期	心はいつもラムネ色	0	0.0
1985前期	澪つくし	16	2.5
1986前期	はね駒	0	0.0
1986後期	都の風	2	0.3
1987前期	チョッちゃん	4	0.6
1987後期	はっさい先生	1	0.2
1988前期	ノンちゃんの夢	3	0.5
1990後期	京、ふたり	1	0.2
1991	君の名は	67	10.7
1994後期	春よ来い	24	3.8
1995前期			
1997前期	あぐり	23	3.7
1999前期	すずらん	2	0.3
2006前期	純情きらり	6	1.0
2006後期	芋たこなんきん	2	0.3
2010前期	ゲゲゲの女房	125	19.9
2011前期	おひさま	26	4.1
2011後期	カーネーション	23	3.7
2012前期	梅ちゃん先生	68	10.8
2013後期	ごちそうさん	68	10.8
2014前期	花子とアン	98	15.6
2014後期	マッサン	98	15.6
	特にない	246	39.2
	回答者数合計	628	100.0

表2は、第2次調査（2016年）で、あらかじめ戦争と関わりがある朝ドラについて年代順および半年放送のものは前期・後期の区別を提示し、「NHKの朝の連続テレビ小説では「戦争」が背景となっていることがよくあります。あなたにとって印象に残った戦争の描写があった連続テレビ小説のドラマを3つまで選んでください」と尋ねた結果である。また、表3は上位15作について、年齢、世代、ミリタリー関連趣味の有無をクロス集計したものだ。

興味深いことに、印象に残った作品の上位を占めるのは、ごく最近のものばかりだった。最も多かったのが『ゲゲゲの女房』（2010年前期、125人）であり、『赤毛のアン』の翻訳者・村岡花子の生涯を歌人・柳沢蓮子との友情を軸に描いた『花子とアン』（2014年前期）、ニッカウヰスキーの創始者・竹鶴政孝と彼の妻であるスコットランド女性が戦前・戦中・戦後をどう生きたかを描いたドラマ『マッサン』（2014年後期、ともに98人）、戦後の焼け跡から出発し女医

表3 朝ドラ作品名（上位15作）×性別・年齢層・ミリタリー関連趣味の有無

順位	作品名	回答数	性別		年齢層			ミリタリー関連趣味	
			男性	女性	20代以下	30〜50代	60代以上	ない	ある
1	ゲゲゲの女房	125	74	51	15	55	55	64	61
2	花子とアン	98	38	60	18	34	46	61	37
2	マッサン	98	49	49	15	36	47	51	47
4	梅ちゃん先生	68	36	32	13	24	31	41	27
4	ごちそうさん	68	35	33	13	33	22	40	28
6	君の名は	67	31	36	1	17	49	44	23
7	おはなはん	60	26	34	2	5	53	28	32
7	おしん	60	27	33	5	33	22	35	25
9	鳩子の海	44	15	29	0	21	23	30	14
10	おひさま	26	10	16	2	12	12	14	12
11	雲のじゅうたん	24	13	11	0	9	15	14	10
11	春よ来い	24	13	11	7	11	6	8	16
13	あぐり	23	5	18	4	12	7	12	11
13	カーネーション	23	5	18	4	13	6	14	9
15	藍より青く	22	8	14	2	4	16	10	12
	回答者数合計	628	333	295	91	286	251	324	304

になる主人公を描いた『梅ちゃん先生』（2012年前期）、大正から昭和にかけて東京と大阪を舞台に食を通じて人々の関わりを生み出す女性主人公ものの『ごちそうさん』（2013年後期、ともに68人）がこれに続く。

　性別では、『ゲゲゲの女房』がやや男性にとってより印象に残り、『花子とアン』『おはなはん』、『鳩子の海』（1974年）、『おひさま』（2011年前期）といった、相対的に反戦・平和のメッセージ性がやや勝る作品への女性の回答が目立っている。また、『花子とアン』『梅ちゃん先生』『ごちそうさん』『君の名は』『おしん』『鳩子の海』など、どちらかというと反戦・平和傾向がより強い作品群について、「ミリタリー関連趣味なし」の回答者の反応が多く、『春よ来い』と『おはなはん』の2作が「ミリタリー関連趣味あり」にとってより多く印象に残ったようだ。

　他方、1990年代以前の作品で60人以上が「印象に残った」と答えているドラマは『おはなはん』（60人）と『おしん』（60人）、さらに、戦後人気を博したラジオドラマの映像化である『君の名は』（67人）の3本だけである（原爆後の広島を舞台にした『鳩子の海』がそれに続く）。過去のドラマながら、これらの作品が多くの人の記憶に残っているということだろう。

　女性の一代記と戦争を重ね合わせた1960年代から90年代のドラマについては、いくつかの記憶に残る記念碑的なものを除くと、今回の調査では「印

象に残った」と回答する人は世代にかかわらず多くはなかった。回答者の世代と「印象に残った」作品のクロス集計（表3）をみると、『おはなはん』『君の名は』を挙げたのは圧倒的に60代以上だ。面白いのは、『君の名は』以前の作品でありながら『おしん』は、むしろ30代から50代にとって印象深い作品になっているということだ。おそらくは、再放送などでの視聴や、このドラマの海外での受容の広がりなどで記憶に残ったのだろう。

　朝ドラでの戦争描写の印象について考えるとき、視聴者の世代を考慮することは避けて通れない。というのも、戦争の記憶や戦争の意味づけは、体験や記憶の継承と切り離すことができないからだ。

4　　世代で異なる
　　　戦争の記憶との向き合い方

　戦争と世代について考察しようとするとき、牧田徹雄「先の戦争と世代ギャップ⁽⁵⁾」の分析は有益だ（表4）。牧田は、ここで、世代を戦争との関わりで3つに分類している。つまり、1939年（昭和14年）以前に生まれた「戦中・戦前世代」、40年から59年生まれの「戦後世代」、さらに59年生まれ以後の「戦無世代」だ。

表4 先の戦争についての考え方に影響があったメディア

	全体	戦無	戦後	戦中・戦前
身近な人	36%	30	44	32
学校の教科書	21%	33	20	9
学校の授業	22%	35	18	12
テレビ	32%	35	40	17
新聞	20%	13	26	18
本	10%	9	13	6
漫画	3%	6	2	0
雑誌	3%	3	4	2
アニメ・映画	9%	18	8	1
インターネット	0%	0	0	0
テレビゲーム	0%	0	0	0
その他	5%	1	2	14
特にない	25%	21	22	35

（出典：牧田徹雄「先の戦争と世代ギャップ」〔https://www.nhk.or.jp/bunken/summary/yoron/social/pdf/000901.pdf〕〔2019年11月23日アクセス〕）

　戦争を挟んだ女性の一代記である『おはなはん』の放送時、視聴者の多くは、牧田がいう「戦中・戦前世代」と「戦後世代」が中心だった。この時期、女性の一代記というスタイルとともに、戦争への強い忌避感（日清・日露戦争からアジア・太平洋戦争まで）と平和への祈りというモチーフがドラマにとって大きな意味をもって登場したのである。

「戦中・戦前世代」が、戦争を身近に経験した世代であることはいうまでもない。と同時に、表4のデータをみると、「先の戦争に対する自分の考え方に影響のあったメディア」についての質問で、「戦後世代」が「身近な人」（44％）とともに「テレビ」（40％）を挙げている点にも注目したい。この世代にとって、身近な人たちの戦争経験の語りとともに、テレビが大きく戦争観を形作る契機になっていたことがわかる。

　興味深いのは、朝ドラが最も頻繁に戦争を描いていた1970年代後半から80年代末の時代の作品で、「印象に残っている」ものがほとんどないということだ。表2をみれば、77年以後、ほぼ毎年戦争が描かれていたことがわかる。にもかかわらず、この十数年のあいだの朝ドラでの「戦争もの」が、『おしん』を除けば、ほとんどの人の印象には残っていないのだ。

5　　戦後平和主義と朝ドラ

　戦争へのまなざしという点で考えれば、朝ドラが戦争に翻弄される女性像を描き続けた1970年代半ばから80年代末の時代は、戦後日本の平和主義がほとんど疑問を挟まれることなく人々に受け入れられていた時代だった。制作者側も、平和主義を当たり前とする時代精神に合わせて、戦争批判を強く押し出し続けたようにみえる。実際、NHK放送世論調査所の調査によれば、70年代中期から90年代初期は、日本人の意識のなかで護憲への傾向が改憲志向を大きく上回る時代であったことがよくわかる（図2）。

　朝ドラの制作者側も視聴者のこうした意識を番組に反映させることに努めたし、また、視聴者側も安定成長のなかの平和を壊す者としての戦争に忌避感情をもっていた時代であったともいえる。

　ところが、戦争に最も批判的なこの時代の朝ドラが、多くの人の記憶にも印象にも残っていないのである。この1970年代半ばから80年代末の時代、朝ドラで戦争が登場するのは当たり前すぎて、かえって印象に残らなかった

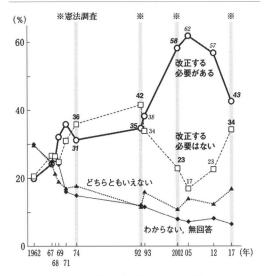

図2 憲法改正の要否

（出典：政木みき／荒牧央「憲法をめぐる意識の変化といま
——「日本人と憲法2017」調査から」、NHK放送文化研究所
編「放送研究と調査」2017年10月号、NHK出版、2—27ペー
ジ）

ともいえるかもしれない。また、ある意味でワンパターン化した戦争描写が、
多くの視聴者に飽きられたということもあるのだろう。

　1989年という冷戦崩壊後の朝ドラが戦後のラジオドラマの実写版である
『君の名は』を選んだことは、80年代末の段階での戦争描写のてづまり感の
ようなものを感じさせて興味深い。かつて銭湯を空にさせたという人気ドラ
マだった『君の名は』の再現は、確かに人々の印象に残った朝ドラだったよ
うだ。わたくしたちの調査でも、『君の名は』は、90年代までの作品の印象
の残り方では、『おはなはん』と『おしん』を退けてトップになっている。
しかし、ヒットを狙って満を持して1年間を通して放送されたこのドラマの
実際の視聴率は平均29.1％で、朝ドラ史上初の20％台転落という事態を生
んだ。この失敗は、その後の連続テレビ小説の戦争ばなれにつながっていく。
「印象に残った」と答えた世代の多くが60代だったことをあわせて考えると、
この「印象の強さ」は、テレビ番組による直接のものというよりも、ラジオ
ドラマの記憶による影響をより強く感じさせるものだともいえるだろう。

　また、図2にみられるように、1990年代に入るとNHKの世論調査で憲法

への認識が「改正する必要はない」から「改正する必要がある」へと大きく転換したことも、朝ドラの戦争ばなれに影響を与えたのかもしれない。

6　『ゲゲゲの女房』と変容する朝ドラのなかの戦争

　すでにふれたように、21世紀に入って以後、朝ドラは、再び戦争への回帰を開始する。実際、表1で黄が分析したように、2011年以後の朝の連続ドラマは、60％以上（『ゲゲゲの女房』以後『ひよっこ』〔2017年前期〕までだと80％という計算もある）が戦争に関わっている。なかには「朝ドラV字回復の陰に、戦争もしくはそれに準ずる国家的大事件あり」[7]とする声もあるほどだ。なかでも、この転換点にあたって放送された『ゲゲゲの女房』は、わたくしたちの調査では、「戦争もの」の朝ドラでは最も印象的なものになった（19.9％）。怪奇漫画とともに戦争体験マンガを手掛けたことでもよく知られている水木しげるの妻の物語ということで、夫である茂さんが戦争で片腕を亡くしたという視覚的な効果もあってか、人々に強く「戦争」を印象づけたようだ。

　他方で、不思議なことに、21世紀に入って戦争の悲惨さや理不尽さを最も強烈に描いたようにみえる『おひさま』と、戦争の悲惨さの描写をこれまでとはガラッと変えた『カーネーション』（2011年後期）は、その後の『梅ちゃん先生』『ごちそうさん』や『花子とアン』『マッサン』と比べても、「戦争もの」としての印象が薄いようだ。

　選択した人がそれほど多くなかった『カーネーション』（大阪・岸和田のだんじり祭りを背景にコシノ3姉妹の母・越野綾子の生涯を描いた作品である）だが、実は、間接的にではあるが、これまでにない戦争批判のメッセージが含まれていた作品だったように思う。主人公の幼なじみが戦争（おそらくは南京事件に遭遇したことが想定される）でトラウマを背負っている重い描写やそれに伴う幼なじみの母親の精神的な病、8月15日の玉音放送に対する主人公の対応（聞き終わった主人公が、「さ、お昼にしよけ」とクールに台所に向かうシーンはきわめて印象的だった）など、単純な戦争批判を超えて、戦争を従来よりもより深いところでとらえようという意気込みさえ感じられた。ただしこの作品は、戦争を表面的に批判する言葉がほとんど登場せず、日常生活の淡々とした描写のなかで戦争の悲惨さを伝えようという工夫がみられた。しかし、そのことが、視聴

者に戦争を強くは連想させなかったのかもしれない。

『カーネーション』とともに印象に残らなかった『おひさま』は、ある意味で、その理由がわかりやすい。安曇野の美しい風景を背景に、戦争の時代を生きたある女性（現在の老いた主人公を若尾文子が、戦前・戦中は井上真央が演じた）の回想を通じて「戦争の悲惨さと平和の大切さ」を強調する1980年代型の「平和主義」的なメッセージが強く感じられる作品だったからだ。しかし、そのことがかえって戦争ものとしての新鮮さを感じさせず、70年代後半から80年代末にかけての「戦争もの」の朝ドラ同様、印象の弱さにつながったのではないだろうか。

7　朝ドラの現在

　わたくしたちの調査後の朝ドラでの戦争について、最後にふれておこう。『とと姉ちゃん』（2016年前期）では、敗戦後の「暮しの手帖」（暮しの手帖社）の編集に関わった女性が、『べっぴんさん』（2016年後期）では、戦時下から戦後の女性実業家が、また即席麺の発明家夫婦を描いた『まんぷく』（2018年後期）では、戦時下の弾圧や戦後のGHQの弾圧などが描かれている。しかし、ここでもストレートな戦争の悲惨さや戦争責任が問われているわけでもない。戦争は、あくまでストーリーを味付けするための材料としてエピソード的に用いられているように感じられる。

　他方で、『ひよっこ』、『なつぞら』（2019年前期）は、『カーネーション』同様、戦争への視線の工夫がみられる。茨城県の農村出身の女性が集団就職で東京へ、さらにレストランの店員として生きる姿を描いた『ひよっこ』では、主人公の叔父がインパール作戦で傷を負ったエピソードが挿入されるし、『なつぞら』は、戦災孤児が主人公だ。ここには、ある意味で戦争をストレートに描かず批判する、『カーネーション』型の戦争描写への移行も感じられて興味深い。

　こうした2010年以後のNHKの朝ドラの戦争描写への回帰とその描写の仕方の変容は、理解できないこともない。若者のテレビ離れの現在、朝ドラの視聴者の多くは、1940年から50年代生まれの「戦後派」とそれ以後の「戦無派」世代である。彼ら彼女らの多くは、おそらくは70年代から80年代の平和主義のワンパターンの戦争批判には、すでに反応しなくなっているの

ではないか。同時に、ドラマでの戦争をめぐるエピソードは、戦後の人生にとって、現実には体験しなかった戦争の擬似経験として記憶されてもいる。朝ドラには戦争はつきものという飽きの気分の一方で、これまでとは異なる角度から戦争を描くドラマに対して、新たな関心をもっているのかもしれない。大きな流れとしてとらえれば、戦争イメージは、登場人物の間で共有された物語から、個人的なエピソードに変容した、といってもいいだろう。

　もちろん、脚本家たちも世代交代している。近年の朝ドラをみると、かつてのワンパターンの平和主義的視座からの戦争描写とは異なる、新たな表現方法の模索がおこなわれているからだ。制作者と視聴者のあいだのコミュニケーションで生み出される朝ドラにとっての戦争のゆくえは、日本社会における戦争と平和イメージの考察という点で、今後もじっくり観察してもいいだろう。

（伊藤公雄）

注

（1）　NHK ドラマ番組部監修『朝ドラの55年──全93作品完全保存版』NHK 出版、2015年
（2）　堀井憲一郎「朝ドラの時代設定と視聴率の移り変わり」、『連続テレビ小説読本』（洋泉社 MOOK）所収、洋泉社、2014年
（3）　黄馨儀「テレビドラマにおける戦争描写と戦時の女性表象──NHK 朝の連続テレビ小説を例に」日本マス・コミュニケーション学会・2013年度秋季研究発表会・研究発表論文、2013年
（4）　中奥美紀「朝ドラ100作到達 視聴率から振り返る NHK「連続テレビ小説」」「VR DIGEST」（https://www.videor.co.jp/digestplus/tv/2019/05/13482.html）［2019年12月20日アクセス］
（5）　牧田徹雄「先の戦争と世代ギャップ」（https://www.nhk.or.jp/bunken/summary/yoron/social/pdf/000901.pdf）［2019年11月23日アクセス］
（6）　政木みき／荒牧央「憲法をめぐる意識の変化といま──「日本人と憲法2017」調査から」、NHK 放送文化研究所編「放送研究と調査」2017年10月号、NHK 出版
（7）　指南役『「朝ドラ」一人勝ちの法則』（光文社新書）、光文社、2017年

参考文献

タンブリング・ダイス編『ぼくらが愛した「カーネーション」』高文研、2012年
『思い出の“朝ドラ”大全集』（TJ MOOK）、宝島社、2015年

　現代日本のミリタリー・カルチャーの多様な構成要素のなかでも、軍歌は
かなり特異な位置にある。その特異性について、この項では前項までと同様
に、わたくしたちの調査結果に基づいて詳しく検討していくが、その前に最
初に確認しておきたいのは、現代日本社会で一般的に共有されていると思わ
れる、軍歌に対するネガティブ・イメージの強さについてである。
「日本の軍歌」を書籍タイトルに含む近年の概説書や研究書の「はじめに」
をみると、いずれも次のような書き出しで始まっている。「今日、軍歌とい
うと、多くの人が戦時中に軍部が民衆に押し付けた退屈な音楽と思うのでは
ないだろうか。あるいは、街宣車から鳴り響く物々しい音楽を思い浮かべる
人もいるかもしれない」、「軍歌と聞いて思い浮かぶイメージをたずねると、
ほとんどの人は"右翼の街宣車"と答える」。

　『日本の軍歌』の著者であり、軍歌の研究家として知られる評論家・辻田真
佐憲は、2012年、東京での「帝国陸海軍軍楽隊大演奏会・軍装会」(第37
回)というイベントに足を運んだときの印象について、同書の末尾近くで、
次のようにきわめて辛辣に評している。それは「いかにも時代錯誤な右翼の
イベント」という面があるのは否定できず、「観客の過半数は高齢者」であ
り、「肝心の軍歌はアマチュアが歌うため、正直聴くに堪えない」、「私はこ
のイベントを見聞して、「軍歌は死んだ」ということを強く印象づけられた」。

　このような軍歌への逆風ともいうべき状況を念頭に置きながら、現代の日
本で「軍歌を歌う」という行為にどのような意味を見いだすことができるの
かを、本項では考察したい。

　第2次調査 (2016年) 問22-1では、「あなたは「軍歌」(戦前・戦中に作られた、

戦争や軍隊を歌った歌）について、どれぐらい知っていますか」と尋ねている。まず、その回答の単純集計結果を図1に示そう。

「多くの軍歌を（カラオケなどで）歌うことができる」が4.9％、「いくつかの有名な軍歌は（カラオケなどで）歌うことができる」が25.5％で、合わせて全体の約30％となっている。一方、「具体的な曲

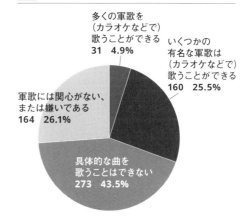

図1 軍歌について知っているか（計628）

- 多くの軍歌を（カラオケなどで）歌うことができる　31　4.9％
- いくつかの有名な軍歌は（カラオケなどで）歌うことができる　160　25.5％
- 軍歌には関心がない、または嫌いである　164　26.1％
- 具体的な曲を歌うことはできない　273　43.5％

を歌うことはできない」が43.5％、「軍歌には関心がない、または嫌いである」が26.1％で、合わせると全体の約70％を占める。この結果をみると、軍歌を「歌うことができる」のは、わたくしたちの調査の対象者、すなわち戦争・軍事に何らかの関心をもっている人々のなかでも、どちらかといえば少数派であることがわかる。

　ただし、この設問の選択肢で、軍歌を単に「知っている」かどうかではなく「歌うことができる」かどうかと尋ねているのは、耳に挟んだことがある程度ではなく、自ら声を出して歌える程度まで具体的な曲を記憶していて、しかもそれを能動的に「歌う」という行為に結び付けられるかどうかを知りたかったためである。いいかえれば、この設問でわたくしたちが知ろうとしたのは、単なる軍歌についての客観的な知識ではなく、軍歌（を歌うこと）へのより積極的かつ情緒的なコミットメントの有無とでもいうべきものなのである。そのことをも考慮すると、冒頭に述べたようなネガティブな軍歌イメージが現代日本で一般的だとすれば、「軍歌を歌うことができる」という回答者が約30％も存在していることは、むしろ意外に多いとみるべきかもしれない。

　なお、この設問の選択肢で「（カラオケなどで）」と例示したのは、現代の日本ではカラオケが最も一般的な歌を歌う場であり、この例示によって、回答者がその場面をイメージしやすくなると考えたからである。と同時に、一般に歌を歌うという行為の意味は、その場面（文脈）との関係を抜きにしては

考えられないという点も重要だ。後述するように、戦後の日本で軍歌が歌われる場面は、敗戦直後の「軍国酒場」から、高度経済成長期の（会社などの）宴会へと変遷してきた。そのことをも念頭に置きながら、考察を進めていきたい。

　次に、この設問への回答と性別、年齢層、およびミリタリー関連趣味の有無とのクロス集計の結果をそれぞれ図2・図3・図4に示そう。

　「歌うことができる」という回答者が、男性およびミリタリー関連趣味があ

図2 性別×軍歌を歌えるか

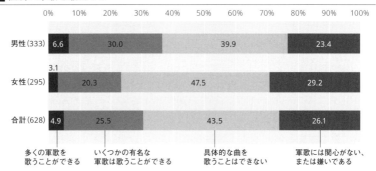

図3 年齢層×軍歌を歌えるか

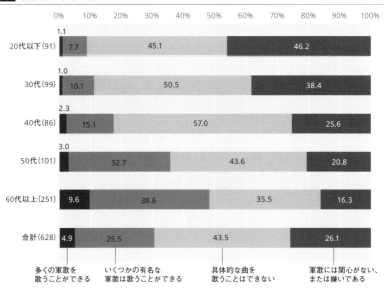

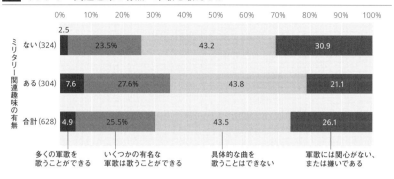

図4 ミリタリー関連趣味の有無×軍歌を歌えるか

ミリタリー関連趣味の有無

ない (324)
2.5 / 23.5% / 43.2 / 30.9

ある (304)
7.6 / 27.6% / 43.8 / 21.1

合計 (628)
4.9 / 25.5% / 43.5 / 26.1

多くの軍歌を
歌うことができる

いくつかの有名な
軍歌は歌うことができる

具体的な曲を
歌うことはできない

軍歌には関心がない、
または嫌いである

る人で多くなっているのは、ほぼ予想どおりだろう。ただ後者に関しては、「歌うことができる」のが、ミリタリー関連趣味がない人では26.0%、ミリタリー関連趣味がある人でも35.2%と、その差は10ポイントに満たず、それほど強い相関がみられるわけではない。その一方で、年齢層とのクロスでは、きわめて強くはっきりとした相関が表れている。「歌うことができる」のは、20代以下では8.8%であるのに対し、60代以上では48.2%と、6倍近くもの差が開いている。年齢層が高くなるほど「歌うことができる」人の比率も高くなっているのは、グラフに示されているとおりである。

　この事実は、軍事や戦争についての「趣味的関心層」が、男性、若年齢層、およびミリタリー関連趣味をもつ層に多いという本書の基本的な見方（→1-3「回答者はどのような人々か」）が、軍歌に関しては必ずしも成立しないことを意味している。すなわち、軍歌は現代のミリタリー・カルチャーの構成要素の一つとして定着しているというよりは、むしろ戦前・戦中期という過去の記憶とより密接に結び付いていて、その時代の記憶を共有する人々が少数派になるとともに、軍歌を歌える人々も少数派になりつつあると考えられる。

　もちろん、第2次調査（2016年）の時点では、60代以上の人々も含めて、ほとんどの回答者が戦後生まれであり、戦前・戦中期にリアルタイムで軍歌を聴いたり歌ったりした経験があるという人はごくわずかだろう。にもかかわらず、世代間の差異はあるにせよ、一定数の人々が軍歌を「歌うことができる」と回答していることの背景には、次にみるように、軍歌が戦後もなんらかの形で継承されてきたという事実がある。

1　軍歌の戦後

　ここで、音楽評論家・小村公次による研究書『徹底検証・日本の軍歌』を主に参照しながら、戦前・戦中期に作られた軍歌が戦後、どのように継承されてきたかを概観しておこう。

　1958年にペギー葉山が歌ってヒットした「南国土佐を後にして」（作詞・作曲：武政英策、キングレコード、1959年）は、かつての中国派遣鯨部隊（四国混成部隊）の部隊歌を原曲としている。それは「南国土佐を後にして／中支へ来てから幾年ぞ（略）」と故郷を偲ぶ望郷の歌であり、「この歌を戦後まもない頃、復員した兵士たちが酒席で歌うのを聴いた武政英策が採譜し、それを活かしながら作曲した(6)」のがこの曲である。この歌は、当時爆発的に普及しつつあったテレビでの放映の影響もあって大ヒットした。

　　　それはちょうど高度経済成長が始まりつつあった時期であり、地方から
　　　都会へと働きに出た人びとが抱く故郷への思いと重なるものがあった。
　　　　こうして、戦時下に歌われた軍歌は戦後の高度経済成長期に郷愁の歌
　　　となって復活した。(7)

　そして、高度経済成長への流れのなかで、軍歌のリバイバルの時代がやってくる。その重要なきっかけになったのは、1962年、当時の人気歌手アイ・ジョージが京都労音（勤労者音楽協議会）の例会で「戦友」（作詞：真下飛泉、作曲：三善和気、1905年。後述の表1の第5位）を絶唱し、大きな話題になったことだとされる。

　　　軍歌の復活の糸口を作ったのはアイ・ジョージの『戦友』だった。ア
　　　イ・ジョージはこの歌を戦争を否定する観点から切々と絶唱したが、そ
　　　のことはジョージの主観とは関係なく、客観的に歌謡曲の軍国主義ブー
　　　ムへの突破口を切り拓いてやる結果になった。(8)

　「歌謡曲の軍国主義ブーム」のなかでは、必ずしも戦前・戦中の軍歌のリバイバルだけでなく、軍歌調の新曲が作られ、歌われるというケースもあった。1964年、橋幸夫が歌った「あゝ特別攻撃隊」（作詞：川内康範、作曲：吉田正、

ビクターレコード）は、そうした新曲の例である。一方、68年には、西郷輝彦が「予科練の歌」として知られる戦時歌謡「若鷲の歌」（作詞：西條八十、作曲：古関裕而、クラウンレコード。後述の表1の第9位）をカバーした。この歌は、特攻を描いた同年の映画『あゝ予科練』（監督：村山新治）の主題歌でもある。このように、若手も含む多くの人気歌手が軍歌ないし軍歌調の歌を歌って人気を博し、軍歌や戦時歌謡をおさめたLPレコードも多く発売された。また69年からは、東京12チャンネル（現・テレビ東京）で『あゝ戦友　あゝ軍歌』というテレビ番組が放映された。この番組は、「軍隊生活を体験した芸能人たちをゲストに迎えて軍隊生活の思い出話、戦友との対面、軍歌などを披露する(9)」というものだった。

このような「軍歌ブーム」が続いていた1960年代から70年代にかけては、「軍歌を直接体験した世代と戦後生まれの世代が職場をともにしていた時期」でもある。井伏鱒二が76年に発表した短篇「軍歌「戦友」」（「新潮」1976年7月号、新潮社）では、会社の懇親会で全員が「戦友」全曲を30分近くもかけて歌う場面が、重要なモチーフになっている。この小説が示唆しているように、「戦後生まれのある世代までは、身近な人びとが軍歌を歌っているのを聴いて育ち、職場の宴会などで戦中派が歌う軍歌に接する機会があった(10)」。

また、宮本輝が1977年に発表した小説「泥の河」（「文芸展望」第18号、筑摩書房）には、主人公の少年・喜一が直立不動で、やはり「戦友」全曲を歌う場面がある。この小説の舞台は55年の大阪であり、少年はこの軍歌を、近所にいた傷痍軍人から教えられたと語る。「戦後、腕や脚を失った戦傷兵が白い患者服に軍帽をかぶり、松葉杖姿で街角に立ち、アコーディオンで哀愁に満ちた曲を奏でながら募金活動をしていた(11)」傷痍軍人の姿は、当時はごく日常的な、戦後を象徴する光景の一つだった。

時代を敗戦直後までさかのぼると、「戦中派」による軍歌の継承の場としては、軍歌を歌えるのを売り物とした「軍国酒場」の存在も無視できない。「復員軍人らを主な顧客とした「軍国酒場」は、かつては日本中にあったといわれるが、今では数えるほどとなっている(12)」

一方、軍歌といえば、ある世代以上の人々は、かつてパチンコ店の景気のいいBGMとして定番だった「軍艦マーチ」（「軍艦行進曲」。作詞：鳥山啓、作曲：瀬戸口藤吉）を思い起こすかもしれない。まだ占領下の1951年、東京・有楽町駅ガード下のパチンコ店メトロが流し始めたのをきっかけに、「軍艦マ

ーチ」は全国各地のパチンコ店に広がっていった（そのため、歌詞は知らなくと
も旋律はよく覚えているという人が多いだろう）。しかし、やがて「パチンコ台の
高機能化と女性客をも取り込む高級志向のイメージ戦略のなかで、流れる音
楽もＪポップや洋楽へと様変わりし」、現在のパチンコ店で「軍艦マーチ」
が流されることはなくなった。⁽¹³⁾

　以上のように、軍歌は戦後も、テレビやレコードなどのメディアを介して
多くの人々に聴かれ、また職場の宴会などの場で、「戦中派」を含む多くの
人々が声を合わせて歌うことによって、世代を超えて継承されてきたのであ
る。

「軍国酒場」が消えつつあることや、パチンコ店の「軍艦マーチ」が忘れら
れつつあることに象徴されるように、その世代間継承が先細りになっている
ことも確かだろう。冒頭で紹介した、軍歌を歌うイベントへの辻田の辛辣な
評価も、その状況を示唆している。「現在、入手できる軍歌・軍国歌謡の
ＣＤは100を超えているが、そのほとんどはＬＰ盤をＣＤ化したもので、リ
バイバルブームのときにみられたような若手歌手による新録音盤はない」。⁽¹⁴⁾
インターネットの動画サイトでも多くの軍歌を聴くことができるが、その音
源の大多数は、やはり戦前・戦中期のオリジナル録音ないし、戦後の「軍歌
ブーム」時代の録音である。

　とはいえ、そうした事実は、過去の軍歌を趣味の対象として愛好する人々
が現在も存在することを示してもいる。「軍歌を歌うことができる」⁽¹⁵⁾という
人々の比率の世代間の大きな差異についてのわたくしたちの調査結果は、確
かに軍歌の世代間継承の先細りを示唆してはいるが、それでも20代以下で
も10％近くの人々が「軍歌を歌える」というデータは、軍歌の継承が現在
も完全には途絶えていないことを意味している。

2　　どんな軍歌が歌われているか

　上述のことをふまえて、わたくしたちの調査結果に基づく考察に戻ろう。
現在、「軍歌を歌うことができる」という人々は、具体的にはどんな軍歌を
歌っているのだろうか。

　第2次調査（2016年）では、上述の設問に続けて問22-2で、「「多くの軍歌を
（カラオケなどで）歌うことができる」「いくつかの有名な軍歌は（カラオケなど

で）歌うことができる」を選んだ方にお尋ねします。あなたのよく歌う軍歌の曲名を挙げてください（3曲まで）」と尋ねている。その回答として多く挙がった上位10曲と、性別、年齢層、およびミリタリー関連趣味の有無とのクロス集計の結果を、表1に示そう。

以下、第1位から第5位までの5曲について、それぞれの曲の制作経緯などの背景にふれながら、必要に応じて集計結果に若干の考察を加えていきたい。

第1位「同期の桜」は78人が挙げていて、第2位「月月火水木金金」（25人）の3倍以上と、圧倒的によく歌われている。この曲は、1938年（昭和13年）、講談社の雑誌「少女倶楽部」に掲載された西條八十の詩に大村能章が作曲した「二輪の桜」が原曲だが、翌39年（昭和14年）頃、この曲に海軍兵学校71期の帖佐裕（のちに人間魚雷・回天の第1期搭乗員になる）が新たな歌詞をつけた替え歌である。「咲いた花なら　散るのは覚悟」と、潔く華々しく散る自らの姿を桜花になぞらえて歌う悲壮感に満ちたこの歌は、戦中期の特攻隊員たちに愛唱されたともいわれるが、そうしたイメージはむしろ、上述した戦後・高度経済成長期の「軍歌ブーム」のなかで作られたとも考えられる。「同期の桜」は、特攻隊を描いた戦争映画やテレビドラマの主題歌や劇中歌として用いられたことの影響もあって、戦後の社会に定着したのである。

また、現在では「同期の桜」という言葉が、広い意味で「かつて、ともに戦った仲間」、あるいはより単純に「同期生」を意味する表現として使われることから示唆されるように、この歌は、必ずしも特攻隊にまつわる悲劇的

表1 よく歌う軍歌（上位10曲）×性別・年齢層・ミリタリー関連趣味の有無

順位	曲名	回答数合計	性別		年齢層（3段階）			ミリタリー関連趣味	
			男性	女性	20代以下	30〜50代	60代以上	ない	ある
1	同期の桜	78	47	31	3	30	45	39	39
2	月月火水木金金	25	17	8	2	13	10	9	16
3	海行かば	22	13	9	0	4	18	11	11
3	ラバウル小唄	22	13	9	0	6	16	9	13
5	戦友	19	11	8	0	4	15	8	11
6	麦と兵隊	18	13	5	1	2	15	10	8
7	軍艦行進曲	17	12	5	2	3	12	6	11
8	加藤隼戦闘隊	10	8	2	0	3	7	2	8
9	若鷲の歌	9	6	3	0	1	8	2	7
10	ラバウル海軍航空隊	6	3	3	0	3	3	4	2

イメージの枠内だけには限定されず——それを素材としながらも——仲間同士の絆や連帯感を表現し再確認する歌としても歌われているのではないかと考えられる。そうした普遍性あるいは応用性の高さが、数ある軍歌のなかでの「同期の桜」の突出した人気につながっているとみることができるだろう。この歌を「よく歌う」という回答者に、性別、年齢層、およびミリタリー関連趣味の有無のいずれの面でも、（20代以下が3人と少数であることを除けば）あまり大きな偏りがみられないことも、そうした背景の存在を示唆している。

　第2位「月月火水木金金」は1940年（昭和15年）、海軍軍事普及部の高橋俊策中佐が作詞、海軍軍楽隊出身の江口夜詩が作曲し、レコードとして発売され、40万枚以上を売り上げるヒット曲になった。「海の男の艦隊勤務　月月火水木金金」という歌詞は、いうまでもなく、土日返上で働く艦隊勤務の厳しさを歌ったものだが、そこに暗さや悲壮感のようなものはまったく感じられない。むしろこの曲で——長調の明るく勇壮な旋律とも相まって——ストレートに歌われているのは、日々の厳しい勤務に精励する「海の男」たちの誇りや自負、あるいは率直な自己肯定とでもいうべきものである。

　この歌が戦後も長く歌われ、人気がある軍歌の一つになった理由もおそらくそこにある。すなわち、とりわけ戦後の高度経済成長期、この歌は「モーレツ・サラリーマン」たちによって、休日返上で仕事に打ち込む彼ら自身の自画像あるいは自己肯定の表現として歌われてきたのではないか。長時間労働への批判が高まり「働き方改革」が叫ばれる現在では、それは素朴な自己肯定というよりも屈折した自嘲へとニュアンスを変えつつある可能性はあるが、いずれにせよ、この歌が戦後ないし現代社会の労働者・サラリーマンの自画像として歌われてきた可能性があることには、おそらく変わりはないだろう。

　それを直接に実証するのは難しいが、傍証となりそうなデータはある。データベース「日経テレコン」で、1982年から2017年までの「日本経済新聞」「日経産業新聞」「日経流通新聞」および「京都新聞」で本文に「月月火水木金金」を含む記事を検索したところ、全36件中、本来の文脈（海軍の艦隊勤務、あるいは歌それ自体）でこの言葉が用いられている記事が11件だったのに対し、戦後日本の企業あるいは官公庁での仕事という文脈で用いられている記事は14件あった。このことは、「月月火水木金金」という言葉を後者の

文脈で用いることが戦後日本で日常化したことを示唆している。わたくしたちの調査に戻ると、「月月火水木金金」を「よく歌う」という回答者で男性の割合が特に高く（25人中17人）、また10曲中で唯一、中年層（30—50代）の人数が高年層（60代以上）を上回っていることが、それを裏づけている。

　第3位「海行かば」（22人）は、1937年（昭和12年）、日本放送協会（現・NHK）が政府の「国民精神総動員運動」に呼応して制作した特別番組のために、歌詞を『万葉集』巻18の大伴家持の長歌から抜粋し、作曲を東京音楽学校（現・東京芸術大学音楽学部）講師の信時潔に委嘱して作られたものである。

　　海行かば　水漬く屍
　　山行かば　草生す屍
　　大君の　辺にこそ死なめ
　　かへりみはせじ

　天皇のため、ためらいなくその傍で死のう、という覚悟を歌った古風な歌詞と、荘重な旋律とが相まって、この歌は数ある軍歌のなかでも鎮魂歌を代表するものとして現在もよく知られ、歌われている。上述のラジオ放送当初には「地味な軍歌」の一つにすぎなかったが、1939年（昭和14年）、日中戦争を舞台とした映画『五人の斥候兵』（監督：田坂具隆）の、この歌の大合唱をバックに80人の兵士たちが戦場に向かって行進していくというラストシーンは、多くの観客にこの歌を強く印象づけたと考えられる。また、42年（昭和17年）、大政翼賛会によって国歌に次ぐ「国民の歌」に指定されたことも、この歌の普及のきっかけとして重要である。さらに大戦末期、ラジオ放送で大本営発表が「玉砕」を伝える際に必ず冒頭で流されたことが鎮魂歌としてのイメージを強め、戦後にも、旧海軍を描いた戦争映画やテレビドラマでたびたび使用されることで、より広く知られるようになった。

　ただ、そのような鎮魂歌としての意味づけのゆえに、「海行かば」は、上述のような軍歌の世代間継承の困難化の影響をとりわけ強く受けざるをえない。この歌を「歌うことができる」という回答者が、先ほどの「月月火水木金金」と対照的に高年層（60代以上）に大きく偏っている（22人中18人）ことは、そのことを示唆している。

同じく第3位「ラバウル小唄」（22人）は1940年（昭和15年）に発売された歌謡曲「南洋航路」（作詞：若杉雄三郎、作曲：島口駒夫、ビクターレコード）の替え歌として、大戦後期、戦局の悪化とともに南方から撤退する兵士のあいだで好んで歌われ広まったもので、いわゆる兵隊ソング（軍隊内で将兵が好んで歌った俗謡）の代表格といえる。ニューブリテン島の港湾都市ラバウルは、よく知られているように日本陸・海軍の東南方面での一大拠点だった。「恋し懐かし　あの島見れば……」と戦地へのノスタルジアを屈託なくつづった歌詞と、長調の明るくのんびりとした旋律から受ける楽天的な印象は、悪化の一途をたどる戦局という当時の現実とはきわめて対照的であり、むしろそのためにこそ、いわば現実逃避的なノスタルジアの表現として、この歌は兵士たちに愛唱されたとみることができるだろう。

　人気がある軍歌の一つとしてこの歌が戦後長く歌われてきたのも、そのような屈託のないノスタルジアへの共感のゆえと考えられる。ただ、そのことは同時に、（上述の「海行かば」ほどではないにせよ）軍歌とそれにまつわる記憶の世代間継承の困難化の影響を受けやすいことをも意味する。この歌を「歌うことができる」という回答者も、高年層（60代以上）にかなり偏っている（22人中16人）ことが、それを傍証している。

　第5位「戦友」（19人）は、1905年（明治38年）、京都府師範学校（現・京都教育大学）附属小学校訓導の真下飛泉が作詞・刊行した『学校及家庭用言文一致叙事唱歌』（五車楼）のうちの1編に、京都の中学校教諭・三善和気が作曲したものである。真下は、日露戦争に従軍した義兄の戦場体験に基づいて、「ここはお国を何百里／離れて遠き満州の……」で始まる全14節の長い歌詞を書いた。「……赤い夕陽に照らされて／友は野末の石の下」と、戦場に倒れた戦友への思いを切々とつづったその歌詞と哀調に満ちた旋律とが相まって、この歌は、それが作られた明治後期から昭和戦中期を経て戦後に至るまで、時代を超えて多くの人々の胸中に訴え、歌い継がれてきた。それは「戦友の死」を主題にすることによって、戦争がもつ悲劇的イメージの一つの原型をつくりだし、その渦中に倒れた兵士への同情や共感を、繰り返し呼び覚ましてきたといえる。

　そのような、戦争にまつわるネガティブな記憶の継承という「戦友」がも

つ意味は、ここでも前2曲と同様に、その継承の困難化に直面していると考えられる。この歌を「歌うことができる」という回答者も、やはり高年層（60代以上）に強く偏っている（19人中15人）。そして、以上の3曲を「歌うことができる」という20代以下の回答者は、いずれもゼロである。

　第6位以下についても概観しておこう。第6位「麦と兵隊」（作詞：藤田まさと、作曲：大村能章）は、1938年（昭和13年）に出版された火野葦平の小説（代表的な戦記文学として知られる）に基づいて制作され、同年に東海林太郎が歌った戦時歌謡である。第7位「軍艦行進曲」は、1900年（明治33年）に初演された伝統ある海軍軍歌であり、41年（昭和16年）12月8日の日米開戦時のラジオニュースで繰り返し流されたことでも知られる。また上述のとおり、戦後はパチンコ店のBGMとして広く用いられた。第8位「加藤隼戦闘隊」（作詞：田中林平／朝日六郎、作曲：原田喜一／岡野正幸）は、加藤建夫中佐が率いた陸軍飛行第64戦隊の部隊歌（1940年）だが、その活躍を描いた同名の映画（監督：山本嘉次郎、1944年）の事実上の主題歌（歌：灰田勝彦）としても知られる。第9位「若鷲の歌」は、海軍飛行予科練習生（予科練）を募集するための宣伝目的で作られた映画『決戦の大空へ』（監督：渡辺邦男、1943年）の主題歌（歌：霧島昇／波平暁男）として、当時大ヒットした。また上述のとおり、戦後の「軍歌ブーム」の時代には西郷輝彦によってカバーされるなど、広く知られた軍歌の一つになっている。第10位「ラバウル海軍航空隊」（作詞：佐伯孝夫、作曲：古関裕而）は、44年（昭和19年）、戦局の悪化のなかで、ラバウル航空隊に声援を送り、国民の士気を高めるためにNHKが制作した歌であり、灰田勝彦が歌ったレコードは大ヒットした。[20]

3　軍歌の忘却と継承

　さて、ここまで、わたくしたちの調査結果に基づいて、軍歌は現実の戦争の記憶と密接に結び付いているがゆえに、世代間継承が困難になりつつあり、そのため、軍歌を「歌うことができる」という人々は、若い世代ほど少数派になっているということをみてきた。しかしそのことは逆にみれば、現在でも歌われている軍歌——とりわけ、表1の上位にある数曲——は、そのような困難を超えて、現在まで継承され、歌い継がれてきたということでもある。

そのような継承は、どのような条件によって可能になったのだろうか。

　そのことについて考察する前提として、軍歌の忘却／継承の状況を示すデータを1点補足しておきたい。わたくしたちがかつて1978年に、全国1,589の戦友会の世話人に対しておこなった質問紙調査（回答数978）では、「戦友会の会合で歌う歌」の具体的な曲名を、1つの戦友会につき3曲まで記入してもらっている（戦友会とは、アジア・太平洋戦争で軍隊を体験した人たちが、戦後、かつての共通体験や共通所属をもとにつくった集団である→2-8「戦友会を知っているか」）。その結果を集計したのが表2である。右端の2列に、今回の第2次調査（2016年）での順位・回答数を併記した。

　表2の1位「同期の桜」は表1でも1位であり、2位「戦友」、3位「ラバウル小唄」および10位「麦と兵隊」の3曲も、表1の上位10曲内にある。これらの軍歌は、世代を超えて現在まで歌い継がれているわけである。一方、表2にだけ登場し、表1には登場しない曲は、世代間の継承を絶たれ、現在では忘却されつつある軍歌ということになるだろう。表2の4位「艦船勤務」（作詞：大和田健樹／佐佐木信綱、作曲：瀬戸口藤吉、1914年）、8位「如何に狂風」（作詞：佐戦児、作曲：田中穂積、1895年）は、明治ないし大正期以来長く歌い継がれてきた海軍軍歌であり、5位「砲兵の歌」（作詞：平櫛孝、作曲：戸山学校軍楽隊、1911年）、6位「北支派遣軍の歌」（作詞・作曲：堀内敬三、1939年）は、明治ないし昭和戦前期に作られた陸軍軍歌だが、第2次調査（2016年）で、これら4曲を挙げた回答者は1人もいなかった。

表2 戦友会の会合で歌われた歌

曲名	戦友会調査（1978）		第2次調査（2016）	
	順位	回答数	順位	回答数
同期の桜	1	131	1	78
戦友	2	95	5	19
ラバウル小唄	3	76	3	22
艦船勤務	4	56	—	0
砲兵の歌	5	52	—	0
北支派遣軍の歌	6	48	—	0
歩兵の本領	7	47	17	2
如何に狂風	8	41	—	0
暁に祈る	8	41	11	5
麦と兵隊	10	40	6	18

4　軍歌の脱文脈化／再文脈化

　このように、継承される軍歌と忘却される軍歌とを分けるメカニズムはど
のようなものなのだろうか。それをここでは、「脱文脈化」という概念を手
掛かりに考えてみたい。

　ここで「脱文脈化」とは、とりわけ戦争に関わる歴史的記憶が、本来の歴
史的文脈をそぎ落とされ、別の文脈のなかで新たな意味を与えられることを
いう。たとえば、「特攻の町」として知られる鹿児島県知覧は、近年、自己
啓発本や企業研修で着目されるようになっているが、そこでは特攻隊員の
「自己犠牲」が美化して語られる一方で、「自己犠牲」を生んだ軍の組織病理
や歴史的背景が想起されることはない。このような現象を「脱文脈化」と呼
ぶとすれば、それは同時に、何らかの「再文脈化」──知覧の例であれば、
自己啓発や企業研修への──を伴うことになるだろう。

　軍歌でも、このような脱文脈化／再文脈化のメカニズムが、その継承の途
上ではたらいてきたのではないだろうか。上述のように、現在まで歌い継が
れている軍歌の筆頭に挙がる「同期の桜」が、特攻にまつわる悲劇的イメー
ジの枠内だけには限定されず、広く仲間同士の絆や連帯感を表現し再確認す
る歌としても歌われ、またそのために現在まで歌い継がれているのだとすれ
ば、それは脱文脈化／再文脈化の典型であるといえるだろう。このことは、
上述の知覧の例と考え合わせると、きわめて象徴的である。再文脈化のあり
方は同じでないにせよ、いずれにおいても特攻ないし「自己犠牲」というモ
チーフが、その歴史的文脈をそぎ落とされ、新たな文脈のなかに置き直され
ることによって継承された、という点は共通している。

　ほぼ同じことは、「月月火水木金金」についてもいえるだろう。この場合
は、休日返上の仕事への精励とその自己肯定というモチーフが、海軍の艦隊
勤務という文脈から、戦後日本社会での長時間労働という文脈へと置き換え
られていたのだった。

　ただ知覧の場合とは異なり、軍歌については、何が本来の文脈だったのか
を確定するのは必ずしも容易ではない、ということにも注意しておきたい。
歌という形式は、一人ひとりの個人がそれぞれの思いを込めながら、自ら声
に出して歌うという能動的な行為を伴うがゆえに──少なくとも、知覧のよ
うな戦争にまつわる明確な歴史的文脈が客観的に存在し、またそれが可視化

されている場所よりは——はるかに多様かつ柔軟に脱文脈化／再文脈化され
やすい。表1の10曲中に、1位「同期の桜」、3位「ラバウル小唄」という2曲
の替え歌が含まれていることもそのことを示唆している。

　さらにそのことを、5位「戦友」を例に考えてみたい。この歌への多くの
人々の共感の根底には、一般に軍歌がもつ、兵士や国民の戦意高揚という建
前には必ずしもそぐわない本音があったことが指摘できる。その本音とは、
「軍律厳しき中なれど／これが見捨てておかりょうか」という歌詞に象徴さ
れるように、軍隊という組織の冷徹な論理に背いてでも、ともに戦った仲間
を思いやり、その死を深く悼もうとする人間的感情への共感である。それは、
広い意味での——反戦的とはいえないまでも——厭戦的な感情につながる。
よく知られているように、アジア・太平洋戦争時、陸軍が将兵に対して「戦
友」を歌うことを禁じたことも、この歌に込められたそのような本音の存在
を傍証しているといえるだろう。さらに、上述の小説「軍歌「戦友」」や
「泥の河」に描かれているように、「軍歌《戦友》は、戦後もなお死者を偲び、
悼む歌として歌われていたのである[24]」。この例は、軍歌について批判的に語
るときにしばしば用いられる、政府・軍部による国民・兵士の戦意高揚の道
具という文脈と、戦争の犠牲になった兵士への同情や共感、そしてそれに伴
う厭戦的感情や戦争のネガティブな記憶の継承という文脈のどちらが「戦
友」の——さらには軍歌一般の——本来の文脈なのかを確定することの困難
さを示唆している。

　この例が示すように、軍歌はしばしば、マクロな歴史的・社会的背景の変
化が生じるよりもずっと以前に、それが作られ、聴かれ、そして歌われ始め
た当初から、ミクロで多様な脱文脈化／再文脈化のせめぎあいの渦中にあっ
た、といえるのではないだろうか。

　このような視点は、軍歌の作り手・送り手の「戦争責任」の問題について
考えるときにも無視できない。このことを、表1の9位「若鷲の歌」、10位
「ラバウル海軍航空隊」の作曲者、古関裕而を例に考えよう。

　日中戦争開戦の1937年（昭和12年）、「毎日新聞」が募集した「進軍の歌」
の佳作第一席に選ばれた「露営の歌」（作詞：藪内喜一郎）の作曲を委嘱された
のが、当時新進気鋭の作曲家・古関だった。「露営の歌」は半年で60万枚以
上という「軍歌のレコードとしては空前の売り上げを記録[25]」する大ヒット曲
になる。それ以降、古関は「愛国の花」（作詞：福田正夫、1937年）、「暁に祈

る」（作詞：野村俊夫、1940年）、「英国東洋艦隊壊滅」（作詞：高橋掬太郎、1941年）、そして「若鷲の歌」「ラバウル海軍航空隊」など、多くの戦時歌謡のヒット作を次々に世に送り出すことになる。「日中戦争が起きなければ、古関は古賀政男や服部良一と肩を並べて、昭和の三大作曲家になることはできなかっただろう[26]」という指摘さえある。しかし、戦時歌謡の作曲者として世に出た自らの過去について、古関は戦後ずっと複雑な思いを抱えていたという。

　　時代やレコード会社の要求に応じて作った戦時歌謡が大衆に支持された。それは辛く厳しい戦時中を生きた人たちの応援歌であり、心を慰めるものであった。しかし、一方で「露営の歌」や「若鷲の歌」で送られて還らぬ人もいた。そう考えると古関の心中は複雑であり、あまり多くを語らなかった[27]。

　近代日本の多様なジャンルの歌を——芸術歌曲だけでなく、童謡・唱歌や歌謡曲、そして軍歌をも含めて——研究・演奏することをライフワークとしているソプラノ歌手・藍川由美は、古関について、次のように述べている。

　　実際、古関の「戦時歌謡」は、当時、圧倒的に歌われていた。誰に命令されたわけでもないのに、大衆が好んで彼の歌を口ずさんだ理由は何か。
　　それは、やはり、古関の音楽の魅力としか言いようがない。（略）私には、当時の古関の音楽は、死出の旅に向かう人々への鎮魂歌であり、生き地獄にある大衆の心を代弁する怒りの歌であったように思われてならない。だからこそ、古関の歌は大衆に支持されたのではないか[28]。

　くしくも、古関裕而とその妻をモデルとしたテレビドラマ『エール』が、2020年度前期のNHK朝ドラとして放送される。日本に暮らす人々にとっての戦争の意味を繰り返し描いてきた朝ドラが、この作品で古関の音楽を通して、どのような新たな戦争像を提示するのかが注目される（→3-5「朝ドラと戦争」）。
　冒頭でも取り上げた辻田——彼は1984年生まれであり、軍歌の継承が困難になってきた後に生まれた世代に属する——は、その著書の終わり近くで、戦争責任の観点から軍歌やその作り手・送り手を批判する左派的立場と、そ

れへの反発も含めて軍歌をナショナリズムの観点から賛美する右派的立場との双方を相対化しながら、「単なる批判でも単なる讃美でもなく、我々が日々消費しているアニメや漫画と同様に、かつて軍歌もまた「エンタメ」として消費されていたのではなかったか」という視点を、同世代の読者に向けて提示したかったと述べている。

現代の日本で、軍歌を歌うという行為に意味を見いだすことができるとすれば、それは辻田がいうように、左からの批判と右からの賛美という一次元的な対立軸のなかに軍歌の意味を回収するのではなく、真に共感しながら──応援歌として、鎮魂歌として、あるいは怒りの歌として──軍歌を聴き歌ったであろう人々、あるいは軍歌を「エンタメ」として素朴に楽しんだであろう人々の心に寄り添うことを含めて、軍歌がたどってきた多次元的な脱文脈化／再文脈化のせめぎあいへの想像力を解き放つ、ということにこそあるのではないだろうか。さらに未来へと軍歌を歌い継ぎ、継承していくことの可能性も、その方向にだけ開かれてくるように思われる。

（吉田 純）

注

(1) 一般的に「軍歌」と呼ばれる歌は、①狭義の軍歌、すなわち部隊歌・艦船歌など、軍隊内で作られ歌われた歌、②「戦時歌謡」、すなわち戦争や軍隊・兵士を主題とした歌謡曲で、民間あるいは政府・軍部の企画によって制作され、レコードとして発売され、あるいは映画主題歌として流行した歌、③「兵隊ソング」、すなわち軍隊内で将兵に愛唱された俗謡の3つに分類することができる。本項では、戦時歌謡、兵隊ソングも含む広い意味で「軍歌」という言葉を用いる。

(2) このことは、第1次調査（2015年）の問4で尋ねた「戦争や軍事の世界であなたがとくに関心をもっている事柄やテーマ」（全52項目）のなかで、「軍歌・軍楽隊」が最下位に近い48位（4.7％）であったことからも裏づけられる（→1-3「回答者はどのような人々か」）。

(3) 辻田真佐憲『日本の軍歌──国民的音楽の歴史』（幻冬舎新書）、幻冬舎、2014年、3ページ

(4) 小村公次『徹底検証・日本の軍歌──戦争の時代と音楽』学習の友社、2011年、1ページ。なお小村によれば、「軍歌＝右翼の街宣車」というネガティブなイメージが定着したのは、1970年代以降、大型バスを改造した街宣車が大音量で軍歌を流しながら、日教組や日本共産党、あるいは一部政治家を攻撃対象とする街宣活動をおこなうことが一般化したためである（同書230─231ページ）。

(5) 前掲『日本の軍歌』260─261ページ

(6)　前掲『徹底検証・日本の軍歌』220ページ

(7)　同書221ページ

(8)　古茂田信男／矢沢寛／島田芳文／横沢千秋編『新版 日本流行歌史』下、社会思想社、1995年、14ページ

(9)　前掲『徹底検証・日本の軍歌』224―229ページ、東京12チャンネル編『あゝ戦友 あゝ軍歌』東京十二音楽出版、1971年

(10)　前掲『徹底検証・日本の軍歌』222ページ

(11)　同書223―224ページ

(12)「(ニュースの扉) 吉田類さんと訪ねる軍国酒場 ママの戦後、終わってない」「朝日新聞」(東京版) 2014年10月13日付、26面。この新聞記事は、鹿児島市の繁華街で50年以上営業してきた軍国酒場に取材したものだが、店主の話によれば、「最盛期は市内に5軒くらいあって、はやってた」軍国酒場も、いま残るのはこの店だけになっているという。

(13)　前掲『徹底検証・日本の軍歌』203―204ページ

(14)　同書229ページ

(15)　そうした人々を対象としていると思われる軍歌情報のウェブサイト「大日本軍歌集」(〔http://gunka.xii.jp/gunka/〕〔2019年12月20日アクセス〕) も開設されている。

(16)「その後、帖佐と同じ海兵71期の一部と、戦争末期の海軍潜水学校を中心に「同期の桜」は広まり、歌詞も書き加えられていったという」(前掲『日本の軍歌』227ページ)。このような経緯から、「同期の桜」の作詞者は複数存在すると推定され、正確には確定できない。

(17)　代表的なものとして、1967年に放送された連続テレビドラマ『あゝ同期の桜』(NET)、および同年に公開された同じタイトルの映画 (監督：中島貞夫) がある。この2作品はともに、海軍飛行予備学生第十四期会の遺稿集『あゝ同期の桜――かえらざる青春の手記』(毎日新聞社、1966年) を原作としている。

(18)　この映画は、1938年 (昭和13年) ヴェネツィア国際映画祭でイタリア民衆文化大臣賞を受賞し、また「キネマ旬報」(キネマ旬報社) により同年の日本映画ベスト・ワンに選ばれている。

(19)　前掲『日本の軍歌』170ページ

(20)　長田暁二編著『日本軍歌大全集 復刻版』全音楽譜出版社、1998年、167ページ

(21)　戦友会研究会『戦友会研究ノート』青弓社、2012年、132ページ

(22)　この2曲は、海軍兵学校、海軍機関学校、海軍経理学校など、海軍士官を養成するための学校では「徹底的に教え込まれた」という。「したがって海軍士官で、この2曲を知らない者はいない」(大野敏明『軍歌と日本人――国民を鼓舞した197曲』産経新聞出版、2019年、244ページ)。

(23)　井上義和「記憶の継承から遺志の継承へ」、福間良明／山口誠編『「知覧」の誕生――特攻の記憶はいかに創られてきたのか』所収、柏書房、2015年

(24)　前掲『徹底検証・日本の軍歌』224ページ

(25)　前掲『日本の軍歌』164ページ

(26)　刑部芳則『古関裕而――流行作曲家と激動の昭和』(中公新書)、中央公論新社、2019年、240―241ページ

(27)　同書242ページ

(28) 藍川由美『これでいいのか、にっぽんのうた』（文春新書）、文藝春秋、1998年、80
　　—81ページ
(29) 前掲『日本の軍歌』250ページ

3-7 歌のなかの戦争と平和

　ふとなにげなく歌を口ずさむことがある。そんなとき、歌というものは不思議なものだと思う。意識にのぼることなく、歌がいつの間にか身体活動として立ち現れてくるからだ。歌詞がうろ覚えの場合でさえ、メロディーやリズムにはそれなりに身体が反応する。身体が歌を記憶しているのだ。歌は、気がつかないままに人々の身体的記憶に大きな影響を与えているということだろう。

　歌を歌うという行為は、ミリタリー・カルチャーにとっても、かなり重要な意味をもっている。なかでも、軍歌（→3-6「軍歌を歌えるか」）は、人々を強く規制してきた。軍歌は戦闘意識を鼓舞するとともに、軍事組織の一体感を強化するために、しばしば用いられてきたからだ（ただし、日本の軍歌は、他の国の多くの軍歌とは異なり、むしろ戦争のつらさ、悲惨さを情緒的に歌うことで、戦意高揚をねらうという特徴をもつものが少なからずあることも押さえておきたい[1]）。

　平和な時代にも、歌は重要な意味をもっている。歌は、過去の記憶を想起させ、また、現在の喜びや悲しみを表現する。さらに、現状の変革を目指したり、戦争を批判するための歌も多く存在している。

　ここでは、こうした多義的な力をもつ歌を対象に、そこに歌われてきた戦争と平和に関わるメッセージを分析することで、戦後日本社会の戦争と平和の意味づけと、その変容を考察したい。

1　よく歌う戦争と平和の歌
「軍歌」をめぐって

　歌のなかの戦争と平和を考察するために、わたくしたちは第2次調査

225

(2016年) 問23で「戦後から現在にかけてつくられた歌で、戦争や平和について歌った歌のなかで、あなたがよく歌う歌がもしあれば、その曲を挙げてください (3曲まで)」という質問をした。その結果が、表1である。

このリストには、「戦後から現在にかけてつくられた歌」という限定からはずれるものもいくつか入っている。特に、「軍艦行進曲」(5位9票〔作詞：鳥

表1 戦争や平和について歌った歌 (2票以上) ×
性別・年齢層・ミリタリー関連趣味の有無

順位	曲名	回答数	性別		年齢層			ミリタリー関連趣味	
			男性	女性	20代以下	30〜50代	60代以上	ない	ある
1	戦争を知らない子供たち	55	25	30	0	21	34	34	21
2	同期の桜	16	8	8	1	5	10	8	8
3	さとうきび畑	12	7	5	1	5	6	5	7
4	リンゴの唄	11	6	5	0	1	10	4	7
5	軍艦行進曲	9	8	1	2	1	6	3	6
6	イムジン河	7	5	2	2	0	5	3	4
6	長崎の鐘	7	3	4	0	2	5	2	5
8	イマジン	6	5	1	0	5	1	3	3
8	異国の丘	6	3	3	0	1	5	1	5
10	ラバウル小唄	5	4	1	0	2	3	3	2
10	海行かば	5	5	0	0	1	4	2	3
10	島唄	5	2	3	1	3	1	0	5
13	花はどこへ行った	4	2	2	0	0	4	2	2
13	岸壁の母	4	2	2	0	1	3	1	3
13	月月火水木金金	4	4	0	0	2	2	1	3
13	涙そうそう	4	1	3	0	4	0	2	2
17	ああモンテンルパの夜は更けて	3	2	1	0	1	2	0	3
17	フランシーヌの場合	3	2	1	0	0	3	1	2
17	勝利を我等に	3	2	1	0	1	2	0	3
17	風に吹かれて	3	1	2	1	1	1	0	3
21	かえり船	2	1	1	0	0	2	1	1
21	ドナドナ	2	1	1	0	0	2	1	1
21	教訓Ⅰ	2	2	0	0	0	2	0	2
21	君の名は	2	2	0	0	0	2	1	1
21	原爆を許すまじ	2	1	1	0	0	2	1	1
21	死んだ男の残したものは	2	2	0	0	0	2	2	0
21	出征兵士を送る歌	2	2	0	0	1	1	1	1
21	青い山脈	2	1	1	1	0	1	2	0
21	赤とんぼ	2	2	0	0	0	2	2	0
21	悲惨な戦争	2	1	1	0	0	2	2	0
21	友よ	2	1	1	0	0	2	1	1
21	東京だョおっ母さん	2	1	1	0	0	2	1	1

山啓、作曲：瀬戸口藤吉、1900年。10年にほぼ現在の形に〕）、「ラバウル小唄」（10位5票〔作詞：若杉雄三郎、作曲：島口駒夫、1940年〕）、「海行かば」（10位5票〔作曲：信時潔、1937年〕）、「月月火水木金金」（13位4票〔作詞：高橋俊策、作曲：江口夜詩、1940年〕）、「出征兵士を送る歌」（21位2票〔作詞：生田大三郎、作曲：林伊佐緒、1939年〕）などの曲は、明らかに戦前・戦中の歌である。また2位の「同期の桜」（16票）もまた、戦時下で歌われていたといわれている。

　軍歌については、「同期の桜」を選んだ回答者は、性別とミリタリー関連趣味の有無は影響していない（ともに8人ずつ）が、世代的には30代以上（5人）、60代以上（10人）とやや年齢が高い。「海行かば」「ラバウル小唄」も世代とミリタリー関連趣味のありなしについてはほぼ同じような傾向がうかがわれるが、性別については男性にやや偏っている。また、「軍艦行進曲」と「月月火水木金金」については、前者は世代のばらつきがありながらミリタリー関連趣味のある人が多く、後者はやや年齢の高い人の選択が目立っているが、ミリタリー関連趣味は同数だ。ただし、面白いことにこの2曲を挙げた人の性別も男性に偏っている。「同期の桜」以外の「軍歌」は、どうも男性との親和性が高いようだ。

2　トップは「戦争を知らない子供たち」

　圧倒的なトップに「戦争を知らない子供たち」（作詞：北山修、作曲：杉田二郎、1970年）がきていることも興味深い。全体で55人がこの歌を挙げている。男女差でみるとやや女性が多く、また「ミリタリー関連趣味」は「ない」人がやや多い。面白いのは世代だ。この歌を挙げたのは圧倒的に60代以上の人だが、30代から50代でも20人以上がこの歌を挙げている。「戦争が終わって僕等は生まれた　戦争を知らずに僕等は育った」で始まるこの歌は、1940年代から80年代前半くらいの生まれの人たちにとって、自分たちの世代の歌という印象があるのかもしれない。

　ところが、20代以下でこの歌を挙げた人は一人もいない。おそらく、「戦争を知らない」世代という位置づけは、1980年代後半以後に生まれた世代にとって、まったく意味をもっていないのだろう。しかし、考えてみれば、この世代が戦争の終わった後の時代についての認識をほとんどもたないのは、

ある意味で当たり前なのかもしれない。まさに、ポスト「戦争を知らない子供たち」世代ということだろう。

　3位の「さとうきび畑」（作詞・作曲：寺島尚彦）も20代以下で挙げたのは1人だけでしかない。1969年に森山良子の歌でレコードが発売されたが、当時はそれほど話題にならず、90年代にリバイバルで静かなヒット曲になった歌だ。4位の「リンゴの唄」（作詞：サトウハチロー、作曲：万城目正、1945年）、6位の「長崎の鐘」（作詞：サトウハチロー、作曲：古関裕而、1949年）も世代差が大きく、「リンゴの唄」を挙げたのは11人中10人が、また「長崎の鐘」も7人中5人が60代以上である。確かに、この2つの曲が戦争と戦後を象徴していると感じる人の世代に大きな溝のようなものがあることは納得できる。

　ただし、南北朝鮮の分裂を歌った「イムジン河」（原曲＝作詞：朴世永、作曲：高宗漢、1957年、日本語版＝訳詞：松山猛、1968年）だけは、30代から50代がゼロなのに、60代が5人と20代以下が2人。20代以下の回答者もいる。また、性別では男性が多い。60代以上は同時代経験があるだろうが、20代以下にはこの記憶は共有されていないはずだ。もしかしたら、戦後の京都の朝鮮高級学校の生徒と日本の高校生との対立などを描いた映画『パッチギ！』（監督：井筒和幸、2005年）などの影響もあるのかもしれない（この映画では、「イムジン河」が最終場面で大きな意味をもって使用される）。あるいは、森達也らの著書[2]で戦後の代表的な「放送禁止歌」としてのこの歌をめぐるエピソードが紹介されたことなどにどこかでふれた人たちなのかもしれない。

　13位に入った4曲に「涙（なだ）そうそう」（作詞：森山良子、作曲：BEGIN、1998年）が入っている。森山良子が、早世した兄を思って作った歌であり、本来は戦争とも平和とも関わりのない歌なのだが、「涙（なだ）」という沖縄言葉で歌われていることや、「さとうきび畑」を歌ったのが森山だったこともあって、沖縄戦と関わらせて記憶している人が多かったのだろう。

　欧米の歌はジョン・レノンの「イマジン」（8位6票〔1971年〕）がまず多く挙げられた。「想像してごらん、天国なんて無いんだと」で始まる歌だ。ただし、1970年代以後のものはこれ一つ。残りはみな60年代のヒット曲だ。キングストン・トリオの歌で有名になった「花はどこへ行った」（13位4票〔作詞・作曲：ピート・シーガー、1955年〕）、公民権運動のなかで歌われた「勝利を我等に」（17位3票〔作詞・作曲：チャールズ・ティンドリー、1901年発表。ピート・シーガーにより、その後歌詞を変えて1960年代に広まった〕）、ボブ・ディランの「風

に吹かれて」（17位3票〔1963年〕）などが選ばれている。「花はどこへ行った」
はすべて60代以上（性別とミリタリー関連趣味はともに同数）、「勝利を我等に」は
30代から50代（1人）、60代以上（2人）ですべてがミリタリー関連趣味ありの
回答者だった（男女差は2：1）。「花はどこへ行った」はさすがにすべての回答
者が60代以上（性別・ミリタリー関連趣味は同じ2人ずつ）だが、ボブ・ディラン
「風に吹かれて」は、世代的にはそれぞれ1人ずつ（男女差は1：2、ミリタリー関
連趣味はすべて「あり」）であった。

3　「リンゴの唄」から始まった
　　敗戦後の日本社会

　敗戦後まもない時代の歌も、「リンゴの唄」（4位11票）、「長崎の鐘」（6位7
票）をはじめ、かなりの数の回答があった。

　敗戦直後の1945年（昭和20年）秋、大ヒットになった「リンゴの唄」がも
たらした影響については、戦後日本社会を描くテレビ番組などでも繰り返し
語られてきた。GHQ検閲第1号だった映画『そよかぜ』（監督：佐々木康、
1945年10月11日封切り）の主題歌だった「赤いリンゴに　唇よせて」で始まる
この歌は、敗戦後の焼け跡時代に戦争の終結に伴う人々のホッとした気分を
象徴するものとされている。

　この「リンゴの唄」をめぐっては、興味深いエピソードがある。実は、戦
時下で作詞されたこの歌について、戦後、作詞を担当したサトウハチローが、
ラジオのトーク番組で「リンゴの唄は戦時中に書いたんです。私は陽気な軍
歌がない国は負けると思っていた」と語っていたこと、さらに家族には「軍
歌だったのに戦後復興の歌になるなんて」と告げていたということが、平成
の時代になって改めて話題になった。しかし、『哀しい歌たち』の著者、新
井恵美子は、このエピソードをふまえながら、次のように書いている。

　　　歌は作者の手を離れて、作詞者の思いとは別に、疲れた人々の慰めにな
　　った。とくに印象的だったのは、闇市の拡声器から流れたとき、食べる
　　ものもない敗戦国民の心に一片の明るさを届けてくれた。[(3)]

　「リンゴの唄」のヒットは、歌と戦争をめぐるアイロニカルな出来事だった

のかもしれない。

「リンゴの唄」以後、1955年頃までに流行した「印象に残った戦争や平和についての歌」をみていると面白いことがわかる。2人以上の回答者が選んだものを順番に挙げていくと、「長崎の鐘」（6位7票〔歌：藤山一郎、1949年〕）、「異国の丘」（8位6票〔作詞：増田幸治、作曲：吉田正、歌：竹山逸郎／中村耕造、1948年〕）、「岸壁の母」（13位4票〔作詞：藤田まさと、作曲：平川浪竜、歌：菊池章子、1954年〕）、「ああモンテンルパの夜は更けて」（17位3票〔作詞：代田銀太郎、作曲：伊藤正康、歌：渡辺はま子、1952年〕）、「かえり船」（21位2票。以下、同〔作詞：清水みのる、作曲：倉岩晴生、歌：田端義夫、1946年〕）、「青い山脈」（作詞：西條八十、作曲：服部良一、歌：藤山一郎ほか、1949年）、「君の名は」（作詞：菊田一夫、作曲：古関裕而、歌：織井茂子、1953年）、「原爆を許すまじ」（作詞：浅田石二、作曲：木下航二、1954年）、「東京だョおっ母さん」（作詞：野村俊夫、作曲：船村徹、歌：島倉千代子、1957年）などである。

　1人だけが「印象に残った」と答えたもののうち、よく知られたものを発表順に挙げると、「みかんの花咲く丘」（作詞：加藤省吾、作曲：海沼實、歌：井口小夜子、1946年）、「里の秋」（作詞：斉藤信夫、作曲：海沼實、歌：川田正子、1946年）、「鐘の鳴る丘（とんがり帽子）」（作詞：菊田一夫、作曲：古関裕而、歌：川田正子、1947年）、「星の流れに」（作詞：清水みのる、作曲：利根一郎、歌：菊池章子、1947年）、「銀座カンカン娘」（作詞：佐伯孝夫、作曲：服部良一、歌：高峰秀子、1949年）、「悲しき口笛」（作詞：藤浦洸、作曲：万城目正、歌：美空ひばり、1949年）、「もずが枯れ木で」（作詞：サトウハチロー、作曲：徳富繁、1950年頃、戦後「うたごえ運動」のなかで流行）、「野球小僧」（作詞：佐伯孝夫、作曲：佐々木俊一、歌：灰田勝彦、1951年）、「カスバの女」（作詞：大高ひさを、作曲：久我山明、歌：エト邦枝、1955年）、「ガード下の靴みがき」（作詞：宮川哲夫、作曲：利根一郎、歌：宮城まり子、1955年）などだった。

「リンゴの唄」「みかんの花咲く丘」「青い山脈」「銀座カンカン娘」「野球小僧」などからは、すでに述べたように戦争の終結に伴う一種の解放感のようなものが感じられる。また、抑留や引き揚げを歌った歌もかなりの数挙がっている。戦争孤児の歌や戦地から戻らぬ父や兄を思う歌もある。さらに「岸壁の母」や「東京だョおっ母さん」など「母もの」も目につく。しかし、興味深いことに、ほとんどの歌が「戦争」を直接歌ってはいないのである。ここには、軍歌や戦時歌謡のような戦争を鼓舞したり賛美したりするような歌

は登場しない。他方で、戦争に直接言及してそれを強く非難するような歌もまたほとんど見当たらないのだ。

4　戦争を歌わない、敗戦後の日本の歌

　これは、たまたまわたくしたちの調査の結果、こうした傾向が生じたということなのだろうか。「戦争」を歌わない（もっといえば「平和」の大切さもまた歌われない）敗戦後の日本の歌について、もう少し考えてみよう。

　敗戦の1945年（昭和20年）から10年たった55年までに歌われた戦争に関わる歌を選び出してみた。先にふれた新井恵美子の『哀しい歌たち』、日本での戦争と歌を扱った矢沢寛の『戦争と流行歌』、同じく長田暁二『戦争が遺した歌』の3冊で、この時代の戦争に関わる歌として挙がっている主な作品を、3冊のうち少なくとも2つの著書が取り上げている曲を中心に選び出すという方法を用いた（表2）。多くの歌が、わたくしたちの調査で取り上げられている歌と重なっている。

　これらをすでにふれた「リンゴの唄」を除いて、いくつかのグループに分けてみよう。第1のグループは、抑留や復員を歌ったものだ。復員兵の姿と重ね合わせてヒットした「かえり船」（「波の背に背に揺られて揺れる」）、シベリア抑留を歌った「異国の丘」（「今日も暮れゆく異国の丘で（略）帰る日も来る、春も来る」）や「シベリヤ・エレジー」（「赤い夕陽が野末に燃える（略）雁がとぶとぶ日本の空へ　俺もなりたやあの鳥に」〔作詞：野村俊夫、作曲：古賀政男、1948年〕）、同じく「ハバロフスク小唄」（「ハバロフスク、ラララ（略）いつの日に妻や子と逢えるやら　男泣きする　夢ばかり」〔作詞：鈴木克東、作曲：島田逸平、1949年〕）、さらに、フィリピンのモンテの刑務所の戦犯たちが自分たちを励ますために歌ったという「ああモンテンルパの夜は更けて」（歌詞は「モンテンルパの夜は更けて　つのる思いにやるせない（略）涙に曇る月影に　優しい母の夢をみる」というもの）など、望郷の思いを歌い妻子や母を思う歌だ。

　2番目のグループは、いまだ帰らぬ父や兄を思う歌であり、戦災孤児を連想させる靴みがきの少年を描いた歌などだ。いまはなき（あるいはいまだ帰らぬ）父を思う「里の秋」（「ああ母さんとただ二人　栗の実煮てますいろりばた」）は、戦時下で作られた。戦後「うたごえ運動」などで広がった、満州にいるはずの兄を思う「もずが枯れ木で」（最後は「もずよ寒くも鳴くでねえ、兄さはもっと寒

表2 敗戦後1945年から55年のあいだのよく知られた戦争に関わる歌[4]

発表年	曲名	作詞・作曲・歌	歌い出し
1945	リンゴの歌	サトウハチロー・万城目正・並木路子／霧島昇	赤いリンゴに、くちびる寄せて
1946	かえり船	清水みのる・倉若晴生・田端義夫	波の背の背に 揺られて揺れて
	里の秋	斉藤信夫・海沼實・川田正子歌	静かな、静かな 里の秋
	別れても	藤浦洸・仁木他喜雄・二葉あき子	空に鳴る凧、雨戸うつ吹雪
1947	鐘の鳴る丘（とんがり帽子）	菊田一夫・古関裕而・川田正子	緑の丘の赤い屋根
	星の流れに	清水みのる・利根一郎・菊池章子	星の流れに 身を占って
	夜のプラットフォーム	奥野椰子夫・服部良一・二葉あき子	星はまたたき 夜は深く
	東京シューシャインボーイ	井田誠一・佐野雅美・暁テル子	サーサ皆さん、東京名物、とってもシックな靴みがき
1948	異国の丘	増田幸治（佐伯孝夫補作）・吉田正・竹山逸郎／中村耕造	今日も暮れゆく、異国の丘で
	フランチェスカの鐘	菊田一夫・古関裕而・二葉あき子	ああ、あの人と、別れた夜は
	シベリヤエレジー	野村俊夫・古賀政男・伊藤久男	赤い夕陽が、野末に燃える
1949	ハバロフスク小唄	鈴木克東・島田逸平・中村耕造／近江俊郎	ハバロフスク、ラララ
	長崎の鐘	サトウハチロー・古関裕而・藤山一郎	こよなく晴れた、青空を
1950	もずが枯れ木で	サトウハチロー・徳富繁	もずが枯れ木で鳴いている、おいらは藁をたたいてる
1951	上海帰りのリル	東條寿三郎・渡久地政信・津村謙	船を見つめていた、ハマのキャバレーにいた
1952	ああモンテンルパの夜は更けて	代田銀太郎・伊藤正康・渡辺はま子／宇都美清	モンテンルパの夜は更けて
1954	岸壁の母	藤田まさと・平川浪竜・菊池章子	母は来ました、今日も来た
	原爆を許すまじ	浅田石二・木下航二	ふるさとの街やかれ、身よりの骨うめし焼土に
1955	ガード下の靴みがき	宮川哲夫・利根一郎・宮城まり子	紅い夕陽が、ガードを染めて

いだぞ」で終わる[5]）、戦災孤児を描いたラジオドラマの主題歌「鐘の鳴る丘（とんがり帽子）」（「緑の丘の赤い屋根……黄色いお窓は俺らの家よ」）、靴みがきの少年たちを歌う「東京シューシャインボーイ」（「サーサ皆さん、東京名物 とってもシックな靴みがき」〔作詞：井田誠一、作曲：佐野鋤、1947年〕）と「ガード下の靴みがき」（「紅い夕日がガードを染めて（略）俺ら貧しい靴みがき」〔作詞：宮川哲夫、作曲：利根一郎、1955年〕。「ネ小父さん、みがかせておくれよ」のセリフも有名）などである。

　3番目のグループは女性の視点から歌詞が書かれたもので、別れた（死別も

含まれるのだろう）男性のことを歌った「別れても」(6)（作詞：藤浦洸、作曲：仁木他喜雄、1946年。「空に鳴る凧　雨戸打つ吹雪」と寂しげな出だしが印象的）、「夜のプラットフォーム」(7)（作詞：奥野椰子夫、作曲：服部良一、1947年。「さよなら　さよなら　君いつ帰る」の最後の文句が繰り返される）、「フランチェスカの鐘」（作詞：菊田一夫、作曲：古関裕而、1948年。「ああ、あの人と別れた夜は」で始まる）の3曲と、敗戦直後の女性像という点で象徴的な「星の流れに」（「星の流れに身を占って」の印象的な歌詞で始まる）を挙げている。

　最後のグループは、その他の曲だ。アメリカ軍の意向に配慮しながら原爆投下後の長崎を歌った「長崎の鐘」と、ビキニ環礁の水爆実験で被爆した第五福竜丸の悲劇を契機に作られた「原爆を許すまじ」、シベリアから帰らぬ息子を思う「岸壁の母」の3曲がこのグループにまとめられるだろう。

　わたくしたちの調査への回答も含めて、これらの戦争に関わる歌からは、戦時のつらい思い出や収容所の生活、さらに戦後のつらい別れや厳しい生活状況を受け止め、何とか生き続けようという気分を確かにうかがい知ることができるだろう。ただ、不思議なことだが、アジア・太平洋戦争そのものの悲惨さを告発したり糾弾したりするような歌は、ここにも存在しないのだ。これらの歌の歌詞は、戦争を社会的・政治的文脈から語るのではなく、あくまでそれを個人史の枠組みのなかに押し込み、つらい状況に耐えようというメッセージを含んだものがほとんどだといってもいい。ここには、戦争の意味づけにおいても、戦争責任の所在をめぐっても、「あいまい」なままに、「敗北を抱きしめ」た敗戦直後の日本の文化状況が、そのまま映し出されているといってもいいと思う。(8)

5　戦後社会におけるたたかいの歌の系譜

　敗戦後の歌は、戦争や軍事を直接的に歌わない。歌う場合は、戦争の厳しい現実や抑留生活のつらさを（まるで運命のように）受け止め、また、戦後の生活で戦争の影響にひたすら耐えることの重要性が強調されてきたのだ。

　ただ、例外はある。先ほどの分類では「その他」に入れたが、新井恵美子と矢沢寛の2人が、ともに1954年の「原爆を許すまじ」を挙げているからだ。わたくしたちの調査にも2人の回答者が、この歌を「印象に残った戦争と平和に関わる歌」として挙げている。アメリカの水爆実験によってビキニ環礁

沖で被爆した第五福竜丸の事件を契機に、杉並区の主婦たちを中心に開始された原水爆禁止の運動の広がりのなか、いわゆる「うたごえ運動」に伴って生まれ広がった歌だ。「ああ許すまじ原爆を　三度許すまじ原爆を」のリフレインで知られるこの歌は、軍事をめぐる（といっても日本のそれではなくアメリカへの）公然とした批判の声を含んでいた。

　原水禁運動のような平和運動や社会運動での歌と戦争という視点で考えると、労働運動や共産主義・社会主義運動など、多様な運動のなかにも多くの歌が存在していた。さらにいえば、ミリタリー・カルチャーを、単に戦争だけでなくたたかい一般に拡張すれば、戦後日本社会には実はたくさんのたたかいの歌があったことに気づく。

　実際、当時、すでにそのことに気がついていた人もいた。たとえば、四谷左門は、次のように書いている。

　　（略）終戦後、最も大勢の人に歌われたものはなんであるかと考えてみると、時代相のひとつとしてそれは『聞け万国の労働者！』の『メーデー歌』であり、『赤旗の歌』であり、次いで『インターナショナルの歌』であるということになる。国策歌謡をとりあげられた大衆が替わりに貰ったものは、この今まで封じられていた労働歌であるらしい。[9]

　特に、1940年代末以後、戦後左翼・平和勢力を軸に「うたはたたかいとともに」のスローガンのもと広がった「うたごえ運動[10]」のなかでは、ロシア民謡や日本の民謡などの他にも多くの「たたかい」の歌が登場している。たとえば、「起て飢えたる者よ」で始まる「インターナショナル」（作詞：ウジェーヌ・ポティエ、作曲：ピエール・ドジェーテル、訳詞：小塚空谷、日本での紹介は1903年）は、「旗は血に燃えて」と歌ったし、「赤旗の歌」（作詞：ジム・コンネル、曲は、ドイツ民謡「もみの木」に乗せて歌われる。訳詞：赤松克麿、日本での紹介は1921年）は「民衆の旗赤旗は、戦士の屍を包む。しかばね固く冷えぬ間に、血汐は旗を染めぬ」と勇ましい。見方を変えれば軍歌のようだ。

　日本人が作った歌にも、かなり血気盛んなものがある。有名な「民族独立行動隊の歌」（作詞：山岸一章、作曲：岡田和夫、1950年）は「栄えある革命の伝統を守れ、血潮には正義の血潮もて叩き出せ」と歌っていたし、「若者よ」（作詞：ぬやまひろし、作曲：関忠亮、1947年）は「若者よ体をきたえておけ（略）

その日のために体をきたえておけ」と革命のために身体を鍛えることを勧めている。「3歳の童子が『きけバンコクのロードー者』と歌っている（略）だが、この歌などは確かに民衆の歌ではあるかもしれぬが、これまた大衆の中から生まれた歌ではなく旋律自体は日露戦争の軍歌の寮歌的借物だったり、外国産のもので、その歌のあり方も与えられた歌[11]」だ、という考察も存在している。

　社会主義や共産主義の実現を求めて戦う人々の歌（革命歌や労働歌）も、平和を歌う一方で、平和な社会の達成のための血みどろの戦いをもまた肯定していたといえるだろう。こうした歌もまた、明らかにミリタリー・カルチャーの一部を構成してきたことを見落としてはならないだろう。

6　ベトナム戦争と反戦の歌

　平和の歌、反戦の歌としては、わたくしたちの調査でもトップの「戦争を知らない子供たち」をはじめ、多くの歌が生み出されている。1960年代後半のベトナム反戦の運動の国際的な広がりは、日本でも戦争を批判する歌を次々に生み出した。いわゆる反戦フォークの時代である。

　1960年代後半の学生運動の広がりのなかで、さまざまな反戦ソングが誕生した。つまりプロテストソングの流行である。この動きは、まず60年代のアメリカ合衆国で生まれた。わたくしたちのアンケートでも登場したピート・シガーの作といわれる「花はどこへ行った」（13位4票。1955年、61年のキングストン・トリオのカバーによって人気に）は、静かな出だしが、やがて「あの兵士はどこに行ったの、長い時が流れて、その墓場はどうなったの、長い時を経て」と戦争の悲惨さが歌われている。1900年代初頭の黒人霊歌をもとにピート・シガーによって60年代初頭に公民権運動の広がりとともに歌われた「勝利を我等に」（17位3票）、ボブ・ディランの「風に吹かれて」（同じく17位3票〔1963年〕）、38年に作られたイディッシュ語の歌の英訳をジョーン・バエズが歌って61年にヒットした「ドナ・ドナ」（21位2票〔作詞：アーロン・ゼイトリン、作曲：ショロム・セクンダ、1937年。市場に売られていく子牛の姿に寄せて、強制収容所に連行されているユダヤの人々を歌ったといわれる〕）、「悲惨な戦争」（2票〔南北戦争の頃に作られたともいわれるアメリカ合衆国の伝統的フォークソング。62年、ピーター・ポール＆マリーなどが歌って知られる〕）などが挙げられている。

アメリカ合衆国の反戦歌の広がりを受け、日本でも多くの反戦・平和の歌が生み出され、広く歌われるようになった。ここで、わたくしたちの調査の回答には含まれなかった歌も含めて、少し振り返ってみよう。

　1960年代末から70年代にかけての代表的な反戦平和の歌を集めたCD『反戦歌』（シンコーミュージック、2004年）に収められているのは、「友よ」（作詞・作曲・歌：岡林信康、1968年）、「自衛隊に入ろう」（作詞：高田渡、作曲：マルビナ・レイノルズ、歌：高田渡、1969年）、「イムジン河」（1957年に朴世永作詞・高宗漢作曲で誕生し、68年松山猛日本語詞・フォーククルセダーズの歌で紹介された。朝鮮総連から、「勝手に歌詞をかえたのはけしからん」と抗議がなされ、一時「放送禁止歌」とされた。[12]）、「教訓Ⅰ」（作詞・作曲・歌：加川良、1971年）、「いつのまにか」（作詞：山内清、作曲・歌：中川五郎、1969年）、「血まみれの鳩」（作詞・作曲：西岡たかし、歌：五つの赤い風船、1969年）、「日の丸」（作詞・作曲・歌：斉藤哲夫、1972年）、「あしたてんきになあれ」（作詞：松本隆、作曲：細野晴臣、歌：はっぴいえんど、1970年）、「昭和の大飢饉予告編」（作詞・作曲・歌：三上寛、1972年）、「妻になる女」（作詞・作曲・歌：西岡たかし、1973年）、「むかしばなし」（作詞：有馬敲、作曲：都留いずみ、歌：バラーズ、1970年）、「戦争は知らない」（作詞：寺山修司、作曲：加藤ヒロシ、歌：フォーククルセダーズ、1968年）、「男らしいってわかるかい」（作詞・作曲：ボブ・ディラン、歌：ザ・ディランⅡ、1971年）、「追放の歌／休みの国」（作詞・作曲・歌：やすみの国、1969年）、「プレイボーイ・プレイガール」（作詞：フォークキャンパーズ／中山容、作曲：ボブ・ディラン、歌：フォークキャンパーズ、1969年）の15曲である。

　わたくしたちの調査でも「イムジン河」（6位7票）とともに、「友よ、夜明け前の」と歌いだされる「友よ」（21位2票）、「命はひとつ、人生は一回」の「教訓Ⅰ」（21位2票）、さらに「自衛隊に入ろう、入ろう、自衛隊に入れば、この世は天国（略）男の中の男はみんな、自衛隊に入って花と散る」という皮肉を込めた「自衛隊に入ろう」（1票）、「戦争は知らない」（1票）などが挙がっている。特に、最後の「戦争は知らない」は、敗戦から20年以上を経過した1967年、寺山修司作詞・加藤ヒロシ作曲・坂本スミ子歌で発売されたがヒットせず、68年、フォーククルセダーズの『帰ってきたヨッパライ』（1967年）に続く『さすらいのヨッパライ』裏面でカバーされて話題になった（「戦争の日を何も知らない／だけど私に父はいない」「戦さで死んだ悲しい父さん／私はあなたの娘です」という女性が、「戦さ知らずに、20歳になって／嫁いで母に母にな

るの」という歌詞である）。

　このCDには入っていないが、これに「死んだ男の残したものは」（作詞：谷川俊太郎、作曲：武満徹、歌：友竹正則、1965年）、戦争に抗議してパリで焼身自殺をした女性を歌った「フランシーヌの場合」（作詞：いまいずみあきら、作曲：郷伍郎、歌：新谷のり子、1969年）などを加えてもいいだろう。

　やがて、1970年代に入って反戦フォークの時代は終わったが、沖縄戦を歌う「さとうきび畑」の90年代のリバイバルヒットや、喜納昌吉の「花」（1票〔作詞・作曲・歌：喜納昌吉、1980年〕）、BOOMの「島唄」（10位5票〔作詞・作曲：宮沢和史、1992年〕）など、沖縄からの反戦・平和の歌は、それ以後もいくつか記憶に残るものが生まれている。

7　　二つの「岸壁の母」のあいだで

　意外なことに、「岸壁の母」（13位）を挙げたのは4人だけだった（性別、ミリタリー関連趣味はともに2人ずつ。世代は30代以上1人、60代以上3人）。もう少し回答する人がいるのではと当初は想定していた曲の一つだ。というのも、敗戦後、シベリアで行方不明になっていた息子を求めて、「どなたか端野真二を知りませんか」と舞鶴の岸壁で叫び続けた東京出身の端野いせさんの実話をもとにした、いかにも戦後を象徴するような作品だったからだ。しかも、「母は来ました今日もきた　この岸壁に今日もきた」という出だしをもつこの歌は、1954年に菊池章子によって歌われ、その後、72年に女性浪曲師である二葉百合子が台詞入りの歌としてカバーし再度ヒットした歌でもある。

　戦後の女性歌手と戦争という視点に立って考えるとき、「リンゴの唄」の並木路子とともに、菊池章子の名前を忘れるわけにはいかない。すでにふれたように、敗戦後の「夜の女」を歌った「星の流れに」（「星の流れに身を占って　何処をねぐらの今日の宿　荒む心でいるのじゃないが　泣けて涙も涸れはてた　こんな女に誰がした」）でヒットを出し、その後は母ものの映画の主題歌などで人気だった彼女が、1954年に発表したのが「岸壁の母」だった。この曲は、46年から54年まで、シベリアからの引き揚げ船の到着を待ち、帰国者の顔を一人ひとり確かめ続けた端野さんのことを伝えたラジオ放送を契機に作詞・作曲されたという。[13]

　高井昌吏によれば、菊池の「岸壁の母」の時代と二葉の時代のあいだには、

大きな時間の経過があったという。特に、菊池の「『岸壁の母』への強い共感は、「個人の戦争体験」や端野への共感を経由し、さらに「反戦」あるいは「再軍備反対」という政治的な問題にシフト[14]」したという。

ところが、1972年にレコード化され76年には累計200万枚を突破したといわれる二葉百合子のケースは、逆に「音楽評論家や浪曲協会、あるいは右翼系の政治家」などの支持があったという。反戦の歌が、60年代の軍歌のリバイバルブーム（→3-6「軍歌を歌えるか」）を経て、戦争を懐かしむ歌として再生した、とでもいえるような変化だった。高井は、この変化をテレビ黄金時代の「おばさん的ビジュアル」の力とともに、「1950年代には「岸壁の母への共感から反戦・平和へ」という意識が大衆のなかにみられたのだが、それが後景化し、「母と子の問題」に関心が向けられ[15]」たと考察している。

実際、高井によれば、二葉は「岸壁の母」のヒット以後、反戦・平和どころか、むしろ「靖国の母」（作詞：横井弘、作曲：遠藤実、1975年）、『二葉百合子──日本の母を歌う』（キングレコード、1975年、LP）、1976年には『特攻の母』（キングレコード。B面は「ひめゆりの塔」）など、どちらかといえば軍国調の歌で人気を得た。また、高井が指摘するように、この時期、いわゆる「教育ママ」問題をはじめ、専業主婦の増加のなかでの母・息子関係に注目が集まり始めていたのも事実だろう。

ただ、この2つの歌のあいだの変化にもう少しこだわってもいいように思う。ここには、1950年代中期から70年代中期の20年間の戦争体験への社会的な感受性とでもいえるものの変容が、背景として控えているようにも思われるからだ。

実際、菊池章子の「岸壁の母」がヒットした1950年代半ばの時期は、戦争の傷が癒えず、また、いつ再び戦争が起こるかわからなかった時代だった。第2次世界大戦後の中国での社会主義政権の樹立（1949年）、朝鮮戦争（1950─53年）からキューバ危機（1962年）に至る東西対立の時代のなかで、日本社会は、周辺状況も含めてまだ完全に平和な状況とはいえなかったのだ。

二葉百合子の「岸壁の母」が大ヒットした1970年代中期から、その後の80年代の日本社会は最も平和を謳歌した時代であり、また、戦後平和主義が定着した時期でもあった。72年のリチャード・ニクソン訪中と米中接近、同年の日中平和友好条約の締結、さらにベトナム戦争の終結（1975年）という時代の流れのなかで（他方、中ソ対立や中国のベトナムへの侵攻など、むしろ社会

主義国間の紛争が目立った時期でもあった）、日本周辺での紛争の危機はほぼなくなったのが、この時代だったといえるだろう。

1970年代中期の日本社会は、アジア・太平洋戦争からの心理的距離が多くの日本に住む人々に生じ始めた時期である。また、高度経済成長による豊かさが実感できる平和な時代でもあった。この時期、軍歌を歌う「岸壁の母」の歌手の姿は、平和主義が社会全体に定着し、戦争の影がほとんど消える一方で、逆に、先の戦争を懐かしむとともに、愛国心を（ある意味安心して）消費する人々が登場してきた、この時代を象徴する現象だったのかもしれない。

おわりに

最後に、「戦後日本社会でのミリタリー・カルチャーと歌」という観点から、少し気がついたことを書き留めておこう。実は、ミリタリー・カルチャーと戦後の歌ということで、回答に、もっとポピュラー・カルチャーのたたかいの歌が入るのではないかと思っていた。しかし、今回の調査で唯一票が投じられたのは「宇宙戦艦ヤマト」（1票〔作詞：阿久悠、作曲：宮川泰、1974年〕）だけだった。

「たたかいの歌」でふれたように、反戦運動、革命運動のなかで歌われた歌には、死をも恐れぬ戦闘性や、暴力的とも思われる激しさが伴っていた。つまり、そこにもある種のミリタリー・カルチャーが息づいていたと思う。

同じように、戦後の、特に男の子向けのアニメの主題歌を追えば、ウルトラマンや仮面ライダー、マジンガーZやガンダム、超戦隊ものからドラゴンボールまで、戦うヒーローたちの歌で満ち満ちていることに気がつかざるをえない。ただし、「戦争や平和について歌った歌を（挙げてください）」という質問には、アニメソングは、ピンとこなかったのかもしれない。ここで戦われているのはあくまで虚構の世界での戦闘であり、戦争と平和というリアルな政治的課題とは遠く離れた存在なのだろう。その意味で、高度経済成長を経て大きく広がったポピュラー・カルチャーのなかの戦争は、リアルな経験に基づくものというよりもむしろ眺めて楽しむ対象であり、現実の戦争とは別の世界のものとして消費されているということなのかもしれない（→3-4「マンガ・アニメのなかの戦争・軍隊」）。とはいえ、ここで描かれた戦闘を歌う歌

のなかにも、実はミリタリー・カルチャーがはっきりと刻印されていること
にも、少し目配りはしておきたいものだと思う。

（伊藤公雄）

注

(1) 伊藤公雄「「うた」のなつかしさとあやうさ——近代日本社会と「国民意識」」、伊藤公雄／河津聖恵／中西光雄／永澄憲史／山室信一／佐久間順平／中西圭三／野田淳子『唱歌の社会史——なつかしさとあやうさと』所収、メディアランド、2018年
(2) 森達也、デーブ・スペクター監修『放送禁止歌』解放出版社、2000年
(3) 新井恵美子『哀しい歌たち——戦争と歌の記憶』マガジンハウス、1999年、106—108ページ
(4) 同書、長田暁二『戦争が遺した歌——歌が明かす戦争の背景』（全音楽譜出版社、2015年）、矢沢寛『戦争と流行歌——君死にたまふことなかれ CD ブック』（社会思想社、1995年）のなかで2冊以上が敗戦後の代表的な歌として取り上げたもの。
(5) 「もずが枯れ木で」には多くのバージョンがある。これは芹洋子歌唱のもの。
(6) この曲は戦時下で作られたがヒットせず、1946年になってヒットした。
(7) この曲も戦前に発売されたが発禁となり、1947年にレコード化された。戦前は淡谷のり子が歌った。
(8) ジョン・ダワー『増補版 敗北を抱きしめて——第二次大戦後の日本人』上・下、三浦陽一／高杉忠明訳、岩波書店、2004年
(9) 四谷左門「昨日・今日・明日の流行歌」「音楽の友」1947年6月号（山本武利／石井仁志／谷川建司／原田健一編『虚脱からの目覚め』〔「占領期雑誌資料大系 大衆文化編」第1巻〕、岩波書店、2008年）から引用。
(10) 古茂田信男／矢沢保／島田芳文／横沢千秋『日本流行歌史 戦後編』（社会思想社、1980年）30ページなど参照。また、うたごえ運動については山田和秋『「青年歌集」と日本のうたごえ運動——60年安保から脱原発まで』（明石書店、2013年）なども参照。
(11) 前掲「昨日・今日・明日の流行歌」（前掲『虚脱からの目覚め』108ページ）
(12) 喜多由浩『『イムジン河』物語——〝封印された歌〟の真実』アルファーベータブックス、2016年
(13) 前掲『哀しい歌たち』186—189ページ
(14) 高井昌吏「「女性と戦争」を歌う歌謡曲の戦後史——菊池章子と二葉百合子を中心に」、日本マス・コミュニケーション学会編「マス・コミュニケーション研究」第88号、日本マス・コミュニケーション学会、2016年
(15) 同論文27ページ

参考文献

新井恵美子『哀しい歌たち——戦争と歌の記憶』マガジンハウス、1999年
長田暁二『戦争が遺した歌——歌が明かす戦争の背景』全音楽譜出版社、2015年

喜多由浩『『イムジン河』物語──〝封印された歌〟の真実』アルファーベータブックス、
　　2016年

古茂田信男／矢沢寛／島田芳文／横沢千秋編『新版 日本流行歌史』中・下、社会思想社、
　　1995年

古茂田信男／矢沢保／島田芳文／横沢千秋『日本流行歌史 戦後編』社会思想社、1980年

伊藤公雄／河津聖恵／中西光雄／永澄憲史／山室信一／佐久間順平／中西圭三／野田淳子
　　『唱歌の社会史──なつかしさとあやうさと』メディアランド、2018年

矢沢寛『戦争と流行歌──君死にたまふことなかれ CD ブック』社会思想社、1995年

山田和秋『「青年歌集」と日本のうたごえ運動──60年安保から脱原発まで』明石書店、
　　2013年

山本武利／石井仁志／谷川建司／原田健一編『虚脱からの目覚め』（「占領期雑誌資料大系
　　大衆文化編」第1巻）、岩波書店、2008年

自衛隊作品

1　小説とマンガ

　第1次調査（2015年）の問33で、「自衛隊をテーマや舞台・背景としたノンフィクション、小説、映画、テレビドラマ、マンガ・アニメで、あなたが推薦する作品を教えてください（作品名、10作まで）」と尋ねた（以下、これら自衛隊をテーマ・舞台・背景とする諸作品を一括して「自衛隊作品」と呼ぶことにする）。作品の得票順にランキングをつくることができればと考えたのだが、予想に反して、作品名を挙げた回答はあまり多くなく、「とくにない」とする回答が80％近く（78.3％）にのぼった。映画の作品名を挙げた回答は14％、小説とマンガ・アニメはそれぞれ6.7％、5.9％だった（複数回答）。作品名を挙げていても、旧日本軍をテーマとする作品やアメリカの戦争映画など、質問の趣旨から外れる（非該当の）回答もかなりあった。特に映画作品でそれが目立った。「小説」と「マンガ・アニメ」のジャンルがある程度のまとまりを示していたので、その結果を以下に示そう（表1・表2）。非該当の作品もカッコに入れて掲載してある。

　まず小説から（表1）。みられるように、作品ごとの得票数は多くない。目立つのは、『図書館戦争』（メディアワークス、2006年）シリーズで知られる有川浩の作品が6つも入っていることだ。表中作品名の横に○を付してあるのがそれである。それらはいずれも30代から50代の女性を中心に読まれている。テレビドラマにもなった『空飛ぶ広報室』（幻冬舎、2012年）は航空幕僚監部広報室を舞台にした物語、短篇集『クジラの彼』（角川書店、2007年）『ラブコメ今昔』（角川書店、2008年）は主として自衛官と一般人との恋愛模様を描き、『塩の街』（メディアワークス、2007年）、『海の底』（メディアワークス、2005

表1 推薦する自衛隊作品【小説】×性別・年齢層

推薦する自衛隊作品【小説】	合計	性別		年齢層		
		男性	女性	20代以下	30〜50代	60代以上
○空飛ぶ広報室	10	3	7	0	8	2
（永遠の0）	9	5	4	2	3	4
戦国自衛隊	6	6	0	1	1	4
○クジラの彼	5	1	4	2	2	1
○塩の街	4	0	4	2	2	0
○海の底	4	1	3	0	3	1
亡国のイージス	3	3	0	1	2	0
○ラブコメ今昔	3	0	3	0	3	0
○空の中	3	0	3	0	3	0
歩兵の本領	2	2	0	0	2	0
（図書館戦争）	2	1	1	0	2	0
宣戦布告	2	2	0	1	0	1

年）、『空の中』（メディアワークス、2004年）の自衛隊3部作は、現代日本に突如現れた架空の敵をめぐる陸、海、空の自衛隊の奮闘を描く作品である。有川作品以外にもふれておこう。「戦国自衛隊」（半村良、『わがふるさとは黄泉の国』〔日本SFノヴェルズ〕、早川書房、1974年）は、タイトルからもわかるように陸上自衛隊の部隊が戦国時代にタイムスリップしたという設定で作られたSF、『亡国のイージス』（福井晴敏、講談社、1999年）はイージス艦を舞台にした軍事小説、『歩兵の本領』（浅田次郎、講談社、2001年）は、著者の元自衛官としての経験をもとに陸上自衛隊の生活を描いた作品、『宣戦布告』（麻生幾、上・下、講談社、1998年）は自衛隊の治安出動をめぐるシリアスな作品である。[2]

　マンガ・アニメでは、『ジパング』と『沈黙の艦隊』という、かわぐちかいじの2作品が入っているのが目立つ（表2）。『ジパング』（全43巻〔モーニングKC〕、講談社、2000—09年）は、海上自衛隊の護衛艦がタイムスリップしてアジア・太平洋戦争のさなかに紛れ込んでしまうというSF仕立ての物語であり、『沈黙の艦隊』（全32巻〔モーニングKC〕、講談社、1988—96年）は、秘密裏に建造された原子力潜水艦が独立国家を名乗り、日本、アメリカ、国連に対抗するという軍事ものである。『ライジングサン』（藤原さとし、双葉社、2012年—）は陸上自衛隊の新隊員の訓練を描いた作品、『ゲート──自衛隊　彼の地にて、斯く戦えり』（柳内たくみ原作、TOKYO MXほか、2015—16年）は架空の敵と戦う自衛隊を描くファンタジー小説をもとにしたアニメ作品、『ファントム無頼』（史村翔作、新谷かおる画、小学館、1978—84年）は航空自衛隊の戦闘機乗りの物語である。

表2 推薦する自衛隊作品【マンガ・アニメ】×性別・年齢層（カッコ内は非該当の回答）

推薦する自衛隊作品 【マンガ・アニメ】	合計	性別		年齢層		
		男性	女性	20代以下	30〜50代	60代以上
（火垂るの墓）	9	5	4	2	2	5
ジパング	8	8	0	5	2	1
（はだしのゲン）	7	6	1	0	6	1
沈黙の艦隊	7	6	1	0	5	2
戦国自衛隊	3	3	0	1	2	0
（風立ちぬ）	3	2	1	1	0	2
ライジングサン	3	3	0	2	1	0
ゲート――自衛隊 彼の地に て、斯く戦えり	2	2	0	2	0	0
ファントム無頼	2	2	0	2	0	0
（図書館戦争）	2	1	1	0	2	0

2 ___ 自衛隊作品の3タイプ

　挙げられた作品数は少ないけれども、以上の第1次調査（2015年）の結果を
みるだけでも、自衛隊作品の内容的な広がりについて、およそのことを知る
ことができる。ここでは小説、映画、マンガといったジャンルの違いは無視
し、描かれている内容だけに着目して、自衛隊作品を3つのグループに分け
てみることにしたい。そのことによって内容の広がりを確認してみたい。

　第1のグループは、現実の国際情勢などを背景に最新の軍事知識などを織
り込みながら展開する、リアリズムを基調とする作品群である。『亡国のイ
ージス』『宣戦布告』『沈黙の艦隊』などがこのグループに含まれる。最近の
ものでは、かわぐちかいじのマンガ『空母いぶき』（小学館、2014年―）が、
尖閣諸島問題という現実の国際政治問題を扱っている。

　第2のグループは、実力組織としての自衛隊の行動というよりは、自衛官
の日常業務や生活に光を当てた作品群である。自衛隊学校を描く作品もそこ
に含まれる。有川浩の『クジラの彼』『ラブコメ今昔』『空飛ぶ広報室』など
がその典型であるし、浅田次郎の『歩兵の本領』、あるいは『草のつるぎ』
（文藝春秋、1974年）をはじめとする野呂邦暢の諸作品もこのグループに入る
だろう。マンガには新兵訓練や学校生活を描いたものが結構ある。『ライジ
ングサン』や『ファントム無頼』のほか、『右向け左！』（史村翔作、すぎむら
しんいち画、全8巻〔ヤンマガ KC スペシャル〕、講談社、1989―91年）、『突撃め！第
二少年工科学校』（所十三、全4巻〔講談社コミックス〕、講談社、2000―01年）、『守

ってあげたい！』（くじらいいく子、全4巻〔ヤングサンデーコミックス〕、小学館、1994—96年）、『あおざくら——防衛大学校物語』（二階堂ヒカル、小学館、2016年—）などである。

　第3グループを構成するのは、実力組織としての自衛隊が「架空の敵」と戦うという設定の作品群である。自衛隊は憲法上、交戦権が認められていないし、実際、設立から現在（2020年）に至るまで「敵国」と戦火を交えたことはない。そのため、敵国ではなく架空の敵という設定のほうが、物語が成立しやすいのかもしれない。有川浩の自衛隊3部作はいずれもこの種の作品である。『塩の街』では視認による感染によって人間の塩化が進行するという塩害、『空の中』では空中に浮遊する謎の知的生命体、『海の底』では巨大甲殻類がそれぞれ、自衛隊が戦うべき相手になっている。『ゲート』もこの方向のファンタジーである。『戦国自衛隊』や『ジパング』でのタイムスリップという設定は、架空の敵を歴史上の実在に見いだそうとする工夫といえるかもしれない。映画では、『ゴジラ』（監督：本多猪四郎、1954年）から『シン・ゴジラ』（監督：庵野秀明／樋口真嗣、2016年）に至るまで長い歴史をもつ怪獣映画の多くが、この第3グループに含まれるだろう。自衛隊はスクリーンのうえで、怪獣という架空の敵を迎え撃つ役回りを与えられてきた。[3]

3　有川浩の自衛隊作品

　挙げられた作品の発表年をみれば明らかなように、上記のグルーピングは、過去に作られた作品に妥当するだけでなく、現在作られている作品にも当てはまる。現在流通している諸作品の内容もまた、3つのグループに広く分布する多様な内容になっている。ただ、あえて近年の傾向を取り出すとすると、第1、第2グループの比重の増大ということになるだろう。第1グループに関してその理由を見いだすことはさほど困難ではない。冷戦終結以降日本で進められてきた有事法制の整備を背景にして、局地的な紛争で自衛隊が出動するという事態が、次第に絵空事でなくなりつつある。こうした状況を受けてリアリズム基調の作品が生み出されてくるのは、理にかなっている。第2グループについてはどうか。どうして自衛官の日常業務と生活が、いまの読者を引き付けるフィクションの素材になるのか。以下、この問題を有川浩の作品を例にして考えてみたい。有川浩の自衛隊作品では、第3グループの諸作

品もまた、自衛官の日常業務や生活を描くという側面も併せ持つ。したがってここでは「有川浩の自衛隊作品」として一括して考えることにしたい。

　有川作品では、必ずしも自衛官の日常業務や日常生活がストレートに描かれるわけではない。世間の一般人とのやりとりを通してそれが描き出されるというケースが多い。そしてこの「世間の一般人とのやりとりを通して」という点が有川作品の魅力であり、現代で多くの読者を獲得している理由になっていると考えられる。

　自衛官とやりとりをする一般人は、自衛隊や自衛官についてほとんど何も知らない。そして、自らの無知に気づかないまま自衛官とやりとりを重ねる。相手の自衛官のほうは、自衛隊・自衛官に対する世間の偏見（と彼・彼女が考えるもの）に即して自分がみられているにちがいないと考え、身を固くしている。そしてその凝り固まった自意識からつい遠慮がちに反応してしまう。何ともギクシャクしたやりとりだが、このたどたどしい感じが作品に絶妙な魅力を与えている。「やりとり」とは具体的には主として恋愛だが、ビジネス上の付き合いが描かれることもある。どちらの場合でも、当初ギクシャクしていた関係が最後には相思相愛（恋愛）や強固な協力関係（ビジネス）に発展する。

　はじめのギクシャクしたやりとりは、結末の成功を際立たせるための単なる道具立てにすぎないようにもみえる。そこに過剰な意味を読み取るのは、穿ちすぎという批判もあるかもしれない。しかし、ここではあえて深読みをしたい。こうした設定には著者の、世間と自衛隊の関係についての冷静かつ正確な現実把握が反映されている、と考えておきたい。世間と自衛隊とのあいだには情報の共有があまりに少なく、両者はまったくの別世界になっている。そうであるがゆえに、世間は自衛隊・自衛官に偏見を抱きがちだし、その世間と相対する自衛官のほうは偏見に対して過剰に防衛的になりがちである。これが著者の現実把握であり、この把握を前提にしてすべてのドラマが展開される。物語のはじめで社会と自衛隊は疎遠である。しかし「やりとり」を通して、両者を隔てている無理解の壁はかき消え、最後には自衛官に対する好印象だけが残存するという仕掛けになっている。「戦闘機って人殺しのための機械でしょう？」と反感交じりに言っていた一般人が、「やりとり」の経験を重ねた結果、災害救助時の自衛官の奮闘ぶりを知り、「いくら給料をもらっているとはいえ、そこまで見知らぬ他人に尽くせるものだろう

か」とつぶやくに至る（『空飛ぶ広報室』）。

4　　自衛隊作品と現代

　有川作品に描かれるこうした経験は、広く戦後日本社会全体の経験といっていいのではないか。内閣府の「自衛隊・防衛問題に関する世論調査」によると、自衛隊に対して「良い印象を持っている」と「どちらかといえば良い印象を持っている」の合計が初めて70％を超えたのは1978年（75.4％）で、その後この割合は漸増を続け、最新の2018年調査では89.8％となっている。[4]この好感度の上昇に大きな貢献を果たしているのが、災害時での自衛隊の活動であることはほぼ間違いない。11年の東日本大震災時の自衛隊のめざましい奮闘ぶりは記憶に新しい。実際、「良い印象を持っている」と「どちらかといえば良い印象を持っている」の合計が初めて90％を超えたのは、大震災の10カ月後におこなわれた調査においてであった（91.7％）。

　日頃疎遠な世間と自衛隊が、災害時に「被災─救助」というやりとりをする。その結果、被災者が自衛隊への好感度を高める。それだけではなく、報道を通してそれを見ていた人たちもまた同じように自衛隊に好感を抱く。「救助する自衛隊」（見られる人）と「救助を見る人たち」とのあいだにもある種のやりとりがなされるという点が独特である。ともかく、この数十年のあいだに「被災─救助」「見る─見られる」といったやりとりが重ねられ、自衛隊への好印象が増幅されていったのだと考えられる。

　やりとりを通しての相互理解の進捗、そして自衛隊・自衛官に対する社会の好印象の増大という構造は、有川浩の自衛隊作品とまったく同型である。有川作品は、戦後日本社会の自衛隊経験を小説という形で巧みに表現しているのだといっていい。そしてそのことが、有川作品が多くの読者を獲得している理由だろう。

　有川作品に限らず、自衛官の日常業務や生活を描く作品、つまり第２グループの作品一般は、多少なりとも、自衛隊や自衛官に対する好印象の定着に貢献する方向性を有している。自衛隊への好印象を抱く人間が90％を超えるという現状を考慮すると、この種の自衛隊作品は今後も多くの読者、享受者を生んでいくのではないかと考えられる。これが先に第２グループの比重が増大すると述べた理由である。

注

(1) この点を考慮し、以下の記述では、映画の自衛隊作品については、須藤遙子『自衛隊協力映画——『今日もわれ大空にあり』から『名探偵コナン』まで』（大月書店、2013年）をも参照することにしたい。煩雑さを避けるため、ここでは須藤がいう「自衛隊協力映画」と「映画の自衛隊作品」を同義として扱う。

(2) 自衛隊を題材とする小説作品を網羅的に分析したものとして、川村湊『紙の砦——自衛隊文学論』（インパクト出版会、2015年）がある。

(3) 須藤遥子によれば、2011年までに公開された「自衛隊協力映画」35本のうち、怪獣映画は11本である（前掲『自衛隊協力映画』11—14ページ）。

(4) なお第1次調査（2015年）でも内閣府調査と同じ質問をしたが、「良い印象を持っている」と「どちらかといえば良い印象を持っている」の合計は76.6%だった。第1次調査の回答者は、自衛隊に関して社会一般よりも少し冷めている人々といえそうである（→5-1「自衛隊への印象と評価」）。

第**4**部 趣味としての
ミリタリー

趣味としての
ミリタリー・概観

1　ミリタリー関連趣味の費用

　本書第1部「ミリタリー・カルチャーとは何か」で強調したとおり、ミリタリー関連趣味——現実社会での軍事・安全保障問題とは切断された「趣味」の領域での戦争や軍事への関心——は、現代日本のミリタリー・カルチャーの重要な構成要素をなしている。

　わたくしたちの調査で対象とした人々は、どのような種類のミリタリー関連趣味に、どれくらい熱心に取り組んでいるのだろうか。その状況を客観的に把握するには、さまざまなミリタリー関連趣味に、回答者たちがそれぞれどれぐらいお金をかけているかを調べるのが、おそらく最も簡潔な方法だろう。

　第1次調査（2015年）問26では、「あなたは、軍事関係の趣味にどれぐらいお金を使いますか。下記の各ジャンルについて、年に何万円ぐらいかを答えてください」と尋ねている。まず、その結果を表1に示そう。[1]

表1 ミリタリー関連趣味の年間費用

（単位：円、10円未満は四捨五入、平均値の多い順に並べ替え）

ジャンル	平均値	最大値
アウトドア（イベント、ツアー、戦跡訪問、戦争や軍事に関する施設訪問など。旅費を含む）	5,270	300,000
書籍（漫画も含む）・雑誌	3,200	200,000
映像ソフト・映画	1,940	200,000
ゲーム	1,610	150,000
ミリタリーグッズ	1,090	190,000
ミリタリーファッション	1,080	100,000
合計	14,190	880,000

　年間費用（合計）の平均は約1万4,000円（最大88万円）となっている。ミリタリー関連趣味は、全体としてかなりの出費を伴うものであることがうかがえる。

　趣味のジャンル別にみると、平均値の1位は「アウトドア（イベント、ツアー、戦跡訪問、戦争や軍事に関する施設訪問など）」（約5,000円）である。これは「旅費も含む」以上、当然の結果といえるかもしれない。

　平均値の2位、3位、4位は「書籍（漫画も含む）・雑誌」（約3,000円）、「映像ソフト・映画」（約2,000円）、「ゲーム」（約2,000円）であり、これらの趣味は、ミリタリー関連趣味のなかでも一般的なジャンルだといえるだろう（本書第3部「メディアのなかの戦争・軍隊」で分析してきた内容は、ほぼこれらのジャンルに対応している）。

　一方、平均値が5位、6位と低いのは「ミリタリーグッズ」「ミリタリーファッション」（いずれも平均約1,000円）である。この数字だけをみれば、これらのジャンルは、さまざまなミリタリー関連趣味のなかでもマイナーなものであるようにみえる。

　ただ、以上のデータは、各ジャンルにまったくお金を使っていない（つまり、各ジャンルの趣味をそもそももっていない）回答者も含めて集計した結果である。もう少し詳細に費用の中身を知るため、各ジャンルの少なくとも1つについて、年に1万円以上使っている回答者だけを集計した結果を、表2に示そう（なお、この設問は年間費用を1万円単位で尋ねていて、小数は入力できないので、費用がゼロでなければ1万円以上になる）。

　これらの回答者（計342人）の年間費用合計の平均は約4万1,000円となり、

表2 いずれかのジャンルに年1万円以上かけている
回答者の年間費用

（金額単位：円　10円未満は四捨五入、平均値の多い順に並べ替え）

ジャンル（回答者数）	平均値
アウトドア（イベント、ツアー、戦跡訪問、戦争や軍事に関する施設訪問など。旅費を含む）（158）	33,350
ミリタリーグッズ（55）	19,820
書籍（漫画も含む）・雑誌（190）	16,840
ゲーム（96）	16,770
ミリタリーファッション（69）	15,650
映像ソフト・映画（143）	13,570
合計（342）	41,490

表3 性別・年齢層別・ミリタリー関連趣味の有無×
ミリタリー関連趣味の年間費用

（金額単位：円／10円未満は四捨五入）

	平均値	最大値
男性 (485)	18,870	300,000
女性 (515)	9,790	880,000
20代以下 (219)	18,630	880,000
30〜50代 (439)	12,100	300,000
60代以上 (342)	14,040	850,000
ミリタリー関連趣味なし (505)	4,440	300,000
ミリタリー関連趣味あり (495)	24,140	880,000
合計 (1,000)	14,190	880,000

全体での平均（約1万4,000円）の3倍近くにはねあがる。

　ジャンル別にみると、「アウトドア」が費用の1位（平均約3万3,000円）である点は、全体平均と変わらない。

　興味深いのは、全体平均では5位、6位だった「ミリタリーグッズ」「ミリタリーファッション」が、それぞれに1万円以上かけている回答者の平均では2位、5位（それぞれ平均約2万円、約1万6,000円）と、順位が上昇していることである。上述のように、これらのジャンルは、全体平均でみればミリタリー関連趣味のなかでマイナーなものであっても、その半面、少数の愛好者を強く引き付ける「コア」なジャンルになっているとみることができるだろう（→4-6「ミリタリー・グッズとミリタリー・ファッション」）。

　次に、年間費用を性別、年齢層別、およびミリタリー関連趣味の有無別に集計した結果をみてみよう（表3）。

　男性およびミリタリー関連趣味がある人々が、より多くの費用をこれらの趣味にかけていることは予想どおりである。また年齢層別にみれば、20代以下の平均値が1位（約1万9,000円）になっていることが注目される。

　このことは、「趣味的関心層」が男性、若年齢層、ミリタリー関連趣味をもつ層に多いという本書の基本的な見方と一致するが（→1-3「回答者はどのような人々か」）、年齢と経済力とが正比例するという一般的な常識とは逆の傾向を示してもいる。すなわち、ミリタリー関連趣味への関心は、若い世代では自らの経済的条件の不利をしのぐほどに高くなっている、とみることができるだろう（年間費用の最大値88万円の回答者が20代以下の女性であることも注目される）。

2　ミリタリー関連趣味の内容
「鑑賞」と「上演」

　さて、本書第3部「メディアのなかの戦争・軍隊」では、戦争や軍隊を描いたポピュラー・カルチャー作品（映画、ドラマ、小説、マンガ、アニメなど）への調査対象者の関心について分析してきた。それらの作品を楽しむことは、改めていうまでもなく、ミリタリー関連趣味のなかでも大きな領域を占めている。上述の費用に関する設問では、それらは「書籍（漫画も含む）・雑誌」「映像ソフト・映画」「ゲーム」という3つのジャンルに対応している[(2)]。

　しかしながら、ミリタリー関連趣味には、そうした「作品の鑑賞」という形式にはとどまらない趣味も数多く存在する。上述の費用に関する設問では、「アウトドア」「ミリタリーグッズ」「ミリタリーファッション」という3つのジャンルが、いずれも後者のなかに含まれる。

　わたくしたちの研究メンバーの一人は、戦争を構成する何らかの要素を対象とするさまざまな遊びを「戦争娯楽」と総称し、「戦争娯楽」（を含む娯楽一般）を「鑑賞」と「上演」という2つの形式に分類している。「鑑賞」とは「観客の経験としての娯楽の形式」であり、戦争や軍隊を描いたさまざまなジャンルの作品を楽しむことは、いずれもこの形式に含まれることになる（→2-2「戦争・軍隊のイメージ」）。一方、「上演」とは「パフォーマーの経験としての娯楽」であり、受動的な観客としてではなく、自らが能動的なパフォーマーとして行動することで成立する娯楽である。この形式の「戦争娯楽」の典型としては、戦車・軍艦・軍用機などのプラモデルや戦闘場面のジオラマの制作、モデルガン、サバイバルゲームなどが挙げられる[(3)]。

　以下、第4部では、そのような意味での「上演」の形式をとるものを中心に、能動的な行動を伴うミリタリー関連趣味の状況を分析していきたい。4-2「ミリタリー本・ミリタリー雑誌」には「鑑賞」の側面も含まれるが、ここでは、それらによる能動的な情報収集という側面をより重視したい。また、4-7「軍事施設見学とイベント参加」は「鑑賞」「上演」のどちらとも分類しがたいが、やはり、その能動的行動という側面に注目したい。これらの活動は、いずれも共通して、「観客席にいて、そこから舞台上で展開される物語を愉しむ（鑑賞）のではなく、モノを中心にして自ら舞台上に物語を作り出している」[(4)]、いいかえれば、戦争や軍事をめぐる趣味的世界の構築に自

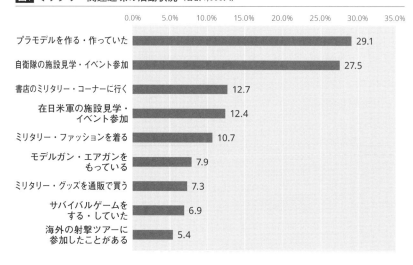

図1 ミリタリー関連趣味の活動状況（合計1,000人）

プラモデルを作る・作っていた	29.1
自衛隊の施設見学・イベント参加	27.5
書店のミリタリー・コーナーに行く	12.7
在日米軍の施設見学・イベント参加	12.4
ミリタリー・ファッションを着る	10.7
モデルガン・エアガンをもっている	7.9
ミリタリー・グッズを通販で買う	7.3
サバイバルゲームをする・していた	6.9
海外の射撃ツアーに参加したことがある	5.4

ら能動的に参加しているという意味で、広義の「上演」に含めて考えること
ができるからである。

　第1次調査（2015年）では、そうした広義の「上演」形式に属する9つのジ
ャンルのミリタリー関連趣味に関する質問をしている。それらへの回答の単
純集計結果を図1に示そう。

　「プラモデルを作る・作っていた」が最多の29.1％だが、その内訳は、「（現
在も）作る」が3.5％、「以前は作っていたが今は作っていない」が25.6％と
なっていて、経験者は多いが、現在の趣味としてはむしろかなり少数派にな
っていることがわかる。次いでは「自衛隊の施設見学・イベント参加」が
27.5％と多く、現在進行形の趣味的活動としてはこれが最も広がりをみせて
いる。「書店のミリタリー・コーナーに行く」「在日米軍の施設見学・イベン
ト参加」「ミリタリー・ファッションを着る」といった活動はやや少数派で、
10％台前半になっている。さらに「モデルガン・エアガン」「ミリタリーグ
ッズ」「サバイバルゲーム」「海外の射撃ツアー」といった、いかにも「コ
ア」なミリタリー関連趣味の持ち主は、いずれも10％未満と少数であるこ
とがわかる。

　こうした結果は、プラモデルやミリタリー・ファッションが比較的容易に
購入できること、またホビーやファッションとして市民権を得て、すでに定

着していることのほか、サバイバルゲームやミリタリー・グッズなど一定の経済力を必要とするもの、ないしミリタリー色がやや濃いものには、相対的に抵抗感が強く、敷居がやや高いことを反映しているのだろう。このことは、それぞれの趣味が、戦後の日本社会にどれほど受容され根づいているかを間接的に示しているのではないだろうか。

ただし、次項以下の各項目（特に4-4「「戦闘」を体験する」、4-6「ミリタリー・グッズとミリタリー・ファッション」）で詳しく分析していくように、「コア」な趣味になるほど、全体として若い年齢層の愛好者の比率が高くなっていることは注目される。ひとくちに「上演」形式の趣味といっても、プラモデルに代表される「伝統的」なものに対し、サバイバルゲームに代表される「参加者の身体を中心におく戦争の上演」は、より新しい形式として登場してきたものである。上述のプラモデルに関する集計結果とも考え合わせると、それぞれのジャンルの愛好者の年齢層の違いは、そのような「上演」の形式の変遷や多様化にも対応していると考えることができるだろう。

3　ミリタリー関連趣味の「棲み分け」

そのように、とりわけ若い世代を中心に、新しいジャンルのミリタリー関連趣味への関心の高まりがみられる一方で、ミリタリー関連趣味の「棲み分け」ともいうべき状況が起こっていることも指摘できる。

上述の9つのジャンルのミリタリー関連趣味について、少なくとも1つのジャンルの活動をしている（していた）回答者556人が、全部でいくつのジャンルの活動をしている（していた）かを集計した結果が、図2である。

1つのジャンルの活動だけをしている（していた）という回答者が237人で約40％、2つの

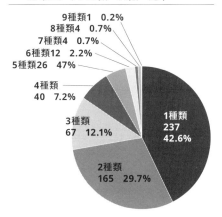

図2 活動している（していた）ミリタリー関連趣味のジャンル数・人数・比率

9種類1　0.2%
8種類4　0.7%
7種類4　0.7%
6種類12　2.2%
5種類26　47%
4種類40　7.2%
3種類67　12.1%
2種類165　29.7%
1種類237　42.6%

ジャンルという回答者が165人で約30%を、それぞれ占めている。一方、3つ以上のジャンルという回答者は合計しても154人で30%を切っている。活動しているジャンル数が多くなるほど少数派になっていく傾向が顕著である。

　ミリタリー関連趣味は、プラモデルのような伝統的な「上演」形式に加えてサバイバルゲームのような新しい「上演」形式が登場することで、全体としてますます多様化しつつある。しかしながらそのような多様化は、ミリタリー関連趣味の「棲み分け」をももたらしている、とみることができる。

（吉田 純／太田 出）

注

(1) 年間費用（計）は直接には尋ねておらず、6つのジャンルの趣味の費用を合計して算出した。なお、サバイバルゲームの費用に関してはこの設問では尋ねておらず、サバイバルゲームに関する設問で別途尋ねているので、その項目を参照されたい（→4-4「「戦闘」を体験する」）。

(2) 第3部では、3-7「歌のなかの戦争と平和」、3-6「軍歌を歌えるか」は、いずれも「歌う」という能動的な行動を扱っている点で、「鑑賞」というよりも（後述する）「上演」に近い内容を含んでいる。しかしながら、それらはいずれも、自らの趣味的世界を新たに構築するというよりも、既成の「作品」を楽しむ活動であるという点で、「鑑賞」に近いものとして位置づけた。

(3) 高橋由典「戦後日本における戦争娯楽作品」、京都大学大学院人間・環境学研究科社会システム研究刊行会編「社会システム研究」2018年3月号、京都大学大学院人間・環境学研究科社会システム研究刊行会、223─229ページ

(4) 同論文228ページ

(5) 同論文228─229ページ

4-2 ミリタリー本・ミリタリー雑誌

1　書店のミリタリー・コーナー

　現在、大きな書店には「ミリタリー」というコーナーがあるのが普通である。第1次調査（2015年）問14では、「あなたは戦争や軍事に関する本や雑誌を見るために、書店のミリタリー・コーナー等に行くことがありますか」と尋ねた。書店に「ミリタリー・コーナー」ができているということは、戦後日本のミリタリー・カルチャーを考えるうえで重要な意味をもっているので、どれぐらいの人々が「ミリタリー・コーナー」を認知・利用しているかを知りたかったからである。

　敗戦直後から戦争体験の記録や戦争小説が数多く出版され、書店の棚に並んだが、それらは「戦記もの」と総称されていた。1950年代の末から60年代にかけて、軍艦や軍用機のプラモデルがブームになり、60年代の末からモデルガンブームが起こるが、ミリタリーという言葉は使われなかった。ミリタリーという言葉が一般的になるのは、80年代の後半、「ミリタリー・ファッション」の流行からである。

　戦争や軍事についての書籍や雑誌、プラモデルやトイ・ガン、軍装品などを示すのに、「戦争」「軍隊」というタブー語を使わなくてすむ「ミリタリー」という表記は便利なものだった。

「本の窓」1997年8月号（小学館）に、軍事評論家の兵頭八十八氏が「知られざる日本のミリタリー出版界」という短いが要を得た紹介を書いている。この頃、戦争・軍事専門書コーナーで有名だった東京・神保町の書店「S」を紹介しているが、懐かしく思うファンも多いだろう（現在は「S」の秋葉原店が有名である）。

こうした大型書店から「ミリタリー」のコーナーが広がっていったが、最初のうちは、どういった書籍や雑誌をこのコーナーに集めるかをめぐって混乱があった。そのうち、それぞれの書店の方針やら書店員の知恵やらによって現在のような棚作りになったのだろう。それはそれで興味深いが、その書店の方式を知らないと本を探せないこともある。

　関西のある大型書店の場合、まず「実用書」という大きな分類のなかに「ミリタリー」がある。「ミリタリー」は「光人社NF文庫」（光人社）、「軍事読み物」（2つ）、「軍事シリーズ」「軍事　軍用機・銃器」の5つの書架からなる。「軍事　軍用機・銃器」の書架に「自衛隊」という小さなスペースがある。「軍事シリーズ」の書架に、コミックスやDVDも置いてある。この書店では、「ノンフィクション」という大分類のなかに「近代の戦争」「国際情勢」「安全保障・憲法・民主主義」「ノンフィクション」という書架があり、そこにも戦争や軍事関係の書籍がかなりある。また「人文」という大分類のなかの「日本史（近代）」という書架にも、戦争や軍事関係の書籍がある。現在刊行されている戦争や軍事関係の雑誌は種類も多いが、この書店では「雑誌」の場所に置かれている。

　現在、大判でビジュアルを重視した、雑誌と書籍を合わせたような「ムック」という出版物の刊行が非常に盛んであり、戦争・軍事関係のムックも多いが、この書店でも、「ミリタリー」の棚のかなりの部分を占めている。

　こうした状況を念頭に置いて、アンケート結果をみてみよう。図1は全体の結果、図2から図4は、性別、年齢層別、ミリタリー関連趣味の有無別にみたものである。

　まず全体の傾向だが、「まったく行かない」「あまり行かない」が80％を超えているのは不思議ではない。もともと、書店の「実用書」のコーナーに「ミリタリー」という棚があることを知っている人は非常に少ないだろう。それに、その存在を知っていても「ミリタリー」に関心がなければ、見向きもしないことも確かである。盆栽に関

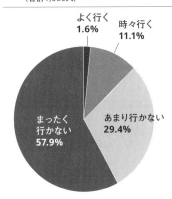

図1 書店のミリタリー・コーナー
（合計1,000人）

よく行く 1.6%
時々行く 11.1%
あまり行かない 29.4%
まったく行かない 57.9%

図2 性別×書店のミリタリー・コーナー

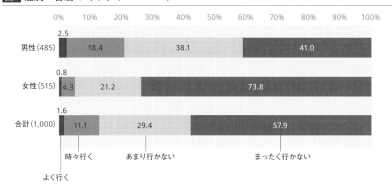

男性(485)　2.5　18.4　38.1　41.0

女性(515)　0.8　4.3　21.2　73.8

合計(1,000)　1.6　11.1　29.4　57.9

よく行く　時々行く　あまり行かない　まったく行かない

図3 年齢層×書店のミリタリー・コーナー

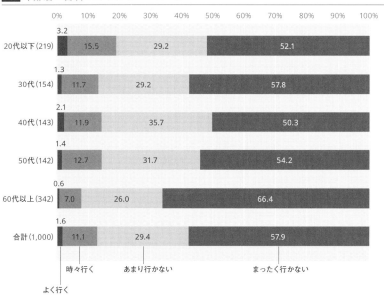

20代以下(219)　3.2　15.5　29.2　52.1

30代(154)　1.3　11.7　29.2　57.8

40代(143)　2.1　11.9　35.7　50.3

50代(142)　1.4　12.7　31.7　54.2

60代以上(342)　0.6　7.0　26.0　66.4

合計(1,000)　1.6　11.1　29.4　57.9

よく行く　時々行く　あまり行かない　まったく行かない

心がない人が、盆栽関係の雑誌や書籍にまったく興味を示さないのと同じことである。

　本書では、すでに第1部で、戦争と軍事の世界に関心をもつ人たちは、「国際的・政治的問題や戦争被害者の視点からの問題への関心の高い層（高年齢層、女性、ミリタリー関連趣味をもたない層に多い）と軍事・戦争それ自体の構成要素への関心が高い層（若年齢層、男性、ミリタリー関連趣味をもつ層に多い）」

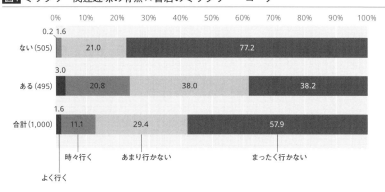

図4 ミリタリー関連趣味の有無×書店のミリタリー・コーナー

ない(505) 0.2 1.6 21.0 77.2

ある(495) 3.0 20.8 38.0 38.2

合計(1,000) 1.6 11.1 29.4 57.9

よく行く　時々行く　あまり行かない　まったく行かない

という2つのグループに分かれることを指摘し、前者を「批判的関心層」、後者を「趣味的関心層」と呼ぶことにしている（→1-3「回答者はどのような人々か」）。

　調査結果は、ミリタリー・コーナーによく行く人たちが「趣味的関心層」であることをはっきり示している。先に挙げた関西の大型書店の場合も、「ミリタリー」の棚は「趣味的関心層」を、そして「近代の戦争」「国際情勢」「安全保障・憲法・民主主義」「ノンフィクション」「日本史（近代）」の棚は「批判的関心層」を対象に、それぞれ構築されているように思われる。

　問題は、「趣味的関心層」の「よく行く」「時々行く」23.8％をどうみるかだろう。一見すると、この数字は「趣味的関心層」の「活字離れ」を示しているようにみえないこともない。

　しかし、本格的な「ミリタリー」の棚をもつ大型書店は全国でそれほど多くないことを考えれば、この数字はむしろ高いといえるかもしれない。この調査では参考のために「よく行く」書店名も尋ねた。回答は延べ11件と少なかったが、東京と県庁所在地の大型書店ばかりだった。行きたくても近くにそうした書店がないのが、一般的なのである。

　そして、より重要なことは、この数字は「趣味的関心層」の書籍・雑誌の購買や読書を正確に反映してはいないということである。結論を先取りすれば、「趣味的関心層」が読む書籍・雑誌・ムックの多くは、ネット通販によって購入されていると思われる。ミリタリー・コーナーをもつ大型書店でも、ミリタリー雑誌が意外に貧弱な場合があるが、あまり店頭販売を考えないた

めだろう。

　ネット通販による購入品目・購入額が増大しつつあることは多くの市場統計や報告から明らかだが、そのなかでも、「CD、DVD、ゲーム」「マンガ、雑誌、書籍」などの品目に人気があることも知られている。(1)

　調査対象者が書籍・雑誌のネット通販をどれぐらい利用しているかについては、わたくしたちの調査では直接には尋ねていないが、その状況を間接的に推測することはできる。第1次調査（2015年）では、「あなたは、軍事関係の趣味にどれぐらいお金を使いますか。下記の各ジャンルについて、年に何万円ぐらいかを答えてください」と尋ねている（→4-1「趣味としてのミリタリー・概観」）。

「各ジャンル」のうち「書籍（漫画も含む）・雑誌」にかけている費用を、性別・年齢層別・ミリタリー関連趣味の有無別に集計した結果が表1である。全体では、年間1万円以上使っている回答者の比率は19.0％となっている。この比率は、上述した書店のミリタリー・コーナーに「よく行く」「時々行く」人（12.7％〔図1〕）の比率の約1.5倍である。さらに、年間1万円以上使っている人の比率は、年齢層別では20代以下が最も高く23.3％、また「ミリタリー関連趣味あり」では30.7％となっていて、それぞれ、書店のミリタリー・コーナーに「よく行く」「時々行く」（20代以下18.7％〔図3〕「ミリタリー関連趣味あり」23.8％〔図4〕）を大きく上回っている。

　ミリタリー関連の書籍・雑誌に年間1万円以上使っている回答者の比率と、書店のミリタリー・コーナーに「よく行く」「時々行く」回答者の比率とのこのような乖離は、ネット通販の利用によって埋められていると推測するのが妥当だろう。

　また、わたくしたちは、すでに「ミリタリー関連趣味をもつ層においては、〈活字離れ〉の傾向が相対的に弱い」のではないかと指摘しているが（→1-3「回答者はどのような人々か」）、上述の結果も、そのことを裏づけている。すなわち、書店のミリタリー・コーナーに「よく行く」「時々行く」回答者の比率（図3）、およびミリタリー関連の書籍・雑誌に年間1万円以上使っている回答者の比率は、いずれも若年層ほど高くなっているのである。このことは、少なくとも趣味的関心層にとって、現在も活字メディアが重要な情報源であり続けていることを示しているといえるだろう。

表1 性別・年齢層・ミリタリー関連趣味の有無×書籍・雑誌の費用（単位：万円／年）

	平均	1万円以上の平均	1万円以上の人数	1万円以上の比率	最大値
男性（485）	0.4	1.5	130	26.8%	10
女性（515）	0.2	2.0	60	11.7%	20
20代以下（219）	0.4	1.7	51	23.3%	20
30〜50代（439）	0.3	1.4	88	20.0%	10
60代以上（342）	0.3	2.1	51	14.9%	20
ミリタリー関連趣味なし（505）	0.1	1.2	38	7.5%	5
ミリタリー関連趣味あり（495）	0.6	1.8	152	30.7%	20
合計（1,000）	0.3	1.7	190	19.0%	20

2　ミリタリー雑誌

　さて、調査対象者は具体的にどのような本を読んでいるのだろうか。書籍については、本書3-3「活字のなかの戦争・軍隊」で述べているので、ここでは雑誌に注目しよう。

　表2は、第1次調査（2015年）問15「軍事、兵器、エアガン、モデルガンなどに関する専門雑誌で、あなたがよく読む雑誌を教えてください」に対する回答を、回答数が多かった順に並べたものである。

　ミリタリー雑誌と総称されているものは、その内容を強いて分類すれば、現実の軍事組織、戦史、軍事情勢、兵器などを解説するものが多数を占めている（順位の1、2、3、5、10、11、12、13、16、17、18、20）。それらとは異なるジャンルとして、トイ・ガン、ミリタリーウエア、装備品など、サバイバルゲームに関わる情報を紹介するものがある（順位の19）。ただ、この区別は厳密なものでなく、現実の兵器を中心に扱いながら、トイ・ガンやサバイバルゲーム（サバゲー）の情報を載せている雑誌もある（順位の4、6、8）。

　さらに上記のいずれとも異なるジャンルとして、プラモデルに関する雑誌があるが（順位の7、14）、書店によって「模型」に分類されている場合と「ミリタリー」に分類されている場合がある。戦車・艦船・軍用機など兵器類がプラモデルのかなりの部分を占めていて、最近は、そうした模型によって実際の戦場の情景を再現するジオラマがはやっていることを考えれば、「ミリタリー」に分類されてもおかしくはないだろう（→4-5「プラモデル」）。

　これらの雑誌群のなかでやや特異な存在が、美少女趣味とミリタリー趣味

表2 よく読む雑誌

順位	雑誌名	回答数
1	「航空ファン」	47
2	「世界の艦船」	42
3	「丸」	30
4	「コンバットマガジン」	20
5	「軍事研究」	14
6	「月刊 Arms MAGAZINE」	13
7	「月刊モデルアート」	11
8	「MILITARY CLASSICS」	10
8	「Gun Magazine」	10
10	「J Wings」	9
11	「PANZER」	6
11	「MAMOR」	6
11	「軍事史学」	6
14	「Armour Modelling」	4
14	その他の日本の専門雑誌	4
16	「J Ships」	3
16	「MC☆あくしず」	3
16	「ストライクアンドタクティカルマガジン」	3
19	「Gun Professionals」	2
19	「陸戦研究」	2
21	海外の専門雑誌	0
	合計（回答者数）	116
	合計（延べ回答件数）	245

を掛け合わせた「萌えミリ」雑誌「MC☆あくしず」（イカロス出版、16位）である。兵器は美少女に擬人化されているが、実際の戦闘や兵器については、事実を詳細に解説している。この点は、この雑誌が同じ出版社の「MILITARY CLASSICS」（8位、第2次世界大戦期の戦記や兵器に関する記事を中心とした雑誌）から派生したことを反映しているためであろう（図5）。

　個々の雑誌の歴史や特徴については、ネットで調べることができる。たとえば「ウィキペディア」で雑誌名を検索すれば、かなりの数の雑誌について詳しい説明を得ることができる。雑誌通販の大手「Fujisan.co.jp」は、「ミリタリー・サバゲー雑誌」のコーナーで、各誌の的確な紹介をしている。また、「Amazon」は、ミリタリー雑誌についても「売れ筋ランキング」100冊を絶えず掲載している。この項を書くにあたって、どれも大変参考になった[2]。この問いは複数回答可で尋ねているので、複数の雑誌を「よく読む」と回答している人々もいる。その結果から、「よく読む雑誌」として何種類を挙げているかを集計した結果が表3である。この表からわかることは、「よく読

図5「MC☆あくしず」2020年2月号、「MILITARY CLASSICS」
2020年3月号表紙（ともにイカロス出版）

表3「よく読む雑誌」の誌数

誌数	回答者数	パーセント
1	59	5.9
2	37	3.7
3	10	1.0
4	4	0.4
5	2	0.2
6	3	0.3
18	1	0.1
0	884	88.4
合計	1,000	100

む雑誌」があるとする回答者の約50％（59人）は1誌だけを回答しているが、残りの約50％（57人）は、2誌以上を答えていることだろう。これは、趣味の世界ではよくあることだが、自分の趣味領域については、より広範な最新情報を押さえておきたいという欲求が強いためだと考えられる。

　趣味の世界すべてに当てはまるわけではないが、活字による知識が重要な意味をもつ領域があり、戦争や軍事に関連した趣味の世界もその一つである。こうした雑誌で提供されているような特殊な軍事専門知識がないと、厳密な意味でのミリタリー・マニアとはいえないことになるのだろう。

　次に、「よく読む」雑誌として挙がった上位10点と、性別・年齢層・ミリタリー関連趣味の有無とをクロスさせた結果が表4である。男性が多いこと

表4 よく読む雑誌×性別・年齢層・ミリタリー関連趣味の有無

順位	雑誌名	回答数	性別		年齢層			ミリタリー関連趣味	
			男性	女性	20代以下	30～50代	60代以上	ない	ある
1	「航空ファン」	47	42	5	5	21	21	4	43
2	「世界の艦船」	42	35	7	7	14	21	2	40
3	「丸」	30	26	4	5	9	16	2	28
4	「コンバットマガジン」	20	15	5	1	15	4	2	18
5	「軍事研究」	14	10	4	4	4	6	0	14
6	「月刊 Arms MAGAZINE」	13	10	3	6	5	2	1	12
7	「月刊モデルアート」	11	9	2	5	5	1	1	10
8	「MILITARY CLASSICS」	10	6	4	6	2	2	0	10
8	「Gun Magazine」	10	8	2	2	5	3	1	9
10	「J Wings」	9	7	2	1	6	2	1	8
	合計（回答者数）	116	94	22	31	49	36	11	105

　も、ミリタリー関連趣味がある人々が多いことも容易に理解できる。問題は年齢層であり、20代以下よりも30代以上が多いことに意外な感をもつ人もいるかもしれない。

　しかし、こうした雑誌の読者層は一般的に「年季が入っている」ものであり、そう考えれば不思議はない。たとえば、2位の「世界の艦船」（海人社）は、1957年に創刊された艦船情報誌だが、当初から評価が高く固定した読者がいて、高年齢になっても変わらない。ある時期、この雑誌は50代の男性が主要読者だといわれたこともある。

　そうしたなかで、例外的といえるのが8位の「MILITARY CLASSICS」であり、この雑誌の読者は10人中6人が20代以下となっている。このことは、上述のように、この雑誌が「萌えミリ」層を主なターゲットとして創刊されたことの反映とみることができるだろう。

　これらの上位10点の雑誌名をみると、それらの多くが、現実の軍事・戦争に関わる知識、とりわけ陸・海・空などの兵器に関する情報を中心とした誌面によって構成されていることがわかる。すなわち、兵器への関心が、これらの雑誌の購読の動機になっている可能性が大いに考えられる。この点については、4-3「兵器への関心」でもふれることにしたい。

（高橋三郎／吉田 純）

注

(1) 2017年、日本のBtoC-EC（企業対消費者の電子商取引、すなわちオンラインショッピング）市場のうち「書籍、映像・音楽ソフト（オンラインコンテンツを除く）」の市場規模は、1兆1,136億円と推計され、対前年比で4.2％上昇し、EC化率（全市場のうち電子商取引が占める比率）は26.35％となっている（経済産業省商務情報政策局情報経済課「平成29年度 我が国におけるデータ駆動型社会に係る基盤整備（電子商取引に関する市場調査)」2018年、41ページ）。

(2) 「ミリタリー・サバゲー雑誌一覧」「Fujisan.co.jp」（https://www.fujisan.co.jp/cat400/cat315/）［2019年10月22日アクセス］、「ミリタリーの雑誌の売れ筋ランキング」「Amazon」（https://www.amazon.co.jp/gp/bestsellers/books/46580011）［2019年10月22日アクセス］

4-3 兵器への関心

1　日常と兵器

　兵器（武器）に対して、国民がどの程度の関心を有しているかを調査から読み取ることは、きわめて難しい。そもそも兵器について、どのように定義するのか。「過去の兵器」「現代の兵器」「架空（未来）の兵器」、兵器といってもさまざまである。仮に現代の最新兵器を想定したとしても、国民はいったいどこからそのような情報を入手するのだろうか。どの程度、情報は開示されているのだろうか。はたまたそこに開示された情報には何らかの政治的な思惑が隠れてはいないのだろうか。

　さらに「兵器に関心がある」と回答したとしても、それは兵器それ自体をどちらかといえば肯定的にとらえる「趣味的関心」なのか、それとも軍備そのものに反対を表明する「批判的関心」なのか。一言で「関心がある」といってもその内実はさまざまであり、調査結果に示された関心の度合いをどう読み解くかは十分な注意を必要とする。

　近年では、たとえ兵器に関心がなくとも、多くの最新兵器に関するニュースが盛んに世間をにぎわしていて、ほとんど耳に入らない日はないほどである。たとえば、何かと話題が絶えないオスプレイ、三沢基地に配備されたばかりのF35A戦闘機（F35Bは艦載機で今後導入の予定）、F-2の後継機として日本独自の技術で開発中のF-X戦闘機、空母化が話題になっている護衛艦「いずも」「かが」、本格的な配備が進みつつある10（ヒトマル）式戦車や16（ヒトロク）式機動戦闘車など、伝統的な陸・海・空の最新兵器のほか、新たな戦闘領域とされるサイバー、宇宙空間をめぐる衛星攻撃レーザー砲（ASAT）、ドローン（無人機、UAV）、核弾頭を装備できるICBM（大陸間弾道ミ

サイル、たとえば、北朝鮮が頻繁に発射実験をおこなっているイスカンデルや、近年ロシアが開発した超音速の新型ミサイル・アバンガルド）などが挙げられ、これらの兵器の名前をまったく聞いたことがないという人はほぼ皆無といっていいかと思われる。

　こうした兵器への関心の濃淡は、当然ながら、家庭・生活環境や個人的な経験によっても異なってくることが容易に想像される。しかし一方で、「趣味的関心」であれ「批判的関心」であれ、個人の安全保障に対する問題意識をある程度反映している側面もあり、ひいては一般の人々の安全保障観が間接的ながらも示されることになる。すなわち、好むと好まざるとにかかわらず、日本の場合、税金から支出される5兆円超の防衛費の使途には、兵器の開発・維持・増補のための費用も含まれているのだから、決して他人事ですまされるものではない。

<u>2</u>　兵器に関心がありますか？

　わたくしたちの第1次調査（2015年）問13でも、まず「あなたはどんな種類の兵器に関心がありますか」という核心的な問いがたてられた。そこで「兵器に関心がある」と回答した人は38.5％、「兵器に関心がない」と回答した人は61.5％だった（図1）。3分の1強の人が「兵器に関心がある」、逆にいえば3分の2弱の人が「兵器に関心がない」としたわけだが、はたしてこの数値をどうみるべきだろうか。答えは決して簡単ではない。「批判的関心」を有する人が否定的な意味を込めて「関心がない」と答えた可能性も少なくないため、「趣味的関心」と「批判的関心」を総合的にみれば、「兵器に関心がある」人は実際にはもっと多いのかもしれない。

　まず「兵器への関心」を性別および年齢とのクロス集計から検討してみよう。性別では、男性の56.9％、女性の21.2％が「兵器に関心がある」、逆に男性の43.1％、女性の78.8％が「兵器に関心がない」と回答している。男性のほうが圧倒的に多くの人が関心を有している。しかし前述のとおり、女性の「兵器への関心なし」と回答したなかにも「批判的関心」を有する人がいるかもしれない。単純に男性のほうが女性と比べて「兵器に関心がある」とは断定できないようだ。

　年齢では、最も高い数値を示したのが50代で、これに20代以下、40代、

図1 性別×兵器への関心

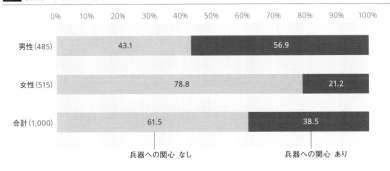

男性（485）　43.1　56.9
女性（515）　78.8　21.2
合計（1,000）　61.5　38.5

兵器への関心 なし　　　兵器への関心 あり

図2 年齢層×兵器への関心

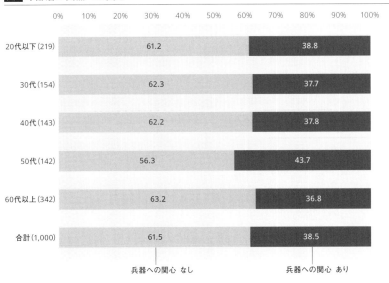

20代以下（219）　61.2　38.8
30代（154）　62.3　37.7
40代（143）　62.2　37.8
50代（142）　56.3　43.7
60代以上（342）　63.2　36.8
合計（1,000）　61.5　38.5

兵器への関心 なし　　　兵器への関心 あり

30代、60代以上と続く（図2）。実際の数値としては、それほど大きな差はないものの、中年層や若年層の関心が相対的に高く、高齢層のそれは低くなっている。60代以上の低さが目を引くが、これは「兵器に関心がない」というよりも、むしろ「批判的関心」をもつ人の多さの裏返し、逆に20代の関心の高さは兵器への抵抗感がなく、ゲームなどを通じた「趣味的関心」をもつ人の多さを反映したものといえるのかもしれない。このように兵器への関心の有無は、必ずしも数値にストレートに出てこない点に難しさがある。

　続いて、ミリタリー関連趣味の有無とのクロス集計からは、「ある」とす

る人の兵器への関心の高さ（56.2%）と、「ない」とする人の関心の低さ（21.2%）という、ある程度有意な相関関係が得られる。しかし一方で、「ある」とする人であっても兵器には関心がないとする層も少なくなく（43.8%）、「ある」とする人が必ずしも兵器に関心を向けるわけではない点にも注意しておく必要がある。また「ない」とする人であっても兵器への関心はあるとする層がわずかながら存在するのは、4-4「「戦闘」を体験する」でも取り上げるようなモデルガン・エアガンや射撃に興味関心を有する層と重なるのかもしれない。

　では、「兵器に関心がある」人々はいったいどこから情報を入手しているのだろうか。一般に想定される情報源としては、ニュース・新聞報道、ネット上の陸・海・空自衛隊のサイトおよびその他の軍事関係のサイト・動画・雑誌のほか、自衛隊やアメリカ軍が開催する各種の基地祭、軍事関係の博物館や戦跡めぐりなどが挙げられるだろう。これらについては、別に項目が立てられているから、詳細についてはそちらを参照していただくとして（→1-4「回答者の情報行動はどのようなものか」、2-10「戦跡訪問と戦争・平和博物館」、4-2「ミリタリー本・ミリタリー雑誌」、4-7「軍事施設見学とイベント参加」）、ここでは重複しないかぎりで言及するにとどめたい。

「あなたは戦争や軍事に関する本や雑誌を見るために、書店のミリタリー・コーナー等に行くことがありますか」（図4）、「軍事について語り合う仲間がいますか」（図5）、「あなたがよくアクセスする軍事関係のインターネット・サイトがありますか」（図6）という問いを立てたところ、「兵器への関心」が「ある」「ない」で明らかに有意な差異がみられ、前者は「書籍のミリタ

図3 ミリタリー関連趣味の有無×兵器への関心

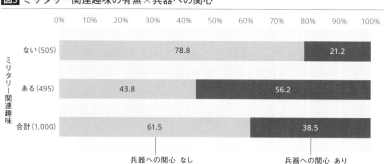

リー・コーナーへ行く」「語り合う仲間がいる」「よくアクセスする軍事関係のサイトがある」と回答し、正の相関関係が確認できる。とりわけ書籍や雑誌は重要な情報源になっている。ただし、語り合う仲間や軍事関係のサイト

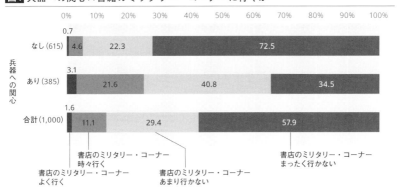

図4 兵器への関心×書籍のミリタリー・コーナーに行くか

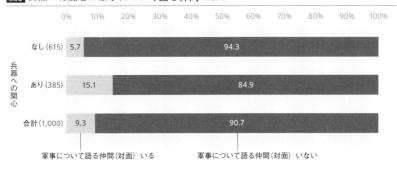

図5 兵器への関心×軍事について語る仲間（対面）

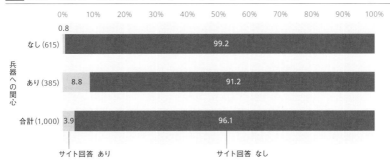

図6 兵器への関心×軍事関係のインターネット・サイト回答有無

については、1-4「回答者の情報行動はどのようなものか」でも指摘しているとおり、「兵器に関心がある」人のあいだでもあまり高い数値は得られておらず、むしろその"不活発さ"を示唆しているように思われる。

　一方、「戦跡や軍事遺跡を訪れたことがありますか」（図7）、「戦争や平和に関する展示施設（博物館、資料館など）を訪れたことがありますか」（図8）については、「兵器に関心がある」か否かを問わず、いずれも多くの人が訪問したことがあると回答している。これは「兵器への関心」の有無とは別の論理で、戦跡や展示施設への訪問がおこなわれていることを示している。

　さらに「在日米軍の施設を見学したりイベントに参加したりしたことがありますか」（図9）、「自衛隊の施設を見学したりイベントに参加したりしたことがありますか」（図10）という問いについては、「兵器への関心がある」層のうち、在日アメリカ軍の施設・イベント見学には19.2％、自衛隊のそれには35.3％もの人が参加したことがあると回答していて、少なからぬ人が実際

図7 兵器への関心×戦跡・軍事遺跡訪問

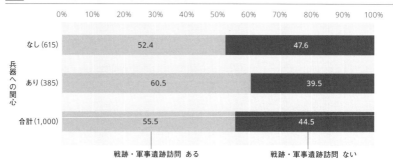

図8 兵器への関心×戦争や平和に関する展示施設訪問

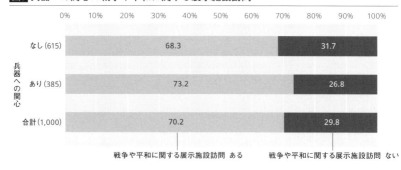

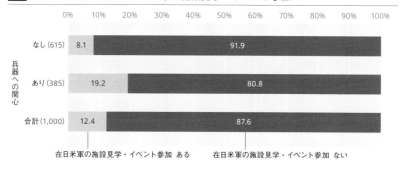

図9 兵器への関心×在日アメリカ軍の施設見学・イベント参加

兵器への関心

なし (615)　8.1　91.9

あり (385)　19.2　80.8

合計 (1,000)　12.4　87.6

在日米軍の施設見学・イベント参加　ある　　　在日米軍の施設見学・イベント参加　ない

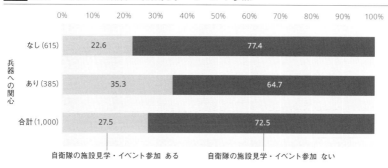

図10 兵器への関心×自衛隊の施設見学・イベント参加

兵器への関心

なし (615)　22.6　77.4

あり (385)　35.3　64.7

合計 (1,000)　27.5　72.5

自衛隊の施設見学・イベント参加　ある　　　自衛隊の施設見学・イベント参加　ない

に足を運んでいる。やはり全国各地に配置されていて数のうえでも多い自衛隊のほうが大きな数値を示し、在日アメリカ軍は相対的に低くなっている。しかし、在日アメリカ軍であっても「兵器への関心がある」層の約5人に1人は参加した経験があるとしているから、在日アメリカ軍の施設やイベントに興味を示す人は決して少なくないといえるだろう。

3　　個別の兵器への関心

　次に「兵器に関心がある」層に投げかけたさらに掘り下げた質問についてみてみることにしよう。問13で、「あなたはどんな種類の兵器に関心がありますか。関心があるものを全てお選びください。もしさらに詳細な兵器の種類や、具体的な兵器名があれば、自由にお書きください」と問うたところ、航空機、艦艇、戦車・軍用車両の順で上位を占めた。いわば、空・海・陸の

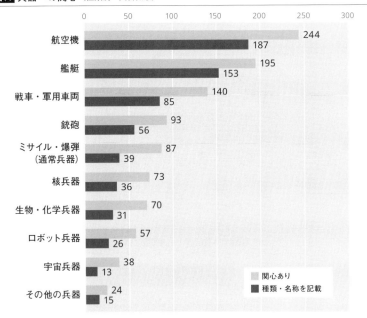

図11 兵器への関心 (種類別・回答数順)

	関心あり	種類・名称を記載
航空機	244	187
艦艇	195	153
戦車・軍用車両	140	85
銃砲	93	56
ミサイル・爆弾（通常兵器）	87	39
核兵器	73	36
生物・化学兵器	70	31
ロボット兵器	57	26
宇宙兵器	38	13
その他の兵器	24	15

伝統的な兵器に関心が集まっていることがわかる。これらに次いで銃砲、ミサイル・爆弾（通常兵器）、核兵器、生物・化学兵器のほか、ロボット兵器や宇宙兵器といった“近未来的な”兵器が続いている（図11）。関心があるだけでなく、実際の固有名詞を挙げた場合もほぼ同じ順序になった。

　まず陸・海・空の兵器について概観してみたい。ここでは、関心がある兵器の上位にそれぞれ「零戦」（1位）、「大和」（1位）、「ティーガー（タイガー重戦車）」（2位）が名を連ねていることに注目しておこう。これらは「これまでに作ったプラモデルで一番気に入ったもの」と同じ顔ぶれであり、いずれも「過去物」——プラモデル界隈の用語——の有名な兵器ばかりである（→4-5「プラモデル」）。しかもこれらは圧倒的に多くの人の関心を集めている。なぜこのような奇妙な一致を見せるのだろうか。

　もし推測が許されるとすれば、「過去物」は「現用物」に比較すると、あくまでも過去を対象とし現代の血生臭い戦争から目をそらせられ、また「過去物」は相対的に現在でもテレビ番組・映画などのメディア、書籍や雑誌の特集、それこそプラモデルなどの趣味のおもちゃとしてクローズアップされ、

表1 陸・海・空兵器それぞれ上位5件×性別・年齢層・ミリタリー関連趣味の有無

順位	戦車・軍用車両	回答数	性別		年齢層			ミリタリー関連趣味	
			男性	女性	20代以下	30〜50代	60代以上	ない	ある
1	10式戦車	29	27	2	2	16	11	2	27
2	ティーガー	22	20	2	2	15	5	3	19
3	パンター	5	4	1	0	4	1	0	5
4	M1エイブラムス	3	2	1	0	3	0	0	3
5	九七式中戦車	2	2	0	1	1	0	0	2
順位	艦艇	回答数	男性	女性	20代以下	30〜50代	60代以上	ない	ある
1	戦艦大和	61	49	12	10	21	30	15	46
2	戦艦武蔵	20	17	3	1	8	11	6	14
3	護衛艦いずも（型）	18	13	5	1	8	9	2	16
4	空母赤城	8	8	0	0	5	3	0	8
5	戦艦三笠	5	4	1	1	2	2	0	5
順位	航空機	回答数	男性	女性	20代以下	30〜50代	60代以上	ない	ある
1	零戦	62	48	14	8	20	34	17	45
2	F-15	21	19	2	2	12	7	3	18
3	F-35	18	17	1	3	9	6	4	14
4	F-22	15	14	1	5	8	2	1	14
5	F-2	10	8	2	3	4	3	1	9

人々の目にふれる機会が多いからではないだろうか。つまり、たとえ「兵器に関心がある」といっても内実は千差万別であり、よほどのオタクでもなく、少し「兵器に関心がある」程度の一般の人々は、テレビ番組やニュース、映画などの影響を強く受けやすく、個人の情報収集能力はきわめて限定的であることを示唆するものかもしれない。

　次に航空機から詳細をみていこう。前述のとおり、零戦が多数の人々の関心を集めている。これはわたくしたちの調査（第1次調査〔2015年〕）が映画『永遠の0』（監督：山崎貴、2013年）の上映と時間的に離れていないことも関係しているだろう。回答者の性別とのクロス集計をみると、男性が女性に比べてはるかに多く、年齢とのクロス集計では、60代以上、30代から50代、20代以下の順になっていて、60代以上の男性を中心に関心を集め、女性や20代の若年層には相対的にあまり興味をもたれていないことがわかる。やはり過去の戦争（アジア・太平洋戦争）との心理的な距離感が反映されているのだろうか。ミリタリー関連趣味の有無とのクロス集計もみておくと、「ある」とする者が70％強、「ない」とする者が30％弱と、零戦に関心を有する人はミリタリー関連趣味を「ある」とする傾向があるが、一方で、「ない」とす

る人も一定程度、零戦に関心をもっていて、それは2位以下と数値のうえで大きな差異を見せる。

　2位以下に目をうつすと、F-15イーグル、F-35、F-22ラプター、F-2といった、現在も運用されている戦闘機（F-22はアメリカ空軍だけ、その他は航空自衛隊も採用）が並び、「現用物」にも関心が集まっている。これらの戦闘機に関心を有する人と性別とのクロス集計をみると、ほとんどが男性である。年齢とのクロス集計では、30代から50代が半数以上、その後に60代以上、20代以下と続いていて、相対的に中年層の数値が高くなっている。ミリタリー関連趣味の有無とのクロス集計については、80％以上が「ある」としていて、ミリタリー関連趣味を有する人が圧倒的に多い。F-15をはじめとする現在の戦闘機に関心を有する人は、30代から50代の中年男性に多いことが判明する。航空機からみるかぎり、30代から50代の中年男性が「現用物」の戦闘機に、60代以上の高齢男性が「過去物」に関心を有し、20代の若年男性や年齢を問わず女性の関心は相対的に薄いといっていいだろう。

　艦艇についてはどうだろうか。回答者のうち大和に関心を有する人は全体の半数以上を占め、2位の武蔵（大和の同型艦）の3倍になっている。大和は零戦とともに旧日本軍が開発・建造した兵器として絶大な関心を集めているといえるだろう。4-5「プラモデル」でもこれらが人気を博していることを考え合わせれば、零戦と大和は、現存した兵器として歴史上で華々しい活躍を見せるとともに、壮絶ともいえる終焉（特攻、水上特攻）を迎えたことで、“かっこいい”“日本の誇り”と思われるのと同時に、どこか悲哀を漂わせる存在であるのかもしれない。性別とのクロス集計をみると、男性が80％、女性が20％、年齢とのクロス集計では、60代以上、30代から50代、20代以下の順で高い数値を示していて、零戦と同様、60代以上の男性の強い関心を得ていることがわかる。ミリタリー関連趣味の有無とのクロス集計をみても、約4分の3の人がミリタリー関連趣味を有していて、正の相関関係を見いだすことができる。

　なお、艦艇の場合、大和・武蔵のほか、4位に真珠湾攻撃やミッドウェー海戦などで有名な航空母艦の赤城、5位に日本海海戦のときに東郷平八郎元帥が座乗した旗艦の三笠がランクインしていて、歴戦の名艦が人々の印象に強く残っていることがうかがわれる。そうしたなかにあって、唯一の「現用物」として護衛艦いずも型が3位に入ったことは特筆に値する（図12）。いず

も型の場合、20代の若年層を除く、30代から50代、60代以上の男性から幅広い関心を寄せられていて、さらにいうならば、他の艦艇に比して女性がわずかながらも大きな数値を示している点は注意していいかもしれない。なぜなら、いずも型は戦後の護衛艦のなかで最大のもので、全通甲板を有するいわば「空母型」であり（空母化を発表した

図12 空母化される「いずも」

（出典：「水上艦艇」「海上自衛隊」〔https://www.mod. go.jp/msdf/equipment/ships/ddh/izumo/〕〔2020年6月8日アクセス〕）

のは調査の実施後）、ニュースなどでしばしば取り上げられたため、「趣味的関心」であれ「批判的関心」であれ、女性も敏感に反応した可能性があるからである。

　最後に戦車・軍用車両をみておこう。ここで興味深いのは、前述のとおり、4-5「プラモデル」で「過去物」として零戦・大和に匹敵する人気を集めたドイツのティーガー戦車（タイガー重戦車）が、「現実の兵器」として意識されたとき、1位の座を10（ヒトマル）式戦車に譲っている点である（図13）。僅差ではあるが、歴史上で活躍したティーガー戦車も、兵器という視点からみたとき、しょせんは外国の兵器にすぎず、むしろわが国の最新戦車である10式戦車のほうが関心を引いたということになるのだろうか。つまり「兵器への関心」というと「兵器」が「わが国の兵器」へと自動的に読み替えられ、自然に脳裏に浮上してくるのかもしれない。30代から50代の中年男性の多数の関心を集めていることは、航空機の「現用物」の場合と同様である。

　3位以下では、ティーガー戦車と同じくドイツの有名なパンター戦車のほか、アメリカの現用主力戦車であるM1エイブラムスや、かつての旧日本軍の戦車97式中戦車がランクインしているのが目を引くが、きわめて少数の人々の関心を集めているにすぎない。

　そのほか、銃砲、ミサイル・爆弾、核兵器、生物・化学兵器、ロボット兵器や宇宙兵器についても一瞥しておこう。

　銃砲の1位には1949年にソビエトが正式採用し、世界的なベストセラーに

図13 10式戦車

（出典：「10式戦車」「ウィキペディア」〔https://
ja.wikipedia.org/wiki/10式戦車〕［2020年6月8日アク
セス］）

表2 銃砲の上位5件

順位	銃砲名	件数
1	AK-47	9
2	M16	6
3	三八式歩兵銃	5
4	ベレッタ（系）	4
5	ワルサー	3
5	コルト	3
5	狙撃銃	3
5	機関銃	3
5	ライフル	3
5	M4A1	3
	合計（回答者数）	56

表3 ミサイル・爆弾（通常兵器）の上位5件

順位	ミサイル・爆弾（通常兵器）名	件数
1	トマホーク	8
2	パトリオットミサイル	5
3	ICBM	5
4	サイドワインダー	3
5	スカッド	2
5	テポドン	2
	合計（回答者数）	39

なり、現在の紛争地帯でも最もよく使用されているAK-47カラシニコフ、2位には60年代に採用され現在でも制式銃であるアメリカ軍のM16ライフルといった「現用物」が入った（表2）。これは4-4「「戦闘」を体験する」のエアガン・モデルガンの項目のなかで、銃砲を趣味としてとらえたとき、ワルサーP38、ベレッタやコルトガバメントのような第2次世界大戦当時の拳銃、いわば「過去物」が上位を占めたのとは対照をなしている（ここでは4位以下に入る）。

ミサイル・爆弾としては、いずれもアメリカからの購入ではあるが、1位には日本の護衛艦にも搭載されているトマホーク、2位には北朝鮮のスカッドミサイルに対して配備されたことで話題になった迎撃用ミサイルのパトリオット、3位にはICBM（大陸間弾道ミサイル）が入ったほか、4位にサイドワインダー（第4世代が04式空対空誘導弾AAM-5として航空自衛隊に採用）、5位にスカッド、テポドンと北朝鮮のミサイルがランクインして

いて、いずれも日本の安全保障と深い関係にあるものばかりである（表3）。

　核兵器としては、広島・長崎に投下された原爆（リトルボーイ、ファットマンなど具体名を含む）のほか、水爆（ツァーリ・ボンバはソ連が開発した人類史上最大の水爆で「核爆弾の皇帝」の意）も上位に入っているが、当然ながら、日本人にとってはアメリカによる原爆投下が人々の記憶に最も深く刻み込まれていることがわかる（表4）。

　生物・化学兵器としては、1995年3月20日に発生した地下鉄サリン事件が多くの人に意識され続けているのか、サリンが1位になった。また4位に旧日本軍の731部隊の生物兵器が入っている点が注目される（表5）。

　ロボット兵器の1位にはガ

表4 核兵器の上位5件

順位	核兵器名	件数
1	原爆	15
2	水爆	6
3	リトルボーイ	3
3	ファットマン	3
5	ツァーリ・ボンバ	2
	合計（回答者数）	36

表5 生物・化学兵器の上位4件

順位	生物・化学兵器名	件数
1	サリン	11
2	炭疽菌	5
3	細菌兵器	4
4	731部隊の生物兵器	2
4	VXガス	2
	合計（回答者数）	31

表6 ロボット兵器の上位2件

順位	ロボット兵器名	件数
1	ガンダム（型）	14
2	モビルスーツ *	3
	合計（回答者数）	26

* ガンダム型、ザクⅡを含めると18件

表7 宇宙兵器の上位2件

順位	宇宙兵器名	件数
1	宇宙戦艦ヤマト	3
1	レーザー兵器	3
	合計（回答者数）	13

ンダム、2位にはモビルスーツ、宇宙兵器の1位には宇宙戦艦ヤマトと、それぞれ劇中の「架空物」がランクインしている。宇宙兵器およびその他の兵器で1位になったレーザー兵器、その他の兵器の2位に入ったレールガンはいずれも現在開発が進められつつある実在の最新兵器である（表6・表7・表8）。ここでは現実の兵器と架空の兵器が混在していることが興味深い。架空の兵器も近未来の兵器として一定程度の真実性をもって認識されていることの表れだろうか。

　以上のような調査結果をふまえると、「兵器に関心がある」層は30代から

表8 その他の兵器の上位3件

順位	その他の兵器名	件数
1	レーザー兵器	3
2	レールガン	2
2	刀剣	2
	合計（回答者数）	15

50代、60代以上の中高年層の男性が中心であり、20代以下の若年男性、女性は全般的に関心が薄いことがわかった。大雑把な傾向としては、60代以上の男性は歴史上で活躍した零戦や大和など、いわば「過去物」に、30代から50代の男性はよりリアルに日本や世界各地の紛争で姿を見せる「現用物」に興味関心を示している。「兵器への関心」ということからいえば、「過去物」であれ「現用物」であれ、自国（日本）の技術で開発したもの、ないしは自国の戦争や安全保障に深く関わるもの（外国製のものであれ）に関心が集まっているといえる。

逆にいえば、日米安全保障条約下での前進基地としての横須賀や佐世保に配備されているアメリカ軍の第7艦隊所属の艦艇や航空機などの兵器には相対的に関心が薄いようである。ましてやロシア、中国、北朝鮮の兵器については、日本の安全保障と深い関わりがあるスカッド、テポドンを除けば、ほとんど無関心であるといっていい。

予測の段階では、日本の安全保障に大きな影響をもたらすアメリカ軍の兵器にもっと関心が払われているのかとも考えられたが、実際には、ほとんど関心をもたれることなく、日本人自らが経験した、あるいは使用している兵器に大きく偏向していた。同じくアメリカ軍の前進基地がある韓国や、現在では撤退したものの、アメリカ軍による防衛に大きく依存する台湾やフィリピンではどうだろうか。今後比較研究ができれば、きわめて興味深い結果が得られるかもしれない。

（太田 出）

4-4 「戦闘」を体験する

　戦後日本の自衛隊では、徴兵制が採用されず、志願制が導入されたため、国民の大部分は実際の軍隊や戦闘を体験する可能性がほとんどなくなってしまった。そのような状況のもと、1970年代の日本で始まったのがサバイバルゲーム（略称：サバゲー）という「遊び」——「大人の戦争ごっこ」とも称される——である。これは軍装を身にまとい、いわばコスプレをしながら、フィールド（戦場）を駆けめぐり、BB弾と呼ばれるプラスチック弾をエアガン（エアソフトガン）で撃って、相手のフラッグを奪ったり、相手を殲滅したりして遊ぶ娯楽兼スポーツといっていい。

　一見、類似しているものとしては、アメリカ発祥のペイントボール（Paintball）や、欧米などでおこなわれるリエナクトメント（歴史再現、reenactment）を挙げることができる。前者はペイント弾を用いて相手を撃ち勝敗を競うもので、完全にスポーツ化していて、軍装を着用することは少ない。一方、後者は、スポーツ性はなく、たとえば、南北戦争やDデイ（ノルマンディー上陸作戦）など歴史上の名場面を再現することを目的とし、むしろ軍装などに徹底的にこだわって雰囲気を楽しむものである。単純な比較はできないが、そうした特徴を勘案したとき、サバイバルゲームは両者の中間に位置し、双方の特色を兼ねているといえるのかもしれない。

　近年では、サバイバルゲームが若者を中心に人気を博しているという。サバイバルゲーム愛好者のあいだで有名な「日本最大・最高峰の現代戦リエナクトイベントシリーズ」と呼ばれたハートロック（HEART ROCK、2010—17年、全10回〔図1〕）——主催者はあくまでサバイバルゲームではなくヒストリカル／シミュレーションゲームであると主張するが、リエナクトメントに限りなく近いサバイバルゲームといっていいかもしれない——はその最たるも

（出典：「ハートロック7th2016」〔https://www.
youtube.com/watch?v=_M7g30hYDP0〕〔2020年5月4
日アクセス〕）

のだろう。わたくしたちの調査では、「戦闘」を体験できる趣味についての質問として、こうしたサバイバルゲームへの参加の有無のほか、サバイバルゲームで使用するエアガンや、弾を発射する機能をもたないモデルガンの所有、海外射撃ツアーへの参加の有無に関する問いをたててみた。

以下では、サバイバルゲーム、エアガン・モデルガン、海外射撃ツアーの順で結果をみていくことにしよう。

1　サバイバルゲーム

　サバイバルゲームといえば、若年男性の"戦争ごっこ"のイメージが強い。わたくしたちの調査（第1次調査〔2015年〕問17）の結果もそれを裏づけるかのように、なるほど「する」人は20代から30代の男性に多いようである（図2：男性：10.3%、図3：20代以下：9.6%、30代：11.7%）。しかし女性や40代以上の年齢層にも多くはないものの、サバイバルゲームを好む人は一定数存在していて（図2：女性：3.7%、図3：40代：8.4%、50代：2.1%、60代以上：4.4%）、必ずしも若年男性だけに限られず、男女ともに、そして比較的幅広い年齢層に楽しまれていることがわかる。前述したとおり、サバイバルゲームはスポーツからリエナクトメントまでの多様な性格を有しているから、性別・年齢を問わず、それぞれ自由に楽しみ方を選択しながら関わっているのだろう。

　ここでサバイバルゲームを取り扱った雑誌（図4）やアニメをみると、軍装で身を固めエアガンを手にした若年女性が表紙を飾るなどヴィジュアル・イメージとして起用される場合が少なくない。もちろん、表紙にアイドルタレントや若年女性を掲載することで、雑誌自体の売り上げを図ったり、男性の興味関心を引こうとしたりしていることも十分に予想されるが、必ずしもそれだけに規定されるわけではなく、むしろ若年女性層をもターゲットに入れた雑誌・アニメ作りがなされているとも考えられる。実際にすでに「サバゲ

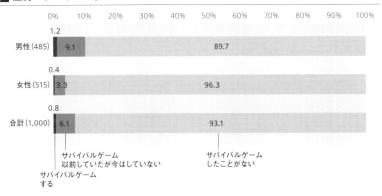

図2 性別×サバイバルゲーム

図3 年齢層×サバイバルゲーム

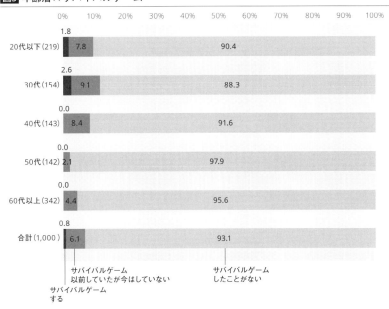

一女子」という言葉もあり、主にミリタリー・ファッションが好きな女子、ミリタリーそのものが好きな女子、"サバゲー姫"と呼ばれる男性にちやほやされたい女子などから構成されるという。

　サバイバルゲームと他の項目のクロス集計をみると、「ミリタリー関連趣味の有無」との関係では、「ある」とするグループの10.7%がサバイバルゲームに関心をもち、「ない」とするグループの3.2%が同じく関心をもってい

図4 『WE LOVE サバイバルゲーム ——サバゲを楽しむための すべてがわかる !!』表紙

（〔ホビージャパン MOOK〕、ホビー ジャパン、2013年）

た（図5）。前者は比較的容易に説明がつくが、後者はやや難しい。サバイバルゲームをミリタリー趣味としてではなく、一種のスポーツないし娯楽として認識して参加している人々だろうか。

モデルガン・エアガンの所有（後述）とのクロス集計では、予想どおり、「持っている」グループはサバイバルゲームにも相当な関心を有し（図6：26.6％）、また海外射撃ツアー（後述）とのクロス集計でも、「参加したことがある（A）」「参加してみたい（B）」グループがやはり高い関心を示している（図7：A：18.9％、B：17.8％）。このようなモデルガン・エアガンの所有や、実弾を撃つ射撃ツアーへの参加は、「ガンを持って走り」「撃つ」ことを基本動作とするサバイバルゲームとのあいだに強い親和性を有しているといえるだろう。

サバイバルゲームを「する」グループにさらに掘り下げた問いを尋ねたところ、年間にゲームをする回数は平均3.4回、最大で10回であった（表1）。頻度は3、4カ月に1度からほぼ毎月まで幅がある回答になった。これは愛好者の個人参加なのか、あるいはサークルなどのチームによる定期的な参加なのかという関わり方の違いを反映しているのかもしれない（表2）。なぜなら、サバイバルゲームのサークル（サバゲーサークル）は一般の社会人はもちろん、関東や関西エリアの大学生を中心として多数設立されていて、こうしたチーム活動を通してサバイバルゲームに参加する場合も少なくないからである。

ちなみに筆者の勤務先である京都大学にも Part Time Soldiers と称するサバゲーサークル（他大学の学生も参加）があり、毎年4月の新入生入学、オープンキャンパスのときなどには、アメリカ軍や旧日本軍の軍装に身を固めて勧誘活動をおこない、サバゲーの装備を展示するだけでなく、実際にモデルガンを使ったBB弾の試射を体験させるサービスを提供している。彼らの活動内容は半年に1度程度、郊外でサバゲーをするだけでなく、ショット・ショー・ジャパン（大阪）や各地の軍装品店めぐりをも含んでいる。オープンキ

図5 ミリタリー関連趣味の有無×サバイバルゲーム

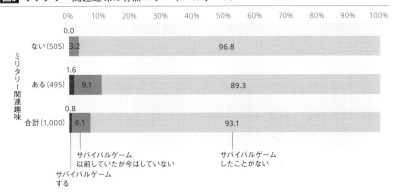

図6 モデルガン・エアガンの所有×サバイバルゲーム

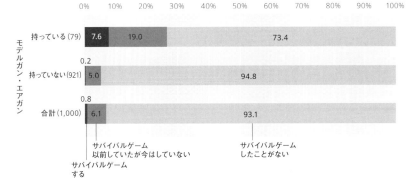

図7 海外射撃ツアーの参加×サバイバルゲーム

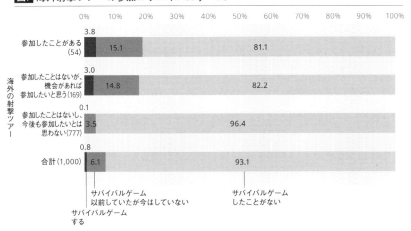

表1 サバイバルゲームをする回数（年）

平均	最大	最小
3.4	10	1

表2 サバイバルゲームへの参加方法

個人	4
チーム	2
個人・チーム両方	2
合計	8

図8 京都大学サバゲーサークル（筆者撮影）

表3 サバイバルゲームの費用（年、万円）

平均	最大	最小
12.9	25	1

表4 サバイバルゲームをする場所

屋外	5
屋外・屋内両方	3
屋内	0
合計	8

ャンパス時に軍装を着込んでキャンパスを歩き回る彼らの姿は、ときには他人の目に奇異に映ることもあるが、本人たちはいたって満足そうであり、またあこがれの最新の軍装を身にまとい多くの見学者たちに自慢しているかのようでもある（図8）。

　次に年間のサバイバルゲームにかける費用を尋ねてみると、最少1万円から最大25万円まで、平均12.9万円というさらに幅の広い回答を得た（表3）。一般にサバイバルゲームの1回のゲーム参加費は4,000円程度といわれるから、1万円の場合はゲーム参加費程度であり、25万円の場合は、20万円ほどをエアガンや軍装代につぎ込んでいることが予想される。サバイバルゲームは「リアル」を追求したリエナクトメントに近づけば近づくほど費用がかかるものなのだろう。

　ゲームの舞台＝「戦場」としては、屋外が5、屋内が3になった（表4）。これは、現在のところ、サバイバルゲームの「戦場」として提供されている場が、実際に屋外のものが多く、屋内のものは数が限られているという現状に規定された結果だと推測される。

　このようにサバイバルゲームは多くの戦争を知らない世代、特に若年層の男女を中心とした人々に対して提供されている。戦争を知らない若者が「戦争」を体験してみたいという好奇心にかられ、軍装に身を包み、エアガンを手にしながら、日常の生活とは異なる「戦場」を駆けめぐる疑似体験をする

のである。しかしそこでは、実際の「戦場」にある死への「恐怖感」ないし「絶望感」はぬぐい去られてしまっている。それはあくまでも若者の無邪気な「高揚心」あるいは「変身願望」を満足させるものにすぎない。一方で、戦争を知る世代のなかには、こうした遊びに興じる若者に眉をひそめる向きもあるだろうが、しばしば指摘される、サバイバルゲームを愛好する者＝好戦的という図式はあまりに短絡的であるといわざるをえず、冷静な観察が必要になるだろう。とりわけ日本を発祥地とし各地に伝わったとされるサバイバルゲームが、アジア諸国あるいは欧米諸国でどのように遊ばれ、どのような評価が与えられているのか、また先の戦争とのあいだにどのような関係が想起されているのか。今後、比較研究的な視点を取り入れながら判断していくべきだろう。

2　エアガン・モデルガン

エアガン（エアソフトガン）とは、前述のサバイバルゲームのほか、自由に射撃するプリンキング、命中精度・スピードを競う精密射撃競技やスピードシューティングなどで使用される遊戯銃（トイガン）の一種である。これに対し、モデルガンとは発射する機能をもたず、銃器の構造・外観（観賞用モデル）や、火薬を用いて薬莢を排出する動作（発火モデル）を楽しむものである。

1960年代になると、まずモデルガンがブームを迎え、MGC（ModelGuns Corporation）、ハドソン、中田商店などのモデルガンメーカーが登場した。これらのメーカーは当初海外の遊戯銃を輸入・加工販売していたが、次第に国産商品の独自開発をおこなうようになった。しかし71年の法規制（46年規制）によってブームも次第に下火になっていった。80年代には、モデルガンにかわってエアガンの売り上げが伸びるようになり、メーカーもエアガンを主力商品として取り扱うようになる。このとき日本国内の最大メーカーとして成長してきたのが東京マルイであった。わたくしたちの調査（第1次調査〔2015年〕問16-1）で「持っているガンのメーカー」がほとんど東京マルイであったのは、当社がエアガン・ブームのなかで主要な役割を果たしてきたことの反映だろう（表5）。

「持っているガンの名称」についてみると、1位にワルサーP38（図9）、2位

表5 持っているガンのメーカー（2件以上）

順位		件数
1	東京マルイ	20
	合計	25

図9 東京マルイのワルサー P38

（出典：https://www.amazon.co.jp/ 東京マル
イ -TOKYO-MARUI- ワルサー P38-10歳以
上エアー HOP ハンドガン /dp/B00E7NCL58
〔2020年5月4日アクセス〕）

表6 持っているガンの名称（2件以上）

順位		件数
1	ワルサー P38	3
1	ベレッタ	3
2	コルトガバメント	2
2	ワルサー PPK	2
2	M16	2
2	44マグナム	2
2	P90TR	2
	合計	36

にベレッタ、3位にコルトガバメントがそれぞれランクインしていて（表6）、拳銃が上位を占める結果になった。これらはナチス・ドイツやアメリカ軍に採用された有名なもので、『ルパン三世』（監督：矢野博之、1997年）のほか、『ダイ・ハード』（監督：ジョン・マクティアナン、1989年）、『ターミネーター』（監督：ジェームズ・キャメロン、1985年）といった人気アニメ・映画にも登場する。これらの拳銃はサバイバルゲームのエアガンとして使用されるだけでなく、モデルガンとしても多数のマニアを魅了している。

このようなモデルガン・エアガンの所有（第1次調査〔2015年〕問16）を性別とのクロス集計でみてみると、男性（14.0%）が女性（2.1%）に比べて圧倒的に多くなっていて──女性の数値はサバイバルゲームよりも低い──、ほぼ男性の趣味であるといっていい（図10）。もちろん、女性を安易に捨象してしまうのには問題があるだろうが、ガンの所有の場合、男性にかなり特化した趣味であるといえよう。一方、年齢とのクロス集計をみてみると、20代以下が11.0%、30代が10.4%、40代が11.2%、50代が7.0%、60代以上が3.8%と、若年層がやや高い数値を示し、60代以上になると低い数値を示すようになるが、この差をどこまで有意に考えるかは難しいところである（図11）。むしろガンマニアは比較的特定の世代に限定されず、幅広く分布するようにもみえる。

「ミリタリー関連趣味の有無」とのクロスでは、「ある」とするグループが13.6%、「ない」とするグループが2.2%と、両者のあいだには明らかに正の相関関係が確認される（図12）。モデルガン・エアガンは「ミリタリー関連

図10 性別×モデルガン・エアガンの所有

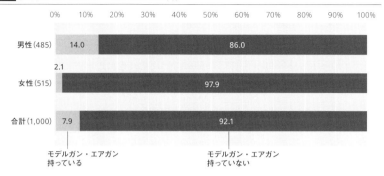

男性(485) 14.0 86.0
女性(515) 2.1 97.9
合計(1,000) 7.9 92.1

モデルガン・エアガン
持っている

モデルガン・エアガン
持っていない

図11 年齢層×モデルガン・エアガンの所有

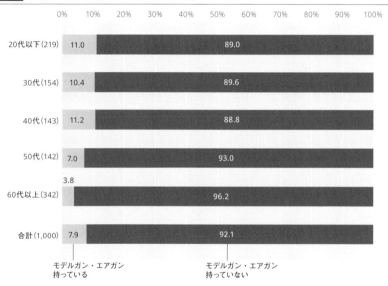

20代以下(219) 11.0 89.0
30代(154) 10.4 89.6
40代(143) 11.2 88.8
50代(142) 7.0 93.0
60代以上(342) 3.8 96.2
合計(1,000) 7.9 92.1

モデルガン・エアガン
持っている

モデルガン・エアガン
持っていない

趣味」を有する幅広い年齢の男性に所有されているといっていいだろう。

　ただし考えなければならないのは、たとえ各世代の男性に幅広くガンマニアが存在するとしても、たとえば、20代以下のマニアと60代以上のマニアでは、ガンの所有への欲求の背景に異なる理由がある可能性がある。20代以下の場合はハリウッド映画や各種ゲームなど娯楽から「かっこよさ」を感じ取り所有した、いわば「ホビーとしてのガン」であると思われるのに対し、60代以上の場合は先の実際の戦争から何らかの影響を直接的・間接的に受

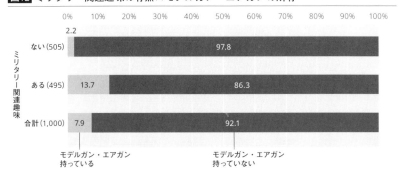

図12 ミリタリー関連趣味の有無×モデルガン・エアガンの所有

けた、「戦争の歴史を語るガン」である可能性も否定できない。つまり、ガンに何を求めているかは世代ごとに大いに異なっている可能性を考慮しなければならないのではないだろうか。

3　海外射撃ツアー

　実弾を撃つことができる海外射撃ツアーは、近年、海外旅行の一部に組み込まれるなど、誰にでも気軽に楽しまれるようになってきている。わたくしたちの調査（第1次調査〔2015年〕問18）でも、射撃ツアーに関心を有する人は、男性が32.6％（A「参加したことがある」25.8％＋B「参加したい」6.8％）、女性が12.6％（A：4.1％＋B：8.5％）と高い比率を占め、射撃ツアーに対する関心の高さがうかがわれた（図13）。

　年齢層別にみると、20代以下が29.7％（A：2.3％＋B：27.4％）、30代が26.6％（A：7.1％＋B：19.5％）、40代が29.4％（A：7.0％＋B：22.4％）、50代が28.2％（A：10.6％＋B：17.6％）と、いずれの年齢層でもほぼ30％弱の人が関心を有している（図14）。そうしたなかでも年齢が低いほど「参加したい」人が増え、逆に年齢が高いほど「参加したことがある」人が増えるのは、やはり海外旅行の資金の有無（経済力）と関係があるのだろう。実際に射撃ツアーに「参加したことがある」人の旅行先としては、1位がハワイ、2位がグアム、3位が韓国といったように、日本に近接する地域や国が中心になっていて、実際に射撃ツアーで有名な観光地が並んでいる（表7）。

　「ミリタリー関連趣味の有無」とのクロス集計をみておくと、「ある」とす

図13 性別×海外射撃ツアーの参加

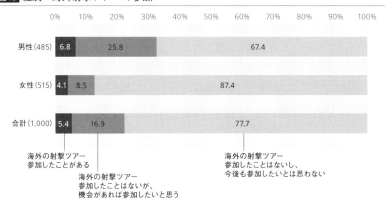

図14 年齢層×海外射撃ツアーの参加

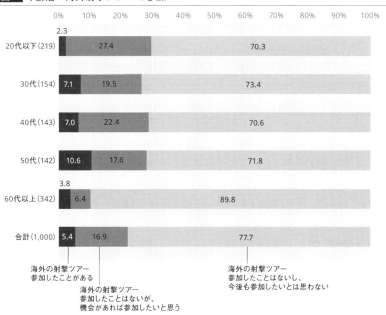

るグループでは36.8%（A：7.7%＋B：29.1%）、「ない」とするグループでは8.2%（A：3.2%＋B：5.0%）の人が射撃ツアーに関心を示していて、両者のあいだにははっきりとした正の相関関係があることがわかる（図15）。しかし後者のように、「ミリタリー関連趣味」がなくとも関心を有する人が一定

表7 海外射撃ツアーの場所（2件以上）

順位		件数
1	ハワイ	14
2	グアム	11
3	韓国	8
4	タイ	7
5	オーストラリア	3
5	サイパン	3
5	ロサンゼルス	3
	合計	49

図15 ミリタリー関連趣味の有無×海外射撃ツアーの参加

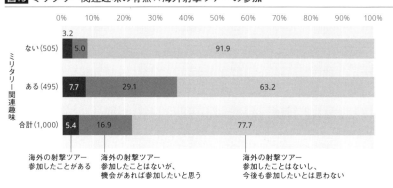

程度あることから、観光旅行の「記念」、日本では経験できない「珍しい体験」として参加することが、次第に定着しつつあることを示唆している可能性もある。

　このように、海外射撃ツアーに参加する人々は実弾を「撃つ」ことにあまり抵抗感がないようである。すなわち、そこでは戦争など人を「殺傷」することとのあいだに一線が画されているように思われる。その点で、サバイバルゲームが直ちに「戦争」を想起させるのとはずいぶんと異なっている。これはハリウッド映画などの娯楽作品での「撃つ」ことが少なからず「正義」の名のもとに正当化されていることと関係していて、その背景にはハリウッド映画のお膝元であるアメリカの銃社会の価値観が見え隠れしているように感じられる。日本人にとっては非日常的な「珍しい体験」ではあるが、それを気軽に楽しむことができるのは、単なる「快感」「高揚感」だけではなく、一種のヒーローになったような感覚で「正義感」をも満足させるものだからではないだろうか。

　以上、述べてきたように、サバイバルゲーム、モデルガン・エアガン、海外射撃ツアーはいずれも「大人の戦争ごっこ」として一般の人々の目に映り、いい意味でも悪い意味でもそうした社会的な評価が定着しているようである。しかしわたくしたちの調査の結果は、これらが若年層の男性を中心に、ときとして予想以上に性別・年齢を超えて広く受け入れられつつあることを明らかにした。そのことは、当事者にとって、これらの趣味・娯楽が決して「過去」の戦争の再現や美化などではなく、やはり「人の死」とは異なる次元にある「かっこいい」スポーツや趣味、非日常的な「珍しい体験」として受容されてきていることを物語っているように思われる。もちろん、こうした点を掘り下げるには質的な調査が必要になるのは間違いない。わたくしたちはこうした「遊び」に興じる人々の心理の奥底にまで踏み込んで考えなければならないだろう。

（太田　出）

注

（1）　関根里奈子「偶有性をはらむコミュニケーション──サバイバルゲーム実践にあらわれる「生きがい」の析出」「新社会学研究」2017年2月号、新曜社
（2）　杠葉狼「サバゲー女子特集　初心者でも大丈夫！楽しみ方やその魅力をご紹介！」「暮らし〜の」（https://kurashi-no.jp/I0009202）［2020年1月25日アクセス］

プラモデル

1　大和、零戦とタイガー重戦車
少年たちがみた夢と夢の続き

　現在50歳以上の中高年齢層の男性たちにとって、プラモデルの製作は幼少期に必ずや経験しなければならない一種の「通過儀礼」に近いものだった。プラモデルを夢中で作る少年時代の彼らの瞳には、戦艦大和が大海原を駆けめぐり、零戦が大空を舞い、タイガー重戦車が砂塵を巻き上げて疾駆するシーンが浮かんでいたにちがいない（図1）。

図1 平野克己編『高荷義之──プラモデル・パッケージの世界』表紙

（大日本絵画、2000年）

　このようなフレーズはいわばプラモデル界の「常識」だが、わたくしたちの調査（第1次調査〔2015年〕）ではまさにそれが裏づけられたといえる。たとえば、プラモデルを製作した経験があるのは、男性が54.0％（A「作る」6.4％＋B「以前は作った」47.6％）に達するのに対し、女性はわずか5.7％（A：0.8％＋B：4.9％）にすぎない。逆に女性の場合は94.3％が「作ったことがない」というのだから、女性にとってはほとんど無縁な世界であるといってもいい（図2）。それでも近年では「YouTube」などのSNSに女性によるプラモデル製作動画が投稿されることが少なくなく（プロペインター「せなすけ」さんが配信するガンプラ製作コン

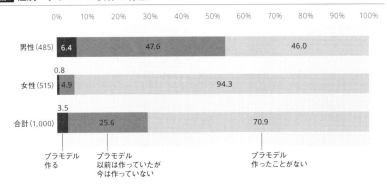

図2 性別×プラモデル製作の有無

	プラモデル作る	プラモデル以前は作っていたが今は作っていない	プラモデル作ったことがない
男性(485)	6.4	47.6	46.0
女性(515)	0.8 / 4.9		94.3
合計(1,000)	3.5	25.6	70.9

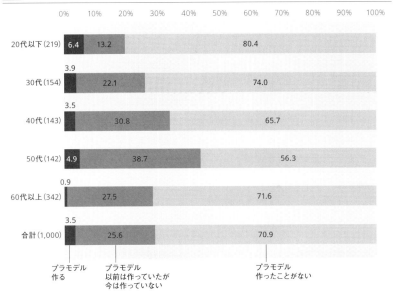

図3 年齢層（5段階）×プラモデル製作の有無

	プラモデル作る	プラモデル以前は作っていたが今は作っていない	プラモデル作ったことがない
20代以下(219)	6.4	13.2	80.4
30代(154)	3.9	22.1	74.0
40代(143)	3.5	30.8	65.7
50代(142)	4.9	38.7	56.3
60代以上(342)	0.9	27.5	71.6
合計(1,000)	3.5	25.6	70.9

テンツは人気を博している）、またわたくしたちの調査からは判明しないものの、女性に人気があるドールハウスなどが漏れ落ちた可能性もあり、プラモデルの定義次第では、もっと女性の数値が高くなってもおかしくはない。

　年齢別の割合（A＋B）をみると、50代が43.6％と最も高い値を示し、その後に40代の34.3％、60代の28.4％、30代の26.0％、20代の19.4％と続く。60代の数値が意外と低い理由としては、老眼など健康上の問題や、調査対

象のうちに女性が多かったことが挙げられるのかもしれない。男性だけの数値が得られれば、もう少し異なった結果になったであろう。またいまも「作る」（A）人だけを対象とすれば、多い順に20代、50代、30代、40代、60代とかなり異なった結果になる。高い数値を示す20代は主にガンプラ世代、50代はスケールモデル世代をそれぞれ代表していて（後述）、いまもなお積極的に作り続けていることが推測される（図3）。

「これまでに作ったプラモデルの中で一番気に入っているもの」ランキングでは、1位が大和（23.8％）、2位が零戦（14.8％）、3位がタイガー重戦車（5.8％）と、くしくもプラモデル界の「常識」と一致し、上位の3つだけで全体の半数近く（44.4％）を占めている（表1）。これら艦船や戦闘機、戦車（AFV）はいわゆるスケールモデルと呼ばれる、実物を忠実に縮小したプラモデルであり、スケールモデルを製作する主な世代、特に大和、零戦、タイガー重戦車に夢中になる年齢層は、4位の「架空」のロボットを立体化したガンダム（3.1％）を好んで製作する若年層とはやや異なっているように思われる。5位以下になると急速に数値を下げていくが、大和の同型艦である武蔵や航空母艦の赤城、戦闘機として零戦に次いで有名な紫電改など、アジア・太平洋戦争当時のいわば「過去物」──プラモデル界隈の用語──がランクインしているのに対し、現在、航空自衛隊で運用しているF15イーグルや、アメリカ海軍の可変翼機として著名なF14トムキャットといった戦後の戦闘機、いわゆる「現用物」が入っている点も見逃せない。プラモデルを総合的にみた場合、あくまで「過去物」を中心としながらも、「架空物」や

表1 これまで作ったプラモデルの中でいちばん気に入っているもの

順位	名称（固有名詞）2件以上	回答数	回答者（223）中 %
1	戦艦大和	53	23.8%
2	零戦	33	14.8%
3	タイガー重戦車	13	5.8%
4	ガンダム（シリーズ含む）	7	3.1%
5	戦艦武蔵	5	2.2%
6	空母赤城	4	1.8%
6	F15イーグル	4	1.8%
8	紫電改	3	1.3%
8	F14トムキャット	3	1.3%
10	戦艦長門	2	0.9%
10	重巡最上	2	0.9%
10	チーフテン戦車	2	0.9%
10	パンサー戦車	2	0.9%

「現用物」にも興味関心が向いていると考えられるからである。

「ミリタリー関連趣味の有無」と「プラモデル製作経験の有無」とのクロス集計についてもみておくと、両者のあいだには一定の関係を読み取ることができそうである。「ミリタリー関連の趣味」を「ある」とするグループは42.5％（A：6.9％＋B：35.6％）もの人がプラモデル製作の経験をもち、「ない」とするグループは16.0％（A：0.2％＋B：15.8％）にとどまる。確かに「ミリタリー関連趣味」と「プラモデル製作の経験」は正比例の関係にあるものの、前者に必ずしも関心がなくとも、プラモデルは製作されるものであるといえるだろう（図4）。

ではなぜ大和、零戦、タイガー重戦車が上位を占めたのだろうか。それは戦後日本のミリタリー・カルチャーをめぐるさまざまな要因と複雑に絡み合っているだけでなく[(2)]、そうした結果には必ずしも表れない現在のプラモデル業界を取り巻く環境の変遷をも考える必要がある。

第1に、前述のように、これらのほとんどすべてが戦後のミリタリーを指す「現用物」ではなく、先のアジア・太平洋戦争当時のいわば「過去物」に限定されていることである。トップ10をみても、「現用物」はF14・F15戦闘機とチーフテン戦車――タミヤの傑作キットの影響だろう――ぐらいであり、日本の「軍隊（軍備）」と関係するものに限っていえば、わずかに現在、航空自衛隊が運用しているF15だけである。つまりこうした状況は戦後日本人の「軍隊（軍備）」を忌避する風潮と無縁とは言い切れず、また「現用物」であれば政治的に敏感な問題を意識せざるをえないが、「過去物」であれば

図4 ミリタリー関連趣味の有無×プラモデル製作の有無

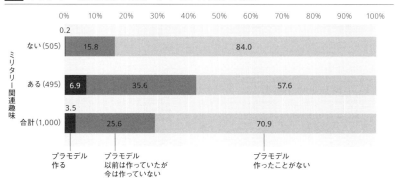

趣味——ホビーやアート——として一定程度許容されるとの考え方が無意識のうちにはたらいたのではないかと考えられる。

　ただし、近年ではこうした傾向にあえて挑戦し打破しようとする動きもある。たとえば、日本の代表的な玩具メーカーのアオシマは、海上自衛隊の護衛艦あたごのプラモデルの箱絵に北朝鮮のミサイル発射台を、ミサイル艇おおたか・しらたか（セット）のそれに北朝鮮の不審船をそれぞれ描き、実際に発射台と不審船のキットをおまけとしてつけた。また護衛艦ひゅうがの箱絵では発艦したF35Bによって撃沈される中国の空母・遼寧の姿が描かれ、中国でも報道されて話題になった。逆に中国のメーカーであるトランペッターから発売された中国初の国産空母002型——「山東」と命名——の箱絵では、まさに炎上し撃沈されようとしている日本のいずも・こんごう型護衛艦2隻が描かれていた（のちに2隻の部分を削除）。これらは主な消費者がかつてのような少年たちではなく、むしろ現代日本をめぐる政治・軍事情勢に敏感な中高年齢層——かつてはプラモデルの主要な消費者である少年たちだった人々——をターゲットにしていることをうかがわせている。実際に、近年ではアメリカ第7艦隊、「航行の自由」作戦に参加した艦艇など「現用物」のプラモデルも多数リリースされている。

　第2に、映画や書籍（小説、マンガ）などのメディアを通して何度もおこなわれてきた「過去」の日本の軍隊や戦争に対する再評価のあり方がある。もちろん「過去」の戦争全般に関するモチーフについては外交関係上の配慮もあって反省の意味を込めたものが多いが、軍隊とりわけ個々の兵器（たとえば大和）あるいはその集合体（たとえば連合艦隊）については「祖国の栄光」、近年では「科学技術の粋の結晶」として描かれる場合も少なくない。2005年の『男たちの大和／YAMATO』（監督：佐藤純彌）、13年の『永遠の0』（監督：山崎貴）はわたくしたちの記憶にも新しいが、これらの映画（原作は小説）が戦争を賛美しているという批判を浴びる一方で、大ヒット作として国民の歓迎を受けたことは、単にキャストやストーリーのすばらしさだけに収斂されない、「過去」の軍隊をどう再評価するのか、どう向き合うのかという問いかけに人々が反応したことの証しだろう。

　メディアを通して繰り返されるこうした再評価が、プラモデルの販促につながっている面も否定できない。実際、映画化されるたびに特別仕様のキットが販売されていて、タミヤが『男たちの大和／YAMATO』仕様、ピット

図5 映画化を記念し発売された「空母いぶき」（タミヤ）[(3)]

ロードが『この世界の片隅に』（監督：片淵須直、2016年）仕様の大和を、ハセ
ガワが『永遠の0』仕様の零戦（52型）をそれぞれ発売している。直近では
「ビッグコミック」（小学館）の人気マンガ『空母いぶき』（2014年―。大和、零
戦のような「過去物」ではなく、日本が戦後初めて保有した「架空」の空母いぶきと日中
間の尖閣諸島領有問題をテーマとした、かわぐちかいじの連載マンガ）の映画化を記念
して、上映前にタミヤから空母いぶきのキットが販売されていることが目を
引く（図5）。具体的な隣国（映画では「国籍不明の軍事勢力」と政治的配慮がなされ
ている）との領土紛争を取り上げたマンガ『空母いぶき』が、想像以上のリ
アルさをもって読者層に受容されていることと無縁ではないだろう（→3-4
「マンガ・アニメのなかの戦争・軍隊」）。

　第3に、玩具メーカーによるアイテムの選択も忘れてはならない。大和や
零戦に比べたとき、タイガー重戦車だけは旧日本軍の戦車ではないうえ、旧
日本軍の戦車はトップ10にさえ1両も登場していない。これは旧日本軍の戦
車に華々しい戦果がなかったこともあるだろうが、タミヤをはじめとする玩
具メーカーが1960年代からドイツ陸軍の――タイガー重戦車やパンサー戦
車、キングタイガーなど、第2次世界大戦初期の快進撃と最後の悲劇的な敗
戦に彩られた――車両を次々とキット化するなかで、日本でしか売れない旧
日本軍のアイテムの選択をためらったからだと考えられる。プラモデルのア
イテムの選択には玩具メーカーの経営戦略が反映されている側面もあるのだ。
なお、近年では日本のファインモールドや中国のドラゴンから、旧日本軍の
戦車もリリースされていることも付け加えておこう。

　しかし、やはり近年では、「過去物」ばかりではなく、冷戦期や冷戦終結
後の各地の紛争・テロに関連したアイテムも次々とキット化されつつあり、

多くの消費者の支持を得ていることを忘れてはならない。たとえば、核戦争を前提に開発されたソビエトのオブイェークト279戦車（パンダモデルなど、なんと中国のメーカー3社がバッティング）、爆沈したロシアの原子力潜水艦クルスク（タミヤや中国のホビーボスから販売）、アメリカのブラックホークやオスプレイ（ハセガワ、韓国のアカデミーから販売）などのキットはいずれもかなりの人気を博しているといっていい。

　こうしてみると、プラモデルはミリタリー関連趣味を有する人たちを中心にホビーとして提供されながらも、各世代の軍隊や戦争、紛争やテロとの距離感、繰り返し何度も問い直される軍隊への評価、玩具メーカーの経営戦略などを反映しながら、戦後日本のミリタリー・カルチャーのあり方に深く規定され、いまもなお大きな変化を遂げつつあるといえる。各種の模型雑誌をみると、近年のプラモデルには「過去物」の大戦物一辺倒の状況から、「現用物」へという流れがあるのは間違いない。戦後70周年を過ぎ、「過去」の軍隊や戦争に対するリアルな感覚が薄らぎ、終戦後の否定的な感情からようやく解き放たれつつあるなかで、いわば中高年齢層化したかつての模型少年や、現在の無邪気な若年層が、現代の国際的な軍事情勢──もちろんニュース報道など限られた情報ではあるが──から影響を受けながら、次第に「現用物」にも抵抗なくリアリティーを求め始めているといっていいのかもしれない。

2　プラモデル製作での「リアル」とは？
単体作品からダイオラマ（ジオラマ）へ

　ここではさらにもう一歩踏み込んで、プラモデルを製作する人々（以下、モデラーと略記）が求める「リアルさ」についても一考しておきたい。戦車プラモデルの有名なプロモデラーである土居雅博は、かつて模型雑誌「アーマーモデリング」2007年1月号のなかで次のように語っている。

　　戦車プラモデルの歴史は既に40年ほどの年月を刻んでいる。その40
　　年の歴史とは、一口で言うと「リアルさへの飽くなき追求」とでもいえ
　　ばよいだろうか。そして黎明期の戦車プラモデル、たとえば、タミヤの
　　パンサータンクは、最新の資料による時代考証や進歩した金型製作技術

を盛り込んだキットにかなうはずがないと思うかもしれないが、それは「リアルさ」を1つの視点で見ているからなのである。「リアルさ」の視点を変えれば、40年前のキットのよりリアルな点も見えてくるのである[4]。

　そして土居はモデラーにとっての「リアルさ」を3つに分けて整理する。第1に、モーターによって「走らせる（動かす）」という「リアルさ」である。第2に、フィギュアやさまざまなアクセサリーと組み合わせて作る情景、つまりダイオラマ（英語発音。フランス語発音ではジオラマ）にみえるストーリーの「リアルさ」である。第3に、実車の形状を忠実に再現する「リアルさ」である[5]。こうした土居の指摘は、モデラーの楽しみが戦車を「走らせる」ことから、戦車だけではなく当時の戦場の光景をも再現しようとするダイオラマ（ジオラマ）の製作、あるいは可能なかぎり本物と同じパーツ構成を求めるディテールアップへと変化してきていることをみごとに喝破したものであり大変興味深い。

　まず3番目のディテールアップの「リアルさ」については、「モデラーにとっての究極のサイズは1／1」といわれるように、行き着く先は実物にほかならないから、自ら資料を探したうえでどこまで再現できるか、モデラーのこだわりと製作技術とが天秤にかけられることになる。しかしここでむしろ注目したいのは、プラモデルに空間と時間の要素を盛り込もうとする2番目のダイオラマである。従来の単体作品は、ダイオラマ・ビルダーとして有名な吉岡和哉の言葉を借りるなら「できあがると博物館に展示されている車両のように「きれいに塗りました」然としたものが多かった」。それが現在では「私にとっての「車両単体作品」の目指すところとは、車両単体の製作にダイオラマ的な要素と考え方を持ち込むことで、いかに「戦場にいる生きた車両」の“空気感”を再現するか」という方向性へと転換してきているという[6]。すなわち、特定の空間と時間を切り取る――たとえば、第2次世界大戦時のモスクワ攻防戦に設定し、冬季装備・冬季迷彩を施すとともに、錆びて朽ちた車両などを登場させることで、ドイツ軍に流れる暗鬱な空気感をつくりだす――ダイオラマの手法が多くのモデラーたちの支持を得つつあるのである。

　もちろん、ダイオラマの製作には将校・兵士・民間人のフィギュアや、積

み荷・街灯・レンガ・家畜といったアクセサリーが不可欠であり、近年では
その種類も再現度もますます充実しつつあるといっていい。特にフィギュア
の場合、これまでタブーとされてきた戦死者のものや、丸坊主にされドイツ
兵とのあいだに生まれた赤ちゃんを抱いたフランス人女性のものまで登場し
た（いずれもウクライナのマスターボックスから発売）。従来、プラモデルは「かっ
こいい」おもちゃとして「人の死」を捨象してきたことが指摘されているが[7]、
近年になると、より「リアル」な時代設定・空気感を生み出すために、その
是非はともかく、「人の死」や政治的なタブーを取り上げ、それをプラモデ
ルの世界にも投影しようとする試みがおこなわれている。いまやプラモデル
は単なる子どもたちの玩具にとどまらないのである。

　とりわけ、吉岡和哉や水野シゲユキのような有名モデラーになると、その
作品集や全国AFVの会、静岡ホビーショーなどで紹介されたダイオラマは、
多くのモデラーたちの圧倒的な支持を得ている。つまり彼らの作品は決して
個人的な技術の披露といった段階にとどまるものではなく、まさにモデラー
たちの夢を再現した「理想的なプラモデルの作り方」とみなされている。た
とえば、吉岡はダイオラマの構図の切り取り方に徹底してこだわるだけでな
く、まるで生きているかのように塗装された兵士たちのフィギュアがダイオ
ラマにリアリティーを十二分に吹き込んでいる。敗戦を予期した苦悩の表情、
一時の安らぎに満ちた兵士たちの顔は、鑑賞者に彼らが置かれた立場を如実
に伝えている（図6）。これはモデラーと鑑賞者とのあいだに一定の共有され
た知識があってこそ、はじめて成立することができる。もしモデラーの発信
を鑑賞者がしっかり受け止められなければ、それは単なる一方通行に陥る可能性がある
からである。

図6 吉岡和哉作のダイオラマ

　一方、水野は当初、破壊され朽ち果てた戦車や敗色濃厚の戦場での兵士たちを題材
としてダイオラマを製作していたが、のちには廃墟に驚くまでのこだわりを見せるよ
うになり、ときとして戦車やフィギュアさえ登場しない都市や工場の廃墟をつくりだ
すようになった（図7）。そこではもはや戦車などのプラモデルは後景へと退き、廃墟

にリアリティーの重心が置かれるようになった。

こうした吉岡や水野の作品はプラモデルを「かっこいい」おもちゃから、まさに作り手であるモデラーの表現の場へと昇華させ始めているといっても過言ではないだろう。

しかし、吉岡であれ水野であれ、多くのモデラーたちが

図7　水野シゲユキ作のダイオラマ

描き出す世界は、第2次世界大戦時の欧米を舞台とすることが圧倒的に多い。たとえば、日中戦争の戦場となった中国大陸、硫黄島の戦いや沖縄戦を舞台とするものはあるにはあるが少数であり、管見のかぎり、日本軍兵士や民衆の心のひだにまで迫るような作品をみたことがない。日本人モデラーは間違いなく世界のトップレベルにあるといえるが、やはり心のどこかに「身近な戦争」とのあいだに一定の距離を置きたいという気持ちが存在するのだろうか。これは「過去」の歴史とどうしても正面から向き合わざるをえないプラモデル（スケールモデル）のメーカーや作り手のモデラーが抱える根本的な課題といえるのかもしれない。

もちろん、すべてのモデラーがこうした立場に置かれているわけではないし、趣味として気軽に製作することを批判したり否定したりするわけではない。また玩具メーカーに求められる倫理観も各国が歩んできた歴史やその時代の政治的・社会的背景に必ず左右され、一概に規定されるものではない。そのことをあえて述べておきたい。しかし一方で、現在、作り手にはかつてないほどの選択肢が与えられるようになり、いまや何をどう作るかは作り手の意識やこだわりに委ねられることになった。いずれにせよ、プラモデルが従来どおり、玩具メーカーが提供する「かっこいい」おもちゃであり続けると同時に、玩具メーカーと作り手たちが共同して格闘し仕上げていく、いわばアートの素材として認識され始めていることにも目を向ける必要があるだろう。

（太田 出）

注

(1) 坂田謙司「プラモデルと戦争の「知」――「死の不在」とかっこよさ」、高井昌吏編『「反戦」と「好戦」のポピュラー・カルチャー――メディア／ジェンダー／ツーリズム』所収、人文書院、2011年

(2) 松井広志『模型のメディア論――時空間を媒介する「モノ」』青弓社、2017年

(3) 「1/700 DDV192 空母いぶき（映画「空母いぶき」特別仕様）」「TAMIYA」（https://www.tamiya.com/japan/products/25413/index.html）〔2020年1月22日アクセス〕

(4) 土居雅博「沼袋戦車工廠」「アーマーモデリング」2007年1月号、大日本絵画、1ページ

(5) 同誌1ページ

(6) 吉岡和哉『タンクシンクタンク――吉岡和哉 AFV モデルマスタークラスワークショップ』大日本絵画、2014年

(7) 前掲「プラモデルと戦争の「知」」

参考文献

伊藤公雄「戦後男の子文化のなかの「戦争」」、中久郎編『戦後日本のなかの「戦争」』所収、世界思想社、2004年

西花池湖南『日本プラモデル 世界との激闘史――アメリカを駆逐した日本ブランドに、新興勢力が強襲し始めた！』河出書房新社、2019年

4-6 ミリタリー・グッズと ミリタリー・ファッション

　ここにいうミリタリー・グッズとは、現代のフライトジャケット、ヘルメット、ブーツ、バッグ、雑貨（お菓子、レトルトカレーなど）といったもののアメリカ軍の放出品やレプリカのほか、旧ドイツ軍・旧日本軍などの軍装品などを広く指している。こうしたミリタリー・グッズは、近年ミリタリー・ショップだけでなく、ショット・ショー・ジャパンのような展示即売会のほかインターネット通販でも販売していて、サバイバルゲームを楽しむ人や軍装マニア、ファッションとしてのミリタリー・グッズに興味を有する人たちにも手軽に提供されるようになっている（図1）。

　一方、ミリタリー・ファッションとは、軍装よりはぐっとカジュアルな迷彩色、カーキ、ブラック、ネイビーのシャツ、ジャケットやコートといったミリタリー・テイストのアイテムを指している。ミリタリー・ファッションはネット通販でもメンズ、レディースともに人気があり、一つのトレンドを形成しているといっても過言ではない。

　わたくしたちの調査（第1次調査〔2015年〕問20、問21a、問21b）では、ミリタリー・グッズとミリタリー・ファッションとに大きく腑分けしたうえで、プラモデルやサバイバ

図1 ショット・ショー・ジャパンでの ミリタリー・グッズの販売

（出典：「MILITARY BLOG」〔https://news.militaryblog.jp/web/SHOT-Show-Japan-2017_Winter-Report.html〕〔2020年6月8日アクセス〕）

ルゲームなどと同様、それぞれの性別、年齢層などとの関係を探ってみた。

1　ミリタリー・グッズ

　まずミリタリー・グッズと性別については、インターネット通販（A、図2）とミリタリーショップ（B、図3）で購入する人（「よく買う」＋「たまに買う」）は、いずれも男性（A：12.0％、B：8.0％）のほうが女性（A：2.9％、B：1.8％）よりも多いが、ほとんどの人があまり「買わない」点では男女ともに大差はない。またネット通販のほうが実店舗よりも多く利用されている。これ

図2 性別×ミリタリー・グッズ（インターネットなどの通販）

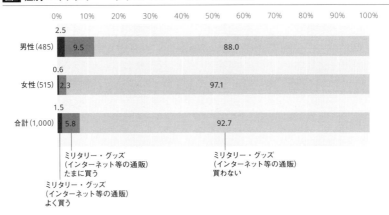

図3 性別×ミリタリー・グッズ（ミリタリーショップ）

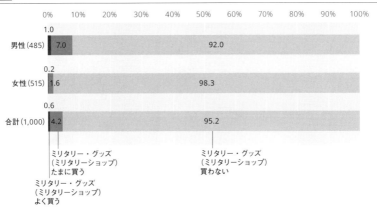

306

図4 年齢層（5段階）×ミリタリー・グッズ（インターネットなどの通販）

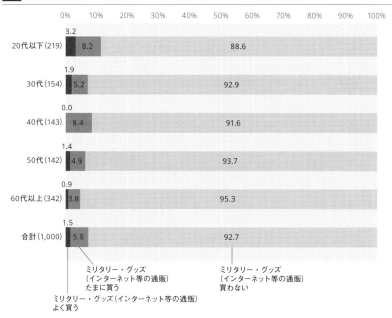

20代以下（219）　3.2　8.2　88.6
30代（154）　1.9　5.2　92.9
40代（143）　0.0　8.4　91.6
50代（142）　1.4　4.9　93.7
60代以上（342）　0.9　3.8　95.3
合計（1,000）　1.5　5.8　92.7

ミリタリー・グッズ（インターネット等の通販）よく買う
ミリタリー・グッズ（インターネット等の通販）たまに買う
ミリタリー・グッズ（インターネット等の通販）買わない

図5 年齢層（5段階）×ミリタリー・グッズ（ミリタリーショップ）

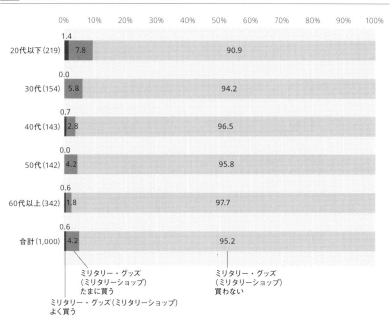

20代以下（219）　1.4　7.8　90.9
30代（154）　0.0　5.8　94.2
40代（143）　0.7　2.8　96.5
50代（142）　0.0　4.2　95.8
60代以上（342）　0.6　1.8　97.7
合計（1,000）　0.6　4.2　95.2

ミリタリー・グッズ（ミリタリーショップ）よく買う
ミリタリー・グッズ（ミリタリーショップ）たまに買う
ミリタリー・グッズ（ミリタリーショップ）買わない

は便利であることのほか、あまり他人に自らの趣味を知られたくないという「オタク」の心理を反映したもの———一方で自己顕示欲もあるのだが———だろうか。

　次いでミリタリー・グッズと年齢層のクロス集計をみると、購入する人はインターネット通販（A）であれミリタリーショップ（B）であれ、20代が1

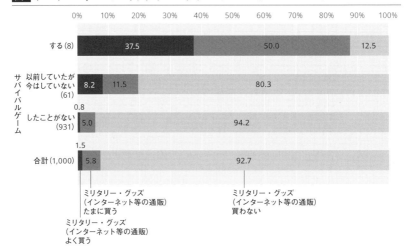

図6 サバイバルゲーム×ミリタリー・グッズ（インターネットなどの通販）

する(8)　37.5　50.0　12.5

以前していたが今はしていない(61)　8.2　11.5　80.3

したことがない(931)　0.8　5.0　94.2

合計(1,000)　1.5　5.8　92.7

ミリタリー・グッズ（インターネット等の通販）たまに買う

ミリタリー・グッズ（インターネット等の通販）買わない

ミリタリー・グッズ（インターネット等の通販）よく買う

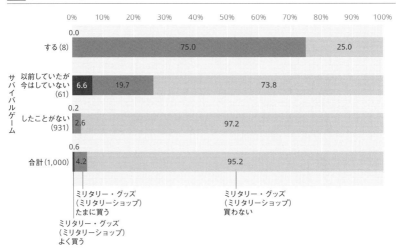

図7 サバイバルゲーム×ミリタリー・グッズ（ミリタリーショップ）

する(8)　0.0　75.0　25.0

以前していたが今はしていない(61)　6.6　19.7　73.8

したことがない(931)　0.2　2.6　97.2

合計(1,000)　0.6　4.2　95.2

ミリタリー・グッズ（ミリタリーショップ）たまに買う

ミリタリー・グッズ（ミリタリーショップ）買わない

ミリタリー・グッズ（ミリタリーショップ）よく買う

位を占めている（図4・図5、A：11.4%、B：9.2%）。これはサバイバルゲームや軍装を楽しむ年齢層と重なる可能性が高い。

　実際に、サバイバルゲーム（→4-4「「戦闘」を体験する」）とのクロス集計をみると（図6・図7）、サバイバルゲームを「する」人のほとんどはミリタリー・グッズに関心を有していて（A：87.5%、B：75.0%）、逆に「したことがない」人が関心を有することはきわめて少ない（A：5.8%、B：2.8%）。

　このようにミリタリー・グッズは、ミリタリーオタクや軍装マニアの若年層の男性が好んで購買し、入手には主にインターネット通販が利用されていると考えていいだろう。

2　ミリタリー・ファッション

　ミリタリー・ファッション（図8）に関心がある（A）、あるいは着る（B）人は、グッズを購入する人と比較するとかなり多いといっていい。いずれも男性（図9・図10、A：27.0%、B：12.9%）のほうが女性（A：17.7%、B：8.6%）よりも高い数値を示しているが、男女ともにグッズよりも多くの人たちに受容されているようにみえる。年齢からみれば、グッズと同様、20代を中心とした、ファッションに敏感な若年層の支持を得ている（図11・図12、A：32.9%、B：17.8%）。

　続いて、ミリタリー・ファッションと「ミリタリー関連趣味の有無」のクロス集計をみると、「ある」とするグループはファッションに関心がある、あるいは着る人の比率が明らかに高く（図13・図14、A：35.9%、B：17.6%）、「ない」とするグループでは逆に低い（A：8.7%、B：4.0%）傾向を確認できるから、両者のあいだには有意な正の相関関係を認めることができるだろう。

　一方、サバイバルゲームとのクロス集計でも、「する」グループはファッションに関心がある、あるいは着る人

図8 最新のミリタリー・ファッション

（出　典：「AlohaBlue」〔https://store.shopping.yahoo.co.jp/aloha0118/a101015.html?sc_i=shop_pc_search_itemlist_shsrg_img〕〔2020年5月5日アクセス〕）

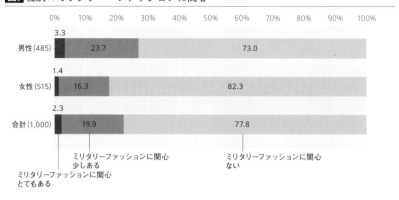

図9 性別×ミリタリー・ファッションに関心

| | 0% | 10% | 20% | 30% | 40% | 50% | 60% | 70% | 80% | 90% | 100% |

男性(485)　3.3　23.7　73.0

女性(515)　1.4　16.3　82.3

合計(1,000)　2.3　19.9　77.8

ミリタリーファッションに関心
とてもある

ミリタリーファッションに関心
少しある

ミリタリーファッションに関心
ない

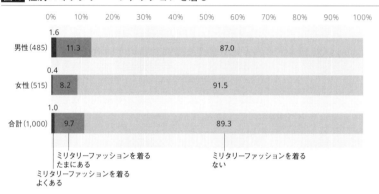

図10 性別×ミリタリー・ファッションを着る

| | 0% | 10% | 20% | 30% | 40% | 50% | 60% | 70% | 80% | 90% | 100% |

男性(485)　1.6　11.3　87.0

女性(515)　0.4　8.2　91.5

合計(1,000)　1.0　9.7　89.3

ミリタリーファッションを着る
よくある

ミリタリーファッションを着る
たまにある

ミリタリーファッションを着る
ない

が圧倒的に多く（図15・図16、A：87.5%、B：75.0%）、「したことがない」グループは大きくそれを下回っていて（A：20.0%、B：9.0%）、「ミリタリー関連趣味の有無」以上の強い相関関係をみることができる。ただし、それはサバイバルゲームを「する」場合に顕著にみられるのであって、「したことがない」グループであっても、ファッションに関心がある、あるいは着る人は一定程度いて、サバイバルゲームを「したことがない」＝ミリタリー・ファッションに関心がないということにはならない。

　このようにミリタリー・グッズとミリタリー・ファッションに関するわたくしたちの調査から、後者は主に若年層に幅広く受容されていることがわかった。一方、前者は主にサバイバルゲームの愛好者、あるいはミリタリー趣味を有する人をコアとした一部の「オタク」層に限定されているといえるだ

図11 年齢層（5段階）×ミリタリー・ファッションに関心

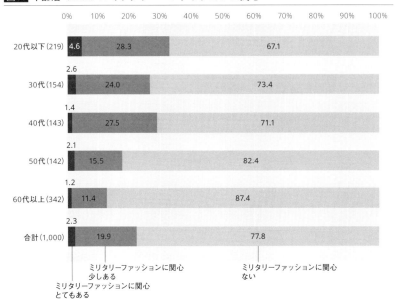

ミリタリーファッションに関心
とてもある
ミリタリーファッションに関心
少しある
ミリタリーファッションに関心
ない

図12 年齢層（5段階）×ミリタリー・ファッションを着る

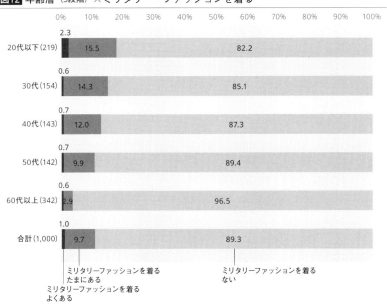

ミリタリーファッションを着る
よくある
ミリタリーファッションを着る
たまにある
ミリタリーファッションを着る
ない

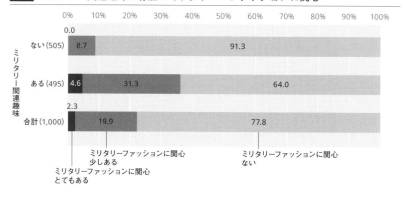

図13 ミリタリー関連趣味の有無×ミリタリー・ファッションに関心

ミリタリーファッションに関心
少しある

ミリタリーファッションに関心
とてもある

ミリタリーファッションに関心
ない

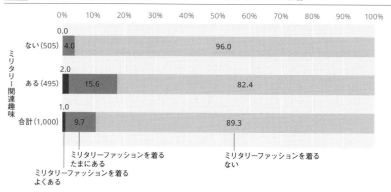

図14 ミリタリー関連趣味の有無×ミリタリー・ファッションを着る

ミリタリーファッションを着る
たまにある

ミリタリーファッションを着る
よくある

ミリタリーファッションを着る
ない

ろうか。若年層は現実の軍隊や戦争とは一定の距離を置いた、あるいは切り離したうえで、ファッションとして（グッズをも含む）ミリタリー・カルチャーを楽しんでいる状況が浮かび上がってくる。

　多種多様なミリタリー・カルチャーのなかにあって、ミリタリー・グッズとミリタリー・ファッションはいずれも軍隊や戦争を容易に想起させるものでありながら、ミリタリー関連趣味を有する一定の若年層の男女を中心として受容されていた。ただし、前者がきわめてコアな「オタク」層に限定されていたのに対し、後者は迷彩柄が多くのブランドで用いられているように、むしろ気軽な一種のファッションとして、ミリタリー関連趣味をもつ層に限らず多くの若者に楽しまれている。これが何に起因するのかを断定するのは難しいが、若い世代と実際の軍隊や戦争との距離が確実に遠くなっているこ

図15 サバイバルゲーム×ミリタリー・ファッションに関心

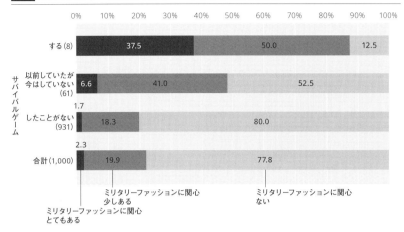

図16 サバイバルゲーム×ミリタリー・ファッションを着る

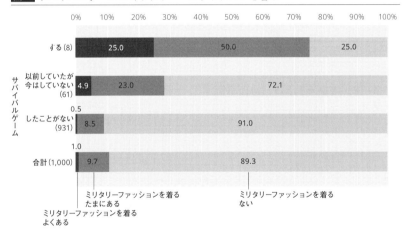

とと関係するのかもしれない。ミリタリー・グッズであれミリタリー・ファッションであれ、これらの趣味・娯楽はある程度「戦争ごっこ」「不謹慎」というようなまなざしや批判を浴びながらも、若い世代にとっては「人の死」とは無縁の「かっこいい」「おしゃれな」商品として眼前に存在しているのである。

　一方で、こうしたミリタリー・グッズやミリタリー・ファッションが社会問題、ひいては国際的な摩擦・問題を引き起こしている場合もある。たとえ

図17 精日の中国人の
　　　若者に関する新聞報道

（出典：「旧日本軍コスプレ「犯罪」」「読売新聞」2018年4月26日付）

ば、ナチスの軍服を身に着けることについては以前から問題視されていて、いまさら贅言を要すまいが、近年、日本でも報道されているのが中国の「精日」と呼ばれる若者たちである (図17)。精日とは精神的日本人の略で、中国で精神的に自らを日本人とみなしている若者を指している。彼らはアニメ好きなどで必ずしも軍装と関わりがあるわけではないが、2018

年には、日中戦争の激戦地だった南京で旧日本軍の軍服を着用して記念撮影をした数人の中国人の若者が身柄を拘束されるという事態にまで発展した。中国の王毅外相は彼らを「人間のクズ」と批判したが、はたして旧日本軍を美化しようとしたと問題を矮小化して解釈し、切り捨ててしまっていいのだろうか。そうしたグッズやファッションの着用には何らかの別の意味が込められているとは考えられないのだろうか。当然ながら、こうした事態の背景には中国共産党による「反日洗脳教育」への抵抗、政府系メディアの宣伝に対する異議申し立てがあることが考えられ、政治的な意味合いが見え隠れしている。ミリタリー・グッズやミリタリー・ファッションのなかでも、軍装は特に政治的な見解やアピールが示される場合が少なくないから、前述のように単に「かっこいい」「おしゃれ」だけで理解するのは早計にすぎるだろう。あえて特定の軍装にこだわる人々の心のうちにまで──政治や歴史をも十分に把握したうえで──踏み込んで理解する必要がある。

（太田 出）

注

（1）　古畑康雄『精日──加速度的に日本化する中国人の群像』（講談社＋α新書）、講談社、2019年

参考文献

伊藤公雄「戦後男の子文化のなかの「戦争」」、中久郎編『戦後日本のなかの「戦争」』所収、世界思想社、2004年

4-7 軍事施設見学と
イベント参加

1　「娯楽」としての
　　ミリタリー・カルチャー

　1990年代以降、2度の世界大戦をはじめ、さまざまな戦争に関わる「死や災害や苦難」があった場所を巡り、戦争の負の側面を観光に結び付ける「ダーク・ツーリズム」という言葉が世界中で広く用いられるようになった。日本でも、第2次世界大戦で過酷な原爆被害を被った広島や長崎を訪れる国内外からの観光客は年々増加してきている。広島市では、2017年に観光客数が1,340万人を超え、7年連続で過去最高を更新。外国人観光客数も150万人を超えて、6年連続で過去最高を更新した。16年5月のバラク・オバマ前アメリカ大統領による広島訪問も記憶に新しい。

　しかしながら、マーチン・ファン・クレフェルトの指摘を待つまでもなく、戦争にはある種の「魅力」が存在することも事実だ。戦争の暗い部分に焦点を当てるダーク・ツーリズムでさえ、英雄的な行為や軍事技術革新の粋を集めた各種兵器の運用、あるいは戦闘行為そのものに内在する一種の高揚感を追体験するという付随的側面も兼ね備えている。そして、その「魅力」を構成する中核的要素がミリタリー・カルチャーであり、その「魅力」を直接的に体感できる場が、軍事施設や軍事組織が主催する各種のイベントである。たとえば、航空自衛隊が広報の一環として開催する「航空祭」では、普段は入ることができない基地内を一般開放し、戦闘機コックピット内の展示や座上体験、戦闘機・輸送機の展示飛行、ブルーインパルスによるアクロバット飛行などがおこなわれ、老若男女問わず1日中楽しめるイベントになっていて、民間業者による航空祭見学ツアーも組まれるほどだ。ちなみに、東日本

大震災から2年後の2013年、入間基地でおこなわれた航空祭には、東京近郊で唯一ブルーインパルスの曲技飛行を見ることができることもあって、11月3日の1日だけの開催で、過去最高の32万人の来場者が訪れた。なお、近年は毎回20万人前後の来場者になっている。一般に、ブルーインパルスが参加する航空祭での人気は高く、18年の岐阜基地航空祭には約14万人、浜松基地で開催された「エア・フェスタ浜松 2018」では約13万人の来場者があった。

　また、陸上自衛隊による富士総合火力演習も人気が高い「軍事スペクタクル」であり、抽選で無償配布される入場チケットの応募倍率は、近年では30倍近くにのぼっている。陸上自衛隊員約2,400人、戦車・装甲車約80両、各種火砲約60門、航空機約20機などが参加し、合計約2万4,000人の来場者の前で繰り広げられる実弾射撃は、まさしくエンターテインメント性が高いミリタリー・カルチャーの一側面を示す大衆向けのイベントになっている。さらに、全国に所在する陸上自衛隊の駐屯地では、春には観桜会、夏には納涼祭に盆踊り・花火大会、秋には創立記念行事の一環として基地を開放し、装備品の展示や車両・戦車・回転翼航空機などの一般公開・体験搭乗などもおこなっている。海上自衛隊の基地でも、艦艇の一般公開・体験航海・艦内喫食などのイベントを開催していて、たとえば、舞鶴基地では毎年7月に「サマーフェスタ」（2019年度から「グリーンフェスタ」として5月開催に変更）として、約1万人を集める行事をおこなっている。舞鶴市も「軍港・舞鶴」の歴史的遺産を地域振興に活用している。2016年には「鎮守府 横須賀・呉・佐世保・舞鶴──日本近代化の躍動を体感できるまち」の歴史ストーリーが日本遺産として認定され、海軍時代に建設された赤レンガ倉庫群を舞鶴市の観光資源として再開発するとともに、鎮守府施設を受け継いだ海上自衛隊舞鶴地方総監部の施設の一部を海軍記念館として一般開放するなど、海上自衛隊と地方自治体との連携による広報も進められている。こうした各駐屯地・基地での装備品や施設見学イベント以外にも、自衛隊記念日行事の一環として日本武道館で毎年11月に開催される自衛隊音楽まつりでは、陸・海・空自衛隊の音楽隊だけでなく、アメリカ陸・海軍や他国の音楽隊も参加し、3日間で延べ4万人程度の来場者を集めるイベントがあり、各地域での定期・不定期演奏会・コンサートなども開催している。これら以外にも、陸・海・空自衛隊が毎年持ち回りで開催する観閲式・観艦式・航空観閲式は、見学チケ

ットの入手が困難なほど、根強く人気が高いイベントだ。

　在日アメリカ軍基地でも「フレンドシップデー」などと称して日米親善を目的として年に数回、基地を一般開放している。たとえば、横須賀アメリカ軍基地では、例年3月下旬に「日米親善よこすかスプリングフェスタ」、8月上旬に横須賀市主催の「よこすか開国祭」に合わせて開催される「よこすかフレンドシップデー」、10月下旬に「よこすかみこしパレード」と、年4回のイベントが開催されている。こうしたイベント開催時には、本場アメリカのステーキやピザ、ハンバーガー（ヨコスカ・ネイビー・バーガー）を楽しめるアメリカン屋台、各種ステージ・イベントやアーティストによるライブ、第7艦隊音楽隊の演奏会や、キッズカーニバルエリア、映画の無料上映会開催、横須賀基地を母港とする原子力航空母艦ロナルド・レーガンやイージス艦の軍艦見学など、「アメリカ軍基地文化」をフルに楽しめるような「ミリタリー・カルチャー・エンターテイメント（あるいは略してミリタメ）」が提供され、来場者はその「ミリタメ」の「消費者」になる。そこでは、戦争の負の側面としての敗戦と、その後70年以上続く日本海軍横須賀鎮守府のアメリカ海軍による占領の歴史がことさらに取り上げられることはない。あくまでも「アメリカ」「海軍」という「異文化」を楽しむイベントなのだ。

　一方、軍民共用空港である三沢空港（三沢基地）に所在するアメリカ空軍第35戦闘航空軍は、航空自衛隊三沢基地と飛行場を共用していて、飛行場の管理はアメリカ空軍が、航空管制は航空自衛隊がおこなっている。三沢基地をメイン会場として毎年開催されている「三沢アメリカンデー」は、三沢国際クラブ・三沢市・商工会・観光協会がアメリカ軍基地関係者と共催していて、ハーレー200台による市中パレードをはじめ、ホットドッグ大食いコンテスト、音楽・ダンスイベント、フェイス・ペインティング、アメリカ軍基地内見学ツアー、日米親善バスケットボールなど、多彩なプログラムを全市をあげて実施する点に最大の特徴がある。アメリカ空軍に限らず、広くアメリカ文化のさまざまな側面を体験する機会を提供するとともに、日本人も積極的に参加できるような工夫がなされていることがポスター（図1）からも読み取れる。なお、三沢国際クラブは、アメリカ軍基地内で日本文化をアメリカ軍人や家族に理解してもらうための「ジャパンデー」も開催している。ちなみに、アメリカンデーの来場者数は約8万人、毎年9月にアメリカ軍も共催する三沢基地航空祭には約15万人の来場者があるといわれている。

図1 三沢アメリカンデー・ポスター（2018年）

（出典：「三沢市観光協会ブログ」〔http://kite-misawa.com/2018/05/4177/〕
〔2019年6月29日アクセス〕）

　そのほかにも、アメリカ空軍横田基地では、日米友好祭が毎年9月に開催
され、厚木基地では在日アメリカ海軍厚木航空施設と海上自衛隊厚木航空基
地が共催する「日米親善春祭り（スプリング・フェスティバル）」が毎年4月に開
催されている。西日本では、アメリカ海兵隊と海上自衛隊が共有している岩
国基地で、2015年以降、日米共同で「岩国フレンドシップデー」を開催し
ている。「西日本最大の航空祭」といわれるこのゴールデンウィーク恒例行
事には、アメリカ海・空軍の最新鋭戦闘機だけでなく、航空自衛隊機などの
展示飛行や陸上自衛隊空挺部隊のラペリング降下（懸垂下降）、アメリカ陸軍
空挺部隊のパラシュート降下など多彩なプログラムが盛り込まれていて、毎
年20万人程度の来場者がある。ちなみに、18年（5月5日）には21万5,000人、
19年（5月5日）には16万5,000人が来訪した。佐世保アメリカ海軍基地では、
1985年以来開催していたアメリカン・フェスティバルが、2003年以降しば
らく中止されていたが、15年から再開され、18年には16万人の来場者（2日
間の合計）を数えた。19年は8月31日（土）、9月1日（日）に開催された。
　さらに、沖縄でも、それぞれのアメリカ軍基地では「キャンプハンセン・
フェスティバル」「普天間フライトラインフェア」「キャンプシュワブ・フェ
スティバル」「ホワイトビーチ・フェスティバル」「オクマビーチ・フェス

ト」「トリイステーションビーチ開放デー」「金武ブルービーチバッシュ」、「嘉手納基地アメリカンフェスト」（以前は「嘉手納基地カーニバル」と呼称）、「キャンプコートニー・クリスマス・フェスティバル」などと、ほぼ毎月のように日本人向けの基地開放行事が開催されており、それらへの参加を目的とした沖縄ツアーなどもある。

2　ミリタリー・カルチャーの「消費」

　こうしたミリタリー・カルチャーの消費に関する実情を調べるため、第2次調査（2016年）では、「軍事施設見学やイベント参加の経験の有無」について聞いてみた。その結果は、下記のとおりである。

　まず、図2は「在日米軍基地施設・イベント見学」経験の有無、図3は「自衛隊施設見学・イベント参加」経験の有無を性別にみた結果である。「在日米軍基地施設見学やイベント参加の経験がある」と答えた男性は15.3%、女性は9.7%、全体で12.4%であるのに対し、「自衛隊施設見学やイベント参加の経験がある」と答えた男性は32.6%、女性は22.7%、全体で27.5%だった。これは、所在地が限られている在日アメリカ軍基地と比べて、全国に数多く所在する自衛隊施設へのアクセスのほうが容易であることや、そもそも自衛隊への関心のほうがアメリカ軍へのそれよりも高いためと考えられる。いずれの場合にも、女性よりも男性のほうが参加率が高い傾向がみられる。

　なお、具体的に、どの基地やイベントを見学したのかを示したのが表1と表2だ。

　表1の「在日アメリカ軍施設・イベント」をみると、最も多いのは横須賀基地（28人）、次いで横田基地（17人）、厚木基地（16人）、岩国基地（12人）の順になっている。在日アメリカ陸軍の司令部はキャンプ座間にあり、第1軍団前方司令部が所在している。在日アメリカ海軍司令部は横須賀基地にあり、第7艦隊司令部・旗艦ブルー・リッジ、原子力空母ロナルド・レーガンなどの主要艦船の母港になっている。厚木基地には、空母艦載機が駐留し、佐世保基地には第7艦隊の強襲揚陸艦群が駐留している。在日アメリカ空軍の司令部は横田基地にあり、青森の三沢基地に第35戦闘航空団が駐留している。岩国航空基地は本州唯一の海兵隊基地だ。

　一方、沖縄には「本土」に所在するアメリカ軍基地面積の倍以上の約70

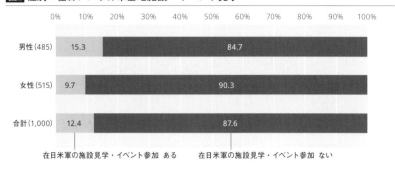

図2 性別×在日アメリカ軍基地施設・イベント見学

男性(485)	15.3	84.7
女性(515)	9.7	90.3
合計(1,000)	12.4	87.6

在日米軍の施設見学・イベント参加　ある　　在日米軍の施設見学・イベント参加　ない

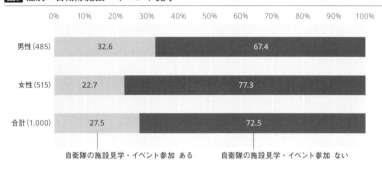

図3 性別×自衛隊施設・イベント見学

男性(485)	32.6	67.4
女性(515)	22.7	77.3
合計(1,000)	27.5	72.5

自衛隊の施設見学・イベント参加　ある　　自衛隊の施設見学・イベント参加　ない

　％があり、在日海兵隊の司令部がキャンプ・バトラーに所在する。また、第3海兵遠征軍司令部がキャンプ・コートニー（うるま市）、海兵隊基地部隊司令部がキャンプ・フォスター（宜野湾市）、第1海兵航空団が普天間基地に所在している。嘉手納基地には、在日空軍の第18航空団がある。したがって、表1の「沖縄」と「嘉手納基地」を合計すると「10件」ということになる。

　表2をみると、自衛隊施設・イベントの来訪者は、航空自衛隊の基地で開催される「航空祭」を最も楽しみにしているようだ。特に入間基地は、「入間基地航空祭」の記述と合わせれば「20件」で、最も多くなる。上述したように、1日で20万から30万人もの来場者を集める人気の高さを反映しているといえるだろう。一方、第3位となった横須賀基地の場合、在日アメリカ海軍横須賀基地と隣接していて、横須賀市全体が、地域おこし活動の一環として、「よこすか海軍カレー」を主軸にして各種のイベントを開催したり、「ヨコスカ軍港めぐり」として海上自衛隊とアメリカ海軍の艦艇を海上から

見学する遊覧船を運行したり、その遊覧コースのなかに護衛艦内での海軍カレーの昼食を組み込んだりといった、商業的努力の成果が表れているように思われる。さらに、2018年度で10回目を迎えた「よこすかYYのりものフェスタ」は、鉄道やバス、消防車、船などの「のりもの」を、子どもも大人も楽しむことができるイベントで、海上自衛艦船を一般公開し、一部の艦船に乗船して、自衛隊員との交流も楽しめるという。官民協力した「ミリタメ」プログラムの提供という点に、軍港ヨコスカの特徴がある。

表1 在日アメリカ軍施設・イベント

順位	施設・イベント名	件数
1	横須賀基地	28
2	横田基地	17
3	厚木基地	16
4	岩国基地	12
5	沖縄	5
5	嘉手納基地	5
5	三沢基地	5

表2 自衛隊施設・イベント

順位	施設・イベント名	件数
1	航空祭	14
2	入間基地航空祭	12
3	横須賀基地	10
4	舞鶴基地	9
4	浜松基地	9
4	岐阜基地航空祭	9
7	入間基地	8
8	小牧基地	7

　では、これらの施設・イベント見学に、どのような年齢層が参加しているのだろうか。図4は「在日米軍基地施設・イベント見学」経験の有無、図5は「自衛隊施設・イベント見学」経験の有無を年齢層別にみた結果である。これをみると、「在日米軍基地施設・イベント見学」に参加する年齢層の主体は50代（15.5%）で、60代以上（14.9%）、40代（11.9%）がそれに続いている。一方、「自衛隊施設・イベント見学」に参加するのは主に40代（32.9%）で、50代（31.7%）、60代以上（29.5%）もほぼ同程度の参加率である。自衛隊関連のイベントのほうが、地理的な要因やもともとの関心の高さもあり、子ども連れの家族が参加しやすいのかもしれない。ただし、乳幼児連れの場合には、こうした数十万規模の来場者を伴うイベントへの参加は非常に困難である。というのも、一般にこうした日米の軍事基地施設見学者用の駐車場は用意されておらず、行き帰りの電車・バスなどの公共交通機関は非常に混雑し、また、最寄り駅から会場までの移動距離が長い場合が多く、基地施設内での徒歩移動なども多大な困難を伴うことが予想されるからである。また、2018年に実施された内閣府の世論調査によれば、「自衛隊に関心がない（あまり・全くない、を含む）」と答えた割合が最も高かったのが30代（50.9%）であり、その次に高かったのが20代（40.6%）となっており、40-60代の30%前後

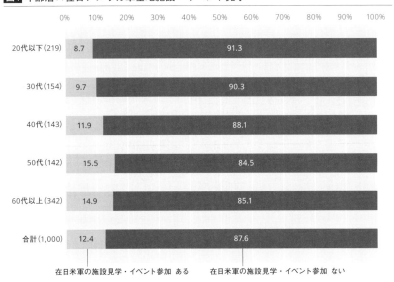

図4 年齢層×在日アメリカ軍基地施設・イベント見学

| | 0% | 10% | 20% | 30% | 40% | 50% | 60% | 70% | 80% | 90% | 100% |

20代以下(219)　8.7　91.3

30代(154)　9.7　90.3

40代(143)　11.9　88.1

50代(142)　15.5　84.5

60代以上(342)　14.9　85.1

合計(1,000)　12.4　87.6

在日米軍の施設見学・イベント参加 ある　　　在日米軍の施設見学・イベント参加 ない

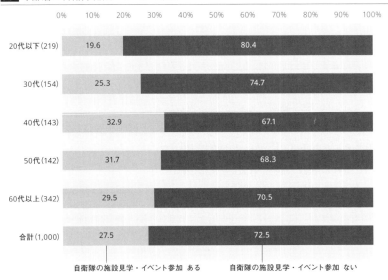

図5 年齢層×自衛隊施設・イベント見学

| | 0% | 10% | 20% | 30% | 40% | 50% | 60% | 70% | 80% | 90% | 100% |

20代以下(219)　19.6　80.4

30代(154)　25.3　74.7

40代(143)　32.9　67.1

50代(142)　31.7　68.3

60代以上(342)　29.5　70.5

合計(1,000)　27.5　72.5

自衛隊の施設見学・イベント参加 ある　　　自衛隊の施設見学・イベント参加 ない

図6 ミリタリー関連趣味×在日アメリカ軍基地施設・イベント見学

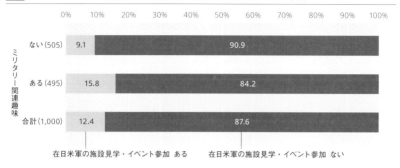

図7 ミリタリー関連趣味×自衛隊施設・イベント見学

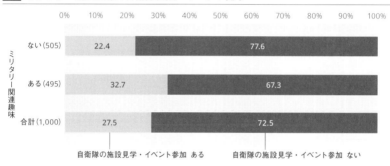

の数値と比べてかなり高いことがわかる。さらに、ここ数年の平均初婚年齢⁽⁵⁾が30歳前後であることを考えると、30歳代の乳幼児連れ家族の場合、むしろ、こうした施設・イベント見学を敬遠する傾向があるのではないだろうか。

　次に、ミリタリー関連趣味の有無によって、軍事施設・イベント見学の参加傾向に違いがあるかどうかをみてみよう。

　図6は「在日米軍基地施設・イベント見学」経験の有無、図7は「自衛隊施設・イベント見学」経験の有無をミリタリー関連趣味の有無別にみた結果である。

　これをみると、在日アメリカ軍基地・自衛隊施設ともに、明らかに「ミリタリー関連趣味」をもつ者のほうが、そうでない者よりも、イベントなどの見学に参加する割合が高いことがわかる。

3 「ミリタメ」を求めて

　上記の結果をまとめると、調査対象者の約8人に1人が「在日アメリカ軍基地施設・イベント見学」の経験をもつ一方、「自衛隊施設・イベント見学」経験をもつのは約4人に1人の割合である。女性よりも男性に多く、また当然のことながらミリタリー関連趣味をもつ者のほうが多い年齢層では40代から50代が比較的多く経験している、ということが明らかになった。最も参加者が多かった「航空祭」は、ブルーインパルスの曲技飛行展示などエンタメ性が高い催しであり、おそらく一定年齢以上の子どもをもつ世代の親子や、もともと興味・関心の高い人たちが、ミリタリー・カルチャーを楽しめる「ミリタメ」を求めて参加している姿が推察される。さらに、アメリカ軍基地での「アメリカン・フェスタ」は、「ミリタメ」に加えてアメリカ文化を楽しむという側面も認められる。これらの調査結果から、近年はミリタリー・カルチャーが娯楽としてとらえられ、それを消費する形態も多様化してきたことが示されているといえるのではないだろうか。あるいは、「ダーク・ツーリズム」とは対照的な、あくまでも明るく楽しい「ミリタメ・ツーリズム」現象の出現といってもいいだろう。

（河野 仁）

注

（1） John Lennon and Malcolm Foley, *Dark Tourism*, Thomson Learning, 2006、須藤廣「ダークツーリズムが持つ現代性と両義性」「立命館大学人文科学研究所紀要」2016年3月号、立命館大学人文科学研究所、85―109ページ

（2） マーチン・ファン・クレフェルト『戦争文化論』上・下、石津朋之監訳、原書房、2010年、高橋三郎「戦争研究と軍隊研究――ミリタリー・ソシオロジーの展望と課題」、福間良明／野上元／蘭信三／石原俊編『戦争社会学の構想――制度・体験・メディア』所収、勉誠出版、2013年、43―86ページ

（3） Eyal Ben-Ari and Sabine Frühstück, "The Celebration of Violence: A Live-Fire Demonstration Carried out by Japan's Contemporary Military," *American Ethnologist,* 30(4), 2003, pp. 540-555. なお、「軍事スペクタクル」とは、視覚的に強い印象を与える軍事組織による行事を指し、火力演習以外にも、大規模なパレード行進、観閲式や観艦式、航空観閲式なども含まれる。

（4） 戦争博物館の展示を、「エンターテイメント性」の側面から評価しようと試みている例として、たとえば古市憲寿『誰も戦争を教えてくれなかった』（講談社、2013

　　年）を参照。
（5）内閣府政府広報室『「自衛隊・防衛問題に関する世論調査」の概要』1ページ、平成
　　30年3月（https://survey.gov-online.go.jp/h29/h29-bouei/gairyaku.pdf）〔2018年5月
　　19日アクセス〕

第**5**部

自衛隊と
安全保障

5-1 自衛隊への印象と評価

　2018年1月に内閣府が実施した「自衛隊・防衛問題に関する世論調査」で、「自衛隊に対して良い印象を持っている」(「どちらかといえば良い印象を持っている」を含む)という回答は89.8%となっていて、過去最高値を記録した前回調査(2015年1月実施)の92.2%、その3年前の前々回調査(2012年1月実施)時の91.7%ほどではないものの、ここ数年は90%前後の高い数値で推移している(図1)。[(1)]

　特に、2011年の東日本大震災では、マグニチュード9.0という史上最大規模の地震と、それに伴う津波や原子力発電所事故などによる複合的な災害が発生し、死者・行方不明者が約2万人にのぼり、自衛隊が10万人を超える過去最大規模の人員を動員した災害派遣活動を実施したことが国民に高く評価された。さらに、16年4月には熊本地震が発生し、東日本大震災に次ぐ大規模な災害派遣活動も実施している。これらの地震災害だけでなく、火山噴火活動や豪雨・土砂崩れなどの各種自然災害、あるいはオウム真理教徒らによる地下鉄サリン事件などの人為的な災害発生時の、さまざまな災害派遣活動に対する高い評価がこうした好印象の背景にある。[(2)]ちなみに、上記の18年に内閣府が実施した世論調査によると、国民が「自衛隊に期待する役割」として最も高い期待を寄せているのは「災害派遣(災害の時の救援活動や緊急の患者輸送など)」(79.2%)であり、それに次いで「国の安全の確保(周辺海空域における安全確保、島嶼部に対する攻撃への対応など)」(60.9%)や「国内の治安維持」(49.8%)、さらに「弾道ミサイルへの対応」(40.2%)、「国際平和協力活動への取組(国連PKOや国際緊急援助活動など)」(34.8%)の順となっている。[(3)]

　一方、1969年以降継続して3年ごとに実施しているこの内閣府の調査で、自衛隊に対するいい印象が最も低かったのは72年調査の58.9%であり、「自

図1「自衛隊・防衛問題に関する世論調査」（2015年までの推移）

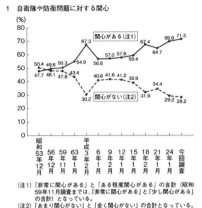

1 自衛隊や防衛問題に対する関心

(注1)「非常に関心がある」と「ある程度関心がある」の合計（昭和59年11月調査までは、「非常に関心がある」と「少し関心がある」の合計）となっている。

(注2)「あまり関心がない」と「全く関心がない」の合計となっている。

(注3)性別及び年齢別の詳細については、〈http://survey.gov-online.go.jp/h26/h26-bouei/zh/z01.html〉参照

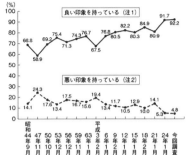

2 自衛隊に対する印象

(注1)「良い印象を持っている」と「どちらかといえば良い印象を持っている」の合計（平成18年2月調査までは、「良い印象を持っている」と「悪い印象は持っていない」の合計）となっている。

(注2)「どちらかといえば悪い印象を持っている」と「悪い印象を持っている」の合計（平成18年2月調査までは、「良い印象は持っていない」と「悪い印象を持っている」の合計）となっている。

（出典：『防衛白書 平成28年版』資料74より抜粋）

衛隊に対して悪い印象を持っている」（「どちらかといえば悪い印象を持っている」を含む）という回答は24.3％に達していた。その社会的背景には、ベトナム反戦運動の世界的な拡大とそれに呼応した日本国内での反戦・平和運動の高まりや、70年安保闘争の影響、さらに、71年7月30日に発生した全日空機と航空自衛隊のF86戦闘機の空中衝突事故で旅客機の乗客・乗員計162人全員が死亡するという痛ましい事故の影響がある。この「全日空機雫石衝突事故」は、当時、戦後日本最大規模の航空事故だった。[4]　その社会的衝撃は強く、上空から遺体が雫石町各地に降り注ぐ地獄絵図の状況をセンセーショナルに報じる当時の新聞やテレビなどの報道が国民に与えた否定的な影響が、上記の「自衛隊に対する悪い印象」を強めたことは想像に難くない。

　その後、1989年に冷戦が終結したものの、90年代に入ってから「自衛隊に対する悪い印象」がやや高まり、「自衛隊や防衛問題に対する関心」も大きく高まる契機になったのが、湾岸危機の発生だ。90年8月にイラク軍が突如としてクウェートに侵攻して一方的に併合を宣言したことから、翌年1月にはイギリス・アメリカ軍を主力とした多国籍軍の武力攻撃により湾岸戦争が勃発した。その間、90年10月には、一定の条件のもとで自衛隊部隊を海外に派遣することを可能にする国連平和協力法案が国会審議にかけられたが、野党側の強い反対や国内の反戦運動の高まりとともに、廃案になった。しか

しながら、91年6月には、自衛隊法に基づいて海上自衛隊の掃海部隊がペルシャ湾での機雷除去のために派遣された。また、92年6月には国際平和協力法が成立し、国連平和維持活動（PKO）に従事するために戦後初めて陸上自衛隊の施設部隊がカンボジアPKOに参加するべく海外に派遣された。当初は、社会的認知度が低かった自衛隊の国際平和協力活動も、四半世紀にわたる活動実績によって、その取り組みの必要性については広く認知されるようになってきた。カンボジア派遣PKO第1次隊に参加したある自衛官によれば、地元住民の自衛隊観が大きく変わったのは、「PKOと阪神淡路大震災（1995年）」だったという。しかしながら、昨今のイラク人道復興支援活動や南スーダンPKOに関する自衛隊部隊の日報問題などにみられるように、国際活動に伴う危険度についても、改めて国民の関心が向けられるようになってきた。

　ところで、2018年1月に内閣府が実施した上記の世論調査では、「自衛隊や防衛問題に対する関心」についても尋ねている。自衛隊や防衛問題に「関心がある（非常に・ある程度、を含む）」という回答は67.8％となり、過去最高を記録した前回調査の71.5％（2015年1月実施）から3.7ポイント減少している。また、同じ18年実施の世論調査で「日本が戦争に巻き込まれる危険性」について、「危険がある（ある・どちらかといえばある、を含む）」という回答が85.5％にのぼり、前回調査（2015年実施）から10ポイントも増えている。その背景には、北朝鮮の核・ミサイル開発や中国の軍事活動の活発化だけでなく、15年9月に成立したいわゆる平和安全法制の影響もあるだろう。16年3月には、平和安全法制の施行に反対する学生や市民の団体などによる大規模なデモなどもおこなわれた。こうした若年層のあいだで共有された危機感の強さは、「日本が戦争に巻き込まれる危険がある」と答えた18歳から29歳のうち、48.9％が「危険がある」、45.9％が「どちらかといえば危険がある」と答えていて、合計すると実に94.8％となり、70歳以上の77.3％よりもかなり高い数字になっている。この質問に対する回答については、男性と女性の回答のあいだには2.4ポイントの差しかないことから、世代間の認識の相違がいかに大きいかがうかがわれる。

　このように、世論調査を通じた「自衛隊に対する印象や評価」は、調査時点直近の社会状況や自衛隊の活動状況に影響を受ける傾向があることをふまえたうえで、わたくしたちが実施した調査に対する回答結果について、以下

に概要を示すことにしたい。

1 自衛隊に対する印象

　図2は、上述の内閣府による世論調査と同じ質問に対する第1次調査（2015年）の結果である。問34「全般的に見てあなたは自衛隊に対して良い印象を持っていますか、それとも悪い印象を持っていますか」という質問に対する回答は、「良い印象を持っている」が32.8％、「どちらかといえば良い印象を持っている」が56.0％で、計88.8％となっている。一方、「どちらかといえば悪い印象を持っている」（7.4％）、「悪い印象を持っている」（3.7％）の合計は11.1％であり、全国サンプルの内閣府世論調査と比較して、やや「悪い印象」をもつ回答が多いものの、全般的な傾向は大きく変わらない。ただし、性別でみると、「良い印象を持っている」と答えた男性が38.5％であるのに対して、女性は27.0％であり、男性のほうが女性よりも「良い印象」をもつ傾向が強いことを示唆している（問34に「わからない」と回答した138人を除いて集計。以下同様）。

　また、「自衛隊に対する印象」が「ミリタリー関連趣味の有無」によって異なるのかどうかを確認したのが図3である。これをみると、「良い印象を持っている」と回答したのは、「ミリタリー関連趣味あり」が39.2％、「ミリタリー関連趣味なし」が26.0％と、明らかに「ミリタリー関連趣味」をもっている回答者のほうが、自衛隊に対して「良い印象」をもつ傾向が強いこと

図2 性別×自衛隊に対する印象

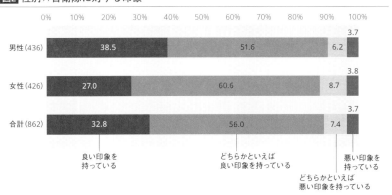

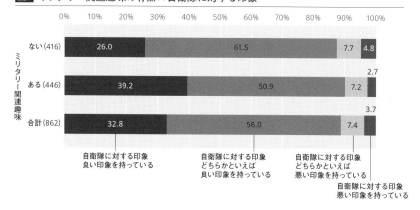

図3 ミリタリー関連趣味の有無×自衛隊に対する印象

ミリタリー関連趣味		
ない (416)	26.0 / 61.5 / 7.7 / 4.8	
ある (446)	39.2 / 50.9 / 7.2 / 2.7	
合計 (862)	32.8 / 56.0 / 7.4 / 3.7	

自衛隊に対する印象
良い印象を持っている

自衛隊に対する印象
どちらかといえば
良い印象を持っている

自衛隊に対する印象
どちらかといえば
悪い印象を持っている

自衛隊に対する印象
悪い印象を持っている

がわかる。

　なお、「自衛隊に対する印象」を年齢層別にもみてみたが、「良い印象（良い・どちらかといえば良い、含む）」をもっているという回答は、どの年齢層も86％から91％とほぼ同じであり、大きな違いはみられなかった。

2＿＿自衛隊の災害派遣活動の評価

　第2次調査（2016年）で、上述の内閣府による世論調査と同じ質問を用いて、自衛隊の災害派遣活動に対する評価を尋ねた結果が図4である。
「自衛隊が今までに実施してきた災害派遣活動について、あなたはどのように評価していますか」という質問に対し、「大いに評価する」（男性70.3％、女性67.8％）、「ある程度評価する」（男性20.7％、女性24.7％）、を合わせた「評価する」（男性91.0％、女性92.5％）という回答は、全体で91.7％だった。この結果は、災害派遣活動を評価するという回答が「98％」という非常に高い数値を示した2015年度実施の内閣府調査の結果には及ばないが、自衛隊の災害派遣活動が相変わらず非常に高い評価を得ていることに変わりはない。15年から16年にかけて、自衛隊が出動した主な災害派遣活動をみると、15年1月中旬に、岡山・佐賀県で発生した鳥インフルエンザ対応、同年9月の関東・東北豪雨に対する災害派遣、さらに16年4月には、熊本地震に対する災害派遣で最大時2万6,000人という東日本大震災に次ぐ大規模な人員が動員されるなど、地震・豪雨・台風・火災・鳥インフルエンザなどの各種の自

図4 性別×自衛隊の災害派遣活動の評価

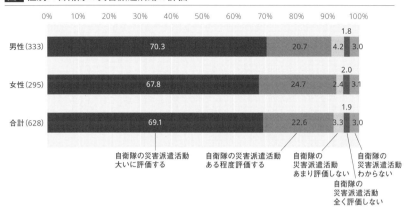

図5 年齢層×自衛隊の災害派遣活動の評価

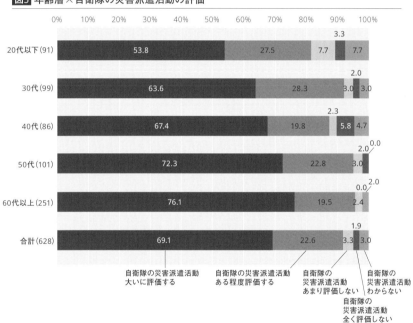

然災害に際して、継続的に大小さまざまな規模での災害派遣活動がおこなわれていたことがわかる。

なお、「ミリタリー関連趣味の有無」による「自衛隊の災害派遣活動に対する評価」の違いを確認してみたところ、「自衛隊の災害派遣活動を大いに評価する」という回答は、ミリタリー関連趣味の「ある・なし」にかかわらず69.1％とまったく同じであり、「ある程度評価する」という回答でも両者のあいだには2ポイント以下の違いしかなく、統計的に有意な相違はみられなかった。

一方、年齢層別による「自衛隊の災害派遣活動に対する評価」の結果については図5に示したとおりで、若干の違いがみられた。具体的には、若年層は「あまり評価しない」「わからない」という回答が多く、年齢層が高くなるにつれて「評価する」という回答が増える傾向がみられた。ちなみに、「自衛隊の災害派遣活動を大いに評価する」という回答の割合は、20代以下が53.8％、30代63.6％、40代67.4％、50代72.3％、60代以上では76.1％となっている。

3　　自衛隊の実力集団としての
　　　能力の評価

さらに、第2次調査（2016年）では、自衛隊の実力集団としての評価についても尋ねた。その結果が図6である。「自衛隊の、国防を担う実力集団としての能力について、あなたはどのように評価していますか」という質問に対し、「大いに評価する」（男性24.9％、女性18.3％）、「ある程度評価する」（男性49.2％、女性46.1％）を合わせた、「評価する」（男性74.1％、女性64.4％）という回答が全体で69.6％だった。男性と女性とのあいだでは、「評価する」という回答に約10ポイントの開きがみられ、性別によって実力集団としての自衛隊の評価はかなり異なるといえる。

また、「ミリタリー関連趣味の有無」による違いをみたのが、図7である。自衛隊の実力集団としての評価について、「大いに評価する」という回答は、「趣味あり」の場合、27.3％、「趣味なし」の場合、16.7％と、約10ポイントの差がみられる。災害派遣活動に対する評価の場合には、両者のあいだに差異はみられなかったが、自衛隊の実力集団としての評価については、ミリタ

図6 性別×自衛隊の実力集団としての評価

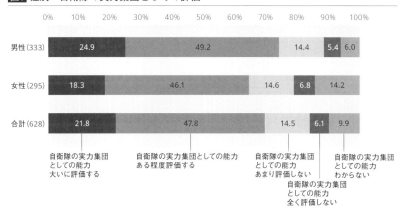

図7 ミリタリー関連趣味の有無×自衛隊の実力集団としての評価

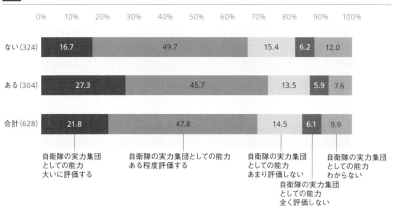

リー関連の趣味をもつことが肯定的な評価につながっているようだ。また、そのことが自衛隊に対するいい印象をもつことにも関連していると思われる。というのも、「実力集団としての評価」をするためには、ある程度の基礎的な軍事知識や、自衛隊の軍事組織としての精強性、人員や装備、運用面での特徴など、評価基準となりうる基礎知識が必要になるからだ。そうした知識を持ち合わせていない場合、「わからない」という回答が増えることになる。「ミリタリー関連の趣味なし」の場合、「わからない」という回答が12.0％で、「趣味あり」の7.6％よりも多くなっている。また、同じような傾向は、年齢層別にみた場合にもみられる。

年齢層別の回答を示した図8でも、「わからない」の回答は、20代以下15.4％、30代13.1％、40代10.5％、50代7.9％、60代以上7.2％と、年齢層が若くなるにつれて「わからない」の回答比率が高くなっていて、それにほぼ反比例して、「大いに評価する」という回答が低くなっていることがわかる。

　ただし、「評価しない（あまり・全く評価しない）」という回答については、20代と50代が他の年齢層に比べてやや割合が多いという特徴がある。この点について、詳しく調べてみた結果、女性の回答傾向に特徴がみられた（図9）。特に、「20代以下・女性」では、「あまり評価しない」（29.4％）と「全く評価しない」（5.9％）を合わせた「評価しない」（35.3％）という回答の比率が最も高かった。さらに、「50代・女性」でも、「あまり評価しない」（22.0％）、「全く評価しない」（10.0％）を合わせた「評価しない」（32.0％）という回答比率が、「20代以下・女性」に次いで多かった。ちなみに、「20代以下・男性」の「評価しない」が17.6％、「50代・男性」の「評価しない」が

図8 年齢層×自衛隊の実力集団としての評価

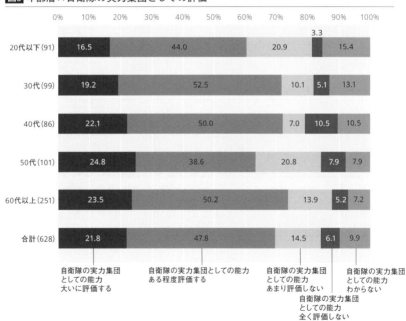

25.5%であることから、「20代以下・女性」の否定的評価は同世代の男性の2倍になっていて、最も認識の相違がみられることが明らかになった。

（河野　仁）

図9 年齢層×自衛隊の実力集団としての評価（女性だけ）

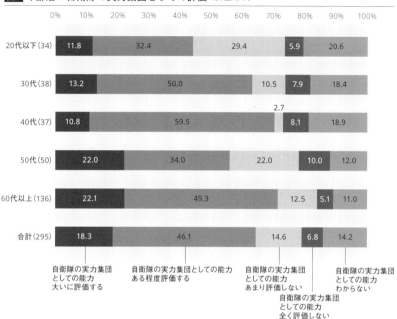

注

（1）内閣府政府広報室「「自衛隊・防衛問題に関する世論調査」の概要」（https://survey.gov-online.go.jp/h29/h29-bouei/gairyaku.pdf）［2018年5月19日アクセス］。『防衛白書』（防衛省・自衛隊、2013年）では、こうした国民の自衛隊に対する高い期待や評価の背景には、2011年3月11日に発生した東日本大震災での自衛隊の災害派遣活動や国際活動に対する高い評価があることを指摘している。12年1月に内閣府が実施した「自衛隊・防衛問題に関する世論調査」で、「東日本大震災に係わる自衛隊の災害派遣活動」を「評価する（大いに・ある程度、を含む）」という回答が97.7%であり、「自衛隊の海外での活動に対する評価」を尋ねた質問についても、87.4%が「評価する（大いに・ある程度、を含む）」と回答している。

（2）読売新聞が2004年に自衛隊発足50年にちなんで実施した世論調査によると、「この10年間での自衛隊の活動の中で印象に残っているもの」という質問に対する回答のうち、上位3つは「阪神淡路大震災など国内の被災地での救助活動や復旧支援（83.4

%）」、「イラクでの人道復興支援（59.8％）」、「地下鉄サリン事件での化学防護隊の出動（49.5％）」となっている（「読売新聞」2004年6月3日付）。

(3) 前掲「「自衛隊・防衛問題に関する世論調査」の概要」6ページ

(4) その後、1985年8月12日に発生した日航機墜落事故での犠牲者が520人にのぼり、新たに国内史上最大の航空事故になった。この際、自衛隊は災害派遣活動を実施し、生存者4人の救助や犠牲者の遺体搬送などの任務に従事した。

(5) 河野仁「自衛隊PKOの社会学──国際貢献任務拡大のゆくえと派遣ストレス」、中久郎編『戦後日本のなかの「戦争」』所収、世界思想社、2004年、222ページ

(6) 前掲「「自衛隊・防衛問題に関する世論調査」の概要」17ページ

(7) 「平和安全法制整備法」（我が国および国際社会の平和及び安全の確保に資するための自衛隊法等の一部を改正する法律）、および「国際平和支援法」（国際平和共同対処事態に際して我が国が実施する諸外国の軍隊等に対する協力支援活動等に関する法律）。

(8) 前掲「「自衛隊・防衛問題に関する世論調査」の概要」17ページ

5-2 女性自衛官

　これまで軍隊は、伝統的に男性支配的な文化をもつ組織の典型とされてきた。しかしながら、近年の軍事組織では、一般社会での男女平等の推進や人権意識の高まりによって「ジェンダー統合」が進み、女性兵士の役割拡大がグローバルに進展しつつある。特に、国際連合安全保障理事会決議1325号が採択された2000年以降、軍事組織での「ジェンダー主流化」の動きが加速し、北大西洋条約機構（NATO）では、NATO軍女性委員会（1961年創設、76年公式承認）とジェンダー視点NATO委員会（2009年に改称）を中心に加盟国やパートナー国の軍隊での「ジェンダー主流化」を積極的に推進・推奨してきた。2017年12月に発行されたジェンダー視点NATO委員会の報告書によれば、女性兵士に対する配置制限を撤廃したNATO加盟国の割合は、14年に70.3％、15年に84.6％、16年には96.3％まで上昇したという。NATOのパートナー国である日本も、14年12月以降、女性自衛官（2佐）をNATO事務総長特別代表（女性、平和、安全保障担当）補佐官として派遣していて、防衛省・自衛隊での「ジェンダー主流化」を推進しようとしている。

　ただし、軍事組織でのジェンダー統合やジェンダー主流化の進展には、国ごとの文化的差異がみられる。たとえば、女性兵士の比率でみると、2016年のNATO加盟国平均は10.9％だが、ハンガリーが20％でトップ、次いでスロベニア・ラトビア・アメリカが約16％である一方、最低比率のトルコは1.3％、続いてイタリア（4.3％）、ポーランド（5.0％）、ルーマニア（5.9％）と、かなりの開きがある。ちなみに、16年の自衛隊の女性比率は6.1％であり、ルーマニアとほぼ同等である（図1を参照）。また、女性兵士の戦闘職種制限撤廃に関しても、早くから制限を解除していたベルギー（1981年）、ノルウェー（1985年）、カナダ（1989年）などの国と、比較的最近になって制限撤

廃を実現したオーストラリア（2011年）、アメリカ（2013年）などの国とのあいだに違いがある[(2)]。また女性兵士の潜水艦勤務解禁の時期についても、最初に解禁したノルウェー（1985年）、それから数年後のカナダ（1989年）、その後20年以上遅れたアメリカ（2010年）やオーストラリア（2011年）などの国で事情は異なる。

　さらに、近年になってみられる変化は、ジェンダー統合・主流化をめぐる言説のパラダイム転換だ。2007年6月、NATO軍女性委員会は「NATOジェンダー主流化に関する手引」[(3)]を承認した。この手引は、加盟国にNATO軍の作戦のすべての側面でジェンダーに関わる問題を意識するよう促し、常にジェンダー平等の視点を忘れないことが「作戦効果（operational effectiveness）」を高めるという認識を広め、作戦と作戦計画、教育・訓練、評価の3つの分野でジェンダー主流化に関する基本原則や具体的な施策を周知・推奨することを目的としていた[(4)]。1980年代から90年代までの、初期の軍事組織でのジェンダー統合を正当化する論理は、男女の「機会均等（equal opportunity）」だった。男女平等を尊重し、軍隊入隊の機会での女性差別をなくし、人口比からみて過少代表となっている女性兵士の比率をなるべく増やそうとする「代表性（representativeness）」の論理が強調されていた[(5)]。一方、2000年代以降、次第に支配的になってきた論理では、「多様性と包摂（diversity and inclusion）」を重視し、ジェンダー統合・主流化は、人種・民族・宗教や性的指向・性自認などの属性面だけでなく、認知能力や職種・軍種の違いなどの次元も幅広い人材の多様性の一部とみなされるようになり、男女の特性の違いも含めて、軍事組織成員の個人的能力・資質・適性の相違をふまえながら、「任務遂行能力向上のために多様な人材を活用すべき」「多様性は兵力を倍増させる」（アメリカ）、「多様性は国防省のコア・ビジネス」「人員の多様性は作戦効果を高める[(6)]」（イギリス国防省）という考え方を強調するようになった。いわば、「機会均等論」から「作戦効果向上論」へのパラダイム転換である。

　別の言い方をすれば、「機会均等論」の論理では、形式的な男女平等を重視するあまり、多少の「作戦効果」あるいは組織の有効性の低下については「受忍すべき」と考える「受忍限度論」的な思考の枠組みにとどまっていて、作戦任務の完遂を最優先に考える戦闘部隊指揮官など（男性）の理解を得ることが困難だった。しかしながら、9.11同時多発テロ以降に生起した軍事侵

攻作戦で、イラクやアフガニスタンでの作戦任務遂行時、特に対反乱作戦（counter-insurgency operations）には女性兵士の存在が欠かせないことが判明した。反乱分子や自爆テロリストには女性も含まれているが、イスラム教国ではジェンダー規範をめぐる宗教的な制約もあり、身体検査や女性との接触・交渉・尋問などには女性兵士があたる必要があったためである。また、アメリカ軍では女性兵士に対する直接戦闘職種への配置制限がまだ解除されていない時代だったにもかかわらず、実際には戦闘行為に女性兵士が巻き込まれるという事態が頻発した。

　アメリカ軍が、2010年代になって女性兵士の直接戦闘職種配置制限を撤廃し、潜水艦勤務も認めるようになった背景には、こうした実戦での女性兵士活用による「作戦効果向上」が組織全体に認められるようになったことがある。00年代にアメリカ軍が経験した「長い戦争」は、1990年代までアメリカ軍内に強固に存在した女性の戦闘職種制限解禁（さらにいえば、同性愛者の入隊禁止条項撤廃）に対する強い懸念を払拭した。その結果、2009年度の国防権限法によって設立された「軍事リーダーシップ多様性委員会」の最終報告書（『代表から包摂へ』2011年）で女性兵士に対する配置制限の撤廃が提言され、バラク・オバマ政権での政策転換の実現に大きく寄与した。こうして、NATO諸国のなかでも15％前後の高い女性兵士比率を誇り、一見ジェンダー主流化の先進国と思われがちなアメリカでも、女性兵士の戦闘職種配置制限が完全に撤廃されるに至った16年まで、かなり長い道のりをたどってきたといえる。「潜水艦への配置制限解除」は、「戦闘職種への配置制限解除」と並んで、軍事組織でのジェンダー統合の重要なメルクマールの一つである。この観点からみれば、アメリカ軍でもジェンダー統合が実現したのは比較的最近のことだということになる。

　こうした国際社会での女性兵士の役割拡大とジェンダー主流化をめぐるパラダイム転換は、日本社会や防衛省・自衛隊での男女共同参画や女性活躍推進施策にも一定の影響を与えてきた。

　これまでの自衛隊でのジェンダー統合については、1950年の警察予備隊創設以来、「自衛隊は女性を包摂しつつ周縁化するジェンダー編成をとってきた」「自衛隊は「男＝体力＝一流の戦力／女＝母性＝二流の戦力」といった二元的な枠組みを、最初から最後まで、決して手放すことはなかった[7]」と批判的に評価されてきた。90年代までの自衛隊は「差異あり平等」という

図1 女性自衛官の在職者数推移

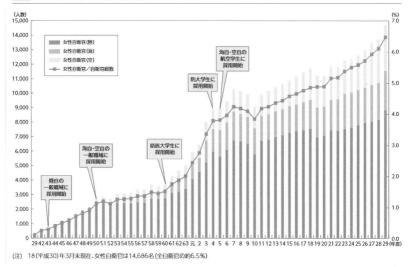

（注）　18（平成30）年3月末現在、女性自衛官は14,686名（全自衛官の約6.5%）

（出典：「女性職員の活躍推進のための改革」『平成30年度版防衛白書』防衛省・自衛隊〔http://www.clearing.mod.go.jp/hakusho_data/2018/html/n33203000.html#zuhyo03030201〕〔2019年3月19日アクセス〕）

公定ジェンダー・イデオロギーを保持し、「女性を組織内にとり込みつつも、男性より効用の劣る存在として劣位におくようなジェンダー編成をつくりあげ、それを正当化する」[8] 組織であるとみられていた。

　ところが、1999年の男女共同参画社会基本法施行により、防衛省・自衛隊でも「本気の男女共同参画期」が到来し、海外派遣要員への女性登用、女性自衛官の配置制限見直し、ワークライフバランス施策などの注目すべき施策がとられ始めると、いくぶん肯定的な評価をされるようになった[9]。さらに、2016年4月から10年間の時限立法として施行された女性活躍推進法が[10]、自衛隊での女性自衛官の役割拡大を加速させ、17年4月、「女性自衛官活躍推進イニシャティブ——時代と環境に適応した魅力ある自衛隊を目指して」を策定、全自衛隊での女性の配置制限を実質的に撤廃する方針を明示するに至った。

　2018年12月21日、防衛省は海上自衛隊の潜水艦乗組員として女性自衛官を起用できるよう配置制限を解除した[11]。これによって、陸上自衛隊の特殊武器防護隊の一部と坑道中隊を除いて、これまで続いていた女性自衛官の配置制限が、事実上全面的に解除されたことになる。近年、女性自衛官の活用推

進施策を防衛省・自衛隊は積極的に進めていて、すでに女性自衛官の戦闘機パイロットも誕生し、戦車中隊にも女性自衛官の配置が実現している。これによって、日本もようやくジェンダー統合の面で、欧米諸国と肩を並べるようになったといえる。ただし、18年3月末時点での全自衛隊員に占める女性自衛官比率は6.5％にとどまっている。

　時系列的にみると、図1のように、設立当初は女性自衛官の採用が看護職域に限定されていたものの、1968年に陸自で一般職域にも採用枠が拡大され、75年には海自・空自も女性を一般職域に採用し、85年に防衛医科大学校、92年に防衛大学校で女性採用を開始、その翌年には海自・空自で航空学生に女性を採用するなどの経緯を経て、現在に至っている。[12]

　ところで、上述の「女性自衛官活躍推進イニシャティブ」（2017年）では、2030年までに女性自衛官比率を9％以上とすることを明記していて、その数値目標に到達するため、17年以降の採用者に占める女性の比率を10％以上とすることを定めている。[13]女性自衛官の登用に関しては、佐官以上に占める女性の割合を現在の3.1％以上に増やすことや、将来有望な女性尉官に部隊勤務の指揮官職または指揮官補佐職を経験させ、女性幹部人材の育成を図る一方で、女性自衛官の中途退職率の半減を目指し、女性自衛官が働きやすい職場環境をつくるため、ワークライフバランスの改善や育児支援施策の充実も強調している。[14]なお、育児・介護によって中途退職した女性自衛官が再度採用可能な制度の運用も18年1月から始まっている。18年版『防衛白書』では、「ワークライフバランス・女性隊員の更なる活躍の推進」に言及し、防衛省・自衛隊で、①働き方改革、②育児・介護などと両立して活躍できるための改革、③女性職員の活躍推進のための改革を進めていることが記されている。こうした施策は、女性活躍推進法（2015年制定）、第4次男女共同参画基本計画（2015年12月25日閣議決定）および「国家公務員の女性活躍とワークライフバランス推進のための取組」指針（2016年1月28日女性職員活躍・ワークライフバランス推進協議会決定）をふまえている。

　このように女性自衛官の任用・登用が積極的に進められている背景には、少子・高齢社会化の進展によって募集対象人口が急速に減少している一方で、日本社会全体の高学歴化が進み、景気回復により「自衛官の募集環境は厳しい状況にある」（2018年版『防衛白書』）という切実な事情もある。事実、2018年10月1日、防衛省は「自衛官候補生（任期制隊員）」と「一般曹候補生」の

自衛官採用年齢の上限を26歳から32歳に引き上げた。採用年齢の引き上げは、1990年度以来、28年ぶりのことだ。[15]

　さらに、日本社会全体の構造的変化もある。1980年頃には専業主婦世帯が圧倒的多数を占めていたが、90年代を境に共働き世帯が多数を占めるようになり、2016年時点では共働き世帯が約1,130万世帯、専業主婦世帯が660万世帯と、完全に比率が逆転している。女性人材の活用推進は、日本社会全体の課題でもある。

　このような状況をふまえて、第2次調査（2016年）では、「女性自衛官の任用拡大」および「女性自衛官の配置制限」についての意見を聞いた。その結果は、下記のとおりである。

1　女性自衛官の任用拡大

　まず、図2は問18で尋ねた「女性自衛官の任用拡大」についての意見を性別で示している。[16] 男性は、「任用を拡大すべきである」という回答が41.4%、「現状程度でよい」が35.7%、どちらかといえば「任用拡大」の意見が多かった。一方、女性については、「任用拡大」（32.9%）と「現状維持」（31.5%）が拮抗し、「わからない」（31.9%）もほぼ同比率であった。また、男女ともに「縮小すべきである」という意見はごく少数にとどまった。

　次いで、「女性自衛官の任用拡大」についての意見を年齢層別に示したのが図3である。これをみると、年齢層ごとにやや傾向が異なることがわかる。「任用拡大」を支持する意見が最も多いのは20代（42.9%）と60代（42.6%）

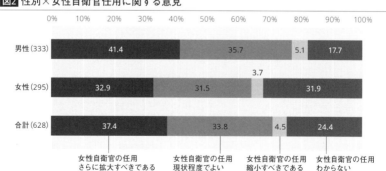

図2 性別×女性自衛官任用に関する意見

図3 年齢層×女性自衛官任用に関する意見

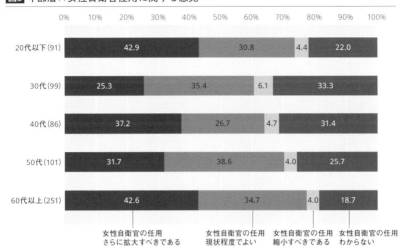

	女性自衛官の任用 さらに拡大すべきである	女性自衛官の任用 現状程度でよい	女性自衛官の任用 縮小すべきである	女性自衛官の任用 わからない
20代以下 (91)	42.9	30.8	4.4	22.0
30代 (99)	25.3	35.4	6.1	33.3
40代 (86)	37.2	26.7	4.7	31.4
50代 (101)	31.7	38.6	4.0	25.7
60代以上 (251)	42.6	34.7	4.0	18.7

図4 ミリタリー関連趣味の有無×女性自衛官任用に関する意見

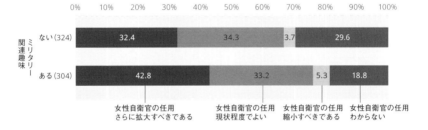

ミリタリー関連趣味	女性自衛官の任用 さらに拡大すべきである	女性自衛官の任用 現状程度でよい	女性自衛官の任用 縮小すべきである	女性自衛官の任用 わからない
ない (324)	32.4	34.3	3.7	29.6
ある (304)	42.8	33.2	5.3	18.8

であり、次いで40代（37.2%）となっている。一方、30代では「現状維持」（35.4%）の意見のほうが「任用拡大」（25.3%）の意見よりも多く、50代もそれに似た傾向がみられる（現状維持38.6%、任用拡大31.7%）。また、30代、40代では「わからない」という意見も30%を超えている点が目につく。ただし、いずれの年齢層でも、「縮小すべき」という意見はごくわずかでしかない。

　図4は、「女性自衛官の任用拡大」についての意見をミリタリー関連趣味の有無別に示したものである。「ミリタリー関連趣味あり」の場合、「任用拡大」（42.8%）の意見が「現状維持」（33.2%）を上回るが、「ミリタリー関連趣味なし」の場合は、「現状維持」（34.3%）が「任用拡大」（32.4%）よりも若干

多いことがわかる。

2　女性自衛官の配置制限

　次に、「女性自衛官の配置制限」に関する意見をみてみよう。

　2016年の第2次調査時点では、まだ女性自衛官の配置制限がおこなわれていたため、問19で「女性自衛官については、戦車・潜水艦など一部の配置は制限されているものの、自衛隊の中で活躍の場が拡大してきています。女性自衛官の配置について、あなたの意見は、次のうちどれに近いですか」と質問した。

　図5は、「女性自衛官の配置制限」に関する意見を性別にみたものである。これをみると、男女ともに「現状どおり、一部制限のうえで配置すべきである」（男性46.5%、女性42.4%）という意見が多数を占めていることがわかる。「配置制限を撤廃すべきである」という意見は、やや男性（32.7%）のほうが女性（25.8%）よりも多くなっているが、「配置制限を強めるべき」という意見は両者ともごく少数である（男性6.0%、女性7.5%）。

　図6は、「女性自衛官の配置制限」に関する意見を年齢層別にみたものである。

　年齢層別にみても、30代を除いてほぼすべての世代で「現状どおり、一部制限のうえで配置すべきである」という意見が多数を占めているが、特に

図5 性別×女性自衛官の配置制限に関する意見

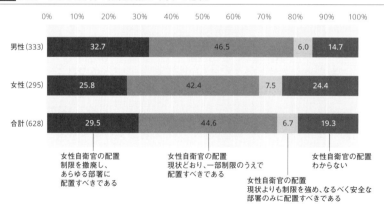

50代（48.5%）、60代（50.2%）でその傾向が一段と強くなっている。30代では、「現状どおり一部配置制限」（31.3%）と「配置制限撤廃」（31.3%）の意見が拮抗している。さらに、「配置制限を現状よりも強め、なるべく安全な部署のみに配置すべきである」という意見が30代と60代で9%を超えている点が注目される（30代9.1%、60代9.2%）。

さらに、図7は、「女性自衛官の配置制限」に関する意見をミリタリー関連趣味の有無別に示している。

これをみると、ミリタリー関連趣味の有無にかかわらず、「現状どおり一

図6 年齢層×女性自衛官の配置制限に関する意見

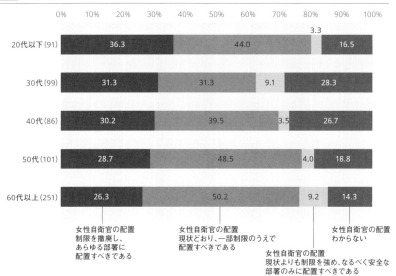

図7 ミリタリー関連趣味の有無×女性自衛官の配置制限に関する意見

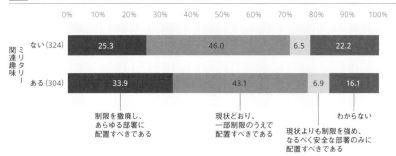

部配置制限すべき」（趣味なし46.0％、趣味あり43.1％）という意見が多数を占めるが、ミリタリー関連趣味をもつ者のほうが、そうでない者に比べて「配置制限撤廃」（趣味なし25.3％、趣味あり33.9％）を支持する意見がやや多い傾向にあることがわかる。

　これらの結果から、第2次調査の対象者は、「女性自衛官の任用拡大」についてはおおむね積極的に支持するものの、「女性自衛官の配置制限撤廃」に関しては慎重な態度であることがわかった。

3　考察
軍事組織でのジェンダー主流化をめぐるモラル・ジレンマ

　今回の女性自衛官の任用拡大と配置制限撤廃をめぐる回答傾向は、軍事組織でのジェンダー主流化の進展をめぐる議論や理想と現実のギャップをめぐる状況を反映しているように思われる。1991年の湾岸戦争時に、全米女性委員会が女性兵士にも戦闘参加の機会を与えるべきだとして、女性兵士の戦闘配置制限撤廃を政府に求める決議をした際には、一部のフェミニストらからは軍事化の進展に与することは許されないという反発を受けた。現在の軍事組織でのジェンダー主流化の進展についても、軍事組織内の男女平等が実現したと安直に喜ぶべきではなく、軍事化の進行に加担している可能性もあることを反省すべきだという意見をもつ人々も存在する。男女共同参画や女性活躍が自衛隊組織内で進展することについても、ミリタリー関連趣味をもち、軍事組織内での女性の役割拡大にそれほど問題意識をもたない人々がいる一方で、戦闘職種にまで女性自衛官の役割が拡大することに躊躇を覚える平和主義志向が強い人々や、軍事化の進展に警戒感をもつ人たちも存在することが、今回の調査で明らかになった。軍事組織内の男女平等と平和主義をめぐるモラル・ジレンマは、容易に解決する問題ではない。

　さらに、実際に役割拡大に直面している女性自衛官の視点からも、自衛官としての社会的役割と、妻・母親としての家庭内での役割との葛藤に悩み、自衛官としてのキャリアを諦めるか、それとも「ワークライフバランス」の両立に悩みながらも仕事を続けるか、逡巡しながらも勤務を継続せざるをえないという現実的問題が指摘されている。(17) 防衛省・自衛隊では、2016年度以降、「働き方改革」推進の一環として各機関などでの優れた取り組みを表彰

するコンテストを実施したり、フレックスタイム制やテレワーク（在宅勤務）制度の導入、庁内託児施設の整備、両立支援ハンドブックの発行、男性自衛官・職員の育児休暇取得率向上施策などを導入して柔軟な勤務体制を可能にする組織的努力は続けられてきている。しかしながら、男性支配的な軍事文化が根強く残る軍事組織のなかで、女性が活躍する機会が拡大する一方で、役割葛藤に悩む女性自衛官の模索はいまも続いている。

（河野　仁）

注

(1) NATO, "Summary of the National Reports of NATO Member and Partner Nations to the NATO Committee on Gender Perspectives," 2016. （https://www.nato.int/nato_static_fl2014/assets/pdf/pdf_2018_01/1801-2016-Summary-NR-to-NCGP.pdf）［2019年2月1日アクセス］

(2) Helena Carreiras, *Gender and the Military: Women in the Armed Forces of Western Democracies*, Routledge, 2006. 一部参照。

(3) Committee on Women in the NATO Forces (CWINF), "CWINF Guidance for NATO Gender Mainstreaming"（https://www.nato.int/issues/women_nato/cwinf_guidance.pdf）［2019年2月1日アクセス］

(4) オーストラリア軍でもジェンダー主流化が作戦効果向上に寄与するという指摘がある（Donna Bridges and Debbie Horsfall, "Increasing Operational Effectiveness in UN Peacekeeping: Toward a Gender-Balanced Force," *Armed Forces and Society*, 36(1), 2009, pp. 120-130.）。

(5) アメリカでのパラダイム転換の実例については、Military Leadership Diversity Commission,"From Representation to Inclusion: Diversity Leadership for the 21st-Century Military Final report," 2011. （〔https://diversity.defense.gov/Portals/51/Documents/Special%20Feature/MLDC_Final_Report.pdf〕［2019年2月1日アクセス〕）を参照。

(6) Ministry of Defence, "Equality & Diversity Schemes 2008-2011: Incorporating Armed Forces, Wider Ministry of Defence and Ministry if Defence Police"（https://assets.publishing.service.gov.uk/government/uploads/system/uploads/attachment_data/file/28142/Equality_Diversity_2008_2011.pdf）［2019年2月1日アクセス］

(7) 佐藤文香『軍事組織とジェンダー――自衛隊の女性たち』慶應義塾大学出版会、2004年、同「ジェンダー化される「ポストモダンの軍隊」」、大本喜美子／貴堂嘉之編『ジェンダーと社会――男性史・軍隊・セクシュアリティ』（一橋大学大学院社会学研究科先端課題研究叢書）所収、旬報社、2010年、141―169ページ

(8) 前掲『軍事組織とジェンダー』322ページ

(9) 前掲「ジェンダー化される「ポストモダンの軍隊」」142ページ

(10) 正式名称は「女性の職業生活での活躍の推進に関する法律」。この法律に基づき、

国・地方公共団体、301人以上の大企業には、自社の女性の活躍に関する状況把握・課題分析、課題解決するのにふさわしい数値目標と取り組みを盛り込んだ行動計画の策定・届出・周知・公表、自社の女性の活躍に関する情報の公表が義務づけられた。2015年制定、16年4月1日から施行。

(11) 2019年度予算案でおやしお型潜水艦に女性区画を整備し、潜水艦教育訓練隊の施設改修をおこない、20年から女性自衛官の潜水艦勤務訓練を開始、21年頃には女性乗組員が配置される予定。

(12) 現在、防衛医科大学校では女子定員を定めていないが、防衛大学校では女子定員があり、2016年入校期から、それまでの40人を60人（全480人中）に増員した。これによって、女子定員比率は約13%になった。

(13) この「女性自衛官活躍推進イニシャティブ」には、「自衛隊は多様な人材に開かれた組織であり続ける」ことが明記されていて、「性別や性的指向・性自認のみを理由として隊員がチャレンジする機会を排除することは、受け入れられない」という文言がある。2016年12月、人事院規則10-10が改正され、国家公務員でのセクシュアルハラスメントに「性的指向若しくは性自認に関する偏見に基づく言動」が含まれることになり、防衛監察本部が発刊する「防衛省コンプライアンス・ガイダンス」（2018年4月）も、人事院規則改正を反映したセクハラ防止規定を改正している。

(14) ワークライフバランスに関する取り組みとしては、たとえば、災害派遣などの緊急登庁時での子どもの一時預かり、庁内託児施設整備（現在、全国8カ所）、ワークライフバランス周知のため「ワラビー（WLB）ちゃん」キャラクターを利用した広報、高級幹部対象の意識啓発セミナー開催、「防衛省職員のための両立支援ハンドブック」（2018年版）の発行などがある。

(15) 2004年に、18歳から26歳の募集対象人口は約1,700万人だったが、17年には約1,100万人に減少した。上限年齢引き上げは、「自衛官候補生」が18年10月1日から、「一般曹候補生」は19年3月1日から実施。

(16) 質問文は、「全自衛官の中での女性自衛官の比率は現在増加傾向にあり、現在は全自衛官の約6%となっています。女性自衛官の任用について、あなたの意見は、次のうちどれに近いですか」である。

(17) 福浦厚子「逡巡するも、続ける」、田中雅一編『軍隊の文化人類学』所収、風響社、2015年、67—93ページ

5-3　自衛隊と広報

1　自衛隊広報の重要性

　2018年3月の内閣府政府広報室「自衛隊・防衛問題に関する世論調査」によると、自衛隊にいい印象をもっている人の割合は全体の89.8％となっている。同調査2015年の92.2％からは微減ではあるが、非常に高い水準だといえる。組織として期待する役割については、79.2％が災害派遣の役割を挙げていて、多くの国民が11年の東日本大震災と原子力発電所の事故の記憶をもとに、その後も繰り返される自然災害での自衛隊の活動を評価していることがわかる。もちろん国の安全の確保に対する期待も決して低いわけではない（60.9％）。

　ところで、こうした自衛隊のイメージは、どこでつくられるのだろうか。身近に関係者がいるなどしなければ、その多くの部分は、マスコミの報道を通じて得られる情報によって形作られている。けれどもそれだけではない。ほかの多くの政府機関と同じように、自衛隊もまた、組織として自ら広報活動をおこなっていることに注意しなければならない。

　マスコミによる報道では自衛隊の側はもっぱら「受け身」にならざるをえないのに対し、自衛隊が自ら能動的におこなう広報活動では、自分たちを市民社会にどう見せるか、どう感じ考えてもらうかということに自衛隊の側が主体的に関わっている。もちろんそのなかには、行政広報や企業の一般的な広報活動と同じように、自らの活動を社会一般にどのように受け取ってもらいたいかということに関わる印象付与だけでなく、その社会的な重要性に伴う説明責任も含まれている。つまり、営利に直結した「広告（Advertisement）」とは区別される、「広報（PR：Public Relations ＝ 社会との関係

［構築])」である。

　防衛庁時代に策定され、改正も経て運用されている「防衛省の広報活動に関する訓令」では、広報活動の意義を「防衛に対する日本国民及び外国人の認識と理解を深め防衛施策に対する信頼と協力を得るため、防衛の実態を正しく部内及び部外に伝え、(略)防衛に関する知識の普及及び宣伝に関する任務を遂行する」ことと定めている。また、この訓令の実施に関連するものとして、各自衛隊が定める「広報活動に関する達(たつ)」がある。それらは広報を「自主的広報活動」と「協力的広報活動」とに分け、実施担当者やその職責、手続きについて定めている。

　広報活動は、自衛隊の側からみた一般社会との接触面であり、逆にその受容は、一般社会からみた自衛隊に対する接触面である。すなわち自衛隊広報は、両者の関係性が表れる場の一つだといえるわけだ。このような活動が実際にどのようにおこなわれているかを知ることは、ミリタリー・カルチャーの研究にとってだけでなく、「軍事・軍隊と社会」研究にとっても重要な視点だろう。

　第2次調査(2016年)では、こうした自衛隊の広報活動に対する評価について質問をおこなった。

2　「萌えキャラ」の起用に対する態度

　問20(1)では、いわゆる「萌えキャラ」を用いた広報活動についての評価を問うている。質問画面のなかで例として挙げたのは、茨城地方協力本部の自衛官募集のポスター(図1)である。そこでは、「萌えキャラ」として、3人のアニメ風の女性キャラクターが描かれている。「萌えキャラ」とは、「萌えるキャラクター」の略で、「萌え」とは、「ある人物や物に特別な興味や愛着をもつことをいう俗語」(新村出編『広辞苑 第7版』岩波書店、2018年)である。

　カラーで示されていないのでわかりにくいかもしれないが、この3人は「I☆P's(アイピース)」という「ユニット」で、青い制服を着ている「ひばり」は空、白の「のばら」は海、濃緑(モスグリーン)の「小梅」は陸、というように、それぞれ航空・海上・陸上の各自衛隊を表している(雲雀・薔薇・梅は、茨城の県鳥・県花・県木でもある)。茨城地方協力本部の広報によると、このキ

ャラクターはイラスト募集コンクールを経て採用されたもので、3人の誰を「センター」にするかでネット投票（「総選挙」）をしたこともあったそうである。

図1 茨城地方協力本部・自衛官募集ポスター2016年版[1]

軍事組織というと、国家の安全保障を担う武力をもった組織にふさわしい力強いイメージが前面に押し出されることが望ましいのではないかと一般的に予想できる。しかし近年、この茨城地方協力本部（茨城地本）の募集ポスターに限らず、アニメ的・マンガ的で「かわいい」女性のキャラクターが自衛隊広報で使われることが多くみられるようになっている。先駆的な試みとなった茨城地本には、全国地本の広報担当者からの問い合わせが数多くあったという。質問では、こうしたギャップを含んだ広報に対する肯定／否定について聞いたのである。「萌えキャラ」を用いた広報を「良い方法」と答えた者は全体の16.2％、「ふさわしくない」と答えた者が50.3％で、あまり肯定的にはとらえられていない。性別でみると男性（19.2％）のほうが女性（12.9％）よりもわずかに肯定的（図2）、年齢層別では20代以下のやや肯定的な傾向（23.1％）がみられる（図3）。ミリタリー関連の趣味の有無も、肯定する割合でやや対照的な傾向（20.1％と12.7％）を示している（図4）。

ただいずれにせよ、全体の半数近くが否定的にとらえているという現状がある。広報する側にとっても、「萌えキャラ」の採用がある種の冒険になることは予想できたはずで、逆にだからこそ、自衛隊の側がこうした広報活動を選択している意味、それが全国的になっていることの意味を、引き続き考えていく必要があるだろう。

ところで、こうした「萌えキャラ」の起用を、広報活動を実際に現場で進める側からみるとどうなのだろうか。自衛隊のある地域事務所で尋ねたことがある。

その答えによると、地元の店などの場所に自衛官募集ポスター貼付をお願いする場合のことを考えると、募集ポスターは、街の景色に違和感なくとけ

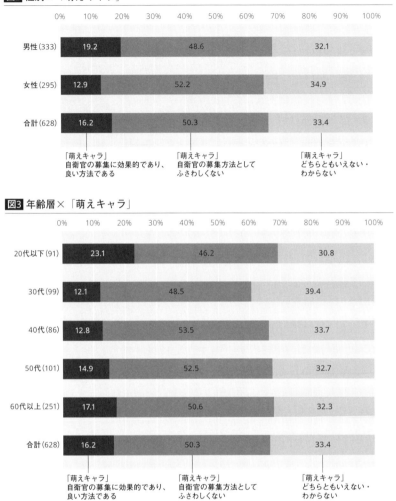

図2 性別×「萌えキャラ」

| | 0% | 10% | 20% | 30% | 40% | 50% | 60% | 70% | 80% | 90% | 100% |

男性(333)	19.2	48.6	32.1
女性(295)	12.9	52.2	34.9
合計(628)	16.2	50.3	33.4

「萌えキャラ」
自衛官の募集に効果的であり、
良い方法である

「萌えキャラ」
自衛官の募集方法として
ふさわしくない

「萌えキャラ」
どちらともいえない・
わからない

図3 年齢層×「萌えキャラ」

| | 0% | 10% | 20% | 30% | 40% | 50% | 60% | 70% | 80% | 90% | 100% |

20代以下(91)	23.1	46.2	30.8
30代(99)	12.1	48.5	39.4
40代(86)	12.8	53.5	33.7
50代(101)	14.9	52.5	32.7
60代以上(251)	17.1	50.6	32.3
合計(628)	16.2	50.3	33.4

「萌えキャラ」
自衛官の募集に効果的であり、
良い方法である

「萌えキャラ」
自衛官の募集方法として
ふさわしくない

「萌えキャラ」
どちらともいえない・
わからない

込むものであることが重要なのだという。若者に親しみやすいアニメ風の図柄は、彼らのように地域社会のなかで広報活動を担う立場の者にとって意味があるようだ。自衛隊＝「特殊な職場」というイメージを払拭するために、まずは街にとけ込むことが重要で、「アニメ風のキャラクターが軍の威信を傷つける」という発想は、少なくとも広報や募集の現場ではあまりないようである。

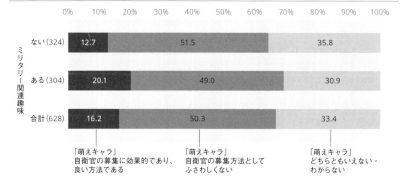

図4 ミリタリー関連趣味の有無×「萌えキャラ」

ミリタリー関連趣味

ない (324)　12.7　51.5　35.8

ある (304)　20.1　49.0　30.9

合計 (628)　16.2　50.3　33.4

「萌えキャラ」
自衛官の募集に効果的であり、
良い方法である

「萌えキャラ」
自衛官の募集方法として
ふさわしくない

「萌えキャラ」
どちらともいえない・
わからない

　もちろん、これが一般隊員の認識とは異なったものである可能性はある。一般隊員については、わたくしたちも折にふれて聞いたというかぎりなので、賛否両論であったという以上のことはいえない。

　今後この「萌えキャラ」がどのように運用され、受容されていくか、引き続き注目する必要があるだろう。

3　「ゆるキャラ」「女性アイドル」の起用に対する態度

　次の問20（2）では、いわゆる「ゆるキャラ」を用いた広報活動についての態度を問うている。「ゆるキャラ」とは「ゆるいキャラクター」の略で、広報活動の各種イベントの現場に出ていく着ぐるみやそのフィギュアのことを指す。来場者と一緒に記念写真を撮ったり、イベントによっては舞台に上がったりする。これまたかわいらしいキャラクターであり、一見すると武力をもった軍事組織のイメージにそぐわない（質問画面では、千葉地方協力本部「千葉3兄弟」を挙げた〔図5〕）。

　この「ゆるキャラ」を用いた広報を「良い方法」と答えた者は全体の24.7％、「ふさわしくない」と答えた者は37.9％だった。否定的評価のほうが多いが、肯定／否定の差は「萌えキャラ」よりもずっと少なくなっている。肯定の割合を性別で比較しても男女の差（25.5％／23.7％）はほぼなく（図6）、年齢層別でも、20代以下でのやや肯定的な傾向（28.6％）があるが、目立つ

図5 千葉地方協力本部「千葉3兄弟」⁽²⁾

図5 千葉地方協力本部「千葉3兄弟」⁽²⁾

図6 性別×「ゆるキャラ」

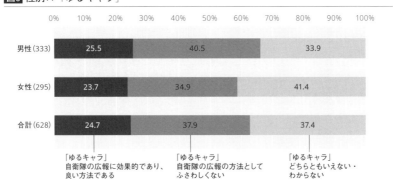

	0%	10%	20%	30%	40%	50%	60%	70%	80%	90%	100%
男性(333)		25.5			40.5			33.9			
女性(295)		23.7			34.9			41.4			
合計(628)		24.7			37.9			37.4			

「ゆるキャラ」
自衛隊の広報に効果的であり、
良い方法である

「ゆるキャラ」
自衛隊の広報の方法として
ふさわしくない

「ゆるキャラ」
どちらともいえない・
わからない

ほどではない（図7）。ミリタリー関連の趣味の有無による肯定度の違いは、ほとんどみられない（21.3％／28.3％）（図8）。

　総じて、「萌えキャラ」に比べれば「ゆるキャラ」は一般に受け入れられやすいようだ。「ひこにゃん」や「くまモン」など、2000年代後半から各地で展開された「ご当地キャラ」ブームによる実績もある。つまりイベント時のマスコットとしても、ポスターのアクセントとしても、「ご当地」の意味づけのわかりやすい象徴としても、その「受け入れやすさ」は疑うべくもないのだろう。調査では人型の着ぐるみの図像を採用したが、多くの場合、それらは人をかたどっているというよりも、ある種の妖怪のようなマスコット・キャラクターになっている。その場合、兵士・隊員の直接の表象になっていないことも重要なのではないか。

　また、同じ「かわいい」であっても、「萌えキャラ」に対して「ゆるキャ

図7 年齢層×「ゆるキャラ」

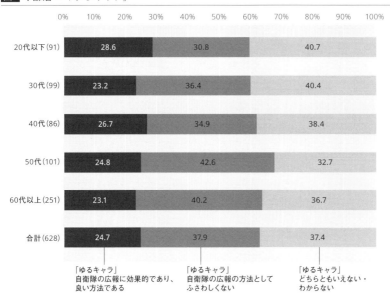

	「ゆるキャラ」 自衛隊の広報に効果的であり、 良い方法である	「ゆるキャラ」 自衛隊の広報の方法として ふさわしくない	「ゆるキャラ」 どちらともいえない・ わからない
20代以下 (91)	28.6	30.8	40.7
30代 (99)	23.2	36.4	40.4
40代 (86)	26.7	34.9	38.4
50代 (101)	24.8	42.6	32.7
60代以上 (251)	23.1	40.2	36.7
合計 (628)	24.7	37.9	37.4

図8 ミリタリー関連趣味の有無×「ゆるキャラ」

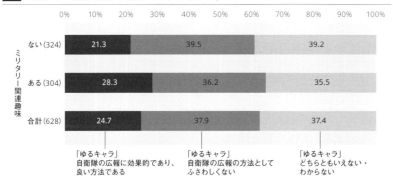

ミリタリー関連趣味

	「ゆるキャラ」 自衛隊の広報に効果的であり、 良い方法である	「ゆるキャラ」 自衛隊の広報の方法として ふさわしくない	「ゆるキャラ」 どちらともいえない・ わからない
ない (324)	21.3	39.5	39.2
ある (304)	28.3	36.2	35.5
合計 (628)	24.7	37.9	37.4

ラ」にはセクシュアルな意味づけがほぼなく、そのためか、特に男女の反応の差がほとんどなくなっているのも特徴だといえるだろう。

　さらにこの項目の最後の問20（3）では、女性アイドルを用いた広報活動についての態度を問うている。質問紙の設問では、防衛省・自衛隊情報誌「MAMOR（マモル）」（扶桑社）の2016年3月号を掲げている（図9）。防衛省の編集協力によって作られているこの雑誌では、毎号必ず表紙に女性アイドル

図9 防衛省・自衛隊情報誌
「MAMOR」2016年3月号表紙⁽³⁾

を起用し、自衛官の各種制服を着て敬礼のポーズをとって登場している。

　出版元の扶桑社のウェブサイトには、雑誌「MAMOR」のコンセプトを説明する広告出稿者向け資料「日本の防衛のこと、もっと知りたい！ 防衛省オフィシャルマガジン MAMOR MEDIA GUIDE（2015.05）⁽⁴⁾」が掲載されている。

　それによれば、読者ターゲットは「青少年層」、発行部数は3万3,000部とあり、定価545円で実売率80％。平均年齢は35.8歳で、これは創刊時より6歳ほど若返っているという。また、男性／女性読者の割合は88％／12％だが、ミリタリー関連の雑誌としては女性の読者の割合は高く出ている。中規模以上の一般書店の雑誌コーナーで、「MAMOR」を見かけることも少なくない。

　表紙への女性アイドルの起用は、この雑誌のメインターゲットである男性読者の目を引くためだと考えることができるが、一方で、特集や記事で女性自衛官がしばしば取り上げられていることもあり、ここには女性アイドルの制服姿を借りた「活躍する女性」の表象という意味合いも含まれていると考えることができるだろう。

　調査では、こうした女性アイドルの起用について、全体の39％が「良い方法」であるとし、「ふさわしくない」とする25％を上回っている。初めて肯定的評価が上回った。そして、「萌えキャラ」＜「ゆるキャラ」＜「女性アイドル」の順に肯定的評価が高くなっているのである。

　この結果をどう考えればいいのだろうか。どのような理由でアニメ・マンガ風の「萌えキャラ」が否定され、妖怪風・着ぐるみ風の「ゆるキャラ」がやや否定され、「女性アイドル」がやや肯定されているのだろうか。

　何を手掛かりにこの結果を読み解けばいいか現時点ではわからないが、一方で、こうした連続する質問自体が回答者にとっての状況説明となり、回答者が「慣れていってしまった」可能性も考えるべきだろう。前の質問の内容が情報提供になり次の質問の内容に影響を与えるという、アンケート調査で

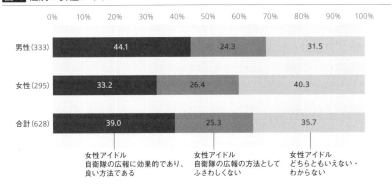

図10 性別×女性アイドル

女性アイドル
自衛隊の広報に効果的であり、
良い方法である

女性アイドル
自衛隊の広報の方法として
ふさわしくない

女性アイドル
どちらともいえない・
わからない

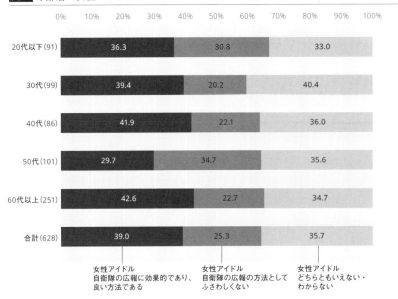

図11 年齢層×女性アイドル

女性アイドル
自衛隊の広報に効果的であり、
良い方法である

女性アイドル
自衛隊の広報の方法として
ふさわしくない

女性アイドル
どちらともいえない・
わからない

第
5
部

自
衛
隊
と
安
全
保
障

いう「キャリーオーバー効果」である。今後の課題だといえる。

　女性アイドルに対する肯定の優勢は、性別・年齢層別・ミリタリー関連趣味の有無のほぼすべてのカテゴリーで当てはまっている（図10・図11・図12）。女性アイドルの起用を「ふさわしくない」とする割合が「良い方法である」とする割合を上回っているのは「50代」だけだった（図11）。「良い方法である」ことには変わりはないが、ミリタリー趣味の有無でも比較的対照的な結

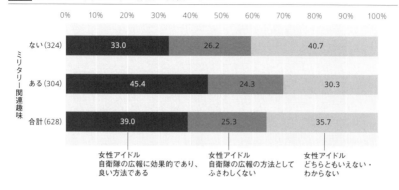

図12 ミリタリー関連趣味の有無×女性アイドル

ミリタリー関連趣味

ない(324)　33.0 / 26.2 / 40.7
ある(304)　45.4 / 24.3 / 30.3
合計(628)　39.0 / 25.3 / 35.7

女性アイドル
自衛隊の広報に効果的であり、良い方法である

女性アイドル
自衛隊の広報の方法としてふさわしくない

女性アイドル
どちらともいえない・わからない

果が示されている（図12）。

4 ＿自衛隊のさまざまな広報活動

　現在自衛隊は、さまざまな広報活動をおこなっている。

　このうち自衛隊の観閲式典（富士総合火力演習や観艦式、航空観閲式）や施設見学、イベント見学などについては別項（4-7「軍事施設見学とイベント参加」）を参照してほしいが、今回の調査では、続く問21で、音楽隊によるライブ活動（「自衛隊音楽まつり」）など、希望者を招待するイベントによる広報活動について問うている。観閲式典や施設見学と異なるのは、音楽を媒介にすることで、必ずしも軍事に興味があるわけではない人にも関心をもってもらえる広報活動になっていることである。各部隊あるいは方面隊はそれぞれ音楽隊をもっているので、全国さまざまな地域で比較的身近に「自衛隊音楽まつり」に接する機会があることになる。

　今回の調査では、音楽隊のライブの鑑賞経験は55人（8.8%）で延べ117回という結果が出た（問21）。これをどうみるかの解釈も簡単ではないが、イベントとしての一般的知名度に対し、決して少なくはない人々が「音楽まつり」にふれているといえるのではないか。また、「YouTube」に挙げられた「音楽まつり」の様子や民放テレビへの音楽隊の出演など、直接自衛隊のイベントに参加したわけでないが何らかの形で自衛隊の提供する音楽に接触した経験については、170人（27.9%）がふれた経験があると回答していて、これまた自衛隊音楽隊の一般的知名度に対して、少なくない割合が示されてい

る。

　こうしたことの背景には、多くの民間・公立交響楽団が資金難から存続の危機を迎えていることなどもあり、自衛隊の音楽隊が、市民が気軽に生の演奏にふれる機会の一つになっていることがあるのかもしれない。また、こうした「音楽まつり」への参加チケットは、地本や地域事務所を通じ、退職自衛官の再就職援護で世話になっている地域の人々などに広く配布され、自衛隊への日頃の理解に対する感謝の表現という役割も担っている。

　音楽隊のレパートリーには、軍楽隊として得意とするはずの行進曲や応援歌など高揚感をもたらす曲目に加えて、深く静かな鎮魂歌や哀歌も組み込まれて飽きさせず、今回の調査の自由回答欄をみても、参加者や視聴者に印象深い経験を残しているといえる。

　ほかにもメディアでの広報として、自衛官募集コマーシャルが毎年制作されていたり、項目1-4「回答者の情報行動はどのようなものか」でもふれたように、「YouTube」や「Twitter」「Facebook」などのSNSでアカウントをもち、情報発信を積極的におこなったりしている。防衛省・自衛隊によって現在公表されている資料をみるかぎり、これら多様な広報をどのように組み合わせていくかについての統一的な指針は示されていない。ただし、すでに自衛隊が広報のための多様なチャンネルを有していることだけは指摘することができる。

5　メディア表現での自衛隊の「協力的広報」

　以上のような広報活動は、自衛隊が組織としておこなっている広報活動であり、他の省庁と同様に、『白書』の刊行や報道機関に対するプレス・リリースなどもそれに含まれる。しかし自衛隊広報で特徴的なのは、メディアを通じておこなう「協力」的な広報活動である。

　「協力」的な広報活動とは何か。それは、一般社会の要請に応えてなされる広報活動である。たとえば、別項3-8「自衛隊作品」でも述べているように、自衛隊は多くの映画作品に顔を出している。ただ登場するだけでなく、制作にあたり協力を求められることがある。

　特に東宝の特撮映画『ゴジラ』シリーズでは、初代『ゴジラ』（監督：本多

猪四郎、1954年）のオープニングで真っ先に掲げられた「賛助 海上保安庁」以来（海上自衛隊の前身である海上警備隊は、『ゴジラ』公開当時海上保安庁内の一組織だった）、テロップに「協力 防衛省・自衛隊」と流れる映画が少なくない。こうした「自衛隊協力映画」（須藤遙子）は、『ゴジラ』映画に限らず、すでに日本の映画史を考えるうえで無視できない部分になっているといえるだろう。⁽⁵⁾

　自衛隊の協力を得られれば、その高価な装備を撮影に使うことができる。いわば「制作費を浮かせることができる」のだ。しかし同時に、自衛隊側からは、前述の「訓令」「達」に準じて実際の自衛隊の活動に支障がないか、自衛隊の望ましいあり方と齟齬がないかなどについて、企画段階でチェックされることになる。逆にいえば、自衛隊もそのかぎりにおいてだけ、国民の共有財産である高価な防衛装備を民間の表現活動（換言すれば営利活動）に提供することができるわけである。もちろんそれによって、映画の内容に関与する可能性も同時に生じることになる。

　そしてときには「協力できない」ということもある。たとえば、アクション映画『戦国自衛隊』（原作：半村良、監督：斎藤光正、角川春樹事務所、1979年）では、タイムスリップした自衛隊員たちの一部が離反し、近隣の村で略奪や殺人、誘拐や強姦をおこなうというストーリーがあるため、当然これに「協力」することはできなかった。角川は映画制作にあたり、戦車やヘリコプターや魚雷艇などの自衛隊の装備を自前で再現しなければならなかった。一方、映画『亡国のイージス』（監督：阪本順治、2005年）もまた自衛官が反乱を起こすストーリーだが、これには自衛隊は協力している。ただ原作と違って、反乱を起こすのは護衛艦の艦長ではなく副長ということになったという。⁽⁶⁾

　近年で有名なのは、映画『シン・ゴジラ』（監督：庵野秀明／樋口真嗣、東宝、2016年）への協力である。この映画では、これまでのゴジラ・シリーズと同じく、自衛隊がゴジラを迎撃し、その試みが失敗に終わる様子が描かれる（逆にいえば、迎撃に失敗するというストーリーであっても、これまで自衛隊はゴジラ映画に協力してきたのだ）。しかしそれ以上にこの映画で特徴的なのは、閣議や危機管理に関わる政府会議の様子が描かれ、迎撃している自衛隊の姿そのものだけでなく、自衛隊を統制する組織や制度が細かく描かれていることだった。現場から首相に至る指揮系統の精確さや確実性が強調され、あるいはゴジラに対する自衛隊の出動を許可する根拠法令は何かと問いかける官僚たちの姿

を通じて、「協力」する自衛隊にとってありがたいことに、この組織の文民統制遵守が強調されたのだった。

またこの映画への「協力」としては、脚本での軍事専門用語の用法でアドバイスを出すこともあったという。一般の人々には耳慣れない専門用語や隠語を登場人物たちが駆使していることも、映画のリアリティーの構築にとっては重要な意味がある。さらに軍事専門用語に限らず、軍事的なリアリティーについて改善意見を出すこともあったという。

つまり、映画の内容に自衛隊側から「関与」があったとしても、それが制作者側にとって意を曲げられる、不都合なことばかりなのではないことに留意しておくべきだろう。そうした協力を受けて制作側も要望を整理し、シナリオの修正をしながら、自衛隊側との細かい折衝が続けられるのである。『シン・ゴジラ』でも、防衛省大臣官房、陸・海・空各幕僚監部広報との細かい折衝があったようで、劇場で販売していたパンフレットが伝えるところによれば、最終的な合意書である「防衛省の協力に関する基本協定書」が東宝と自衛隊のあいだでできあがったときには、すでに撮影が始まっていたという。[7]

そうしたこともあって、『シン・ゴジラ』は、自衛隊が勇ましく活躍する「から」協力しているわけではないというこれまでの『ゴジラ』シリーズの伝統に則りつつ、「協力」的広報の意味する領域を一歩拡大するものになった。

制作予算を根源的な条件としながら、映画のコンテンツとターゲット（マーケティング）、それに関連する劇中の自衛隊の役割と、撮影に提供される装備の質や協力の種類・内容がそれぞれ変数としてどのような相関関係をもっているのか、そして「訓令」やその関連規定はどのように広報の現場で運用されているのか。それらがその広報活動をみるうえで重要なポイントになるだろう。

6　　自衛隊広報の歴史性

2013年には、新垣結衣と綾野剛の主演で、航空幕僚監部の「広報室」を舞台にしたテレビドラマ『空飛ぶ広報室』が制作された（原作：有川浩、TBS系）。自衛隊広報という面からこのドラマをみた場合に特徴的なのは、自衛

隊の姿そのものではなく、自衛隊の広報にいそしむ「広報室」の様子を描くことによって、自衛隊の「広報」が進められるという点である。この点からみても、かなりの「協力」が想像できるドラマだ。

　何人かの現場の自衛隊広報担当者に尋ねたが、このドラマの評判は悪くなかった。広報担当の人間にとってこのドラマは、もちろん一般社会に対する「広報」であると同時に、自衛隊内部の他の部署の人々に対しても、自衛隊の広報活動の意義を認識してもらう効果があったという。

　このように多様かつ多層的に展開する自衛隊広報がさまざまな批判を受けることももちろんある。そして現在は、そうした批判を受け止め（あるいは予想して）自衛隊広報がいっそう社会的な配慮を払いながら展開していくという状況にある。さらにそれを「巧妙化」と表現して批判するか、限りある人的資源・予算のなかで工夫を凝らしていく過程とみるか、国際比較のなかで自衛隊広報の普遍性・特殊性を問うものとしてみるかなど、さまざまなスタンスがありうるだろう。いずれの立場をとるにせよ、自衛隊広報も一方向的に進んできたのではなく、試行錯誤の歴史をもっているということを考慮に入れる必要がある。

　今回の問いで尋ねた「萌えキャラ」の採用は大きな転機と考える可能性があるはずのものだが、「かわいい」の利用は、1990年代はじめの「ピクルス王子」によるパンフレットから始まっているし[8]、さらに広報戦略模索の源流を探れば、広報委員会を設置した70年代の変化が大きいかもしれない[9]。

　そうした歴史をふまえたうえで、現在の動向を押さえていく必要がある。たとえば、前述したアニメ風少女画による「萌えキャラ」ユニット「I☆P'
s（アイピース）」に代わって茨城地方協力本部が2019年度から採用したのは、同じ書き手が描く男性キャラクター3人組によるポスターである（図13）。茨城県の地方協力本部のウェブサイトによると、「「募集対象者に親しまれるように」との思いから少年マンガやアプリやゲームをイメージした」という。

　公的機関の広報活動での表象利用については、近年いくつも問題提起がされている。その一つとしてたとえば2015年には、三重県志摩市が採用したキャラクターで海女を表象している「碧志摩メグ」が、性的な側面が強調されすぎている、ひいては女性蔑視・性的搾取につながるとして批判され、志摩市の公認を取り消されるということがあった。

　こうした批判に対して、「萌えキャラ」を活用しようとする自衛隊広報も

無関係ではなかった。2018年秋から掲出された滋賀地方協力本部のポスター（図14）は、公的組織の表象にはそぐわない短すぎるスカートと下着姿で批判された。滋賀地本は、キャラクター設定上、これは下着ではなくズボンだと説明したが、人々を納得させることはできず、そのポスターはすべて撤去されることになった。

「男性キャラクター3人組」を採用した茨城地本のポスターのように、女性だけでなく男性のキャラクターも採用すればそうした批判をすべて確実にかわせるということではないが、茨城地本の選択は、広報での表象利用に関し、それを推進する現場で一定の配慮がなされていることを推測させるものではあるだろう。自衛隊も、社会を見ているのだ。

　もちろん、こう書くこともできる。「「平等」と「多様性」が軍を魅力化する資源」となるような歴史的経緯のなかで、むしろ不可視化されがちな男性表象が資源化された、と。

　さらに別の言い方をすれば、広報で自衛隊がここまで表象利用の資源化における高い自由度を得ている理由は、世界各国の軍隊と比較して、自分を強固な軍隊としてみせる必要がなかった（みせてはいけなかった）ということがあったからなのではないか、とも。

　繰り返すように、広報は自衛隊と一

図13 茨城地方協力本部・自衛官募集ポスター2019年度版 [10]

図14 滋賀地方協力本部・自衛官募集ポスター [11]

般社会との接触面である。さまざまな思惑が絡まり合う場だということである。その活動をどう考え、その受け止め方をどうとらえるか。さまざまな視点から継続して調査していく必要があるだろう。広報のあり方も、社会との関係で大きく変化してきている。現在さまざまに展開している自衛隊広報は、ミリタリー・カルチャーの動態の探究にとって、今後さらに重要な部分になっていくはずである。

（野上 元）

注

(1) 「自衛官になりたい」「自衛隊茨城地方協力本部」（http://www.mod.go.jp/pco/ibaraki/poster.html）［2020年5月6日アクセス］
(2) 「"チホン"のキャラクター」「自衛官募集」（http://www.mod.go.jp/gsdf/jieikanbosyu/chihon/vol10.html）［2020年5月6日アクセス］
(3) 「日本の防衛のこと、もっと知りたい！ MAMOR（マモル）」「防衛省・自衛隊」（http://www.mod.go.jp/j/publication/book/mamor/）［2020年5月6日アクセス］
(4) 「防衛省オフィシャルマガジン MAMOR MEDIA GUIDE」（https://www.fusosha.co.jp/mediadata/pdf/mamor.pdf）［2020年5月6日アクセス］
(5) 須藤遙子『自衛隊協力映画──『今日もわれ大空にあり』から『名探偵コナン』まで』大月書店、2013年
(6) 菊池雅之「自衛隊と映画協力／広報目的と現場の本音」「軍事研究」2006年8月号、ジャパンミリタリー・レビュー
(7) 『シン・ゴジラ』東宝映像事業部、2016年
(8) サビーネ・フリューシュトゥック『不安な兵士たち──ニッポン自衛隊研究』花田知恵訳、原書房、2008年。特に第4章「大衆文化を利用する自衛隊」を参照。
(9) 松尾高志「自衛隊のイデオロギー活動──「広報」作戦を中心として」、歴史科学協議会編「歴史評論」1979年9月号、校倉書房
(10) 前掲「自衛官になりたい」
(11) ポスターに対する問題提起をした「京都新聞」2019年2月28日付ウェブサイト（〔https://www.kyoto-np.co.jp/articles/-/4066〕［2020年5月6日アクセス］）から。
(12) 佐藤文香「軍事化される「平等」と「多様性」──米軍を手がかりとして」「ジェンダー史学」第12号、ジェンダー史学会、2016年

5-4 日本軍と自衛隊
——断絶性と連続性

　1954年7月に創設された陸上・海上・航空自衛隊は、平成時代が終わり、令和元年となった2019年7月1日に、創設65周年を迎えた。ここでは、日本軍と自衛隊の断絶性と連続性についての認識の問題を、調査データをもとに検討する。それにあたり、まず歴史的経緯を簡単に確認しておきたい。

1　終戦と日本軍の解体

　1945年（昭和20年）8月14日、昭和天皇臨席のもとで、最高戦争指導会議と閣議を兼ねた合同御前会議が開かれ、「全日本国軍隊ノ即時無条件降伏」や日本軍の完全な武装解除などを求めたアメリカ・イギリス・中国3国によるポツダム宣言の受諾が決定した。翌日（8月15日）正午、録音された昭和天皇自身の肉声によって「大東亜戦争終結ノ詔書」がラジオ放送（いわゆる玉音放送）で伝えられ、9月2日、東京湾に停泊していたアメリカ海軍戦艦ミズーリ号上での降伏文書調印により、第2次世界大戦が事実上終結した。[1]　これによって、大日本帝国陸・海軍は解体され、さらに45年12月1日、陸軍省は第一復員省、海軍省は第二復員省に改組されて、明治期以来存続してきた陸・海軍組織は消滅した。

　戦後の日本占領を実質的に主導したのはアメリカだった。ダグラス・マッカーサー陸軍元帥が率いる連合国軍最高司令官総司令部（GHQ）は、日本の非軍事化と民主化を基本方針とし、日本陸・海軍の武装解除、戦争犯罪人の逮捕・訴追、軍国主義団体の解散を進めるとともに、「5大改革」（婦人参政権、労働改革、学校教育改革、司法改革、経済改革）の推進を日本政府に迫り、財閥解体など戦前期日本からの「断絶」を迫る施策を矢継ぎ早に断行した。日本国

民に対して事実上無制限の権力をもっていたマッカーサーは、日本国民を「全体主義的な軍部の支配」から解放し、日本を「政府を内部から自由化するという実験の一大研究所」にしようと考えていた。換言すれば、戦前期の軍国主義的なミリタリー・カルチャーを一掃しようとしたのがマッカーサーであり、まず「軍事力を粉砕」し、「次いで戦争犯罪者を処罰し、代表制に基づく政治形態を築き上げ」「憲法を近代化する」ことに着手した。[3]

　終戦時には、内地に約240万人、外地には約310万人の陸軍兵がおり、海軍兵も内地に約130万人、外地に約40万人と、陸・海軍の合計では約720万人の兵力が存在していた。[4] 日本軍の復員と武装解除は、GHQにとって非常に困難な課題だと予想されたが、降伏文書の調印から2カ月足らずの10月16日、マッカーサーは「日本軍の復員完了」の声明を発表した。[5] さらに、1946年1月、GHQは軍国主義者の公職追放（パージ）を指令したが、そのなかには約12万人の職業軍人（陸・海軍正規将校）も含まれていた。[6]

　1945年（昭和20年）10月の幣原喜重郎内閣成立期からマッカーサー元帥が求めていた「憲法の自由主義的改革」の動きは、46年1月24日の「マッカーサー・幣原会談」でさらに加速する。同年2月には、象徴天皇制、戦争放棄（自衛戦争を含む）、封建制の廃止を基本方針とした「マッカーサー3原則」に基づくGHQ憲法草案の作成が急ピッチで進められた。[7] その後、第9条の条文については、さまざまな修正が加えられ、最終的にいわゆる芦田修正を経て、現行の第9条の条文を含む日本国憲法が46年11月3日に公布、47年5月3日に施行された。

2　朝鮮戦争勃発と再軍備への道
警察予備隊から保安隊へ

　1948年10月7日、アメリカの国家安全保障会議は「NSC 13/2」を決議し、対日占領政策を転換して、それまでの「非軍事化・民主化」から、「経済復興」を主目的に変更し、冷戦下の戦略的要請から日本を自由主義陣営の一員として取り込み、講和後にはアメリカ軍が横須賀や沖縄に駐留するとともに、日本の治安能力を高めるために警察と沿岸警備隊を強化することを容認することにした。しかしながら、それまで日本の非軍事化を推進していたマッカーサーは、この日本再軍備容認方針への転換指示には否定的な態度をとって

いた。

　マッカーサーの理想とするこうした平和主義路線の追求を大きく転換する
契機になったのが、冷戦の進展と1950年6月25日の朝鮮戦争の勃発だ。

　すでに、1950年1月1日の年頭の辞で、マッカーサーは49年10月の中華人
民共和国成立を受けて、「中国が共産主義の支配下に入ったため全世界的な
イデオロギーの闘争が日本に身近なものとなった」ことと、対日講和が遅れ
ている点が日本人を不安にしているとはいえ、日本人は新憲法の示す自由主
義の道を迷わず進めばいいと述べた。ただし、戦争放棄を謳った日本の憲法
は「高い道徳的理想」に基づいたものではあるが、「相手側から仕掛けてき
た攻撃にたいする自己防衛の権利」を「全然否定したものとは絶対に解釈で
きない」と強調した。とはいえ、マッカーサーは依然として日本の再軍備に
は断固反対の姿勢を示していた。

　ところが、1950年6月25日、突如開始された北朝鮮軍の侵攻によって朝鮮
戦争が勃発し、28日には首都ソウルが陥落した。第一線に配備されていた
韓国軍4個師団が総崩れになり、マッカーサーは在日アメリカ陸軍部隊の派
遣を決意し、その安全保障上の空隙を埋めるため、吉田茂首相に対して警察
予備隊（7万5,000人）の創設と海上保安庁の増員（8,000人）を書簡で指令した。
朝鮮半島で国連軍の最高司令官にマッカーサーが任命された7月8日のこと
である。

　1950年8月10日、国内治安対策を主任務として「ピストル以上小銃等の武
器」を持った「軽装備の警察軍（constabulary）」である、警察予備隊
（National Police Reserve）が創設された。この新しい警察組織は、日本側からす
ると「警察」なのか「軍隊」なのかが当初判然としなかったが、アメリカ軍
側の史料には「実際には軍隊であった」という記述があるように、国内外か
ら日本再軍備の動きをみえにくくするよう巧妙に計画された「カバープラ
ン」によるものだった。実際、アメリカ側の構想では、将来的に「4個師
団」に増強できるような内容の部隊編成に関する詳細案が「極秘資料」とし
て用意されていた。警察予備隊の編成・装備などは、アメリカ軍の歩兵師団
編成を基準としていて、M1ライフル銃、カービン銃、戦車、迫撃砲、榴弾
砲などの装備品もアメリカ製で、教育訓練もアメリカ式であった。創設当初
から、アメリカ軍の軍事顧問団が深く関与していた。

　8月末から10月中旬までのあいだに、全国180カ所以上で実施された採用

試験の倍率は5倍以上で、最終的に18歳から35歳までの7万4,000人あまりが各管区警察学校に入校した[14]。しかしながら、1950年末の時点で、全隊員約8万人のうち軍歴保持者は約53％にとどまり、マッカーサーが公職追放中の旧軍人は採用しないとの方針を示したため、旧軍将校の採用者約5,000人（全隊員中の約7％）は、すべて予備役将校であり、陸軍士官学校や海軍兵学校を卒業した正規将校は含まれていなかった[15]。特に、警察予備隊に不足していたのは佐官クラスの高級将校であり、不足している人材を補うためには、大佐クラスの旧職業軍人の公職追放の解除が必要だった。

　1951年4月11日、マッカーサーはハリー・S・トルーマン大統領によって連合国軍最高司令官を罷免された。後任の連合国軍最高司令官となったマシュー・リッジウェイ将軍は8月以降、厳しさを増す朝鮮半島や極東ソ連の安全保障環境をふまえて、警察予備隊を重装備化（戦車、大砲、迫撃砲など）し、在日アメリカ軍基地内での重装備訓練計画を密かに進めるとともに、将来的に4個師団から10個師団へ拡大することも検討し始めた。それと同時に、高級将校の公職追放が次々に解除されていった。9月4日には、サンフランシスコで対日講和条約が締結され、続いて9月8日に対日平和条約が調印された。52年4月28日の対日平和条約発効によって、連合国の占領期間が終わり、日本は主権国家としての独立を回復した。同年秋までに、一部の将官を除いてほぼすべての軍人の公職追放が解除された。その結果、元陸・海軍大佐11人が警察予備隊に入隊することになり、旧陸・海軍正規将校の高級幹部就任が拡大していくなかで、次第に人的側面から旧日本軍との連続性が広がっていった。52年5月には、警察予備隊の定員は11万人に増強された。

　1952年7月31日、保安庁法が施行され、総理府の外局として保安庁が設置された。警察予備隊は同年10月15日をもって保安隊（National Safety Forces）となり、同年4月下旬に海上保安庁内に発足したばかりの海上警備隊は、8月1日をもって警備隊となり、保安庁のなかで陸上部隊の保安隊と並立する海上部隊として位置づけられた。また、現在の防衛大学校の前身となる保安大学校も8月1日に創設され、翌年の53年4月に開校した。初代の保安大学校長になったのは慶應義塾大学教授の槙智雄である。

3　自衛隊の創設

　アメリカでは、1953年1月に共和党のドワイト・D・アイゼンハワー政権が誕生した。かねてからアメリカは、日本の陸上部隊を10個師団、すなわち約32万5,000人にまで増強するよう圧力をかけていたが、共和党政権の誕生とともに対日講和を主導したジョン・フォスター・ダレスが国務長官になってから、その動きに拍車がかかっていた。54年3月、日米相互防衛援助協定（MSA協定）が締結され、5月1日に発効したことによって、陸・海・空自衛隊が誕生することになる。

　1954年6月7日に在日軍事援助顧問団が創設され、6月9日に防衛庁設置法と自衛隊法が国会で成立、7月1日には防衛庁が設置されるとともに、陸・海・空自衛隊が誕生した。同日、保安大学校は防衛大学校と改称された。

　ところで、陸・海・空自衛隊はそれぞれの成立の経緯が異なっていて、旧陸・海軍との連続性の面でもかなりの違いがある。まず、陸上自衛隊は、上述したようにアメリカ軍主導で創設された警察予備隊・保安隊を前身としていて、創設・運営にあたっては極力旧軍の影響力を排除する方針がとられるなど、日本陸軍との連続性よりもむしろ非連続性を特徴とする組織である。警察予備隊創設期以降、組織の中枢幹部は旧内務省出身の警察官僚が占めていた。たとえば、初代統合幕僚会議議長に就任した林敬三陸将は、元内務官僚で戦後に警察監、警察予備隊中央本部長、保安庁第一幕僚長（現・陸上幕僚長に相当）を歴任し、10年以上も陸上自衛隊のトップ・エリートの地位を保持していた。また、幕僚監部組織もアメリカ軍組織と同じような「ライン・スタッフ制」になっていた。さらに、制服組との関係で内局官僚が優位に立つ「内局（文官）優位体制」（あるいは「文官統制」ともいう）が防衛庁発足後に確立していくなかで、警察官僚は一定の影響力を保持し続けた。

　一方、海上自衛隊は、海上保安庁内の海上警備隊と保安庁の警備隊を前身として成立したが、設立当初から、旧海軍関係者が強い影響力をもち続けた。終戦直後からすでに海軍再建の動きは始まっていたが、こうした動きを主導したのが野村吉三郎大将、保科善四郎中将といった海軍軍人を中心とするグループであり、なかでも海上自衛隊を創設するうえで決定的な役割を果たした「Y委員会」（秘密裡に設置）の存在は、いまではよく知られている。その意味で、海上自衛隊は、三自衛隊のうちで旧軍との連続性が最も強い組織で

あるといえる。ちなみに、海上自衛隊組織のトップ・エリートの変遷をみると、初代海上幕僚長を務めた山崎小五郎は旧逓信省出身の運輸官僚で、海上保安庁次長を務めた後、1952年4月から海上警備隊総監となり、保安庁第二幕僚長を歴任した。54年7月1日付で海上幕僚長に就任したものの、1カ月後には退任して運輸事務次官に就任している。第2代の海上幕僚長は海軍兵学校49期卒の長澤博海将（終戦時大佐）で、彼は上記Y委員会のメンバーでもあった。その後、第16代海上幕僚長（1985-87年）の長田博海将（海兵76期）まで、33年間は海軍兵学校卒の海上自衛官が海上自衛隊のトップを務めた。

　他方、航空自衛隊は戦後に新しく誕生した組織であり、非連続性が最も強い組織である。もちろん、旧陸・海軍の航空部門出身の軍人が組織の創設に関与してはいたが、かといって旧軍関係者の影響力がそれほど強いわけではなかった。初代の航空幕僚長は、内務官僚出身の上村健太郎で、保安庁長官官房長を経て、1954年7月の航空自衛隊発足とともに航空幕僚長に就任した。56年7月に上村が調達庁長官となって退職後、第2代の航空幕僚長には海軍兵学校50期卒の佐薙毅（終戦時、海軍大佐。前職、空幕副長）が就任。第3代航空幕僚長は海兵52期卒の源田実だが、第4代から第11代までは陸軍士官学校卒、以後は、海軍機関学校、陸軍航空士官学校、一般大学卒の航空幕僚長を経て、第20代航空幕僚長（1990-92年）の鈴木昭雄空将（防衛大1期卒）以降、防衛大卒業生の航空幕僚長が続くことになる。

4　　組織文化のDNA
継承と変化

　上述のように、旧陸・海軍は戦後解体され、新たな軍事組織としての陸・海・空自衛隊組織が誕生した。新たな組織の制度化には、新たな価値・規範の確立が伴う。戦後の新たな民主主義体制のなかで誕生した自衛隊は、旧陸・海軍という「軍隊」とは異なる実力組織としてのアイデンティティの確立に注力してきた。制服や各種徽章・階級章を新設し、階級呼称を「1等陸佐」「3等陸尉」「1等陸曹」などに改め、戦車は「特車」、歩兵科・砲兵科・工兵科は「普通科・特科・施設科」などの新呼称に変わった。例外的に、自衛艦旗こそ海軍旗と同じものが採用されたものの、標識・旗章（連隊旗・軍旗・指揮官旗など）などもデザインが一新された。もちろん、艦艇・航空機・

車両・装備などもアメリカ軍からの貸与や供与、新規調達などによって一新されたが、掃海艇には旧海軍の特務艇が含まれていた。⁽¹⁹⁾

　しかしながら、組織の根本的構成要素は「人」である。3尉以上の幹部自衛官の約14％、3佐で約20％、1佐や将官クラスの約80％程度が旧軍人を占めていた創設期の自衛隊が、組織文化のDNAレベルで、名実ともに新しい組織に生まれ変わるまでには相当の時間を要する。戦前期の「軍人勅諭」や「戦陣訓」にかわって、自衛隊では「服務の宣誓」⁽²¹⁾や「自衛官の心がまえ」⁽²²⁾が制定された。防衛大学校では、初代槙智雄校長のもとで、皇軍思想や精神主義偏重からの脱却が図られ、「民主主義時代の幹部自衛官養成」を目的として、「広い視野・科学的思考力・豊かな人間性」を養う教育訓練方針が掲げられた。⁽²³⁾学生たちは「廉恥・真勇・礼節」の学生綱領のもとで、新たな自衛隊の組織文化を学ぶことになった。

　その一方で、海上自衛隊のように、旧海軍の伝統を重視し、その組織文化のDNAを継承しようとする場合もある。現在も、海上自衛隊の幹部候補生学校は、広島県江田島の海軍兵学校の施設をそのまま継続して使用していて、兵学校時代の「五省」も幹部自衛官教育で継承されている。⁽²⁴⁾新しい自衛隊で、海軍兵学校時代の古い道徳的倫理観が継承されるのはなぜだろうか。

　軍事組織の果たすべき役割や独自の機能を有効に発揮するために、軍事組織特有の組織文化や組織アイデンティティの維持の面から、時代を超えて継承されたという側面もある。「旧軍」も「自衛隊」も、本質的には同じ軍事組織であり、旧軍将校も幹部自衛官も軍事専門職であることに変わりはない。軍事技術革新や戦争や安全保障環境の様相の変化に応じて、軍事組織に求められる役割や機能が変化し、必要とされる専門知識や技能の内容も変わるが、組織の有効性を発揮するための基本的要件に大きな違いはない。たとえば、陸上自衛隊では、「団結・規律・士気」⁽²⁵⁾が部隊活動の基礎として重視されるが、これらの要件充足が陸上戦闘組織としての有効性発揮に不可欠だということは、旧陸軍でも同じ。新たな軍事組織を上から支える社会文化的イデオロギーが、国民主権の戦後民主主義時代にふさわしいものに変わったとしても、また、目にみえる範囲内での表層的なレベルでの組織文化の側面（モノの側面）が変わったとしても、より深層レベルにある軍事組織特有の価値・規範意識や、軍人としての「エートス」（組織特有の価値・規範を生み出す根源にある精神構造）には、不変の要素がある。初代防衛大学校長が理想とした

戦後民主主義時代の「武人」も、戦前の天皇主権時代の「軍人」も、国土と国民を守るために、「ことに臨んでは、身をもって職責を完遂する覚悟」が求められていることに変わりはない。

このように、戦後の安全保障環境の変化や国際社会と日本社会での価値観の変化に適応しながら、陸・海・空の自衛隊組織は、それぞれの組織文化を形成するミリタリー・カルチャーの表層面では大きく変容してきたが、基層にある軍事組織固有のDNAを継承しながら、今日まで存続してきた。日本軍と自衛隊の断絶と連続性の問題を考えるうえでは、上述のような複雑な歴史的経緯をある程度念頭に置いておく必要がある。かつて、サミュエル・ハンチントンが『ハンチントン 軍人と国家』で強調したように、どんな国家でも、軍事組織の存続には、機能的要件の充足（すなわち外敵の脅威から国家を守るだけの精強性をもつこと）と社会的要件の充足（社会から受け入れられる組織特性を備えること）の適度なバランスが必要なのだ。

5　旧日本軍の印象

ここからは、わたくしたちがおこなった調査データに基づいて、現在の人々が旧日本軍についてどのような印象をもっているのかをみてみよう。

第2次調査（2016年）では、問8「あなたは、昭和20年まで存在した旧日本軍について、どのような印象をもっていますか。陸軍・海軍の別にお尋ねします」という質問に対して、以下の図のような回答が得られた。

まず、図1は、旧日本軍（陸軍）に対する印象を性別に示したものである。これをみると、「全体として優秀な組織だった」という回答は全体としては約7％とごく少数にとどまっていて、男性（8.7％）のほうが女性（5.1％）よりもやや多いものの、それほど大きな違いはない。次に、「前線部隊は優秀だったが、上層部の作戦・指揮などには問題が多かった」という回答は全体で30％弱になっていて、男女間の違いはほとんどない。一方、「全体として問題の多い組織だった」という回答をみると、男性が45.6％、女性が35.9％と、男女間で約10ポイントの開きがみられる。「よく知らない」という回答では、男性（15.6％）のほぼ倍に相当する割合の女性（30.5％）が、陸軍についてあまり知識がないと回答していて、陸軍についての知識があるほど、問題がある組織だったと認識する傾向にあるといえるかもしれない。

図1 性別×旧日本軍（陸軍）に対する印象

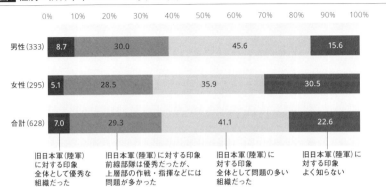

	0%	10%	20%	30%	40%	50%	60%	70%	80%	90%	100%

男性 (333)　8.7　30.0　45.6　15.6

女性 (295)　5.1　28.5　35.9　30.5

合計 (628)　7.0　29.3　41.1　22.6

旧日本軍（陸軍）に対する印象　全体として優秀な組織だった

旧日本軍（陸軍）に対する印象　前線部隊は優秀だったが、上層部の作戦・指揮などには問題が多かった

旧日本軍（陸軍）に対する印象　全体として問題の多い組織だった

旧日本軍（陸軍）に対する印象　よく知らない

図2 性別×旧日本軍（海軍）に対する印象

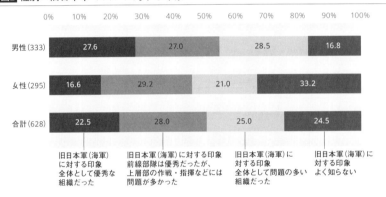

	0%	10%	20%	30%	40%	50%	60%	70%	80%	90%	100%

男性 (333)　27.6　27.0　28.5　16.8

女性 (295)　16.6　29.2　21.0　33.2

合計 (628)　22.5　28.0　25.0　24.5

旧日本軍（海軍）に対する印象　全体として優秀な組織だった

旧日本軍（海軍）に対する印象　前線部隊は優秀だったが、上層部の作戦・指揮などには問題が多かった

旧日本軍（海軍）に対する印象　全体として問題の多い組織だった

旧日本軍（海軍）に対する印象　よく知らない

　一方、図2は旧日本軍（海軍）に対する印象を性別に示している。これをみると、陸軍の場合と比べて、「全体として優秀な組織だった」という回答の割合が全体では22.5％と、陸軍についての回答のほぼ3倍にのぼっていることがまず目につく。また、男性の回答（27.6％）のほうが女性（16.6％）よりも、11ポイント高い。そのため、「全体として問題の多い組織だった」という回答（全体25％）は、陸軍の場合よりも16ポイント低くなっている。

　なお、「前線部隊は優秀だったが、上層部の作戦・指揮などには問題が多かった」という回答は全体で28％となっていて、陸軍の場合と大差ない。また、「よく知らない」という回答が約4分の1あり、男性よりも女性のほうが多い傾向は、陸軍の場合とほぼ同じだ。

　図3は、旧日本軍（陸軍）に対する印象を年齢層別に示している。陸軍を

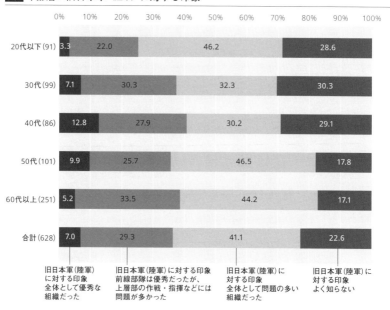

図3 年齢層×旧日本軍（陸軍）に対する印象

| | 0% | 10% | 20% | 30% | 40% | 50% | 60% | 70% | 80% | 90% | 100% |

20代以下(91) 3.3 / 22.0 / 46.2 / 28.6

30代(99) 7.1 / 30.3 / 32.3 / 30.3

40代(86) 12.8 / 27.9 / 30.2 / 29.1

50代(101) 9.9 / 25.7 / 46.5 / 17.8

60代以上(251) 5.2 / 33.5 / 44.2 / 17.1

合計(628) 7.0 / 29.3 / 41.1 / 22.6

旧日本軍（陸軍）に対する印象全体として優秀な組織だった ／ 旧日本軍（陸軍）に対する印象前線部隊は優秀だったが、上層部の作戦・指揮などには問題が多かった ／ 旧日本軍（陸軍）に対する印象全体として問題の多い組織だった ／ 旧日本軍（陸軍）に対する印象よく知らない

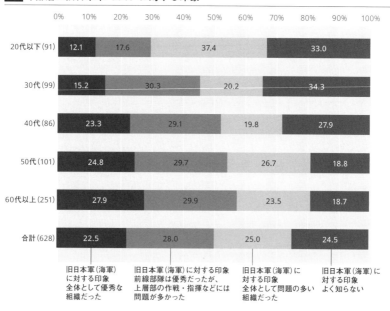

図4 年齢層×旧日本軍（海軍）に対する印象

| | 0% | 10% | 20% | 30% | 40% | 50% | 60% | 70% | 80% | 90% | 100% |

20代以下(91) 12.1 / 17.6 / 37.4 / 33.0

30代(99) 15.2 / 30.3 / 20.2 / 34.3

40代(86) 23.3 / 29.1 / 19.8 / 27.9

50代(101) 24.8 / 29.7 / 26.7 / 18.8

60代以上(251) 27.9 / 29.9 / 23.5 / 18.7

合計(628) 22.5 / 28.0 / 25.0 / 24.5

旧日本軍（海軍）に対する印象全体として優秀な組織だった ／ 旧日本軍（海軍）に対する印象前線部隊は優秀だったが、上層部の作戦・指揮などには問題が多かった ／ 旧日本軍（海軍）に対する印象全体として問題の多い組織だった ／ 旧日本軍（海軍）に対する印象よく知らない

「全体として優秀な組織だった」と最も評価しているのは、40代（12.8％）だ。その一方で、20代は3.3％、60代以上も5.2％にとどまっている。「全体として問題の多い組織だった」という回答は、20代と50代で46％を超えていて、最も少ない30代（30.2％）とは16ポイントの開きがみられる。また、「よく知らない」という回答が、20代から40代で30％近くにのぼっている点は、50代から60代以上の17％から18％と比べて10ポイント以上の開きがあり、気になるところだ。

　図4は、旧日本軍（海軍）に対する印象を年齢層別に示したものである。陸軍と比べて異なるのは、年齢層が高くなればなるほど、「全体として優秀な組織だった」という回答の割合が高くなる傾向が認められることだ。その一

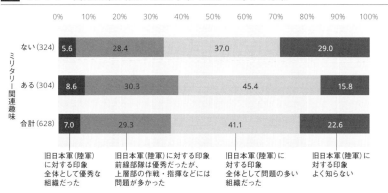

図5 ミリタリー関連趣味の有無×旧日本軍（陸軍）に対する印象

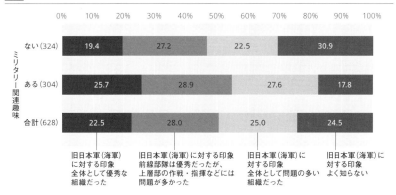

図6 ミリタリー関連趣味の有無×旧日本軍（海軍）に対する印象

方で、「全体として問題の多い組織だった」という回答は20代だけが37.4％と、他の年代と比べて10ポイント以上多くなっている点が目につく。この明瞭な世代差は、何に起因するのだろうか。

　おそらく、1つの要因は、旧軍の歴史や軍組織の実態に対する知識の有無だろう。図5と図6は、旧日本軍（陸軍・海軍）に対する印象をミリタリー関連趣味の有無別に示したものだ。陸軍と海軍のどちらの場合にも、「ミリタリー関連趣味あり」の回答者のほうが、「優秀な組織だった」と回答する傾向がやや強いが、「全体として問題のある組織だった」という回答（陸軍45.4％、海軍27.6％）も多いことがわかる。

6　　自衛隊と旧日本軍との断絶性・連続性

　次に、自衛隊と旧日本軍との断絶性・連続性についての、回答者の認識を確認してみよう。まず、第2次調査（2016年）の問15で、「あなたは、現在の自衛隊の組織としてのありかたは、旧日本軍とは断絶していると思いますか、それとも連続していると思いますか。陸上自衛隊・海上自衛隊・航空自衛隊の別にお尋ねします」と尋ねた結果を性別で示したのが、図7から図9である。

　冒頭でも述べたように、戦後に誕生した陸・海・空自衛隊はそれぞれに設立経緯には相違があり、旧陸・海軍との断絶性や連続性の度合いについても、違いがある。

　まず、旧軍と最も「断絶している」という認識が強かったのは、戦後になって初めて独立した組織として誕生した航空自衛隊であり、全体で30.9％（男性37.5％、女性23.4％）である。次いで、陸上自衛隊（全体28.8％：男性33.3％、女性23.7％）、海上自衛隊（全体26.9％：男性30.9％、女性22.4％）となっている。いずれの場合も、男女別の数値には10ポイントかそれ以上の開きがあり、「わからない」という回答は、男性がいずれも十数％程度なのに対して、女性は30％近くにのぼっている。一般的に、女性は男性に比べて、自衛隊に関する知識が乏しいようだ。

　次に、「連続している」という認識をみると、最も高いのは海上自衛隊で22.6％（男性27.0％、女性17.6％）、次いで陸上自衛隊（全体19.1％：男性20.4％、

図7 性別×陸上自衛隊と旧日本軍

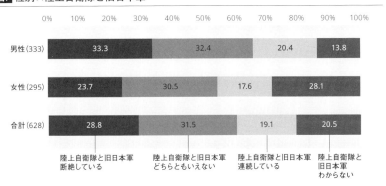

図8 性別×海上自衛隊と旧日本軍

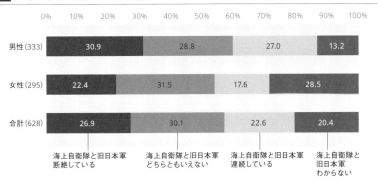

図9 性別×航空自衛隊と旧日本軍

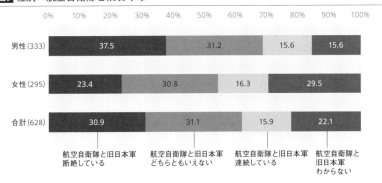

女性17.6％）、航空自衛隊（全体15.9％：男性15.6％、女性16.3％）の順になっている。こちらは、若干男性のほうが女性よりも高い数値を示しているが、航空自衛隊についてはほぼ同じだ。

「どちらともいえない」という回答は約30％で、陸・海・空自衛隊間でほとんど差はなく、男女間の違いもほとんどみられない。

さらに、年齢層別に自衛隊と旧日本軍との断絶性・連続性についての回答傾向を示しているのが図10から図12である。これをみると、陸・海・空自衛隊すべてについて、年齢層が高くなればなるほど「断絶している」という認識は少なくなり、「連続している」と考える傾向が強くなっていることがわかる。

また、「どちらともいえない」という回答については、若年層になるほど多くなる傾向があり、20代と60代以上では、6ポイントから9ポイント程度の開きがある。

なお、「わからない」という回答傾向をみると、40代で比較的多いことがわかる。

最後に、自衛隊と旧日本軍との断絶性・連続性に関する回答者の認識につ

図10 年齢層×陸上自衛隊と旧日本軍

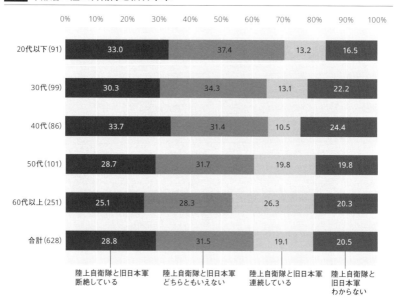

図11 年齢層×海上自衛隊と旧日本軍

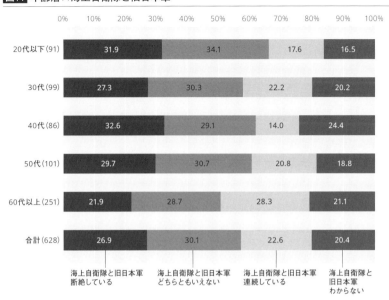

図12 年齢層×航空自衛隊と旧日本軍

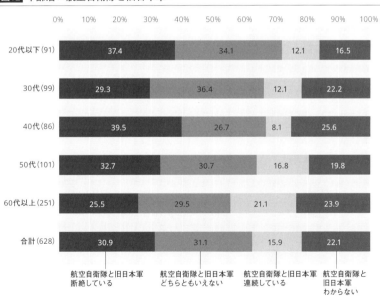

いて、興味深い事例を紹介しておこう。

第1次調査（2015年）の問33「自衛隊をテーマや舞台・背景としたノンフィクション、小説、映画、テレビドラマ、マンガ・アニメで、あなたが推薦する作品を教えてください」という質問に対して、百田尚樹の小説（太田出版、2006年）およびそれを原作とする映画『永遠の0』（監督：山崎貴、2013年）を挙げた9人の回答者の陸・海軍に対する印象を確認してみたのが、図13（陸軍）と図14（海軍）である。これをみると、陸・海軍どちらの場合も、「全体として優秀な組織だった」という回答が多く、特に、海軍については55.6％と非常に評価が高くなっていて、「問題の多い組織だった」という回答はゼロだった。

なぜこれほどまでに、小説・映画『永遠の0』を「自衛隊をテーマや舞

図13 自衛隊作品として『永遠の0』×旧日本軍（陸軍）に対する印象

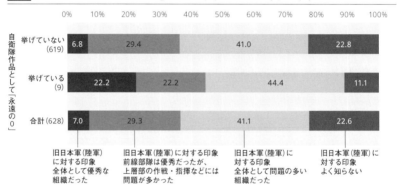

図14 自衛隊作品として『永遠の0』×旧日本軍（海軍）に対する印象

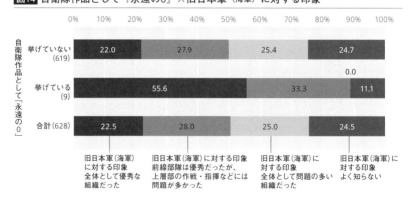

台・背景とした作品」として推薦した回答者のあいだでは、海軍組織の評価が高くなるのだろうか。その理由としては、彼らが『永遠の0』で描かれる元神風特別攻撃隊の零戦パイロット宮部久蔵（架空の人物）の人物像や、海軍航空隊内の人間模様などに影響されて、海軍組織に対する肯定的な印象をもった、ということが考えられるだろう。彼らの「陸軍に対する印象」は、「全体として問題の多い組織だった」が44.4％と非常に否定的なものであり、陸・海軍に対する印象には極端な違いがある。ちなみに、これらの9人の内訳は、男性5人、女性4人、年齢層は20代2人、30代から50代3人、60代以上4人である。

　なお、彼らがなぜ小説・映画『永遠の0』を「自衛隊をテーマや舞台・背景とした作品」としたのかについては、以下のような理由が考えられる。上記の元特攻隊零戦パイロット宮部は、旧海軍の軍人だ。特攻死した祖父の宮部について、その人となりに関する真実を調べようとする主人公の2人、姉の佐伯慶子と弟の佐伯健太郎は、祖父の人生の謎を訪ねる旅の最後に、海軍鹿屋基地で通信員をしていた人物に宮部に関する話を聞き、祖父が特攻に出撃した場所を確かめるため鹿屋に赴く。祖父の宮部が鹿屋の海軍航空隊から1945年8月の終戦直前に、特別攻撃隊の一員として出撃した場所は、現在の海上自衛隊鹿屋航空基地であり、そこでは当時の滑走路がそのまま使われている。また、特別攻撃隊員の遺書や遺品、零戦実機の展示がある史料館も併設されている。2人は、この史料館にも足を運ぶ。そして、鹿児島市内に住む元通信員から祖父・宮部の死、さらに祖母の再婚相手であるいまの祖父・大石賢一郎と宮部との人間関係に関する衝撃的な真実が明らかにされる小説・映画のクライマックスの背景に海上自衛隊鹿屋航空基地が描かれている点が、強く印象に残ったのだろう。(27)

　さらに推測を重ねれば、上述したように、旧軍も自衛隊も、日本の軍事組織としてのDNAには共通するものがあり、その成員が「国を守るために命をかける」点は同じである。とはいえ、本作品中で繰り返し強調される「妻のために死にたくない」と明言する特攻隊員の宮部が、娘に会うために「生きて帰る」という妻との約束を大事にし、「命を惜しむ」臆病者と罵られながらも「家族のために」戦いを続ける姿が、現代の自衛官像と重なって回答者らの記憶に残ったのかもしれない。(28)

　ちなみに、1960年代後半から70年代にかけて、自衛官募集ポスターには

「国をささえる若い力」という文言があったが、80年代には「輝く青春、見つめる未来」「翔んで青春、明日へJUMP」、90年代なかばには「自分のために、みんなのために」、2000年には「自分が、見つかる。自分が、生きる。」とのキャッチフレーズに変わった。さらに、最近は「大切な人を守りたい」「守りたいものはあるか」「守りたい人がいる——愛する家族、ふれあう地域の人々、我が国の美しい自然や文化」といったフレーズが多用されるようになってきている。「守るべきもの」の重点が「国家」から「家族」へとシフトしてきている点に、近年の自衛官募集広告の最大の特徴がある。

まとめ

　上記の回答傾向をまとめると、まず、旧陸・海軍についての印象は、陸軍よりも海軍のほうが「優秀な組織だった」という回答が多く、海軍に対する肯定的な印象が根強く残っていて、「海軍善玉論」的な見方が現在も続いていることが確認された。特に、年齢層が高くなればなるほど、また、ミリタリー関連趣味をもち、歴史的な知識をもっていると思われる回答者であるほど、その傾向が強いことがわかった。

　一方、陸・海・空自衛隊と旧日本軍との断絶性・連続性についての回答傾向は、断絶性が最も強いと認識されているのが、戦後に創設された航空自衛隊であり、海上自衛隊は最も連続性の強い自衛隊組織だと認識されていることがわかった。これは、歴史的な経緯や有識者の認識ともほぼ一致する結果だといえる。

　さらに、百田尚樹の小説およびそれを原作とする映画『永遠の0』を「自衛隊を舞台・背景とした作品」として推薦したごく少数の回答が示唆するのは、近年のミリタリー・カルチャーをめぐる時代精神の特徴だと考えることはできないだろうか。1945年（昭和20年）8月の終戦からGHQの占領時代を経て、新たな民主主義国家として独立を回復した戦後日本の軍事組織として、自衛隊は創設された。その自衛隊は、軍事組織としてのDNAを旧陸・海軍と共有しながらも、戦後平和主義の時代を通じて、次第に外敵による国土の侵略に対処するという狭義の「国防」を担う組織という側面だけでなく、ミサイル攻撃やテロリズム、サイバー攻撃などの多様な安全保障上の脅威に対処すると同時に、阪神・淡路大震災や東日本大震災をはじめ国民生活の安

全・安心を守るための各種災害派遣任務、さらには、冷戦後の国連平和維持活動や国際緊急援助活動、人道支援任務、9.11同時多発テロ攻撃後の補給支援活動やイラク人道復興支援派遣、海賊対処行動などの各種国際活動を含め、さまざまな国際的な任務を担うようになってきた。近年になっても拡大し続ける自衛隊の任務は、単純に国防の範疇にとどまらない。「守るべきもの」が国家から家族へとシフトし、家族や地域社会の人々の暮らしを守ることが自衛隊の役割であるということが、若い世代だけでなく中高年世代にも認識され始めている。そうした「時代精神」の一端が今回の調査の結果、示されたといえるのではあるまいか。

（河野　仁）

注

(1) 1945年（昭和20年）8月9日のソ連軍による対日参戦は、満州・南樺太・朝鮮半島北部・千島列島などの占領後、同年9月5日に終結した。

(2) ダグラス・マッカーサー『マッカーサー大戦回顧録』下、津島一夫訳（中公文庫）、中央公論新社、2003年、182ページ

(3) 同書184ページ

(4) 藤原彰『日本軍事史 下巻 戦後篇』日本評論社、1987年、9ページ

(5) ただし、復員が完了したのは内地だけであり、外地にはまだ数百万の軍人・軍属が残っていた。詳しくは、増田弘編著『大日本帝国の崩壊と引揚・復員』（慶應義塾大学出版会、2012年）、同『南方からの帰還——日本軍兵士の抑留と復員』（慶應義塾大学出版会、2019年）、軍事史学会編「特集 抑留・復員・引揚」『軍事史学』2017年12月号（錦正社）などを参照のこと。

(6) 公職追放者の職業分類をみると、約21万人のうち、約80％（16.7万人）が「軍人」となっている。この「軍人」のなかには、約12万人にのぼる「職業軍人」が含まれる（増田弘『自衛隊の誕生——日本の再軍備とアメリカ』〔中公新書〕、中央公論新社、2004年、11ページ）。

(7) 当初のマッカーサー3原則では、「国権の発動たる戦争は、廃止する。日本は、紛争解決の手段としての戦争、さらに自己の安全を保持するための戦争をも、放棄する」という文言だったが、GHQ民政局次長チャールズ・L・ケーディス大佐の判断で「自己の安全を保持するための戦争」の部分が削除され、自衛権と自衛手段は許容されることになり、マッカーサー元帥もこれについて了承した（五百旗頭真『戦争・占領・講和——1941〜1955』〔「日本の近代」第6巻、中公文庫〕、中央公論新社、2013年、288—298、317—330ページ）。

(8) 同書387ページ

(9) 「マ元帥・年頭の辞——憲法の線で進め 自衛権を否定せず」「朝日新聞」1950年1月1日付1面。ただし、このマッカーサー元帥の発言について、「日本国民が戦争に備え

て再軍備したり、また軍隊を再建したりする権利をもっているというつもりは全然なかった」とコートニー・ホイットニー民政局長は補足している（同記事）。

(10) 警察予備隊の創設に関わり、初代人事局長を務め、のちに防衛事務次官にもなった加藤陽三は、「当初私は警察予備隊は警察を補完する力であり、実質的にも警察の一機関であろうと考えていた」が、GHQと折衝するうちに「当時の警察とはまったく違った別個の独立した機関で、むしろ軍事的なものをアメリカ側が考えていることが次第に明らかになった」と回想している（加藤陽三『私録・自衛隊史——警察予備隊から今日まで』「月刊政策」政治月報社、1979年、19ページ）。

(11) 葛原和三「朝鮮戦争と警察予備隊——米極東軍が日本の防衛力形成に及ぼした影響について」「防衛研究所紀要」2006年3月号、防衛省防衛研究所、21—37ページ

(12) 読売新聞戦後史班編『「再軍備」の軌跡——昭和戦後史』読売新聞社、1981年、65—71ページ

(13) 前掲『自衛隊の誕生』12ページ

(14) 前掲「朝鮮戦争と警察予備隊」23ページ

(15) 同論文24ページ

(16) 初代陸上幕僚長は、筒井竹雄（元官僚・高等文官、東京帝大卒）、第2代陸上幕僚長は陸士36期卒の杉山茂（終戦時、陸軍大佐）、その後陸士卒の幕僚長が続き、第5代の大森寛、第8代の山田正雄は旧内務官僚出身、第13代の栗栖弘臣も元内務官僚で終戦時は海軍法務大尉、その後第10代統合幕僚会議議長。第20、21代が一般大卒、第22代以降の陸上幕僚長は防衛大卒が続く。

(17) 佐道明広『自衛隊史論——政・官・軍・民の60年』吉川弘文館、2015年、93—95ページ

(18) 終戦直後に、米内光政海軍大臣は、海軍省軍務局長だった保科中将に、①海軍の再建、②新日本建設に海軍技術の活用、③海軍伝統の美風を後進に伝えること、を要望したという（前掲『自衛隊の誕生』104ページ）。Y委員会の委員10人のうち、元海軍軍人は8人、海上保安庁職員2人、また臨時委員として海上保安庁次長の山崎小五郎が加わった（防衛庁自衛隊十年史編集委員会編『自衛隊十年史』大蔵省印刷局、1961年、37ページ）。

(19) 前掲『自衛隊十年史』58ページ

(20) 旧軍人比率の数値は、1968年時点のデータである。なお、同時期の幹部自衛官に占める防衛大学校卒業生の比率も約14％である（毎日新聞社編『素顔の自衛隊——日本の平和と安全』毎日新聞社、1968年、203、209ページ）。

(21) 自衛隊法施行規則（1954年6月制定）で規定された「服務の宣誓」は、次のとおり。「私は、我が国の平和と独立を守る自衛隊の使命を自覚し、日本国憲法及び法令を遵守し、一致団結、厳正な規律を保持し、常に徳操を養い、人格を尊重し、心身を鍛え、技能を磨き、政治的活動に関与せず、強い責任感をもって専心職務の遂行にあたり、事に臨んでは危険を顧みず、身をもって責務の完遂に務め、もって国民の負託にこたえることを誓います」

(22) 「自衛官の心がまえ」（1961年6月制定）では、「自衛隊の使命は、わが国の平和と独立を守り、国の安全を保つこと」であり、「わが国に対する直接及び間接の侵略を未然に防止し、万一侵略が行なわれるときは、これを排除することが主たる任務」であることを明記し、「自衛隊はつねに国民とともに存在する」「自衛官は、有事にお

いてはもちろん平時においても、つねに国民の心を自己の心とし、一身の利害を越えて公につくすことに誇りをもたなければならない」「自衛官の精神の基盤となるものは健全な国民精神である。わけても自己を高め、人を愛し、民族と祖国をおもう心は、正しい民族愛、祖国愛としてつねに自衛官の精神の基調となる」ことなどが述べられている。さらに、自衛官は、下記の5点を基本として「日夜訓練に励み、修養を怠らず、ことに臨んでは、身をもって職責を完遂する覚悟がなくてはならない」とされた。

「1　使命の自覚：1）祖先より受けつぎ、これを充実発展せしめて次の世代に伝える日本の国、その国民と国土を外部の侵略から守る。2）自由と責任の上に築かれる国民生活の平和と秩序を守る。

2　個人の充実：1）積極的でかたよりのない立派な社会人としての性格の形成に努め、正しい判断力を養う。2）知性、自発率先、信頼性及び体力などの諸要素について、ひろく調和のとれた個性を伸展する。

3　責任の遂行：1）勇気と忍耐をもって、責任の命ずるところ、身をていして任務を遂行する。2）僚友互いに真愛の情をもって結び、公に奉ずる心を基とし、その持場を守りぬく。

4　規律の厳守：1）規律を部隊の生命とし、法令の遵守と命令に対する服従は、誠実厳正に行なう。2）命令を適切にするとともに、自覚に基づく積極的な服従の習性を育成する。

5　団結の強化：1）卓越した統率と情味ある結合のなかに、苦難と試練に耐える集団としての確信をつちかう。2）陸、海、空、心を一にして精強に励み、祖国と民族の存立のため、全力をつくしてその負託にこたえる」

(23) 槇智雄『防衛の務め——自衛隊の精神的拠点』中央公論新社、2009年

(24)「五省」とは、「至誠にもとるなかりしか、言行に恥づるなかりしか、気力に欠くるなかりしか、努力にうらみなかりしか、不精にわたるなかりしか」の5つの訓戒のこと。1932年（昭和7年）に、当時の海軍兵学校長松下元少将が、将来海軍将校となるべき兵学校生徒の訓育の一環として導入。毎晩、自習終了5分前のラッパの合図で、各生徒は自習をやめて瞑目静座し、静かに一日を反省した。

(25) 陸上自衛隊服務細則（1960年制定）の第4条では、「自衛隊は、主として部隊活動によってその任務を達成するものであり、部隊がいかなる任務についてもせいせいと部隊活動をおこなうための基礎をなすものは、団結、規律及び士気である。2、自衛官は、常に部隊の一員としての使命を自覚し、部隊活動に寄与するよう積極的にその職責を遂行しなければならない」と規定する。また、規律と士気を規定した第6条と7条は下記のとおり。「第6条　部隊における規律は、自衛官が危難に際して身の危険も顧みず、専心上官の指揮に従い、部隊の統制が確実に保持されるよう厳正に維持されなければならない。2、自衛官は、服従が規律を維持するための根本であることを認識して、上官の職務上の命令を忠実に守ってこれを直ちに実行し、特に上官は、その発する命令を適正なものとするとともに、自ら命令を遵守して服従の範を示さなければならない」「第7条　部隊における士気は、自衛官が進んで難局に当たり、喜んでその責に任じて、部隊の任務が積極はつらつとして遂行されるようおう盛でなければならない。2、自衛官は、使命を自覚し、自己の職責に対する自信を深め、いかなる任務もこれを完遂することのできるおう盛な体力及び気力の養成に努め、

特に上官は、部下の福利厚生、健康管理、賞罰その他の人事管理を適切にして、士
　　気高揚のためのあらゆる措置を講じなければならない」

(26) サミュエル・ハンチントン『ハンチントン　軍人と国家』上、市川良一訳、原書房、
　　2008年

(27) 百田尚樹『永遠の0』（講談社文庫）、講談社、2009年、509—530ページ

(28) ちなみに、加藤陽三によれば、警察予備隊創設時の新入隊員の意識調査をした結果、
　　「親兄弟を愛する」と答えた者は100％、「自分の郷土を愛する」と答えた者は60％、
　　「自分の国を愛する」と答えた者は40％にすぎなかったという（前掲『私録・自衛隊
　　史』172ページ）。

5-5 侵略されたら どうするか

1 ＿＿軍事・戦争への具体的関与をめぐる 態度を問うことの難しさ

　第1次調査（2015年）問35では、「もし日本が外国から侵略された場合、あなたはどうしますか。この中から1つだけお答えください」と尋ねている。軍事一般への態度や娯楽としてのミリタリー関連趣味についてではなく、軍事力が行使されている状況で、実際に自分がその戦争にどのように関与するか、という問いである。

　選択肢は、「自衛隊に参加して戦う」「何らかの方法で自衛隊を支援する」「ゲリラ的な抵抗をする」「武力によらない抵抗をする」「一切抵抗しない」「その他」「わからない」である。後述のように、この問35は、確認・比較の目的もあって、内閣府による「自衛隊・防衛問題に関する世論調査」（2015年）の設問と同一のものになっている。

図1「侵略されたらどうするか」

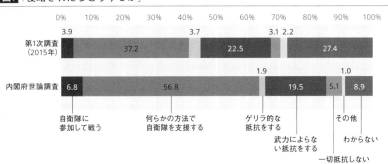

調査の結果、「自衛隊に参加して戦う」が3.9％、「何らかの方法で自衛隊を支援する」が37.2％、「ゲリラ的な抵抗をする」が3.7％、「武力によらない抵抗をする」が22.5％、「一切抵抗しない」が3.1％、「その他」が2.2％、「わからない」が27.4％、ということがわかった。

　明らかなのは、「自衛隊に参加して戦う」、つまり他国からの侵略に対する戦争に、一兵士として参加する意志を示す者の割合が低いということである。この選択肢のなかでは、「ゲリラ的な抵抗」もまた強烈な戦争参加意志と分類することができるかもしれないが、そちらの回答率も低い。

　一方「一切抵抗しない」は、他国の侵略に身を完全に委ね、非暴力を貫くことを意味するはずだが、こちらの回答率も低い。

　その分多かったのは、間接的な関与を示す「何らかの方法で自衛隊を支援する」、あるいは、侵略に身を委ねることはしないが「武力によらない抵抗」をとるという回答だった。さらに、「わからない」の回答も多かった。

　同じ設問による内閣府の調査と比べてみると、全体としての傾向はほぼ似ているといってよい。単純に比較することはできないが、さらに細かく傾向をみてみると、本調査では「自衛隊に参加して戦う」「自衛隊を支援する」がより低く、反対に、「わからない」がより高く出ている。また、「ゲリラ的な抵抗」がやや高く出ているが、ほぼ同じと考えてもよく、誤差の範囲とみることができる。

　本調査での「わからない」の高さについては、吉田純が指摘するように、本調査の対象である軍事・戦争に対する関心が高い層が「外国からの侵略」という重大事態での不確定要素の多さを一般の人々よりもよく理解しているためだと解釈することもできる。

　考えてみれば、回答が難しい設問である。選択肢「自衛隊への参加」（以下、「参加」と略記。以下、同）、「自衛隊の支援」（「支援」）、「ゲリラ的な抵抗」（「ゲリラ」）、「武力によらない抵抗」（「非暴力」）、「何もしない」（「無抵抗」）、「わからない」（「DK」）を少し整理し直してみよう。

　これらには、抵抗するかしないか（「参加＋支援＋ゲリラ＋非暴力」／「無抵抗」の選択）、抵抗するとして武力を用いるべきかそうでないか（「参加＋支援＋ゲリラ」／「非暴力」の選択）、武力抵抗を自衛隊によるものとするか否か（「参加＋支援」／「ゲリラ」の選択）、武力抵抗を行使する自衛隊に自分も参加するのか（「参加」／「支援」の選択）、という複数の選択群が暗黙の前提として入ってい

る。回答者はその選択の複合のなかで答えなければならないし、これら選択肢のあいだにある暗黙の序列に従わなければならない。

　抵抗に主体的に参加して自ら武力を用いるかどうかへの判断であれば、「参加＋ゲリラ」／「支援＋非暴力」という選択になることもありうるだろう。「ゲリラ」の回答者は、（もし国土が占拠される状況＝自衛隊壊滅後を想定しているのであれば）むしろ武力抵抗の意志に関しては「参加」よりも強烈にみえる。

　一方、「支援」の選択肢に示された「何らかの方法で」は少しあいまいである。そして、これを選択した回答者が実はいちばん多い。そう考えたとき、この「自衛隊に参加せず何らかの方法で自衛隊を支援する」という選択肢は、社会調査の方法論で指摘される、いわゆる中間的選択肢問題（回答に伴う心理的な負担の解除ゆえに選ばれる「どちらともいえない」）の例になってはいないか。この選択肢を選んだ回答者が内閣府調査でもいちばん多く、全体の半分以上を占めた（56.8％）。

　回答は難しかったはずである。つまり、この設問には、侵略に伴う抵抗への意志の有無だけを問うものであるようにみえながら、そこに暴力／非暴力、自衛隊への支持／不支持という「手段」に関する問いかけが複合してしまっているのである。

2　本調査で明確になった　属性との関連

　しかしながら、ただ単純に回答の割合を示すだけの内閣府調査に対し、本調査では、他の項目での回答と結果をクロスさせることができる。もう少し検討してみよう。

　たとえば性別との関連では、男女の違いが明確に出た。男性の「参加」7.0％は女性の1.0％を完全に上回っている。「ゲリラ」に関しても明白な違いが出ている（男性6.2％と女性1.4％）。戦いに自ら参加するかどうかという態度については、男女差が明確にみられる。

　一方、年齢層とのクロスではこれほど明確な違いが浮かび上がらなかった。調査の時期が違えば戦争体験の有無が「戦いへの参加」に対して大きな条件の違いになったかもしれないが、戦後70年以上がたち、世代による違いは意味をなさなくなってきているようにみえる。

図2 性別×「侵略されたらどうするか」

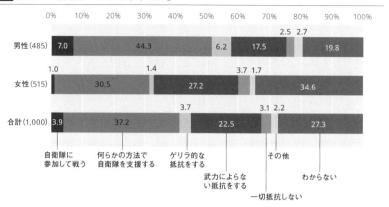

図3 年齢層×「侵略されたらどうするか」

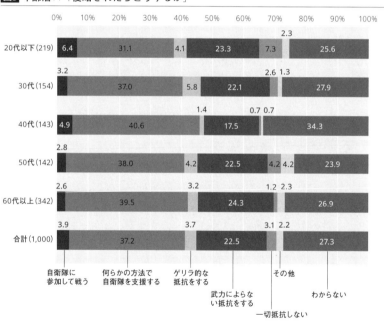

図4 ミリタリー関連趣味の有無×「侵略されたらどうするか」

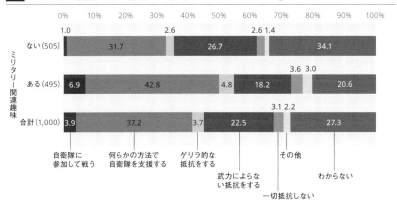

また、「ミリタリー関連趣味の有無」とのクロスでは、ある程度明確な違いが浮かび上がった（図4）。第一に、「参加」の意志を示した者の割合は、「ある」のグループ（＝「ミリタリー関連趣味のある軍事関心層」）6.9％に対し、「ない」のグループ（＝「ミリタリー関連趣味のない軍事関心層」）1.0％である。ミリタリー関連趣味の有無は、自衛隊による戦闘への参加意志と関連していることがわかる。

「ない」グループは、「支援」の割合でも「ある」グループよりもやや低いので（「ない」31.7％と「ある」42.8％）、自衛隊への支持そのものが低く出ているのかもしれない。

一方で、「ゲリラ」についての「ある」の4.8％、「ない」の2.6％という差異は、ほぼ誤差の範囲とすることができるかもしれないが、同様の傾向が「参加」でもみられるということであれば、（やや強引だが）「参加」と「ゲリラ」とを合算した「武力抵抗への参加意志」を導き出すことができるかもしれない。「武力抵抗への参加意志」の合計の比較（「ある」11.7％、「ない」3.6％）から、それはミリタリー関連趣味の有無自体と相関をもっていると想定することもできるだろう。

逆にいえば、「武力抵抗への参加意志」を最も強く表すこのカテゴリーでさえ、その割合は10％強にすぎないということである。

3　他調査との比較を加えて

　実はこのことは別の調査でも指摘されていることだった。

　1981年から始まり、現在ではほぼ100カ国の国々でおこなわれている「世界価値観調査（World Values Survey）」（WVS〔http://www.worldvaluessurvey.org/〕〔2020年5月6日アクセス〕）には、「もし戦争が起こったら国のために戦うか（Of course, we all hope that there will not be another war, but if it were to come to that, would you be willing to fight for your country?）」という問い（V66: Willingness to fight for your country:）がある[2]（表1）。

　国際比較で目を引くのは、日本人の「国のために戦う」への「はい」の群を抜く低さ（15.2％で2010-14年の第6波調査で世界下位第1位、下位第2位はハイチの15.8％、下位第3位はスペインの28.1％）である。

　こうした結果は、過去のものも含め、新聞や週刊誌などでも報じられてきた。内閣府の調査でも同様の結果が出ていたとはいえ、国際比較ではその特異性がより顕著になるからだ。

　ただ、そうした下位国では、「いいえ」と答える割合も高い（たとえばハイチでは78.7％、スペインでは58.9％）。しかし日本の「いいえ」は高くもなく低くもなく（38.7％）、国際比較のなかではそれほど極端なものではない。

　むしろ、この調査結果でもう一つ指摘しておかなければならないのは、「わからない」の高さである（46.1％）。各国での調査法の差異もあるにしても、これも群を抜いて世界第1位なのである。

　これらをどう考えるか。戦争放棄を憲法に定めているこの国で、この設問に関わる問題は、非常に複雑な感情のもとにある。「戦う」という回答の低さよりも、「わからない」の高さのほうが、調査がもたらした結果として重要だと考えるべきだろう。

　今後の課題として、こうした態度にどうアプローチしていくかを考える必要がある。いくつかの傾向は見て取れるものの、本項でもすでに述べたように、「戦いへの参加意志」は非常に複雑な聞き方のもとにあり、意識の構造を摘出することが難しい。変数を取り出すのに適切な設問をどのようにおこなうべきかについても考え続ける必要があるだろう。

　本調査の目的に則していえば、軍事への関心やミリタリー関連趣味が、自らの戦争への参加意志とどのように関連しているか（いないか）という問題

表1「もし戦争が起こったら国のために戦うか」

		はい	いいえ	不適切回答	無回答	わからない
オーストラリア	1.477	63.6	34.2	0	2.2	0
ブラジル	1.486	46.8	47.5	0	0.5	5.2
中国	2.3	74.2	19.5	0	3.1	3.3
ドイツ	2.046	40.9	53.4	1.8	0.7	3.1
日本	2.443	15.2	38.7	0	0	46.1
韓国	1.2	63	30.3	0	6.7	0
オランダ	1.902	42.4	43.3	0	0.3	14.1
スペイン	1.189	28.1	58.9	0	1.3	11.7
アメリカ	2.232	57.7	40.6	0	1.7	0
（N）	16.275	47.5	39.9	0.2	1.6	10.8

（出典：WVS ウェブサイトの第6波調査のデータセットをもとに筆者作成）

設定があった。

　軍事への関心やミリタリー関連趣味は、過去の戦場の現実や、現代戦の実相に関する知識をもつ可能性につながる。この問いではさらにそこに「実際に自分が戦争に参加するのか」という問いを与えた。このとき、軍事を「趣味に」するというのはどのような意識や態度のありようを表すことになるかについて、（少なくとも）入り口を見つけることができたのではないか。

（野上 元）

注

（1）　吉田純／ミリタリー・カルチャー研究会「現代日本におけるミリタリー・カルチャーの計量的分析」、京都大学大学院人間・環境学研究科社会システム研究刊行会編「社会システム研究」2016年3月号、京都大学大学院人間・環境学研究科社会システム研究刊行会、235—236ページ（http://repository.kulib.kyoto-u.ac.jp/dspace/handle/2433/210555）［2020年5月6日アクセス］

（2）　同調査については次の文献も参照。池田謙一編著『日本人の考え方 世界の人の考え方——世界価値観調査から見えるもの』勁草書房、2016年

あとがき

　本書を閉じるにあたって、編者としていくつかの補足的なコメントをしておきたい。

　まず、「ミリタリー・カルチャー」というキーワードについて。日本語の文献でこの言葉を最初に用いたのは、わたくしたちの研究グループの一人、高橋三郎であり、1981年のことである。この論文は、欧米のミリタリー・カルチャー研究についての外国文献（1980年）を紹介したものだが、当時の日本では、高橋以外には「ミリタリー・カルチャー」という言葉を使った文献はみられなかった。その後、高橋は88年の著書『「戦記もの」を読む』で、再度この言葉を用いている。その含意について、同書出版当時の新聞でのインタビューで、高橋は次のように述べている。

　　なぜこのテーマを、とよく聞かれます。身近に戦争の犠牲者や体験者がいたわけではなく、時代風潮のせいとしかいえない。つまり戦争とか軍隊とかの研究にタブーがあったり、イデオロギーが絡んでくるのに納得ができず、ニュートラルな立場で戦争とか軍隊を研究しよう、と思ったわけです。（略）戦争や軍隊にかかわる観念や規範や物を、S・ウィルソンにならってミリタリー・カルチャーと呼ぶなら、『戦記もの』分析はミリタリー・カルチャー分析の大きな部分をなすはずです。その分析がなぜ必要かといえば、何よりもそれが戦争を肯定する心理的基盤とかかわっているからにほかなりません。

　このような基本的な発想や考え方は、現在に至るまで、わたくしたちの研究グループ内で共有されてきている。それはいうまでもなく、「戦争を肯定する心理的基盤」と批判的に対峙し、最終的にはそれを掘り崩すことを目指すものである。1970年代末に始まる戦友会研究以来、本書に至るまで、わたくしたちが継続的におこなってきた戦後日本のミリタリー・カルチャーに関する社会学的研究は、いずれもそのような根本動機に基づいている（→1-1「なぜミリタリー・カルチャー研究をするのか」）。

次に、本書が成立するまでの舞台裏について述べよう。本書の基礎データになった2つの調査（2015年、2016年）が終了したのち、わたくしたちはほぼ月に1回、定期的に研究会を開き、本書の完成に向けて検討を重ねてきた。まず本書を構成する各項目と執筆者を決め、次いで各執筆者が提出した原稿を全員で読み合わせて、忌憚なく意見を述べ合い、注文を出し合った。第1稿で全員のOKが出ることはまれであり、第2稿、第3稿、ときには第4稿と改稿を重ねて、ようやく決定稿となるのが通例だった。すべての原稿が完成したのは2020年1月のことであり、それまで実に30回以上の研究会を経て、本書はようやく完成にこぎつけたわけである。

　第2次調査（2016年）を終えてから、本書の出版まで4年もの時間がかかったのは、このような理由による。各項目の執筆者11人は著者略歴に記してあり、また各項目の末尾にも記載しているが、すべての項目の内容は上記のような意味で、わたくしたち全員の総意に基づいて書かれている。本書の内容への評価は読者諸賢に委ねるほかはないが、4年という歳月に見合う内容になっていることを、できれば読み取っていただければ幸いである。

　といいながらも、さらに付言しておかなければならないのは、本書がミリタリー・カルチャーに関わるすべての問いにまではまだ答えられてはいないということである。そうした未解決の課題のなかでもとりわけ重要なのは、現代日本のミリタリー・カルチャーが現実の平和・安全保障問題とどのように関わり合うのか、ということである。巻末の調査票・単純集計表をごらんいただければおわかりのように、第1次調査（2015年）の問36、問37や、第2次調査（2016年）の問24から問30までのような、現代日本の安全保障政策に関する設問とその回答については、本書では分析の対象としていない。[5]

　もちろんわたくしたちは、このきわめて重要な問いを看過しているわけではない。ただ、本書が基礎データとした調査は、第1部で述べたとおり、特に軍事・安全保障問題への関心が高い人々だけを抽出しておこなったものであり、その意識や意見は、必ずしも現代日本のすべての人々を代表しているとはいいがたい。そこでわたくしたちは、2020年度内に、全国規模での無作為抽出による郵送調査の方式で、現代日本の平和・安全保障問題に関する意識調査を実施することを計画している。その結果を分析し公開することによって、「今後の平和・安全保障問題をめぐる討議と合意形成の基礎となるような知見」を提供するという、本書冒頭で述べたわたくしたちの研究目標

は、ようやく達成に近づくことになるだろう。本書は、そこに至るための重要な準備作業あるいは中間報告の一つとしても位置づけられる。

第2次調査（2016年）の最後の問31では、「戦争・軍事組織や平和・安全保障問題についてのあなたの考え、またはこのアンケートへの感想を、自由にお書きください」と依頼し、全回答者628人中323人と、半数以上もの方々から貴重な回答をいただいた。それらの多くは、平和・安全保障問題やこの調査自体への率直な意見や批判が書かれていて、大いに参考になるものだった。ここではそのなかから、3点だけを選んで紹介しておきたい（表現は文脈に応じて、若干修正したところがある）。

> 現在進行形で戦争の可能性があることに対しての考えなしに、ただ戦争に関して、それも70年も前の戦争に関してのみ論じたところで意味はないと思う。今、日本が置かれている状況、世界情勢が前提なのでそこをまず話すべきだし、認識を共有する必要があると思う。

> 軍事力行使が避けがたい状況があったとしても、人の死や暴力は決して美化できるものではないという前提に立ったうえで結果に責任を負うべきだと思います。平和や安全保障の問題はこのような数多くの留保つきで語るべきであり、本アンケートのような単純な選択問題などは本来不適だと考えます。

> 非常に難しい問題であると思うが、難しい問題であるがゆえ、まずは実情を冷静に認識するところから始めたいし、そうした報道や広報を期待する。感情やイデオロギー、キャラクターといったものに惑わされるようなことはすべきでないと感じる。

こうした真摯な声の数々は、わたくしたちの研究への大きな励みになった。

最後に、本書がなるにあたってお世話になった、各方面の多くの方々への謝辞を述べたい。まず、上述のように2回の調査に丁寧に回答してくださった回答者の方々に深く感謝したい。この貴重なデータなくしては、本書が成立しえなかったことはいうまでもない。また、これらの調査に際しては

NTT コムオンライン・マーケティング・ソリューション株式会社の担当者、藤森敬之さんに大変お世話になった。この場を借りて、お礼を申し上げたい。

　そして、出版情勢の厳しいなか、本書の出版を快く引き受けていただき、さらに4年ものあいだ辛抱強くわたくしたちの原稿の完成を待ってくださった青弓社の矢野恵二さんに最大限の感謝を述べ、本書を閉じることにしたい。

2020年2月　　　　　　　　　　　　　　　　　　　　　　　　　吉田 純

※本研究は、JSPS 科研費 JP18H03650の助成を受けたものである。

注

(1) 高橋三郎「紛争の軍事的形態」、日本平和学会編「平和研究」1982年5月号、早稲田大学出版部
(2) Stephen Wilson, "For a Socio-Historical Approach to the Study of Western Military Culture," *Armed Forces & Society*, 6(4), 1980, pp. 527-552.
(3) 高橋三郎『「戦記もの」を読む──戦争体験と戦後日本社会』(ホミネース叢書)、アカデミア出版会、1988年
(4) 「読売新聞」(大阪版)1988年3月9日付
(5) ただしその一部については、下記の論文で分析している。吉田純／ミリタリー・カルチャー研究会「現代日本におけるミリタリー・カルチャーの計量的分析」、京都大学大学院人間・環境学研究科社会システム研究刊行会編「社会システム研究」2016年3月号、京都大学大学院人間・環境学研究科社会システム研究刊行会、235─236ページ(http://repository.kulib.kyoto-u.ac.jp/dspace/handle/2433/210555)[2020年5月2日アクセス]

資料

調査票・単純集計表

※自由記述方式の設問については集計表を省略し、次の例のように、本文中の関連項目を示す（自由記述→2-2「戦争・軍隊のイメージ」）。

※プレ調査の問1から問3は質問文・集計表ともに省略した（→1-2「どのように調査をしたか」）。

第1次調査 （2015年）[回答者数1,000]

問1 あなたが戦争や軍事に関心をもつようになったのは、何歳ごろからですか。

		実数	%
1	10歳未満	65	6.5
2	10代	307	30.7
3	20代	218	21.8
4	30代	114	11.4
5	40代	82	8.2
6	50代	108	10.8
7	60代	83	8.3
8	70代以降	23	2.3

問2 あなたが戦争や軍事に関心をもつようになった強いきっかけは何ですか。（複数回答可）

		実数	%
1	マンガ・アニメ	169	16.9
2	ゲーム	71	7.1
3	映画・テレビドラマ	346	34.6
4	テレビのニュース番組	452	45.2
5	テレビのドキュメンタリー番組・ドキュメンタリー映画	425	42.5
6	ラジオ番組	27	2.7
7	新聞や雑誌の記事	256	25.6
8	インターネット	159	15.9
9	小説	135	13.5
10	戦記ノンフィクション	153	15.3

11	写真集・画集	82	8.2
12	歴史書・歴史物語	247	24.7
13	プラモデル・模型	97	9.7
14	戦争・平和に関する資料館・展示	220	22.0
15	靖国神社・護国神社	114	11.4
16	専門家や評論家の話	106	10.6
17	学校の授業・教科書	155	15.5
18	海外生活の体験	22	2.2
19	ご自分の自衛隊員としての体験	6	0.6
20	ご自分の従軍体験	2	0.2
21	ご自分の戦時下の体験	22	2.2
22	ご自分の占領期体験	11	1.1
23	自衛隊イベントへの参加	45	4.5
24	米軍イベントへの参加	16	1.6
25	旧日本軍や自衛隊の関係者の話	53	5.3
26	家族・親族が戦時中に体験した話	198	19.8
27	家族・親族以外の戦争体験者の話	94	9.4
28	軍事に詳しい友人の話	36	3.6
29	基地や駐屯地のある環境	51	5.1
30	その他	22	2.2

問3 軍事の世界には、現実の戦闘・部隊・艦船・兵器などに関わるもの（たとえば「戦艦大和」）と、架空の戦闘・部隊・艦船・兵器などに関わるもの（たとえば「宇宙戦艦ヤマト」）とがあると思います。あなたの関心の中心領域は、次の1〜5のどれに最も近いですか。

		実数	%
1	ほとんど現実の軍事の世界のみに関心がある	375	37.5
2	どちらかといえば現実の軍事の世界に関心がある	386	38.6
3	軍事の世界ならば、現実でも架空でも関心がある	163	16.3
4	どちらかといえば架空の軍事の世界に関心がある	53	5.3
5	ほとんど架空の軍事の世界のみに関心がある	23	2.3

問4 戦争や軍事の世界であなたがとくに関心をもっている事柄やテーマは何ですか。（複数回答可）

		実数	%
1	軍事戦略・作戦・戦闘	300	30.0
2	軍人・兵士の人間関係	115	11.5
3	指揮官のリーダーシップ	176	17.6
4	軍隊の組織や制度	185	18.5

5	軍隊・軍事組織の訓練や規律	113	11.3
6	軍人倫理・軍人精神	70	7.0
7	ヒロイズム・犠牲的精神	50	5.0
8	士官学校などの軍事エリート養成機関	76	7.6
9	下士官・兵などの軍人養成機関	45	4.5
10	戦争の残虐さ	402	40.2
11	捕虜	115	11.5
12	テロリズム	264	26.4
13	特殊部隊	232	23.2
14	スナイパー	124	12.4
15	傭兵・民間軍事会社	51	5.1
16	日本の「特攻」	197	19.7
17	情報機関・情報戦	141	14.1
18	サイバー戦	126	12.6
19	戦争プロパガンダ	92	9.2
20	陸戦兵器	117	11.7
21	艦艇	164	16.4
22	軍用機	190	19.0
23	軍事技術	193	19.3
24	戦闘体験	90	9.0
25	引揚げ体験	84	8.4
26	軍歌・軍楽隊	47	4.7
27	軍服・軍装・装備	134	13.4
28	兵站・補給	64	6.4
29	軍人の家族・遺族	79	7.9
30	安全保障問題	517	51.7
31	基地問題	380	38.0
32	領土問題	470	47.0
33	自衛隊	355	35.5
34	兵役制度	117	11.7
35	女性兵士	50	5.0
36	子ども兵	71	7.1
37	慰安婦	93	9.3
38	従軍看護婦	46	4.6
39	軍事司法・軍事警察	56	5.6
40	戦争犯罪・戦争裁判	143	14.3
41	ホロコースト・ジェノサイド	111	11.1
42	戦争責任	205	20.5
43	戦死者	112	11.2
44	戦傷病者	79	7.9
45	戦争後遺症	118	11.8
46	空襲	172	17.2
47	被爆	193	19.3
48	戦没者慰霊	102	10.2
49	戦争遺跡・戦争遺物	113	11.3
50	戦友会・遺族会	23	2.3

| 51 戦後補償 | 64 | 6.4 |
| 52 その他 | 12 | 1.2 |

問5 あなたの戦争のイメージに最も近い戦争（戦争という言葉ですぐ思い浮かべるような戦争）は、どのような戦争ですか。現実の戦争、架空の戦争にかかわらず、具体名をあげてください。（複数回答可）

（戦争の具体名→2-2「戦争・軍隊のイメージ」）

問6 あなたが思い浮かべるヒーローあるいはヒロインというべき軍人は誰ですか。現実の人物、架空の人物にかかわらず、名前をあげてください。（複数回答可）

（人名→2-2「戦争・軍隊のイメージ」）

問7 あなたが推薦する戦争映画を教えてください。現実の戦争、架空の戦争にかかわらず、日本と外国を分けてお答えください。（複数回答可）

（作品名→3-1「日本の戦争映画」、3-2「外国の戦争映画」）

問8 戦場体験や戦時下の生活を描いた体験記録やノンフィクションで、あなたが推薦する作品を教えてください。日本と外国を分けてお答えください。（複数回答可）

（作品名→3-3「活字のなかの戦争・軍隊」）

問9 戦争や軍隊・軍事組織をテーマ・舞台・背景とした小説で、あなたが推薦する作品を教えてください。日本と外国を分けてお答えください。（複数回答可）

（作品名→3-3「活字のなかの戦争・軍隊」）

問10 戦争や軍隊・軍事組織をテーマ・舞台・背景としたマンガやアニメで、あなたが推薦する作品を教えてください。

（作品名→3-4「マンガ・アニメのなかの戦争・軍隊」）

問11 マンガやアニメ、ライトノベルなどの世界では、戦争や軍隊・軍事組織とは関係なく、部活として戦車戦をする女子高生（『ガールズ＆パンツァー』）や学校に戦闘機で通学する女子高生（『紫電改のマキ』）といった話が目立つようになりましたが、そうしたジャンルの作品について、あなたの感想をおきかせください。

		実数	%
1	むしろそういう作品こそおもしろい	22	2.2
2	それはそれでおもしろい	170	17.0
3	なんともいえない	211	21.1
4	やはり戦争や軍隊・軍事組織と結びつかないとおもしろくない	30	3.0
5	そういう作品は好きではない	287	28.7
6	そういう作品は知らない	280	28.0

問12 あなたは戦争や軍事に関するゲームをよくプレイしますか。

		実数	%
1	する	128	12.8
2	しない	872	87.2

問13 あなたはどんな種類の兵器に関心がありますか。（複数回答可）
なお（　）内には、もしさらに詳細な兵器の種類や、具体的な兵器名があれば、自由にお書きください（10個まで）。

		実数	%
1	戦車・軍用車両	140	14.0
2	艦艇	195	19.5
3	航空機	244	24.4
4	銃砲	93	9.3
5	ミサイル・爆弾［通常兵器］	87	8.7
6	核兵器	73	7.3
7	生物・化学兵器	70	7.0

		実数	%
8	ロボット兵器	57	5.7
9	宇宙兵器	38	3.8
10	その他の兵器	24	2.4
11	兵器にはあまり関心はない	615	61.5

（詳細な兵器の種類や具体的な兵器名→4-3「兵器への関心」）

問14 あなたは戦争や軍事に関する本や雑誌を見るために、書店のミリタリー・コーナー等に行くことがありますか。

		実数	%
1	よく行く	16	1.6
2	時々行く	111	11.1
3	あまり行かない	294	29.4
4	まったく行かない	579	57.9

問15 軍事、兵器、エアガン、モデルガンなどに関する専門雑誌で、あなたがよく読む雑誌を教えてください。

		実数	%
1	『丸』	30	3.0
2	『MILITARY CLASSICS』	10	1.0
3	『世界の艦船』	42	4.2
4	『J Ships』	3	0.3
5	『J Wings』	9	0.9
6	『航空ファン』	47	4.7
7	『MC☆あくしず』	3	0.3
8	『PANZER』	6	0.6
9	『月刊 Arms MAGAZINE』	13	1.3
10	『ストライクアンドタクティカルマガジン』	3	0.3
11	『コンバットマガジン』	20	2.0
12	『Gun Magazine』	10	1.0
13	『Gun Professionals』	2	0.2
14	『Armour Modelling』	4	0.4
15	『月刊モデルアート』	11	1.1
16	『MAMOR』	6	0.6
17	『軍事研究』	14	1.4
18	『軍事史学』	6	0.6
19	『陸戦研究』	2	0.2
20	その他の日本の専門雑誌	4	0.4

| 21　海外の専門雑誌 | 0 | 0.0 |
| 22　雑誌はあまり読まない | 876 | 87.6 |

問16　あなたはモデルガンやエアガンを持っていますか。

	実数	%
1　持っている	79	7.9
2　持っていない	921	92.1

（持っているガンの名称とメーカー→4-4「「戦闘」を体験する」）

問17　あなたは、サバイバルゲームをしますか。

	実数	%
1　する	8	0.8
2　以前していたが今はしていない	61	6.1
3　したことがない	931	93.1

（詳細→4-4「「戦闘」を体験する」）

問18　あなたは海外の射撃ツアーに参加したことがありますか、あるいは参加したいと思いますか。

	実数	%
1　参加したことがある	54	5.4
2　参加したことはないが、機会があれば参加したいと思う	169	16.9
3　参加したことはないし、今後も参加したいとは思わない	777	77.7

（参加した海外の射撃ツアーの場所→4-4「「戦闘」を体験する」）

問19　あなたは、プラモデルで戦車や艦艇や航空機を作りますか。

	実数	%
1　作る	35	3.5
2　以前は作っていたが今は作っていない	256	25.6
3　作ったことがない	709	70.9

（これまで作ったプラモデルの中で一番気に入っているもの→4-5「プラモデル」）

問20 あなたはミリタリー・グッズ（ガン、軍装、装備品、プラモデルなど）をど
こで買いますか。a〜cのそれぞれについてお答えください。

a. インターネット等の通販で

		実数	%
1	よく買う	15	1.5
2	たまに買う	58	5.8
3	買わない	927	92.7

b. ミリタリーショップで

		実数	%
1	よく買う	6	0.6
2	たまに買う	42	4.2
3	買わない	952	95.2

c. その他

		実数	%
1	よく買う	3	0.3
2	たまに買う	23	2.3
3	買わない	974	97.4

問21 あなたはミリタリーファッションに関心がありますか、また着ること
がありますか。

a. 関心

		実数	%
1	とてもある	23	2.3
2	少しある	199	19.9
3	ない	778	77.8

b. 着ること

		実数	%
1	よくある	10	1.0

	実数	%
2　たまにある	97	9.7
3　ない	893	89.3

問22　あなたは軍事について語り合う仲間がいますか。a、b に分けてお答えください。

a.　主にネット上で

	実数	%
1　いる	22	2.2
2　いない	978	97.8

b.　主に対面で

	実数	%
1　いる	93	9.3
2　いない	907	90.7

問23　あなたがよくアクセスする軍事関係のインターネット・サイトがあれば、教えてください。（10個まで）

（サイト名→1-4「回答者の情報行動はどのようなものか」）

問24　あなたは戦跡や軍事遺跡を訪れたことがありますか。

	実数	%
1　ある	555	55.5
2　ない	445	44.5

（戦跡・軍事遺跡名→2-10「戦跡訪問と戦争・平和博物館」）

問25　あなたは戦争や平和に関する展示施設（博物館、資料館など）を訪れたことがありますか。

	実数	%
1　ある	702	70.2
2　ない	298	29.8

（展示施設名→2-10「戦跡訪問と戦争・平和博物館」）

問26 あなたは、軍事関係の趣味にどれぐらいお金を使いますか。下記の各
ジャンルについて、年に何万円ぐらいかを答えください。

（金額→4-1「趣味としてのミリタリー・概観」）

問27 あなたは、現在の世界の軍事情勢に関心がありますか。

		実数	%
1	関心がある	245	24.5
2	どちらかといえば関心がある	500	50.0
3	どちらともいえない	170	17.0
4	どちらかといえば関心がない	47	4.7
5	関心がない	38	3.8

問28 あなたは、日本の安全保障問題に関心がありますか。

		実数	%
1	関心がある	374	37.4
2	どちらかといえば関心がある	488	48.8
3	どちらともいえない	91	9.1
4	どちらかといえば関心がない	24	2.4
5	関心がない	23	2.3

問29 あなたは、日本・外国を問わず、国家が戦没者を慰霊・追悼するため
の公的な施設は必要だと思いますか。

		実数	%
1	必要だと思う	404	40.4
2	どちらかといえば必要だと思う	367	36.7
3	どちらともいえない・わからない	185	18.5
4	どちらかといえば必要ではないと思う	20	2.0
5	必要ではないと思う	24	2.4

問29-1　【1または2と答えた方にお尋ねします。】日本においては、国家が戦没者を慰霊・追悼するための公的な施設のありかたはどうあるべきだと思いますか。次の選択肢のうち、あなたの考えに最も近いものをお選びください。

		実数	％
	全体	771	100.0
1	靖国神社をそのまま、そのような施設として政府が公認すべきである	243	31.5
2	靖国神社からA級戦犯を分祀したうえで、そのような施設として政府が公認すべきである	196	25.4
3	千鳥ヶ淵戦没者墓苑をそのような施設として拡充すべきである	118	15.3
4	新たな国立追悼施設をつくるべきである	87	11.3
5	その他	9	1.2
6	わからない・何ともいえない	118	15.3

問30　軍事に関して「この人の言うことなら信用できる」と推薦できる人がいますか。

		実数	％
1	いる	92	9.2
2	いない	908	90.8

（人名→1-4「回答者の情報行動はどのようなものか」）

問31　あなたは在日米軍の施設を見学したり、イベントに参加したことがありますか。

		実数	％
1	ある	124	12.4
2	ない	876	87.6

（具体的な施設またはイベント名→4-7「軍事施設見学とイベント参加」）

問32 あなたは自衛隊の施設を見学したり、イベントに参加したことがありますか。

		実数	%
1	ある	275	27.5
2	ない	725	72.5

(具体的な施設またはイベント名→4-7「軍事施設見学とイベント参加」)

問33 自衛隊をテーマや舞台・背景としたノンフィクション、小説、映画、テレビドラマ、マンガ・アニメで、あなたが推薦する作品を教えてください。(作品名、10作まで)

(作品名→3-8「自衛隊作品」)

問34 全般的に見てあなたは自衛隊に対して良い印象を持っていますか、それとも悪い印象を持っていますか。この中から1つだけお答えください。

		実数	%
1	良い印象を持っている	283	28.3
2	どちらかといえば良い印象を持っている	483	48.3
3	どちらかといえば悪い印象を持っている	64	6.4
4	悪い印象を持っている	32	3.2
5	わからない	138	13.8

問35 もし日本が外国から侵略された場合、あなたはどうしますか。この中から1つだけお答えください。

		実数	%
1	自衛隊に参加して戦う(自衛隊に志願して、自衛官となって戦う)	39	3.9
2	何らかの方法で自衛隊を支援する(自衛隊に志願しないものの、あらゆる手段で自衛隊の行う作戦などを支援する)	372	37.2
3	ゲリラ的な抵抗をする(自衛隊には志願や支援しないものの、武力を用いた行動をする)	37	3.7

		実数	%
4	武力によらない抵抗をする（侵略した外国に対して不服従の態度を取り、協力しない）	225	22.5
5	一切抵抗しない（侵略した外国の指示に服従し、協力する）	31	3.1
6	その他	22	2.2
7	わからない	274	27.4

問36 日本の安全保障政策として、今後すすめていくべきことは何だと思いますか。特に重点を置くべきであると思うものを、この中から3つまであげてください。

		実数	%
1	日米同盟関係の強化	344	34.4
2	自衛隊の防衛力の強化	379	37.9
3	国際社会の軍縮	282	28.2
4	各国との対話や交流	413	41.3
5	日本の国連平和維持活動（PKO）への参加	134	13.4
6	テロ根絶の努力	259	25.9
7	日本の有事法制の整備	186	18.6
8	日本の集団的自衛権の行使	115	11.5
9	経済協力	100	10.0
10	その他	31	3.1
11	わからない	105	10.5

問37 日本の平和と安全を確保するために、今後どの国との関係を特に強化していくべきだと思いますか。（複数回答可）

		実数	%
1	アメリカ	739	73.9
2	中国	251	25.1
3	韓国	157	15.7
4	北朝鮮	52	5.2
5	ロシア	214	21.4
6	ASEAN 諸国	405	40.5
7	オーストラリア	296	29.6
8	インド	247	24.7
9	ヨーロッパ諸国	353	35.3
10	中東諸国	178	17.8
11	その他	20	2.0
12	わからない	141	14.1

第2次調査（2016年）［回答者数628］

問1　あなたは「軍隊」と聞くと、どの国のいつの時代の軍隊のことを最も強く思い浮かべますか。

（自由記述→2-2「戦争・軍隊のイメージ」）

問2　あなたは「正しい戦争」はあると思いますか。次のうち、あなたの考えに最も近いものを選んでください。

		実数	％
1	自衛のための（自国を守る）戦争は正しい戦争である	143	22.8
2	自衛のためだけでなく、同盟国を守るための戦争も正しい戦争である	65	10.4
3	いかなる戦争も悪であり、正しい戦争というものはない	343	54.6
4	わからない	61	9.7
5	その他	16	2.5

問3　昭和20年に終わった日本の戦争についてうかがいます。この戦争については様々な呼び方がありますが、あなたはどう呼びますか。

		実数	％
1	太平洋戦争	228	36.3
2	大東亜戦争	40	6.4
3	第2次世界大戦	343	54.6
4	日中戦争	0	0.0
5	十五年戦争	1	0.2
6	アジア・太平洋戦争	16	2.5

問4　日本がおこなったこの戦争は、どんな戦争だったと思いますか。侵略戦争だったと思いますか。自衛戦争だったと思いますか。それとも、両方の面があると思いますか。

		実数	％
1	侵略戦争だった	216	34.4
2	自衛戦争だった	53	8.4
3	両方の面がある	321	51.1

4　よく知らない	38	6.1

問5　次に掲げたそれぞれについて、戦争の責任がどの程度あると思いますか。

(1) 天皇

	実数	%
1　きわめて重い責任がある	119	18.9
2　重い責任がある	173	27.5
3　ある程度責任がある	242	38.5
4　責任はない	94	15.0

(2) 軍部

	実数	%
1　きわめて重い責任がある	443	70.5
2　重い責任がある	138	22.0
3　ある程度責任がある	39	6.2
4　責任はない	8	1.3

(3) 政治家

	実数	%
1　きわめて重い責任がある	367	58.4
2　重い責任がある	211	33.6
3　ある程度責任がある	44	7.0
4　責任はない	6	1.0

(4) 報道機関

	実数	%
1　きわめて重い責任がある	232	36.9
2　重い責任がある	251	40.0
3　ある程度責任がある	115	18.3
4　責任はない	30	4.8

(5) 国民

	実数	%
1　きわめて重い責任がある	37	5.9
2　重い責任がある	110	17.5
3　ある程度責任がある	231	36.8
4　責任はない	250	39.8

問6-1 戦後、アメリカなどの連合国が日本の戦争指導者を A 級戦犯として裁いた「極東国際軍事裁判」、いわゆる「東京裁判」をどの程度知っていますか。

		実数	%
1	内容をよく知っている	90	14.3
2	内容をある程度知っている	324	51.6
3	裁判があったことは知っているが内容は知らない	181	28.8
4	裁判があったことも知らない	33	5.3

問6-2 （問6−1で「よく知っている」「ある程度知っている」と答えたかたにお尋ねします）東京裁判では、東条英機元首相ら7人が絞首刑になるなど25人が有罪判決を受けました。あなたのこの裁判に対する印象は、次のうちどれに近いですか。

		実数	%
	全体	414	100.0
1	戦争の責任者を裁いた正当な裁判	61	14.7
2	戦勝国が敗戦国を一方的に裁いた不当な裁判	196	47.3
3	問題はあったが、けじめをつけるために必要だった裁判	149	36.0
4	その他	8	1.9

問7-1 戦後、アメリカなどの連合国が日本の元軍人等を BC 級戦犯（戦争犯罪人）として裁いた裁判について、どの程度知っていますか。

		実数	%
1	内容をよく知っている	57	9.1
2	内容をある程度知っている	250	39.8
3	裁判があったことは知っているが内容は知らない	254	40.4
4	裁判があったことも知らない	67	10.7

問7-2 （問7−1で「よく知っている」「ある程度知っている」と答えたかたにお尋ねします）あなたのこの裁判に対する印象をお聞かせください。

（自由記述→2-4「戦争裁判をどうとらえるか」）

問8　あなたは、昭和20年まで存在した旧日本軍について、どのような印象をもっていますか。陸軍・海軍の別にお尋ねします。(択一)

(1) 陸軍

		実数	%
1	全体として優秀な組織だった	44	7.0
2	前線部隊は優秀だったが、上層部の作戦・指揮などには問題が多かった	184	29.3
3	全体として問題の多い組織だった	258	41.1
4	よく知らない	142	22.6

(2) 海軍

		実数	%
1	全体として優秀な組織だった	141	22.5
2	前線部隊は優秀だったが、上層部の作戦・指揮などには問題が多かった	176	28.0
3	全体として問題の多い組織だった	157	25.0
4	よく知らない	154	24.5

問9-1　あなたは、旧日本軍がおこなった「特攻」作戦（生還の見込みのない、決死の攻撃をおこなう作戦）について、どの程度知っていますか。

		実数	%
1	詳しく知っている	128	20.4
2	ある程度知っている	374	59.6
3	おこなわれたことは知っているが詳しくは知らない	105	16.7
4	おこなわれたことを知らなかった	21	3.3

問9-2　(問9−1で「詳しく知っている」「ある程度知っている」と答えたかたにお尋ねします) あなたの「特攻」作戦に対する印象は、次のうちどれに近いですか。

		実数	%
	全体	502	100.0
1	無謀な作戦であり、「特攻」による戦死者は無駄死にだった	308	61.4
2	無謀な作戦ではあったが、「特攻」による戦死者の自己犠牲は称えられるべきだ	133	26.5
3	当時の戦局としてはやむをえない作戦だった	36	7.2
4	なんともいえない	25	5.0

問10 あなたは、戦争中、連合国軍の「空襲」によって日本の民間人に多くの犠牲者が出たことについて、どの程度知っていますか。

		実数	%
1	詳しく知っている	140	22.3
2	ある程度知っている	389	61.9
3	おこなわれたことは知っているが詳しくは知らない	81	12.9
4	おこなわれたことを知らなかった	18	2.9

問11 あなたは、戦争中、連合国軍の沖縄上陸によっておこなわれた戦闘（「沖縄戦」）で、軍人・民間人を問わず多くの犠牲者が出たことについて、どの程度知っていますか。

		実数	%
1	詳しく知っている	140	22.3
2	ある程度知っている	388	61.8
3	おこなわれたことは知っているが詳しくは知らない	80	12.7
4	おこなわれたことを知らなかった	20	3.2

問12 あなたは、日本の「戦争孤児」（戦争によって保護者を失った子ども）について、どの程度知っていますか。

		実数	%
1	詳しく知っている	84	13.4
2	ある程度知っている	335	53.3
3	存在したことは知っているが詳しくは知らない	193	30.7
4	存在したことを知らなかった	16	2.5

問13 旧日本軍で軍隊生活を共有した人々が戦後、数多くの「戦友会」を結成しましたが、あなたはそのことについてどの程度知っていますか。

		実数	%
1	具体的な戦友会や、そこに所属していた人のことを直接に知っている	40	6.4
2	具体的な戦友会は直接には知らないが、戦友会一般についてはある程度知っている	163	26.0
3	存在したことは知っているが、詳しくは知らない	317	50.5

| | | | 4　存在したことを知らなかった | 108 | 17.2 |

問14　NHK の朝の連続テレビ小説では、「戦争」が背景となっていること
　　　がよくあります。あなたにとって印象に残った戦争の描写があった連
　　　続テレビ小説のドラマを3つまで選んでください。（「第6回「おはなは
　　　ん」以後のもので、ドラマのなかで「戦争」にかかわる時代が含まれていると思
　　　われるものをあげています）

		実数	%
1	おはなはん	60	9.6
2	旅路	9	1.4
3	虹	3	0.5
4	藍より青く	22	3.5
5	鳩子の海	44	7.0
6	雲のじゅうたん	24	3.8
7	いちばん星	1	0.2
8	風見鶏	2	0.3
9	おていちゃん	5	0.8
10	マー姉ちゃん	7	1.1
11	鮎のうた	3	0.5
12	なっちゃんの写真館	9	1.4
13	虹を織る	0	0.0
14	本日も晴天なり	2	0.3
15	よーいドン	1	0.2
16	おしん	60	9.6
17	心はいつもラムネ色	0	0.0
18	澪つくし	16	2.5
19	はね駒	0	0.0
20	都の風	2	0.3
21	チョッちゃん	4	0.6
22	はっさい先生	1	0.2
23	ノンちゃんの夢	3	0.5
24	京、ふたり	1	0.2
25	君の名は	67	10.7
26	春よ来い	24	3.8
27	あぐり	23	3.7
28	すずらん	2	0.3
29	純情きらり	6	1.0
30	芋たこなんきん	2	0.3
31	ゲゲゲの女房	125	19.9
32	おひさま	26	4.1
33	カーネーション	23	3.7

34	梅ちゃん先生	68	10.8
35	ごちそうさん	68	10.8
36	花子とアン	98	15.6
37	マッサン	98	15.6
38	特にない	246	39.2

問15 あなたは、現在の自衛隊の組織としてのありかたは、旧日本軍とは断絶していると思いますか、それとも連続していると思いますか。陸上自衛隊・海上自衛隊・航空自衛隊の別にお尋ねします。

(1) 陸上自衛隊

		実数	%
1	断絶している	181	28.8
2	どちらともいえない	198	31.5
3	連続している	120	19.1
4	わからない	129	20.5

(2) 海上自衛隊

		実数	%
1	断絶している	169	26.9
2	どちらともいえない	189	30.1
3	連続している	142	22.6
4	わからない	128	20.4

(3) 航空自衛隊

		実数	%
1	断絶している	194	30.9
2	どちらともいえない	195	31.1
3	連続している	100	15.9
4	わからない	139	22.1

問16 自衛隊の、国防を担う実力集団としての能力について、あなたはどのように評価していますか。

		実数	%
1	大いに評価する	137	21.8
2	ある程度評価する	300	47.8
3	あまり評価しない	91	14.5

	実数	%
4　全く評価しない	38	6.1
5　わからない	62	9.9

問17 自衛隊が今までに実施してきた災害派遣活動について、あなたはどのように評価していますか。

		実数	%
1	大いに評価する	434	69.1
2	ある程度評価する	142	22.6
3	あまり評価しない	21	3.3
4	全く評価しない	12	1.9
5	わからない	19	3.0

問18 全自衛官の中での女性自衛官の比率は現在増加傾向にあり、現在は全自衛官の約6％となっています。女性自衛官の任用について、あなたの意見は、次のうちどれに近いですか。

		実数	%
1	女性自衛官の任用をさらに拡大すべきである	235	37.4
2	女性自衛官の任用は現状程度でよい	212	33.8
3	女性自衛官の任用は縮小すべきである	28	4.5
4	わからない	153	24.4

問19 女性自衛官については、戦車・潜水艦など一部の配置は制限されているものの、自衛隊の中で活躍の場が拡大してきています。女性自衛官の配置について、あなたの意見は、次のうちどれに近いですか。

		実数	%
1	制限を撤廃し、あらゆる部署に配置すべきである	185	29.5
2	現状どおり、一部制限のうえで配置すべきである	280	44.6
3	現状よりも制限を強め、なるべく安全な部署のみに配置すべきである	42	6.7
4	わからない	121	19.3

問20 現在、自衛官の募集や自衛隊の広報において、「萌えキャラ」「ゆるキャラ」や女性アイドルの画像が多用されていますが、このことについて、画像の例を参考に、あなたの考えに最も近いものを選んでください。「萌えキャラ」、「ゆるキャラ」、女性アイドルの別にお尋ねします。

(1)「萌えキャラ」

		実数	%
1	自衛官の募集に効果的であり、良い方法である	102	16.2
2	自衛官の募集方法としてふさわしくない	316	50.3
3	どちらともいえない・わからない	210	33.4

(2)「ゆるキャラ」

		実数	%
1	自衛隊の広報に効果的であり、良い方法である	155	24.7
2	自衛隊の広報の方法としてふさわしくない	238	37.9
3	どちらともいえない・わからない	235	37.4

(3) 女性アイドル

		実数	%
1	自衛隊の広報に効果的であり、良い方法である	245	39.0
2	自衛隊の広報の方法としてふさわしくない	159	25.3
3	どちらともいえない・わからない	224	35.7

(画像の例→5-3「自衛隊と広報」)

問21 現在、自衛隊の広報活動の一環として、音楽隊の活動（ライブやCDなどの発売）がおこなわれています。以下について、あなたが行ったことがあるものすべてを選んでください。

		実数	%
1	自衛隊音楽隊のライブに行ったことがある	55	8.8
2	自衛隊音楽隊のCD・DVDなどを購入したことがある	13	2.1
3	自衛隊音楽隊の演奏をテレビや動画サイトで視聴したことがある	175	27.9
4	特にない	412	65.6

問22-1　あなたは「軍歌」（戦前・戦中につくられた、戦争や軍隊を歌った歌）について、どれぐらい知っていますか。最も近いものを選んでください。

		実数	％
1	多くの軍歌を（カラオケなどで）歌うことができる	31	4.9
2	あまり多くは知らないが、いくつかの有名な軍歌は（カラオケなどで）歌うことができる	160	25.5
3	軍歌の存在は知っているが、具体的な曲を歌うことはできない	273	43.5
4	軍歌には関心がない、または嫌いである	164	26.1

問22-2　問22-1で「多くの軍歌を（カラオケなどで）歌うことができる」「いくつかの有名な軍歌は（カラオケなどで）歌うことができる」を選んだかたにお尋ねします。あなたのよく歌う軍歌の曲名を挙げてください（3曲まで）。

（よく歌う軍歌の曲名→3-6「軍歌を歌えるか」）

問23　戦後から現在にかけてつくられた歌で、戦争や平和について歌った歌の中で、あなたのよく歌う歌の曲名を挙げてください（3曲まで）。

（曲名→3-7「歌のなかの戦争と平和」）

問24　集団的自衛権の行使を限定的に容認し、自衛隊の役割を拡大した安全保障関連法制について、あなたの考えに最も近いものを選んでください。

		実数	％
1	賛成	117	18.6
2	どちらかといえば賛成	107	17.0
3	どちらともいえない・わからない	171	27.2
4	どちらかといえば反対	101	16.1
5	反対	132	21.0

問25 日本の防衛のあり方について伺います。日本は現在、アメリカと安全保障条約を結んでいますが、この日米安全保障条約は日本の平和と安全に役立っていると思いますか、役立っていないと思いますか。この中から1つだけお答えください。

		実数	%
1	役立っている	184	29.3
2	どちらかといえば役立っている	241	38.4
3	どちらかといえば役立っていない	78	12.4
4	役立っていない	57	9.1
5	わからない	68	10.8

問26 日本の防衛力の整備のため、将来、徴兵制を実施すべきかどうかについて、あなたの考えに最も近いものを選んでください。

		実数	%
1	実施すべきである	21	3.3
2	どちらかといえば実施すべきである	46	7.3
3	どちらともいえない・わからない	126	20.1
4	どちらかといえば実施すべきでない	113	18.0
5	実施すべきでない	322	51.3

問27 日本の防衛力として、将来、独自に核兵器を保有すべきかどうかについて、あなたの考えに最も近いものを選んでください。

		実数	%
1	保有すべきである	55	8.8
2	どちらかといえば保有すべきである	61	9.7
3	どちらともいえない・わからない	113	18.0
4	どちらかといえば保有すべきでない	82	13.1
5	保有すべきでない	317	50.5

問28 戦後日本では「原子力の平和利用」として、原子力発電所の稼働が推進され、現在も政府は基本的にこの方針を維持しています。このことについて、あなたの考えに最も近いものを選んでください。

		実数	%
1	賛成	76	12.1

		実数	％
2	どちらかといえば賛成	107	17.0
3	どちらともいえない・わからない	125	19.9
4	どちらかといえば反対	110	17.5
5	反対	210	33.4

問29　在日アメリカ軍の基地の多くが現在も沖縄県に集中していることについて、あなたの考えに最も近いものを選んでください。

		実数	％
1	日本の防衛のためには現状のままでもやむをえない	168	26.8
2	沖縄県の基地負担は、県外移設も視野に、可能な限り軽減すべきである	214	34.1
3	沖縄県の米軍基地は、可能な限り日本国外に移転・撤退すべきである	167	26.6
4	わからない	65	10.4
5	その他	14	2.2

問30　現在の日米地位協定では、在日アメリカ軍の兵士などが公務中に起こした犯罪などに対し、日本が第1次裁判権を持てない場合があることを定めています。このことについて、あなたの考えに最も近いものを選んでください。

		実数	％
1	日米地位協定を見直すべきである	481	76.6
2	わからない・どちらともいえない	109	17.4
3	日米地位協定を見直す必要はない	35	5.6
4	その他	3	0.5

問31　戦争・軍事組織や平和・安全保障問題についてのあなたの考え、またはこのアンケートへの感想を、自由にお書きください。

(1-4「回答者の情報行動はどのようなものか」、3-3「活字のなかの戦争・軍隊」、5-3「自衛隊と広報」、5-5「侵略されたらどうするか」)

福間良明（ふくま よしあき）
1969年生まれ
立命館大学教授。専攻はメディア史・歴史社会学
著書に『「勤労青年」の教養文化史』（岩波書店）、『「働く青年」と教養の戦後史』（筑摩書房）、『「戦跡」の戦後史』（岩波書店）、『焦土の記憶』（新曜社）、『「戦争体験」の戦後史』（中央公論新社）、『殉国と反逆』（青弓社）など
(2-5「「特攻」をどう考えるか」、3-1「日本の戦争映画」)

吉田 純（よしだ じゅん）
［編者略歴］を参照

著書に『〈玉砕〉の軍隊、〈生還〉の軍隊』（講談社）、共著に『知略の本質』（日本経済新聞出版社）、『軍隊の文化人類学』（風響社）、『戦争社会学の構想』（勉誠出版）、『戦友会研究ノート』（青弓社）、『近代日本のリーダーシップ』（千倉書房）、*Leadership in Extreme Situations* (Springer) など
(4-7「軍事施設見学とイベント参加」、5-1「自衛隊への印象と評価」、5-2「女性自衛官」、5-4「日本軍と自衛隊——断絶性と連続性」)

島田真杉（しまだ ますぎ）
1945年生まれ
京都大学名誉教授。専攻はアメリカ現代史
共著に『アメリカ民主主義の過去と現在』（ミネルヴァ書房）、監訳書に『アメリカは戦争をこう記憶する』（松籟社）など
(3-2「外国の戦争映画」)

高橋三郎（たかはし さぶろう）
1937年生まれ
京都大学名誉教授。専攻は社会学
著書に『強制収容所における「生」』（二月社）、『「戦記もの」を読む』（アカデミア出版会）、共著に『共同研究・戦友会』（田畑書店）、『新装版 共同研究・戦友会』（インパクト出版会）、『戦友会研究ノート』（青弓社）など
(2-1「戦争の呼び方」、2-3「戦争責任をどうみるか」、2-4「戦争裁判をどうとらえるか」、4-2「ミリタリー本・ミリタリー雑誌」)

高橋由典（たかはし よしのり）
1950年生まれ
京都大学特定教授。専攻は理論社会学
著書に『感情と行為』（新曜社）、『社会学講義』（世界思想社）、『行為論的思考』（ミネルヴァ書房）、『社会学者、聖書を読む』『続・社会学者、聖書を読む』（ともに教文館）、共著に『新装版 共同研究・戦友会』（インパクト出版会）、『戦友会研究ノート』（青弓社）など
(2-2「戦争・軍隊のイメージ」、2-8「戦友会を知っているか」、3-8「自衛隊作品」)

新田光子（にった みつこ）
1951年生まれ
龍谷大学名誉教授。専攻は宗教社会学
著書に『原爆と寺院』（法蔵館）、編著に『広島戦災児育成所と山下義信』（法蔵館）、『戦争と家族』（昭和堂）など
(2-6「空襲の被害」、2-7「戦争孤児」、2-9「戦没者の慰霊と追悼」)

野上元（のがみ げん）
1971年生まれ
筑波大学准教授。専攻は歴史社会学・戦争社会学
著書に『戦争体験の社会学』（弘文堂）、共編著に『戦争社会学の構想』（勉誠出版）、『歴史と向きあう社会学』（ミネルヴァ書房）など

［編者略歴］
吉田 純（よしだ じゅん）
1959年生まれ
京都大学教授。専攻は理論社会学・社会情報学
著書に『インターネット空間の社会学』（世界思想社）、共編著に『モダニティの変容と公共圏』（京都大学学術出版会）、共著に『戦友会研究ノート』（青弓社）、『新リスク学ハンドブック』（科学情報出版）など
（1-1「なぜミリタリー・カルチャー研究をするのか」、1-2「どのように調査をしたか」、1-3「回答者はどのような人々か」、3-4「マンガ・アニメのなかの戦争・軍隊」、3-6「軍歌を歌えるか」、4-1「趣味としてのミリタリー・概観」、4-2「ミリタリー本・ミリタリー雑誌」）

［著者略歴］
ミリタリー・カルチャー研究会（https://www.military-culture.jp）

伊藤公雄（いとう きみお）
1951年生まれ
京都産業大学客員教授、京都大学・大阪大学名誉教授。専攻は文化社会学・政治社会学・ジェンダー論
著書に『光の帝国／迷宮の革命』（青弓社）、『〈男らしさ〉のゆくえ』（新曜社）、『「戦後」という意味空間』（インパクト出版会）、共編著に「社会学ベーシックス」全11巻（世界思想社）、「新編 日本のフェミニズム」全12巻（岩波書店）など
（3-5「朝ドラと戦争」、3-7「歌のなかの戦争と平和」）

植野真澄（うえの ますみ）
1976年生まれ
政治経済研究所研究員。専攻は日本近現代史
共編著に『資料集 戦後日本の社会福祉制度 第Ⅵ期「戦後処理・遺家族援護・婦人保護基本資料」』（柏書房、第1巻『戦後処理』、第3巻『遺家族援護』、第6巻『援護法と軍人恩給』を担当）など
（2-10「戦跡訪問と戦争・平和博物館」）

太田 出（おおた いずる）
1965年生まれ
京都大学教授。専攻は中国近世から近現代史
著書に『中国近世の罪と罰』『関羽と霊異伝説』（ともに名古屋大学出版会）、共編著に『中国江南の漁民と水辺の暮らし』『中国農村の民間藝能』（ともに汲古書院）、共著に『京都大学人文科学研究所所蔵華北交通写真資料集成 論考編』（国書刊行会）など
（4-1「趣味としてのミリタリー・概観」、4-3「兵器への関心」、4-4「「戦闘」を体験する」、4-5「プラモデル」、4-6「ミリタリー・グッズとミリタリー・ファッション」）

河野 仁（かわの ひとし）
1961年生まれ
防衛大学校教授。専攻は軍事社会学・歴史社会学

［編者］
吉田 純（よしだ じゅん）

［著者］
ミリタリー・カルチャー研究会（ミリタリー・カルチャーけんきゅうかい）
　伊藤公雄（いとう きみお）
　植野真澄（うえの ますみ）
　太田 出（おおた いずる）
　河野 仁（かわの ひとし）
　島田真杉（しまだ ますぎ）
　高橋三郎（たかはし さぶろう）
　高橋由典（たかはし よしのり）
　新田光子（にった みつこ）
　野上 元（のがみ げん）
　福間良明（ふくま よしあき）
　吉田 純（よしだ じゅん）

ミリタリー・カルチャー研究　データで読む現代日本の戦争観

発行————2020年7月17日　第1刷
定価————3000円＋税
編者————吉田 純
著者————ミリタリー・カルチャー研究会
発行者————矢野恵二
発行所————株式会社青弓社
　　　　　　〒162-0801 東京都新宿区山吹町337
　　　　　　電話 03-3268-0381（代）
　　　　　　http://www.seikyusha.co.jp
印刷所————三松堂
製本所————三松堂
©2020
ISBN978-4-7872-3469-8　C0036

伊藤公雄／植野真澄／河野 仁／島田真杉／高橋三郎 ほか

戦友会研究ノート

軍隊体験を共有した戦友会は、数と規模、会員の情念と行動力の点で独特の社会現象である。会員への聞き書き、軍隊や戦争への感情、死んだ戦友への心情などを60項目で浮き彫りにし、戦争体験者の戦後を解明する。定価2000円＋税

川口隆行／齋藤 一／中野和典／野坂昭雄／楠田剛士 ほか

〈原爆〉を読む文化事典

「黒い雨」論争、被爆証言・継承運動、核の「平和利用」PR、廃棄物処理場など〈原爆〉から戦後を見通し、現在と今後を考える有用な知の資源として活用できる最新の知見と視点を盛り込んだ充実の「読む事典」。　定価3800円＋税

重信幸彦

みんなで戦争
銃後美談と動員のフォークロア

万歳三唱のなか出征する兵士、残された子を養う隣人、納豆を売って献金する子ども——。満州事変以降の戦時下の日常には、愛国の物語である銃後美談があふれていた。美談から「善意」を介した動員の実態に迫る。定価3200円＋税

松井広志

模型のメディア論
時空間を媒介する「モノ」

モノと向き合いながら同時に、それを通して向こうの「実物」に思いを馳せるとき、模型という「モノ」は「メディア」になっている。日本社会のなかの模型について、歴史・現在・理論の３つの側面から解き明かす。定価3000円＋税

片岡栄美

趣味の社会学
文化・階層・ジェンダー

ピエール・ブルデューの『ディスタンクシオン』の問題意識を共有し、社会調査や計量分析から日本の文化的雑食性という特性を浮き彫りにする。それをてこに、文化の再生産が隠蔽されてきたメカニズムを解析する。定価4000円＋税